普通高等教育"十二五"规划教材

试验统计方法及SPSS应用

龚学臣 主编

科学出版社
北京

内 容 简 介

本书是为植物生产类专业学生“试验统计”课程编写的教材。书中共15章，分为4部分。第一部分为试验设计，着重讲述田间试验的特点和要求、误差来源及其控制；田间试验中的常用术语、种类及制订试验方案的基本要求；田间试验设计的原则、小区技术和常用的田间试验设计方法及实施。第二部分为统计分析基础，包括试验资料的整理与特征数的计算、理论分布与抽样分布、统计假设测验的基本方法、平均数的 u 测验和 t 测验、方差分析的基本原理和多重比较。第三部分为常用试验设计的统计分析，包括单因素和多因素试验结果的方差分析、一年多点试验的统计分析、协方差分析、卡平方(χ^2)测验、简单相关与回归分析、多元相关与回归分析、曲线回归分析与多项式回归分析。第四部分为SPSS统计软件基础与应用，介绍SPSS统计软件的基本概念与基本操作等基础知识，SPSS统计软件在常用统计方法中的数据输入、统计计算的操作步骤、结果的输出与解读。

本书可作为植物生产类专业本科生、专科生的教材，研究生和研究人员的参考书，也可供相关专业的教师、学生参考使用。

图书在版编目(CIP)数据

试验统计方法及SPSS应用/龚学臣主编. —北京：科学出版社，2014
普通高等教育“十二五”规划教材

ISBN 978-7-03-041763-3

Ⅰ.①试… Ⅱ.①龚… Ⅲ.①田间试验-统计方法 Ⅳ.①S3-33

中国版本图书馆CIP数据核字(2014)第194177号

责任编辑：丛 楠 贺窑青/责任校对：蒋 萍
责任印制：张 伟/封面设计：铭轩堂

科学出版社 出版
北京东黄城根北街16号
邮政编码：100717
http://www.sciencep.com

北京凌奇印刷有限责任公司 印刷
科学出版社发行 各地新华书店经销
*

2014年11月第 一 版 开本：787×1092 1/16
2023年 8 月第九次印刷 印张：18 3/4
字数：444 000

定价：69.80元

(如有印装质量问题，我社负责调换)

编写委员会

主　编： 龚学臣

副主编： 吕彦彬　孙全德

参　编：（以姓氏笔画为序）

王新民　卢海博　金亚征　孟艳玲　戴希尧

前　言

恩格斯说过："科学是实验的科学，科学就是用理性的方法去整理感性材料。归纳、分析、比较、观察和实验，是理性方法的主要条件。"有计划、有目的地进行农业科学试验和调查，并运用数理统计的原理和方法，对所得到的大量数据资料进行整理、分析并解释其数量上的关系，从而作出符合农业科学实际的推论，是农业科学研究最基本的手段。随着农业科学的不断发展与提高，人们对农业科学领域中各种量的研究越来越深入，作为当代农业院校的学生，必须学习和掌握农业试验设计与统计分析方法，才能更好地为农业科学研究和管理服务。为此，我国高等农业院校都开设有"田间试验与统计分析"课程，它是作物生产类、园林类本科专业学生的一门专业基础课。

本书是作者在多年从事农业科学研究与试验统计教学的经验和体会的基础上，经过充实和取舍而完成的。本书的内容是以符合本科教育的目标为前提，以培养学生解决实际问题的能力为目的，兼顾知识的系统性，突出分析方法的实用性而编写的。本书从田间试验设计、统计分析的基本原理出发，以基本原理、实例分析和 SPSS 操作及结果的解读为主，淡化公式的讲解，让学生了解田间试验设计与统计分析的基本知识和基本原理，掌握试验数据处理的基本方法与程序，最终使学生具备正确地进行试验设计并对试验结果作合理有效的统计处理的基本技能，满足学生在日后的实际工作中和一般的科学研究中对统计学的需要，同时也为进一步深入学习统计学的理论和方法打下基础。

本书在正确阐述重要的统计学原理的同时，重点对基本概念、基本方法进行介绍，特别注意对学生动手能力的培养和统计分析与计算机科学的结合。随着计算机的普及，应用计算器进行统计分析的时代已经过去，取而代之的是计算机统计软件的应用。为了适应这一发展，我们编写了本书，以 SPSS 统计软件应用的内容取代了大量的、复杂的用于统计分析的公式与计算过程。对于非统计学专业学生来说，本书实用性更强，更易于学习和掌握。

本书内容由 4 部分组成。第一部分试验设计，着重讲述田间试验的特点和要求、误差来源及其控制；田间试验中的常用术语、种类及制订试验方案的基本要求；田间试验设计的原则、小区技术和常用的田间试验设计方法及实施。第二部分统计分析基础，包括试验资料的整理与特征数的计算、理论分布与抽样分布、统计假设测验的基本方法、平均数的 u 测验和 t 测验、方差分析的基本原理和多重比较。第三部分常用试验设计的统计分析，包括单因素和多因素试验结果的方差分析、一年多点试验的统计分析、协方差分析、卡平方(χ^2)测验、简单相关与回归分析、多元相关与回归分析、曲线回归分析。第四部分 SPSS 统计软件基础与应用，包括 SPSS 统计软件的基本概念与基本操作等基础知识、SPSS 在常用统计方法中的应用。

本书可作为植物生产类专业本科生、专科生的教材，研究生和研究人员的参考书，也可供相关专业的教师、学生参考使用。

由于作者知识面和水平的限制、资料占有的局限，本书参考了许多他人的研究结果和数据，在此表示感谢。另外，本书在形成过程中，尹楠、王丽荣、龚艳勃、张敬佛等同学做了大量的整理工作，在此一并感谢。本书如有不妥之处，敬请同行专家和读者批评指正。

编　者

2014 年 10 月

目　　录

第一部分　试验设计

第二部分　统计分析基础

第三部分 常用试验设计的统计分析

第四部分　SPSS 统计软件基础与应用

第一部分

试验设计

第一章　田间试验概述

农业科学研究是指通过试验以寻求提高农作物产量和品质、增加效益的原理、方法和技术，目的是为农业生产提供理论和技术支持。在农业科学研究中，有田间试验、温室试验、盆栽试验、组织培养试验等，其中田间试验是农业科学研究的主要形式，田间试验是联系农业科学与农业生产的桥梁，任何一项农业新技术或新品种在农业生产中的推广都必须在田间条件下进行试验。

第一节　田间试验的特点和要求

一、田间试验的特点

田间试验(field experiment)是指在大田条件下，以作物生长发育的各种性状、产量和品质等作为指标，研究作物与环境之间关系的农业科学试验方法。田间试验的结果受自然环境条件和栽培条件的影响。田间试验作为农业科学研究的一种形式，有其自身的特点。

(1) 田间试验的结果比较符合生产实际。植物的田间试验一般是在具有代表性的农田土壤上和自然气候环境条件下进行的，试验的条件符合生产实际，由此得到的新品种、新技术易于推广应用。

(2) 田间试验的结果误差大。田间试验是在开放的自然条件下进行的，受自然环境因素(光照、温度、湿度等)、病虫害等生物因素的影响，特别是受客观存在的土壤差异的影响，使田间试验的结果误差大、重复再现性差。

(3) 田间试验具有严格的区域性和季节性。农业生产最大的特点就是区域性和季节性，田间试验也不例外。在某地通过田间试验所获得的任何一个新品种、一项栽培技术，最适宜的推广范围就是同类区域，如果在不同地区应用，都会因时间、地点和条件的不同而表现出不同的效果。因此，任何一个优良品种、一项新的栽培技术都必须在待推广地区进行田间试验，才能进行推广。

(4) 田间试验周期长。农作物完成一个世代所需的时间较长，一般要跨越2～3个季节，因此，田间试验在一年内不能进行多次试验，多数情况下只能进行一次。再加上同一试验需要有多年的试验结果支持，更增加了田间试验的周期。

二、田间试验的基本要求

为了保证田间试验结果能在农业生产和科学研究中得到应用，田间试验应达到以下几项基本要求。

(1) 试验目的要明确。田间试验要根据目前农业科学研究理论上或生产实际中存在的问题来选题，制订合理的试验方案，对试验的预期结果及其在农业生产和科学试验中的作用要做到心中有数。

(2) 试验条件要有代表性。试验条件应能代表将来准备推广试验结果地区的自然条件

(如试验地土壤种类、地势、土壤肥力、气象条件等)和农业生产条件(如轮作制度、农业结构、施肥水平等)。这样，新品种或新技术在试验中的表现才能真正反映其在今后拟推广地区实际生产中的表现。在进行试验时，既要考虑代表目前的条件，还要考虑将来可能被广泛采用的条件。使试验结果既能符合当前需要，又不落后于生产发展的要求。

(3) 试验结果要有可靠性。在田间试验中，准确度(accuracy)是指试验中某一性状的观察值与其理论真值的接近程度；越是接近，则试验越准确。精确度(precision)是指试验中同一性状的重复观察值彼此接近的程度。在一般试验中，理论真值为未知数，准确度不易确定，通常可与对照相互比较来了解试验结果的相对准确度；精确度是可以通过设置重复试验来计算的。因此，要保证试验结果具有较高的准确度和精确度，在进行试验时，特别要注意：①试验条件要一致，要遵循田间试验的唯一差异原则，即在每个试验中，除了所研究的处理因素不同外，其他条件及一切管理措施都应尽可能一致；②必须准确地执行各项试验技术，避免发生人为的错误。

(4) 试验结果要有重演性。重演性是指在相同条件下再次进行同一试验，应能获得与原试验相同的或相近的结果。重演性反映了试验结果的规律性，一项试验结果只有能够重演，才有推广的价值。要保证试验结果能够重演，首先要明确设定试验条件，使试验条件具有代表性；其次要将试验在多种条件下进行，以得到相应于各种可能条件的结果，而且这些结果表现出来的规律与变化趋势应一致。例如，为了更全面地评价一个品种，品种区域试验常在多个地点进行 2～3 年的试验，以明确品种的适应范围。

第二节　田间试验的误差及其控制

一、试验数据的误差

在田间试验中，试验处理由于受到许多试验因素以外的各种试验条件变化的干扰，使试验得到的观察值与处理的理论真值不相等。例如，‘郑单 958’玉米品种在某地的单产为 752kg，现在此地选择具有同等肥力条件的两块地进行测产，产量测定结果分别为 733.5kg 和 762.6kg，这两块地的产量在理论上应与 752kg 相等，但测定的结果却不相等，把这种差异称为误差。误差(error)就是指试验中某一性状的观察值与理论真值的偏差。这里，产量结果 733.5kg 和 762.6kg 就是观察值，752kg 就是理论真值。若将每次所取得的试验结果以 x 表示，理论真值以 μ 表示，试验误差以 ε 表示，则 $x=\mu+\varepsilon$，即观察值＝理论真值＋试验误差，每一个观察值都有一个试验误差。

引起试验误差的原因很多，根据非处理效应产生原因的不同，可将试验误差分为随机误差和系统误差两种。

(1) 随机误差。随机误差(random error)是指找不出确切原因的、难以预测的、使观察值偏离理论真值的差异，或称为偶然误差(spontaneous error)，随机误差有正有负。例如，某一试验，同一个品种，采用相同的栽培管理措施，种植在土壤肥力相同的(或相近的)几个小区上，但由于一些偶然因素的影响，其小区产量虽然接近但都不完全相同，这种不同就是随机误差。影响试验的偶然因素很多，而且难以预料和控制，因而试验中的随机误差是不可避免的，只能通过合理的试验设计和精心的组织管理设法减小。

(2) 系统误差。系统误差(systematic error)是指有一定原因的，使观察值向一个方向偏离的差异，系统误差有方向性。例如，观察人员不正确的称量或度量的习惯及手法、仪器的不标准、做试验时某一条件的影响等。这种误差可以事先观测到并经过合理的试验设计和规范的操作消除掉。

在试验中每一个观察值(x)就等于理论真值(μ)和误差(ε)的和，即 $x=\mu+\varepsilon$。例如，'郑单 958'玉米品种在某地的理论单产值为 μ，高肥力地块的平均单产值为 $\bar{x}$，在任一高肥力地块的单产值为 x。若以 ε 代表高肥力地块的随机误差，ε_α 代表由于不同肥力导致玉米单产的偏差，则

$$x=\bar{x}+\varepsilon$$

也可以是

$$x=\mu+\varepsilon+\varepsilon_\alpha$$

两式相减得

$$\varepsilon_\alpha=\bar{x}-\mu$$

ε_α是指由于肥力条件的不同而引起的系统误差。

试验结果的可靠与否是相对于试验误差而言的，系统误差使数据偏离其理论真值，影响数据的准确度；随机误差使数据相互分散，降低数据的精确度。

在实践中，试验处理的理论真值常常是未知数，所以准确度往往不易测得。试验的精确度可以通过重复观察值之间的差异来估算，它实际上是试验误差的一种度量。在试验中，一要提高试验技术，二要避免人为的错误，以提高试验的准确度和精确度。

二、田间试验的误差来源及其控制

田间试验是农业和生物学研究中最常用的研究手段，而田间试验又是在开放的自然条件下进行的，生物体及自然界的气候、土壤本身都存在很多变异，因而了解田间试验的误差来源尤为重要。

(一) 田间试验的误差来源

(1) 试验材料本身存在的差异。田间试验的供试材料(植物)个体之间的遗传与生长发育的差异，如试验材料基因型的不一致、种子生活力与大小的差异、移栽所用秧苗长势的差异等，均能造成试验结果误差的出现。

(2) 农事操作与管理技术的不一致。供试材料在田间的生长周期较长，试验过程中的各个管理环节稍有不慎，均会增加试验误差。例如，①播种前整地、施肥的不一致性及播种时播种深浅的不一致性；②在作物生长发育过程中田间管理，包括中耕、除草、灌溉、施肥、防病、治虫和使用除草剂、生长调节剂等完成时间及操作标准的不一致性；③收获脱粒时操作质量的不一致性以及观察测定时间、人员、仪器等的不一致性。

(3) 试验处理之间的差异。在灌水试验、施肥试验中，灌水量大和施肥量多的小区作物长势强，特别是高秆作物，会造成对邻区作物生长的影响。另外，播种期试验中，由于早播的出苗早，长势差异大，也会对邻区产生影响。

(4) 土壤肥力不匀。引起田间试验误差的外界因素有土壤差异、病虫害侵袭、人畜践踏、风雨影响等，但最重要的差异是试验地的土壤肥力不匀，它是试验误差中最有影响，也

是最难以控制的因素。

上述各项差异在不同程度上影响试验的结果，造成试验的随机误差和系统误差。要有效地控制这些不同来源的差异，才能使试验结果更可靠。

（二）控制田间试验误差的途径

从以上田间试验误差来源的分析来看，控制田间试验误差必须针对试验材料、田间操作管理、试验条件等的一致性逐项落实，才能减小误差。常用的控制措施有以下几项。

(1) 选择同质一致的试验材料。供试材料的种子纯度要高、成熟度和大小要一致；在试验中需育苗和移栽的，所用秧苗的长势要一致，若选不到长势一致的秧苗，则可按大小、壮弱分档，然后将同一规格的秧苗安排在同一区组的各处理小区，或将各级秧苗按比例混合分配于各处理，从而减小由于试验材料的不一致造成的差异。对缺苗多的小区应及时补苗。

(2) 操作与管理标准化。在试验的整个过程中，各项操作与管理要按照技术规程执行，一切管理操作，包括观察测量和数据收集都应以区组为单位进行，贯彻“局部控制”的原则，以减少可能发生的差异。例如，整个试验的某种操作如不能在一天内完成，则至少要完成一个或几个区组内所有小区的工作，以使同一区组内各小区之间做到相对一致。在试验过程中，若有数人同时进行某一项操作(如播种、施肥、中耕等)时，最好一人完成一个或几个区组，杜绝一个区组内由几个人分别在不同小区进行同一项操作。

(3) 控制邻区的影响。灌水、施肥试验要使小区之间 1.5m 深的土壤用塑料布或其他材料隔开；高、矮秆作物要分别种植，或采取裂区试验设计，以减小邻区的影响。

(4) 控制土壤引起的差异。在试验中如能控制土壤差异，就可有效地降低误差，增加试验的精确度。控制土壤差异主要有以下 3 种措施：①合理地选择试验地；②采用适当的小区技术；③正确地进行试验设计，并利用相应的统计分析方法进行统计控制。

三、试验地的土壤差异与选择

（一）试验地的土壤差异

土壤的差异在试验中是普遍存在的，土壤差异产生的主要原因有两个。一是由于土壤形成的基础不同(成土母质的不同，坡地、河沟边等地形、地势的不同)，造成土壤物理性质与化学性质方面的差异。由于成土母质不同造成的差异一般范围较大，通常不考虑。如果是坡地或河沟等地形、地势不同造成的差异，可通过等高种植，合理地安排试验小区，使同一区组的所有处理安排在肥力相同的同一等高线上，可以降低其对试验结果的影响。二是由于前茬、耕作、施肥、灌溉等土地利用的不一致造成的差异。由于前茬不同作物的耕作措施、施肥与灌溉水平不同，作物的根系分布、养分吸收与利用等方面也不同，特别是用于肥料试验的小区之间土壤肥力的差异，在一定时间内难以恢复均匀性，这些因素都会影响后茬作物的生长。

土壤差异主要表现为土壤肥力的差异，而肥力的差异是可以测定的。一是通过目测，根据土壤质地、地形或前茬作物的长势来判断土地的肥力是否一致。二是通过空白试验(blank test)，在所选地块上种植同一种作物，所种作物以植株较小且适于条播的谷物为好，作物生长期间农事操作要一致，最后以单位小区收获计产，计算变异，确定土壤肥力的差异。

土壤肥力差异的表现形式有两种。一是梯度变化。土壤的肥力高低变化有方向、有规律，形成试验地肥力从一边到另一边的梯度变化，此地可作为试验用地，但要采用适宜的试验设计。二是斑块状。土壤肥力呈不均匀分布，土壤肥力高低排列无规律，呈斑块状，一般不用作试验地。

（二）试验地的选择

正确选择试验地是减小土壤差异、降低试验误差、提高试验精确度的重要措施。除试验地所在的自然条件和农业条件应该有代表性外，还应从以下几个方面考虑。

(1)试验地的土壤肥力要均匀。要选择近 3 年内有土地使用记录的地块，通过对田间土壤的目测、前茬作物的生长情况或空白试验来选择土壤肥力均匀的试验地。最近 2～3 年做过肥料、灌水、品种比较或密度试验的地块，由于这些处理会对后季作物产生不同的影响，因而不宜选作试验地。如果有必要用这种地时，应该按空白试验的种植方法进行一次或多次匀田种植。

(2)试验地要平整。要进行灌水试验的地必须是平坦的，否则，在灌水时就会深浅不一而使供试作物生长不一。旱作试验应尽量选择地势平坦的地块，在坡地或山区进行试验时，可选择局部肥力相对一致、较为平整的地块，或采取等高种植。

(3)试验地的位置要适当。应选择近处无树林、房屋、道路、水塘等，四周阳光充足有较大空旷地的田块，同时试验地四周最好种有相同于试验用的作物，这样就会避免遭受遮阴和减少人、畜、鸟、兽、积水等偶然因素的影响。

(4)建立较固定的试验地。长年从事农业科学研究的单位或研究人员要有较固定的试验地，以利于对试验地进行培育与管理。一是多年定点试验必须要有固定的试验地；二是能更好地掌握整个试验地的土壤变化及土地利用情况；三是可在一组田块进行试验，另一组田块进行匀田种植，以备轮换，实现试验地的轮换制。

第三节　试 验 方 案

一、田间试验中的常用术语

（一）试验指标

试验指标(experiment indicator)：是指用于衡量试验效果的指示性状，如株高、产量等。一个试验可以选用单指标，也可以选用多指标，这由专业知识对试验的要求确定，一般情况下，以作物为试验材料的，至少应将组成产量的基本构成因素都选上(如单产、千粒重、穗粒重、穗粒数、亩①株数等)；农药试验中的试验指标有单位面积上的昆虫数、病斑数等；果树试验的结果数、结果率等。在设计试验时要合理地选用试验指标，过少则难以全面准确地评价试验结果，过多又会增加工作量。选择试验指标的总原则是观测时在允许的情况下应尽量多选，分析时应分清主次，抓住主要问题，分类比较。

① 1亩≈666.7m^2，后同

(二)试验因素

在试验中，人为设定的、影响试验指标的因子称为试验因素(或称为试验因子，experimental factor)，简称为因素。农业与生物学研究中，不论是农作物还是微生物，其生长、发育及最终所表现的产量都要受多种因素的影响，其中有些属于自然因素，如光照、温度、湿度、大气、土壤、病害、虫害等，有些属于栽培条件，如肥料、水分、生长素、农药、除草剂等。进行科学试验时，必须在固定大多数因素的条件下研究一个或几个因素的作用，从变动一个或几个因素的不同处理中比较鉴别出最佳的一个或几个处理。

试验指标与试验因素的区别：指标是研究对象本身，而因素是施加给研究对象的。例如，施氮肥对小麦千粒重的影响试验，氮肥是因素、小麦千粒重是指标。

(三) 试验因素水平

试验因素量的不同级别或质的不同状态称为试验因素水平，简称为试验水平或水平(level)。在品种比较试验中，品种就是一个试验因素，不同的品种即为试验水平；在氮肥试验中，氮肥就是一个试验因素，氮肥的不同施用量就是试验水平。试验因素水平分为质量水平和数量水平。

质量水平(qualitative level)：试验因素各水平之间具有定性的变化。例如，不同品种、土壤等级、籽粒颜色、病和虫的为害程度等，都为质量水平。

数量水平(quantitative level)：试验因素各水平之间只有量的变化。例如，施肥量、灌水量、农药的浓度与施用量、激素的浓度等，为数量水平。数量水平不同级别之间的差异一般应为等间距。

(四) 试验处理

试验设计中，试验因素与其水平的组合，称为试验处理(experimental treatment)，试验的实施都是以处理为单元进行的。在单因素试验中，某一个试验因素的一个试验水平就是一个处理，处理数和水平数相等。例如，品种比较试验中，品种是试验因素，每一个品种既是一个水平，也是一个处理，有几个品种，就有几个处理；又如，氮肥试验中，设施肥量(kg)为 0、10、20、30 4 个水平，则该试验就有 4 个处理。在多因素试验中，一个处理就是多个因素不同水平的相互组合，也称为处理组合(treatment combination)。对于完全实施的均衡试验，多因素试验的处理数或处理组合数就是各供试因素水平数的乘积。例如，在氮、磷肥料试验中，每一个氮的水平和一个磷的水平组合后为一个处理，若氮设 3 个施肥量(N_1、N_2、N_3)、磷设 3 个施肥量(P_1、P_2、P_3)，则氮、磷二因素完全实施的均衡试验共有 $3 \times 3=9$ 个处理，分别为 N_1P_1、N_1P_2、N_1P_3、N_2P_1、N_2P_2、N_2P_3、N_3P_1、N_3P_2、N_3P_3。

试验处理是由试验因素与其相应的水平组成的，其中必须包括比较的标准水平或对照处理。例如，施肥量、灌水量等试验，应设有一个零水平；品种比较试验应设一个当地推广的优良品种。

(五) 试验小区

在田间试验中，安排一个处理的小块地段称为试验小区(experimental plot)，简称为小区(plot)。小区面积可大可小，但在同一个试验中，各小区的面积和形状必须相同。

（六）试验单元

试验单元(experimental unit)是指施加试验处理的材料单位。单元的形式是多种多样的，它可以是一个小区、一只培养瓶中的果蝇、一盆植物、一棵树、一个果穗，甚至是某一片叶子等。

（七）试验效应

试验效应(experimental effect)是指试验因素或处理对试验指标所起的增加或减少的作用。试验效应又分为简单效应、平均效应和交互效应。

(1) 简单效应。简单效应(simple effect)是指在同一因素内两个水平之间试验指标的差异。例如，某玉米品种施氮肥试验，不施氮肥的产量为 8250kg/hm^2，每公顷施氮 150kg 的产量为 9000kg/hm^2，则每公顷施 150kg 氮肥的效应为 9000－8250＝750(kg/hm^2)，这一效应称为简单效应。

(2) 平均效应。平均效应(主效应，main effect)是指在多因素试验中，一个因素不同水平上另一个因素内不同水平之间各简单效应的平均。

(3) 交互效应。交互效应(interaction effect)是指在多因素试验中，一个因素不同水平上另一个因素内不同水平之间简单效应差异的平均，简称为互作。它反映一个因素的各水平在另一个因素的不同水平上反应不一致的现象。互作为负时为负互作，互作为正时为正互作。

例如，一个小麦施肥试验，氮设 2 个施肥量(N_1、N_2)、磷设 2 个施肥量(P_1、P_2)，则氮、磷二因素试验共有 2×2＝4 种处理组合(N_1P_1、N_1P_2、N_2P_1、N_2P_2)，假定小区试验结果数据如表 1-1 所示。

表 1-1　小麦二因素两水平肥料试验结果数据

试验	因素 P	因素 N			
		N_1	N_2	平均	N_2-N_1
Ⅰ	P_1	10	18	14	8
	P_2	16	24	20	8
	平均	13	21		8
	P_2-P_1	6	6	6	(8－8)/2＝0 或(6－6)/2＝0
Ⅱ	P_1	10	18	14	8
	P_2	16	30	23	14
	平均	13	24		11
	P_2-P_1	6	12	9	(14－8)/2＝3 或(12－6)/2＝3
Ⅲ	P_1	12	18	15	6
	P_2	24	28	26	4
	平均	18	23		5
	P_2-P_1	12	10	11	(4－6)/2 ＝－1 或(10－12)/2＝－1

在表 1-1Ⅱ中，①在 P_1 水平上 N_2 与 N_1 之间的简单效应为 18－10＝8，在 P_2 水平上 N_2 与 N_1 之间的简单效应为 30－16＝14；在 N_1 水平上 P 的简单效应为 16－10＝6，在 N_2 水平上 P 的简单效应为 30－18＝12。同理，可以算得试验Ⅰ和试验Ⅲ中 N、P 的简单效应，分别列于表 1-1Ⅰ和表 1-1Ⅲ中。②N 的平均效应为(8＋14)/2＝11，P 的平均效应为(6＋12)/2＝9。同理可以算得，试验Ⅰ中 N 的平均效应为(8＋8)/2＝8，P 的平均效应为(6＋6)/2＝6；试验Ⅲ中 N 的平均效应为(6＋4)/2＝5，P 的平均效应为(12＋10)/2＝11。③ NP 交互效应为不同 P 水平上 N 的简单效应差数的平均(14－8)/2＝3，或不同 N 水平上 P 的简单效应差数的平均(12－6)/2＝3，两者的计算结果是一样的，都是 3，为正互作。同理，可以算得试验Ⅰ的交互效应为 0，如表 1-1Ⅰ所示，为无互作；试验Ⅲ中 NP 的交互效应为－1，如表 1-1Ⅰ所示，为负互作。因素之间的交互作用只有在多因素试验中才能反映出来。

二、田间试验的种类

田间试验的种类很多，按不同的分类方法其种类也不同。

（一）按试验供试因素的多少分类

(1) 单因素试验。单因素试验(single-factor experiment)是指只设定、比较一个因素内不同的水平效应的试验。单因素试验只能分析一个因素内不同水平之间的简单效应，试验比较的结果，可以找出试验因素的最佳水平。例如，品种比较试验，品种是试验的唯一因素，在试验过程中，除品种不同外，其他环境条件和栽培管理措施都应严格控制一致，试验的结果可找出最优良的品种。又如，研究氮肥对小麦的增产作用时，氮肥就是试验的唯一因素，试验中的处理就是几种不同的施氮量，品种及其他栽培管理措施都相同，试验的结果可以找到增产效果最大的施氮量。单因素试验是一种最基本的、最简单的试验，是其他试验的基础。

(2) 多因素试验。多因素试验(multiple-factor or factorial experiment)是指在同一个试验中包含两个或两个以上的试验因素，每个因素都有不同水平的试验。多因素试验不但可以分析各因素不同水平之间的简单效应，还可以分析因素之间的相互作用效应(互作)，试验比较的结果可以找出最优处理组合(treatment combination)。例如，前文所述的氮、磷肥料二因素均衡试验，试验的结果除可以明确氮肥和磷肥的作用外，还可以分析氮和磷之间的交互作用，从中选出最优处理组合。作物生长受到许多因素的综合作用，采用多因素试验，有利于探究并明确对作物生长有关的几个因素的效应及其相互作用，能够较全面地说明问题。多因素试验的效率常高于单因素试验。多因素试验又可分为二因素试验、三因素试验、四因素试验……

(3) 综合性试验。综合性试验(comprehensive experiment)是指在同一试验中包含两个或两个以上的试验因素，但各因素的各水平不构成均衡的处理组合，而是将试验因素的某些水平结合在一起形成少数几个处理组合的试验。这也是一种多因素试验，但与上述多因素试验不同。一般不能分析各因素不同水平之间的简单效应、因素之间的相互作用效应，而重点在于探讨多个供试因素某些处理组合的综合作用。这种试验目的性强，工作量小，分析简单，效率更高。综合性试验是通过单因素试验、多因素试验或调查研究，对起主导作用的因素及其相互关系基本清楚的基础上设置的试验，它的处理组合就是一系列经过实践初步证实的优良水平的配套。例如，选择一种或几种适合当地条件的综合性丰产栽培技术作为试验处理与当地常规技术作比较，从中选出优良的栽培技术用于生产。

单因素试验和多因素试验常是分析性的试验，综合性试验多用于模式化栽培技术的研究。

（二）按其他方法分类

按试验内容分为：品种比较试验、栽培试验、土壤肥料试验、病虫害防治试验等。

按试验的规模与年限分为：单点试验、一年多点试验、多年多点试验。

按试验小区大小分为：大区试验、小区试验、微区试验。

总的来说，田间试验都可归为单因素试验、多因素试验和综合性试验。

三、制订试验方案的基本要求

试验方案(experimental scheme)是指选择试验因素、设置因素水平与确定拟进行比较的全部处理或处理组合的总称。单因素试验方案就是对某个所选试验因素水平的设置；多因素试验就是选择多个因素，设置其水平，明确试验的处理组合。

制订一个正确有效的试验方案，应注意以下几个方面。

（一）有明确的试验目的

制订试验方案时，应通过查阅文献资料、调查交流，掌握目前农业科学研究理论上或生产实际中存在的问题，明确试验目的，抓住主要问题，突出重点，制订出科学合理的试验方案，并对其可行性作出评价。同时，对所研究的问题有较深入的了解，在某种程度上对试验结果作出预测。

（二）供试因素及其水平要适当

供试因素一般不宜过多，应该抓住主要因素。每个因素的水平数目和间距要适当，使各水平的间隔能有明显的差异，预期试验结果有明显的变化，并把最佳水平范围包括在内。例如，一个小麦播种深度试验，其播种深度(cm)设 1.0、1.5、2.0、2.5、3.0、3.5、4.0、4.5、5.0、5.5、6.0、6.5、7.0 13 个水平。该试验水平较多，虽然包括了最佳深度，但各水平之间的深度仅差 0.5cm，在实际操作时，播种深度一般需相差 1cm 左右，其效应因受播种误差的干扰而不易有规律性地显示出来。如果将各水平间隔增至 1.5cm，播种深度(cm)改为 1.0、2.5、4.0、5.5、7.0 5 个水平。这样既使水平间隔有了明显的差异，又减少了水平数，设计更趋于合理。试验方案中各因素水平间距一般为等间距，或成比例变化，也可以是不等间距，但在分析时要对试验结果加以处理。

如果涉及的试验因素多，一时难以取舍，或对各因素最佳水平的可能范围难以作出估计，这时可以将试验分步进行，先选择 1 个或 2 个关键性因素进行单因素或二因素的试验，待明确其效果后，再以此为基础进行其他因素的试验。多因素试验要在单因素试验的基础上进行，试验应力求简单、明了，单因素试验能解决的就不一定采用多因素试验。同时，可以选择一些较新的试验设计与统计分析方法。由于单因素试验时试验条件有一定的局限性，可以考虑将某些与试验因素可能有互作(特别是负互作)的条件作为试验因素一起进行多因素试验，或同一单因素试验在多种条件下分别进行试验。

（三）设置对照处理

对照(check，CK)是指在试验中设置的，用于与试验处理效应比较的处理或水平。任何试验都不能缺少对照，否则就不能真实反映试验的处理效应。农业试验中对照应该是当地推广的良种或最广泛应用的栽培技术措施。例如，在品种比较试验中，以统一规定的同一生态区域内使用的标准(对照)种或当地推广的良种作为对照；在肥料试验中，以不施肥作为对照；在杂种优势的比较试验中，必须以亲本作为对照等。

（四）遵循比较之间的唯一差异原则

唯一差异原则是指在试验中除了供试的处理之间存在差异外，供试材料及试验条件应严格控制在相同的水平上。例如，某玉米种植密度试验，设 5 个密度(万株/hm^2)：3.75、4.50、5.25、6.00、6.75，这个试验的因素为种植密度，密度的不同是该试验处理之间的唯一差异，其他条件，如播种、施肥、灌水、中耕等一切栽培管理措施都应相同。又如叶面喷施磷肥的试验方案中如果设喷磷(A)与不喷磷(B)两个处理，A 处理有水、B 处理没有水，因此，A-B 的效应既含有磷的作用，也有水的作用，这时磷和水的作用混杂在一起不能区分。若设一个与 A 处理喷等量水(C)的处理，则 C-B 的效应为水的作用、A-C 的效应为磷的作用，就可区别磷和水的作用。若不分析水的作用，则这个试验可只设喷磷(A)和喷等量水(C)两个处理。试验方案中只有遵循比较之间的唯一差异原则，才能更正确地解析出试验因素的效应。

（五）正确处理试验因素与试验条件之间的关系

根据唯一差异原则，一个试验中除了供试因素的水平之间应存在差异外，其他试验条件都应保持在相同的水平上。而供试因素的试验结果直接受试验条件的影响，在一种条件下获得的结果，在另一种条件下就不能重演；另外，供试因素在一种条件下的增产效果和在另一种条件下的增产效果是不一样的，特别是那些与试验因素存在互作的试验条件更是如此。例如，施氮肥试验，因为氮肥与磷肥、钾肥、密度等试验条件存在互作，在进行试验时，首先要考虑选择试验实施区域的施磷钾肥水平和适宜的密度条件。因此，在制订试验方案时，要求试验条件不但要有一致性，还要有代表性和典型性，以充分发挥各因素的作用。

四、制订试验方案的基本方法

试验方案的制订是选择试验因素、设置因素水平与确定拟进行试验的全部处理的过程，而试验的实施都是以处理为单元进行的，因此，试验方案是全部试验工作重要的组成部分。

（一）单因素试验方案

单因素试验是指只设定、比较一个因素内不同的水平效应的试验，试验方案所确定的处理是由一个因素及其所有水平构成的。例如，一个马铃薯品种播种期试验方案的制订，试验因素为播种期，播种期(月/日)为：4/20、4/27、5/4、5/11、5/18，共 5 个处理，分别用 B_1、B_2、B_3、B_4、B_5来表示，这就是一个单因素试验方案。试验方案中如何确定因素与水平参见“制订试验方案的基本要求”中的内容。

（二）多因素试验方案

多因素试验是指同一个试验中包含两个或两个以上的试验因素，每个因素都有不同水平的试验，试验方案所确定的每个处理组合是由多个因素及其水平构成的。在列出处理组合时，要求供试的每一个因素及其每个水平都要组合一次，处理组合数等于各供试因素水平数的乘积。例如，品种和播种期二因素栽培试验，试验中，品种以 A 代表，设 3 个品种，分别用 A_1、A_2、A_3表示；播种期以 B 代表，设 4 个水平，分别用 B_1、B_2、B_3、B_4表示。则试验共有 12 个处理组合，分别为 A_1B_1、A_1B_2、A_1B_3、A_1B_4、A_2B_1、A_2B_2、A_2B_3、A_2B_4、A_3B_1、A_3B_2、A_3B_3、A_3B_4，如表 1-2 所示。

表 1-2　品种和播种期二因素试验处理组合

A 因素	B 因素			
	B_1	B_2	B_3	B_4
A_1	A_1B_1	A_1B_2	A_1B_3	A_1B_4
A_2	A_2B_1	A_2B_2	A_2B_3	A_2B_4
A_3	A_3B_1	A_3B_2	A_3B_3	A_3B_4

这种由供试各因素所有水平组合构成的试验方案称为完全实施的试验方案，这种试验方案的处理数或处理组合数等于各供试因素水平数的乘积。

在多因素试验中，随着试验因素和水平数的增多，试验处理数会大幅度的增加，如一个三因素三水平的试验就有 27 个处理，由于处理数过大会增加试验实施的难度和误差，这时，可以由完全实施的试验处理中选择部分处理进行试验，这样的试验方案称为不完全实施的试验方案，如正交设计、二次正交旋转回归设计、最优设计等。

（三）综合性试验方案

综合性试验的处理组合是指由多个因素的某些水平结合在一起形成的多因素试验，综合性试验方案是通过单因素试验、多因素试验或调查研究，在对起主导作用的因素及其相互关系基本清楚的基础上，从中选出部分较优良的水平组合后所获得的方案，属于不完全试验方案。例如，上述品种和播种期二因素试验得到 A_1B_3、A_2B_2两个组合表现较好，而 A_1 和 A_2 品种的氮、磷二因素试验较优良的组合都是 N_3P_2 和 N_2P_2，这样就可以得到 $A_1B_3N_3P_2$、$A_1B_3N_2P_2$、$A_2B_2N_3P_2$、$A_2B_2N_2P_2$ 4 个处理组合的综合性试验方案。

复习思考题

1.1　田间试验的特点及田间试验的基本要求是什么？

1.2　什么是误差、系统误差、随机误差、准确度、精确度？

1.3　试验误差与试验的准确度、精确度之间有什么关系？

1.4　什么是唯一差异原则？如何理解？

1.5　田间试验的误差来源及其控制途径有哪些？

1.6 何为试验指标、试验因素、因素水平、试验处理?

1.7 什么是试验效应、简单效应、平均效应、交互效应?如何进行计算?

1.8 田间试验按其供试因素的多少可分为哪几种?各有何特点?

1.9 什么是试验方案?制订试验方案的基本要求是什么?试结合所学专业说明如何制订一个正确的试验方案。

1.10 一个小麦氮肥(N)单因素试验，N_1处理小区产量为15kg、N_2处理小区产量为25kg，试求氮肥的简单效应。

1.11 一个小麦氮、磷(N、P)肥料二因素试验，其小区产量结果见表1-3。试计算氮肥的平均效应，磷肥的平均效应，氮、磷肥的交互效应。

表 1-3 小麦氮、磷二因素试验产量结果 (单位：kg)

P水平	N水平	
	N_1	N_2
P_1	10	15
P_2	13	20

第二章　田间试验设计

田间试验设计(field experiment design)通常是指试验小区的设置与排列方法。田间试验设计的目的是降低试验误差，提高试验的精确度，获得对试验误差的无偏估计。

第一节　田间试验设计的原则

一、设 置 重 复

田间试验中同一处理种植的小区数(试验单元数)即为重复次数。例如，同一处理种植 3 个小区就为 3 次重复。

重复的第一个作用是估计试验误差。随机误差是客观存在的，但只能由同一处理的 2 次以上重复试验结果之间的差异估计。如果试验的各处理无重复设置，则无法估计随机误差。

重复的第二个作用是降低试验误差，以提高试验的精确度。同一处理的多次重复试验所得试验结果的平均值($\bar{x}$)，是能做到的处理真值(μ)的最准确估计。数理统计学已证明，平均数的抽样误差($s_{\bar{x}}$)的大小与重复次数(n)的平方根成反比，即 $s_{\bar{x}}=s/\sqrt{n}$，重复增多时误差会变小。如果两个处理之间都用其相应的平均数进行比较时，当处理重复数(n)合理的大时，平均数($\bar{x}$)的误差就足够小，这样两个处理之间的比较主要是理论真值估计值之间的比较，结论就会更客观而可靠。此外，单一试验所得的结果易受极端条件的影响，使处理之间的比较出现偏差，就会得出不可靠的结论。因而，在试验中要设置重复。

二、随 机 排 列

随机排列(random assortment)是指试验中的任一处理安排在任何一个试验小区(试验单元)上都是随机的、机会都是同等的。随机可使每个观察值或随机误差是独立分布的，各处理的试验单元的随机排列和顺序排列是对立的，顺序排列往往会带来系统误差。例如，在一个有系统误差的试验地上，对 A、B、C 3 个产量相近的玉米品种进行品种比较试验，重复 4 次。如果按照顺序排列的方式进行试验[图 2-1(a)、(b)]，试验的结果往往会得出 A 品种最优、B 品种次之、C 品种最差。若按照随机排列的方式进行试验[图 2-1(c)、(d)]，A、B、C 的 4 个小区安排较合理，所得结果会更真实。随机排列的实质就是通过试验单元的排列来消除试验单元之间的系统误差，用各处理重复数据的平均值来无偏地估计处理的真值。随机排列与重复结合，可提供无偏的试验误差估计值，以提高试验的准确度和精确度。

随机数的生成有 3 种方法。

1. 抽签法(略)

2. 查随机数字表法

处理的随机可借助于附表 1 随机数字表产生随机数字。例如，有一个设置了 6 个处理的

肥力由高到低 ——→

A	A	A	A	B	B	B	B	C	C	C	C

(a)

A	B	C	A	B	C	A	B	C	A	B	C

(b)

C	A	C	B	C	B	A	B	C	A	A	B

(c)

B	C	A	C	B	A	B	C	A	C	B	A

(d)

图 2-1　玉米品种比较试验田间排列

试验，在进行试验处理的随机排列时，先将处理分别给以 1、2、3、4、5、6 编号，然后从随机数字表任意一点起横向读数，去掉重复数，保留 1～6 的数，即可得到 6 个处理的随机排列次序，即从附表 1 第 6 行第 6 列开始，数字次序为 9、3、5、7、2、2、5、2、5、5、7、1、5、4、4……去掉 0 及大于 6 的数字及重复数字，得到的 6 个随机排列的数为 3、5、2、1、4、6。若试验的处理数多于 9 个，在利用附表 1 随机数字表产生随机数字时，先将随机数字表连续两个数看成两位数读取，再将最大整数倍至 100 的两位数去掉，然后取两位数除以处理数所得余数作为新产生的随机数，最后去掉重复数字，即可得到各处理的随机排列的数。

3. 计算机(器)生成法

计算器生成随机数法：首先利用标准函数 RND 在区间(0，1)内生成一个大于或等于 0 小于 1 的伪随机数，然后乘以预先给定的最大小区数或处理数 N，并对其取整加 1。重复以上操作，去掉有重复的数字，就可以得到数字 1～N 的序列整随机数，即 $N=\text{INT}[N\times \text{RND}(\ )]+1$。在计算器上生成随机数的操作，可参考其说明书，不同的计算器操作方法不同。

在 Excel 中生成随机数法：以生成 1～12 的随机数为例。打开 Excel 工作表，选择要输出随机数的单元格，然后点击【插入】→【函数】，打开“插入函数”对话框，在“选择类别”下拉列表中选择“数学与三角函数”，在“选择函数”列表框中选择 RANDBETWEEN 函数。点击【确定】，打开“函数参数”对话框(图 2-2)，在 Bottom 框中输入最小整数“1”，在 Tom 框中输入最大整数，如“12”，再点击【确定】，即可生成一个 1～12 的随机数。然后复制该单元格，向下选择 12 个(一般为最大随机数的 2.5 倍以上)以上单元格【粘贴】，即可生成所选单元格个数的随机数，去掉重复的随机数后，即可得到所需的一组随机数。

三、局 部 控 制

图 2-1(c)和(d)的排列都遵循随机排列，但可以看出，在图 2-1(c)中，前 6 个小区 C 品种种植了 3 个、A 品种种植了 1 个，后 6 个小区 C 品种种植了 1 个、A 品种种植了 3 个，这是不十分合理的，对于 A 和 C 品种来说还存在一定的系统误差；在图 2-1(d)中，将试验地分成了 4 段(用双线分隔)，每段包括 3 个小区，随机种植 3 个品种，这较前一种排列方法更合理，对消除系统误差更有效。后一种排列方法称为局部控制。

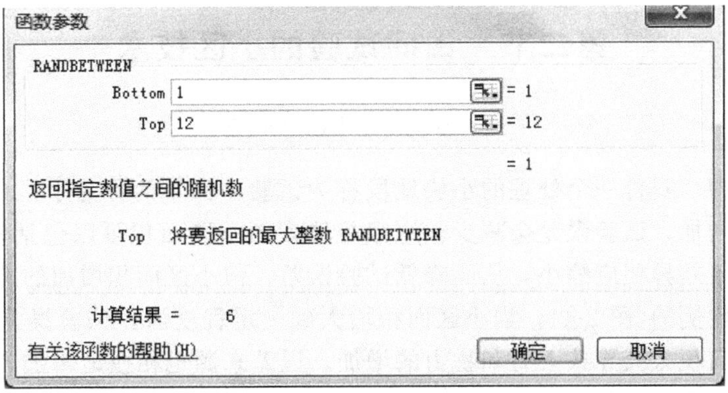

图 2-2　Excel“函数参数”对话框

局部控制(local control)是指将整个试验环境分成若干个相对最为一致的小环境，再在小环境内安排一个试验全部处理的方法，即在田间分范围、分地段地控制土壤差异等非处理因素，使之对各试验处理小区的影响达到最大程度的一致。田间试验设置重复的目的在于降低误差，但是增加了重复，由于相应增加了试验地的面积，必然会增大土壤差异。为了克服这种困难，按照田间试验的“局部控制”原则，将试验地按重复次数划分为相同数目的区组，再在每一个区组内按供试处理数目划分小区，安排全部处理。这种试验设计，在统计分析时可以将受土壤差异影响较大的区组间差异(误差)区分开来。这样，试验误差的来源只限于区组内较小块地段的微小土壤差异，与因增加重复而扩大试验地所增大的土壤差异无关。因此，局部控制可有效地降低试验误差。

采用上述设置重复、随机排列和局部控制 3 个基本原则而做出的田间试验设计，配合适当的统计分析，既能准确地估计试验处理效应，又能获得无偏的、最小的试验误差估计，因而对所要进行的各处理之间的比较能作出可靠的结论。

田间试验设计 3 个基本原则的关系及其作用见图 2-3。

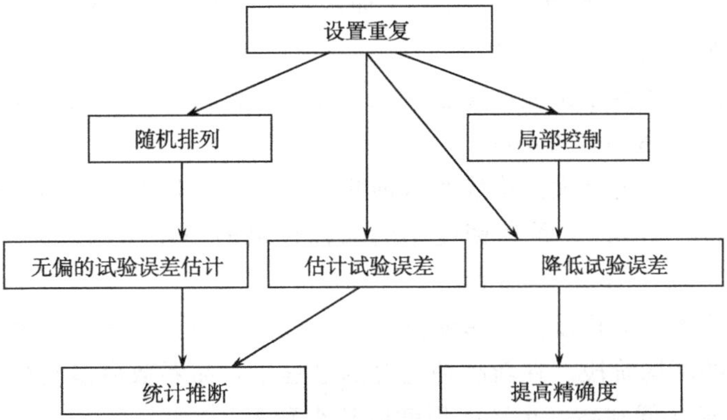

图 2-3　田间试验设计 3 个基本原则的关系和作用

第二节　田间试验的小区技术

一、试验小区的面积

在田间试验中，安排一个处理的小块地段称为试验小区，简称为小区(plot)。在一定范围内，小区面积增加，试验误差会减少，原因是较大的小区面积可以包括较多的土壤差异，使小区之间的土壤差异相应缩小，从而降低试验误差。但小区面积增加的速度与降低试验误差的效果不是同比例的(图 2-4)，当小区面积增大到一定程度后，试验误差的降低就不明显了，反而因小区面积太大导致人力和物力的增加，误差来源也相应地增加，不如增加重复次数有利。精确度随小区面积增大而提高，但随着减少重复次数而有所损失。试验证明，增加重复次数比增大小区面积更能有效地降低试验误差。因此，确定小区面积要与重复次数结合起来综合考虑，在保证重复次数的基础上，适当增大小区面积，以提高试验精确度。

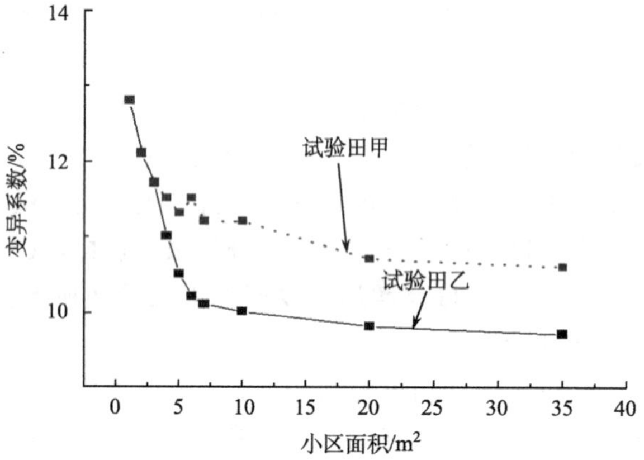

图 2-4　变异系数与小区面积大小的关系

试验小区面积的大小一般为 10～30m²。而示范性试验的小区面积不小于 330m²。

确定小区面积应考虑以下几个方面。

(1) 试验种类。为了便于试验的实施，机械化栽培试验、灌溉试验及病虫害试验等的小区面积应大些，而品种试验则可小些。

(2) 作物种类。种植密度大的作物小区面积可小一些。例如，水稻、小(大)麦品种比较试验的小区面积为 10～15m²。种植密度小的大株作物的小区面积应大一些。例如，棉花、玉米、甘蔗等的小区面积为 20～30m²。

(3) 试验地土壤差异的程度。土壤差异大，小区面积应大一些；反之，应小一些。

(4) 育种工作的不同阶段。在新品种选育的过程中，品系数由多到少，种子数量由少到多，对精确度的要求从低到高，小区面积就应从小到大。

(5) 试验地面积。如果有较大的土壤肥力较均匀的试验地，小区面积可适当大一些。

(6) 试验过程中的取样需要。试验过程中如果需要取样进行各种测定时，则要增大试验小区面积。也可通过增加取样处理的重复数来满足试验取样的需要。

(7) 根据邻区的影响确定。相邻小区之间的影响主要是边际效应和生长竞争。边际效应是指小区两边或两端的植株与中间植株生长环境的不一致而表现的差异，一般前者的植株因占较大空间而长势旺盛。生长竞争是指当相邻小区种植不同品种或相邻小区施用不同肥料时，由于株高、分蘖力或生长期的不同，将有一行或更多行受到影响，这种在生长上相互之间的影响为生长竞争。邻区之间的影响因不同性状及其差异大小而有所不同。边际效应和生长竞争大的应增大小区面积，在收获时，一般应去掉 1 行或 2 行的边行，两端各去掉30～50cm 的植株，这样留下的面积称为收获面积或计产面积。

二、小区的形状

小区的形状是指小区长度与宽度的比例。适当的小区形状可以控制土壤差异，提高试验精确度。一般情况下，采用长方形，尤其是狭长形小区能较多地包括不同肥力的土壤，相应减少小区之间的土壤差异。但在边际效应和生长竞争大的试验中，应尽量采用方形或近方形的小区，这是因为面积相等的小区，方形的小区周长最短，这样可以减少小区之间的相互影响。在土壤肥力呈梯度变化时，小区的长边一般应与土壤肥力梯度平行。

长宽比的确定：小区面积大的长宽比可大一些，为(3～10)∶1；小区面积小的长宽比应小一些，为(2～5)∶1。种植行距较小的作物时小区长宽比可大一些，行距大的长宽比可小一些。以种植适宜的行数，来实现降低试验误差、提高试验精确度的目的。

三、重 复 次 数

从理论上来讲，试验处理重复次数越多，试验误差越小。但重复次数多于一定数量后，对误差的减少作用降低，精确度的增进不大，反而因试验地面积和田间操作管理工作量的大大增加，降低了它的作用，且不经济。

对于面积一定的试验地，要考虑小区面积与重复次数之间的得失，因为增大了小区面积，重复次数就会减少，试验精度虽可因增大小区面积而提高，但也会因减少重复次数而降低，所以总的来说，在保证合适的最小面积下，增加重复次数更为有利。重复次数的多少，一般应根据试验所要求的精确度、试验地面积、试验地土壤差异大小、小区大小、试验材料(如种子)的数量等具体情况来决定。精确度要求高的试验，重复次数应多一些。试验地面积大的，可设较多重复。试验地土壤差异较小的，重复次数可少一些；土壤差异较大的，重复次数应多一些。小区面积较小的试验，重复次数应多一些；小区面积大的，重复次数可少一些。试验材料的种子数量较少的，重复次数应少一些；种子数量较多的，精度要求高，重复次数可多一些。一般试验重复 3 次或 4 次，生产性示范试验 2 次重复即可。

四、对照区的设置

为了鉴别处理效应，田间试验应设置对照区(CK)。对照是作为与处理区比较的标准。对照处理应该是当地推广的良种或最广泛应用的栽培技术措施，对于施肥或灌水试验应设不施肥或不灌水处理作为对照。

设置对照区的目的：①作为衡量其他处理优劣的标准。②估计和矫正试验田的土壤差异。在整个试验地内均匀地设置多个对照区后，可依据对照区的产量变化，估计试验地土壤肥力变化，必要时可将各处理的产量试验结果矫正到与各小区土壤肥力相同的水平上进行比较，从而减少或消除土壤差异产生的影响。

五、保护行的设置

保护行是指试验地周围种植几行相同的不计产量的作物。为了使供试处理小区不受空旷地或某些特殊环境的影响，避免边际效应，保护试验材料不受外来因素，如人、畜等的践踏和损害，必须在试验地的四周设置保护行。

保护行的设置数目依作物而定，禾谷类作物为 4 行以上，株形较大的作物为 3 行以上。一般情况下，同一试验的小区之间、重复之间不设置保护行。保护行种植的品种，一般用对照品种，或为较早熟的品种。

六、重复区(区组)和小区的排列

将全部处理小区(试验单元)分配于具有相对同质的一块土地上，称为一个区组(block)。将一个重复的全部处理安排在一个区组上，重复数与区组数相同的田间试验排列方式为完全区组排列；当处理数较多时，每个区组只能安排部分处理，使得一个重复安排在 2 个以上区组上的田间试验排列，称为不完全区组排列。不完全区组排列会增加同一重复内处理之间的土壤差异，只有土壤差异较小时才允许使用。

田间重复区的排列依试验地的形状、地势、土壤差异等而定。排列形式有两种：①集中式，即所有重复相邻地排列在同一块试验地，排成一排或多排；②分散式，各重复排列在不同的地块或同一地块的不同部位，可以将一个或几个重复放在一起。重复区和小区排列的原则是同一重复区内各小区之间的土壤肥力应尽可能相对一致，而不考虑不同重复之间是否存在差异。因为重复之间(区组之间)的差异可通过一定的统计分析方法将其扣除，它并不增大试验误差；而重复区(区组)内各小区之间的差异越小，越能有效地减少试验误差，提高试验的精确度。

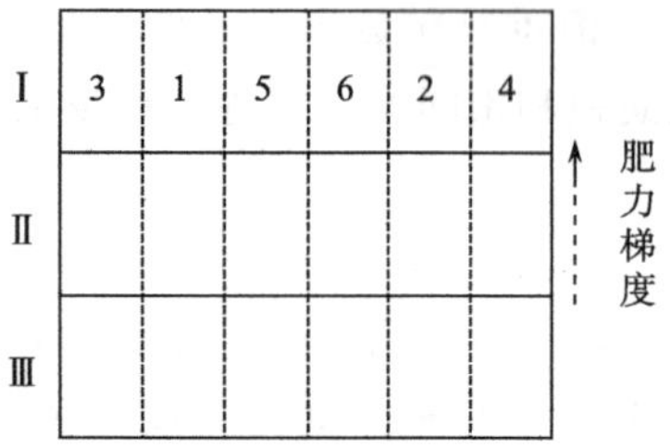

图 2-5　根据土壤肥力变化趋势确定小区排列方向

Ⅰ、Ⅱ、Ⅲ代表重复；1、2、…、6 代表处理

在试验地肥力呈梯度变化时，区组排列方向与试验地肥力梯度变化方向平行，小区(处理)的排列方向与肥力梯度方向垂直(图 2-5)，小区的长边与肥力梯度方向平行。试验地为坡地时，同一重复(区组)的各小区应设置在同一等高线上。

第三节　常用的田间试验设计

根据处理小区在各重复区中的排列方式，将常用的田间试验设计分为顺序排列的试验设计和随机排列的试验设计两大类。前者常用在处理数量大、精确度要求不高、不需要作统计推论的早期试验或预备试验中，它注重的是试验实施的方便性；后者常用于处理数较少、对精确度要求较高、必须对试验结果进行精确的统计分析的试验中，它注重的是合理的试验误差估计。

一、顺序排列的试验设计

顺序排列的试验设计是指在重复区内将各处理作顺序排列。这种排列方法的优点是设计简单、操作方便，可按品种成熟期、株高等排列，能减少边际效应和生长竞争。缺点是各处理在小区内的安排不随机，所以不能无偏估计试验误差，理论上不能应用统计分析进行显著性测验，尤其是有明显土壤肥力梯度时，处理之间比较会产生系统误差。它包括对比法设计和间比法设计。

（一）对比法设计

（1）设计方法。对比法设计(contrast design)是指在每一个重复区中，将各处理按照一定顺序(如植株高度、成熟期早晚等)进行排列，每隔 2 个处理设置一个对照。

（2）设计特点。每一处理均直接与对照区相邻，处理小区与相邻对照区的土壤差异较小，在每个处理与其相邻的对照区比较时，结果更精确。但该设计的对照要占试验地面积的 1/3，土地利用率低，不易安排较多的处理数。

（3）排列方式。试验处理在不同重复区内的排列可采用阶梯式(图 2-6)或逆向式(图 2-7)。

Ⅰ	1	CK	2	3	CK	4	5	CK	6
Ⅱ	3	CK	4	5	CK	6	1	CK	2
Ⅲ	5	CK	6	1	CK	2	3	CK	4

图 2-6　6 个处理 3 次重复的对比法排列(阶梯式)
Ⅰ、Ⅱ、Ⅲ代表重复；1、2、…、6 代表处理；CK 代表对照

Ⅰ	1	CK	2	3	CK	4	5	CK	6
Ⅱ	6	CK	5	4	CK	3	1	CK	1
Ⅲ	1	CK	2	3	CK	4	5	CK	6

图 2-7　6 个处理 3 次重复的对比法排列(逆向式)
Ⅰ、Ⅱ、Ⅲ代表重复；1、2、…、6 代表处理；CK 代表对照

（4）应用范围。这种试验设计多用于育种前期的鉴定或品种的比较及示范试验。

（二）间比法设计

1. 设计方法

间比法设计(interval contrast design)是指在每一个重复区中，将各处理按照一定顺序(如植株高度、成熟期早晚等)进行排列，每一重复区中的第一个小区和末尾的小区一定是对照(CK)区，每 2 个对照之间排列 2 个以上相同数目的处理小区，一般间隔 4～8 个处理(根据土地的均匀程度来确定间隔的处理数)。

2. 设计特点

间比法设计利用了重复和局部控制原则，在减小土壤差异引起的误差方面有一定的作用，但与对比法设计相比试验的精确度要低。另外一个特点是对照所占试验地较对比法要少得多，适宜安排较大量的处理数。

3. 排列方式

试验处理在不同重复区内的排列可采用阶梯式或逆向式(图 2-8)。如果一块土地上不能安排整个重复的小区，则可在第二块土地上接下去，但是开始时仍要种一对照区，称为额外

对照(Ex. CK)，如图 2-9 所示。

Ⅰ	CK	1	2	3	4	CK	5	6	7	8	CK	9	10	11	12	CK	13	14	15	16	CK
Ⅱ	CK	16	15	14	13	CK	12	11	10	9	CK	8	7	6	5	CK	4	3	2	1	CK
Ⅲ	CK	1	2	3	4	CK	5	6	7	8	CK	9	10	11	12	CK	13	14	15	16	CK

图 2-8　16 个品种 3 次重复的间比法排列(逆向式)

Ⅰ、Ⅱ、Ⅲ代表重复；1、2、3…代表品种；CK 代表对照

Ⅰ	CK	1	2	3	4	CK	5	6	7	8	CK	9	10	11	12	CK	13	14	15	16	CK
	CK	32	31	30	29	CK	28	27	26	25	CK	24	23	22	21	CK	20	19	18	17	Ex. CK
Ⅱ	CK	5	6	7	8	CK	9	10	11	12	CK	13	14	15	16	CK	17	18	19	20	CK
	CK	4	3	2	1	CK	32	31	30	29	CK	28	27	26	25	CK	24	23	22	21	Ex. CK
Ⅲ	CK	9	10	11	12	CK	13	14	15	16	CK	17	18	19	20	CK	21	22	23	24	CK
	CK	8	7	6	5	CK	4	3	2	1	CK	32	31	30	29	CK	28	27	26	25	Ex. CK

图 2-9　32 个品种 3 次重复的间比法排列(阶梯式)

Ⅰ、Ⅱ、Ⅲ代表重复；1、2、3…代表品种；CK 代表对照；Ex. CK 代表额外对照

4. 应用范围

间比法设计多用于品系(种)鉴定圃试验，或要求不高但处理数目多的育种前期试验。

二、随机排列的试验设计

在随机排列的试验设计中，试验的每一个处理安排在各试验小区(或试验单元)时的排列都是随机的。这种设计方法的试验结果可靠性较高，试验误差小，可无偏地估计试验误差，能对试验结果进行精确的统计分析。随机排列的试验设计方法有多种，根据试验单元在试验空间中的排列方式，可将试验分为完全随机设计、完全随机区组设计、裂区设计、条区设计、拉丁方设计和再裂区设计等。

(一) 完全随机设计

1. 设计方法

完全随机设计(completely randomized design)是指将各重复处理以同等的机会随机分配到各个试验单元(或小区)中，每一个处理的重复数可以相等，也可以不相等。例如，要测定 4 种不同药剂对玉米苗高的作用效应，该试验包括对照(只用水)在内，共 5 个处理，若用盆栽进行试验，每盆玉米为一个试验单元，每个处理各种植 4 盆(重复 4 次)，共应种植 20 盆。

随机排列时先将每盆玉米随机编号 1、2、3、…、20，然后利用随机数字生成法的任意一种方法得到第一个处理的 4 个编号为(15、13、19、8)，再从余下的 16 个编号中随机抽取 4 个得第二个处理的 4 个编号为(12、11、18、5)，依此类推，第三个处理的 4 个编号为(9、7、1、14)，第四个处理的 4 个编号为(3、4、10、16)，第五个处理的 4 个编号为(20、17、6、2)。

2. 设计特点

完全随机设计按重复和随机两个原则设计试验，这种设计对试验单元的安排灵活机动，处理数与重复次数不受限制，单因素或多因素试验皆可应用，分析简便，只能估计一种试验误差。但应用此类设计要求试验条件要相当一致。

3. 应用范围

完全随机设计试验要求的环境因素条件非常高，一般用于土壤肥力均匀一致的田间试验、实验室培养试验，以及网棚、温室的盆栽试验。

（二）完全随机区组设计

1. 设计方法

完全随机区组设计(randomized complete block design)是指先将试验地按肥力梯度变化方向划分为等于各处理重复次数的区组，然后在每一个区组内独立地随机安排全部处理的试验设计方法，简称为随机区组设计(randomized block design)。例如，一个包括 6 个处理 3 次重复的随机区组试验设计，先将试验地按肥力梯度划分为区组Ⅰ、Ⅱ、Ⅲ[图 2-10(a)]，再在第Ⅰ个重复区内划分为等面积的 6 个(处理数)小区，然后，利用随机数字生成法产生 1～6的随机数(如 3、1、5、6、2、4)，依次将 1～6 编号的 6 个处理安排在对应的小区内[图 2-10(b)]；按照此方法完成第Ⅱ、第Ⅲ两个重复区内处理的随机排列[图 2-10(c)]。

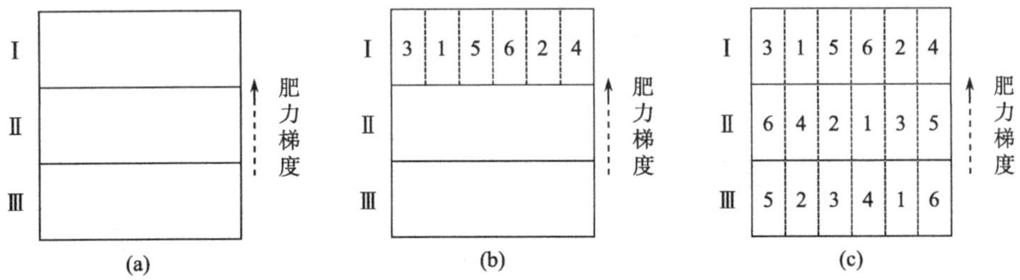

图 2-10　6 个处理 3 次重复随机区组排列

Ⅰ、Ⅱ、Ⅲ代表重复；1、2、…、6 代表处理

2. 设计特点

这种设计方法可有效地避免系统误差的产生，尤其是有明显土壤肥力梯度时。按设置重复、随机排列和局部控制 3 个原则设计试验小区。尽可能使区组数和重复数相等，每个重复的处理数相等。若处理数较多时，可将同一重复全部处理的小区布置成两排，使区组之间最大限度地占有土壤差异，而使同区组内各小区之间的差异尽可能小。其优点是：①设计简单；②能提供无偏的误差估计，并有效地减少单向的肥力差异，降低误差；③可估计两种试验误差；④对试验地的地形要求不严。其缺点是：处理数不能太多，一般不超过 20 个。因处理数多时，区组必然增大，局部控制的效率降低，而且只能控制一个方向上的土壤差异。

3. 应用范围

适用于处理数较少，土壤肥力在一个方向上有明显差异的单因素或多因素田间试验，或多批次的室内试验与盆栽试验，应用范围广。

（三）裂区设计

裂区设计(split-plot design)是指多因素随机区组试验的一种设计形式。在多因素试验中，如果处理组合数不太多，各因素的效应同等重要时，采用随机区组设计；如果处理组合数较多，各因素的重要性不同，且对重要因素的考察又有较高精度要求时，可采用裂区设计。

1. 设计方法

裂区设计步骤如下：①将试验地按肥力梯度变化方向划分为等于各处理重复次数的区组；②在每一个区组内按第一个因素的水平数划分主区因素的小区，并将第一个因素的各水平随机排列于各区组内主区因素的小区中；③在这个主区因素的小区内再按第二个因素的水平数划分副区因素的小区，并将第二个因素的各水平随机排列于主区内各副区因素的小区中。按主区因素所划分的小区称为主区(main plot)。主区内按各副区因素划分的小区称为副区，也称为裂区(split-plot)。从第二个因素来讲，一个主区就是一个区组，但是从整个试验所有处理组合来讲，一个主区仅是一个不完全区组。由于这种设计将主区分裂为副区，所以称为裂区设计。

例如，一个小麦品种与播种期的二因素试验，现设有 4 个品种，以 A_1、A_2、A_3、A_4 表示；设 3 个播种期，以 B_1、B_2、B_3 表示；重复 3 次，以 Ⅰ、Ⅱ、Ⅲ 代表。以播种期为第一个因素、品种为第二个因素进行裂区试验设计，先将试验地按肥力梯度变化方向划分为等于各处理重复次数的 3 个区组(Ⅰ、Ⅱ、Ⅲ)，使每个区组内的土壤肥力达到最大程度的一致[图 2-11(a)]；再在每一个区组内按第一个因素播种期的水平数划分 3 个主区，并将各播种

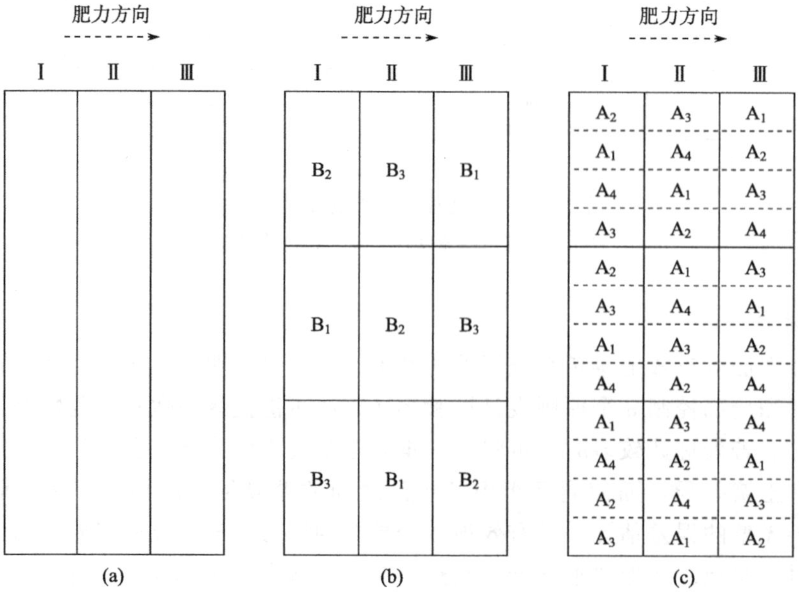

图 2-11　小麦品种与播种期二因素试验的裂区设计

期随机排列在内[图 2-11(b)]；然后在每一个主区内按第二个因素品种的水平数划分 4 个副区，并将各品种随机排列在内[图 2-11(c)]。这就将小麦品种与播种期二因素试验各处理按裂区试验设计的方法安排在各试验小区内。如果副区的水平较多时，可将副区在主区内的排列变为 2 列(2 行)。

2. 设计特点

这种设计的特点是主区因素分设在主区，并在主区内随机排列；副区因素则分设于每一个主区内的副区，并在副区内随机排列。副区之间比主区之间更为接近，因而副区因素各水平之间的比较比主区因素各水平之间的比较更为精确。裂区设计与多因素试验的随机区组设计在小区排列上有明显的差别，在随机区组中，两个或更多因素的各个处理组合的小区都均等地随机排列在同一个区组内，而在裂区设计时是不完全随机的。

3. 应用范围

裂区设计多应用于以下列几种情况。

(1) 在试验实施和管理上要求一个因素的各种处理比另一个因素的处理可能需要更大的面积时，宜采用裂区设计。应将需要更大面积的因素作为主区因素，另一个因素作为副区因素。例如，播种期、肥料、灌溉等试验，播种期、肥料施用量、灌水量等因素宜作为主区排列；而另一个因素，如品种等，则可设置为副区排列。

(2) 试验中某一个因素的主效比另一个因素的主效更为重要而要求更精确的比较，或两个因素之间的交互作用比其主效是更为重要的研究对象时，宜采用裂区设计，将要求更高精确度的因素作为副区因素，另一个因素作为主区因素。

(3) 二因素试验设计中，若某一个因素的效应显著地高于另一个因素的效应时，也采用裂区设计，将可能表现较大效应的因素作为主区因素，可能表现较小效应的因素作为副区因素，以有利于发现副区因素各水平之间的差异。

(四) 条区设计

1. 设计方法

设一个试验有 A、B 两个因素，第一个因素(A 因素)有 4 个水平，第二个因素(B 因素)有 3 个水平，共计 12 个处理、3 次重复。该试验的条区设计过程为：先将试验地划分为 3 个区组，再在每个区组内先划分为若干个纵向小区，安排第一个因素(A 因素)的各个水平[图 2-12(a)]；然后再将各区组划分为若干个横向小区，安排第二个因素(B 因素)的各个水平[图 2-12(b)]，这种设计方式称为条区设计(strip blocks design)。

2. 设计特点

从图 2-12(b)可以看出，A、B 两个因素的各水平都做了随机排列，但其各处理并不是完全的随机排列。同时，两个因素的各个水平互为次级区组。例如，A 因素的 4 个水平 A_1、A_2、A_3、A_4分别是 B 因素 3 个水平排列的区组；B 因素的 3 个水平 B_1、B_2、B_3分别是 A 因素 4 个水平排列的区组。

条区设计能估计 3 种试验误差，分别用以测验两个因素的主效及其交互作用，但对两个因素的主效测验则不如一般随机区组设计精确，因此仅用于对交互作用特别重视的试验。

3. 应用范围

条区设计是裂区设计的一种衍生设计。如果所研究的两个因素都需要较大的小区面积，且为了便于管理和观察记载时，可采用条区设计。

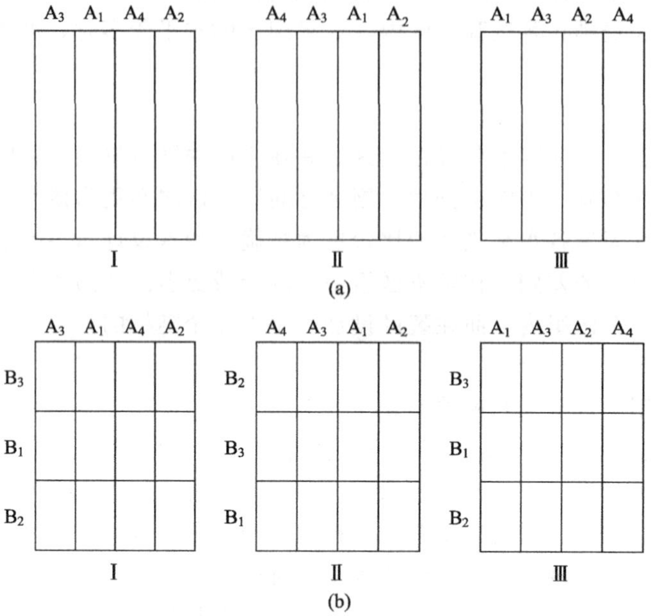

图 2-12　A 因素 4 个水平、B 因素 3 个水平的条区设计

（五）拉丁方设计

1. 设计方法

拉丁方设计(latin square design)是指将处理从纵、横两个方向排列为区组(或重复)，使每个处理在每一列和每一行中出现的次数相等(通常一次)。每一直行及每一横行都成为一个区组或重复，而每一个处理在每一直行或横行中都只出现一次。所以，拉丁方设计的处理数、重复数、直行数、横行数均相同。

拉丁方是一个 $k \times k$ 阶方阵，其设计较为复杂，在实际应用时，可以在标准拉丁方的基础上进行横行、直行及处理的随机排列后，得到一个一般的拉丁方排列。第一直行和第一横行均为顺序排列的拉丁方称为标准方。一般一个 $k \times k$ 标准方，可化出 $k!(k-1)!$ 个不同的拉丁方。表 2-1 给出了几种可供选择的标准方。

设有 5 个品种分别以 1、2、3、4、5 代表，拟用拉丁方排列进行比较试验。首先取上面所列的 5×5 标准方。再利用任一种随机数生成法产生 1～5 的随机数，得 1、4、5、3、2，即为直行的随机。再生成另外的 5 个随机数，如 5、1、2、4、3，即为横行的随机。在此基础上再生成第三组的 5 个随机数，得 2、5、4、1、3，即为品种随机。最后得到一个一般的 5×5 拉丁方排列(图 2-13)。

2. 设计特点

拉丁方设计的处理数、重复数、直行数、横行数均相同。拉丁方在纵横两个方向上控制土壤差异，比随机区组多一个方向的局部控制，因而有较高的精确度，但缺乏伸缩性。处理数少，重复次数就少；处理数多，重复次数就会增多。一个 6×6 拉丁方试验需要 36 个小区

表 2-1　(4×4)～(6×6)的选择标准方

4×4

1				2				3				4			
A	B	C	D	A	B	C	D	A	B	C	D	A	B	C	D
B	A	D	C	B	C	D	A	B	D	A	C	B	A	D	C
C	D	B	A	C	D	A	B	C	A	D	B	C	D	A	B
D	C	A	B	D	A	B	C	D	C	B	A	D	C	B	A

5×5

A	B	C	D	E
B	A	E	C	D
C	D	A	E	B
D	E	B	A	C
E	C	D	B	A

6×6

A	B	C	D	E	F
B	F	D	C	A	E
C	D	E	F	B	A
D	A	F	E	C	B
E	C	A	B	F	D
F	E	B	A	D	C

1. 选择标准方	2. 按随机数字 14532 调整直行	3. 按随机数字 51243 调整横行	4. 按随机数字 2=A、5=B、4=C、1=D、3=E排列品种
A B C D E	A D E C B	E B A D C	3 5 2 1 4
B A E C D	B C D E A	A D E C B	2 1 3 4 5
C D A E B	C E B A D	B C D E A	5 4 1 3 2
D E B A C	D A C B E	D A C B E	1 2 4 5 3
E C D B A	E B A D C	C E B A D	4 3 5 2 1

图 2-13　5×5 拉丁方的产生

来完成，在实践中不宜操作。此外，布置这种设计时，不能将一直行或一横行分开设置，要求有整块平坦的土地，缺乏随机区组的灵活性。

3. 应用范围

如果土壤在纵、横两个方向都有差异，且处理数低于 8 个时，为了提高试验精度可采用拉丁方设计。但由于该设计处理数较多时，要求有大面积既平整土壤差异又小的土地，它的应用受到很大的限制。

（六）“3414”肥料试验设计

1. “3414”完全实施方案

“3414”肥料试验设计方案吸收了回归最优设计处理少、效率高的优点，是目前国内外应用较为广泛的肥料田间试验方案。“3414”试验设计方案是指试验设氮(N)、磷(P)、钾(K)3 个因素，每个因素设 4 个水平，共有 14 个处理(表 2-2)。4 个水平的含义：0 水平是指不施肥，2 水平是指当地最佳施肥量，1 水平＝2 水平×0.5，3 水平＝2 水平×1.5（该水平为过量施肥水平）。

表 2-2　“3414”试验方案

试验编号	处理组合	水平编码		
		N	P	K
1	$N_0P_0K_0$	0	0	0
2	$N_0P_2K_2$	0	2	2
3	$N_1P_2K_2$	1	2	2
4	$N_2P_0K_2$	2	0	2
5	$N_2P_1K_2$	2	1	2
6	$N_2P_2K_2$	2	2	2
7	$N_2P_3K_2$	2	3	2
8	$N_2P_2K_0$	2	2	0
9	$N_2P_2K_1$	2	2	1
10	$N_2P_2K_3$	2	2	3
11	$N_3P_2K_2$	3	2	2
12	$N_1P_1K_2$	1	1	2
13	$N_1P_2K_1$	1	2	1
14	$N_2P_1K_1$	2	1	1

该方案除了可应用 14 个处理，进行氮、磷、钾三元二次效应方程的拟合以外，还可分别进行氮、磷、钾中任意二元或一元效应方程的拟合。

在进行氮、磷二元效应方程拟合时，可选用处理 2～7、11、12，可求得在以 K_2 水平为基础的氮、磷二元二次效应方程；选用处理 2、3、6、8～11、13，可求得在以 P_2 水平为基础的氮、钾二元二次效应方程；选用处理 4～10、14，可求得在以 N_2 水平为基础的磷、钾二元二次效应方程。

在进行氮、磷、钾一元效应方程拟合及其简单效应分析时，选用处理 2、3、6、11 可求得以 P_2K_2 水平为基础的氮肥效应方程；选用处理 4、5、6、7 可求得以 N_2K_2 水平为基础的磷肥效应方程；选用处理 6、8、9、10 可求得以 N_2P_2 水平为基础的钾肥效应方程。此外，通过处理 1，可以获得基础地力产量，即空白区产量。

2. “3414”部分实施方案

要试验氮、磷、钾某一个或两个养分的效应，或因其他原因无法实施“3414”的完全实施方案，可在“3414”完全实施方案中选择相关处理，即“3414”的部分实施方案。这样既保持了测土配方施肥田间试验总体设计的完整性，又考虑了不同区域土壤养分的特点和不同试验目的的具体要求，满足不同层次的需要。例如，有些区域重点要测验氮、磷效果，可在 K_2 做肥底的基础上进行氮、磷二元肥料效应试验，其设计见表 2-3。以此设计方法，也可进行氮和钾、磷和钾二元肥料效应试验。

表 2-3　氮、磷二元二次肥料效应试验设计与“3414”方案处理编号对应表

处理编号	“3414”方案处理编号	处理	水平编码		
			N	P	K
1	1	$N_0P_0K_0$	0	0	0
2	2	$N_0P_2K_2$	0	2	2
3	3	$N_1P_2K_2$	1	2	2
4	4	$N_2P_0K_2$	2	0	2
5	5	$N_2P_1K_2$	2	1	2
6	6	$N_2P_2K_2$	2	2	2
7	7	$N_2P_3K_2$	2	3	2
8	11	$N_3P_2K_2$	3	2	2
9	12	$N_1P_1K_2$	1	1	2

在肥料效应试验中，为了取得土壤养分供应量、作物吸收养分量、土壤养分丰缺指标等参数，一般把试验设计为 5 个处理(表 2-4)：无肥区(CK)、氮磷钾区(NPK)、无氮区(PK)、无磷区(NK)和无钾区(NP)。这 5 个处理分别是“3414”完全实施方案中的处理 1、2、4、8 和 6。如果要获得有机肥料的效应，可增加有机肥处理区(M)；测验某种中(微)量元素的效应，在 NPK 基础上，进行加与不加该种中(微)量元素处理的比较。设计中，氮、磷、钾、有机肥用量应接近效应函数计算的最高产量施肥量或用其他方法推荐的合理用量。

表 2-4　常规 5 个处理与“3414”方案处理编号对应表

小区	“3414”方案处理编号	处理	水平编码		
			N	P	K
无肥区	1	$N_0P_0K_0$	0	0	0
无氮区	2	$N_0P_2K_2$	0	2	2
无磷区	4	$N_2P_0K_2$	2	0	2
无钾区	8	$N_2P_2K_0$	2	2	0
氮磷钾区	6	$N_2P_2K_2$	2	2	2

除了上述几种试验设计外，还有再裂区设计、正交设计、正交回归旋转设计、不完全区组设计等其他试验设计，可参考相关书籍进行学习。

复习思考题

2.1　概念：田间试验设计、重复、随机排列、局部控制、试验小区、边际效应、生长竞争、对照、区组、完全区组排列、不完全区组排列、完全随机设计、随机区组设计。

2.2　田间试验设计的基本原则是什么？各有何作用？

2.3　完全随机设计、随机区组设计的设计方法是什么？各有何特点？各在什么情况下应用？

2.4　某小麦品种苗期水分胁迫盆栽试验，水分胁迫设正常供水(对照)、轻度胁迫、中度胁迫、重度胁迫 4 个水平，每个处理种植 4 盆。试问应采用何种试验设计，如何排列？

2.5 为了探讨‘郑单 958’玉米在河北北部的最适播期，充分发挥该品种的增产潜力，设 5 个播种期分别为(月/日)：4/20、4/27、5/2、5/9、5/16，3 次重复。如果试验地的土壤在南北方向上有差异，试问采用何种试验设计，如何排列？

2.6 为了掌握‘郑单 958’玉米品种在不同密度下施氮肥的作用，拟进行氮肥和种植密度二因素试验。氮肥设 3 个水平(N_1、N_2、N_3)，4 种种植密度(B_1、B_2、B_3、B_4)，3 次重复，小区面积 $25m^2$。试用完全随机区组设计方法完成试验设计。

2.7 裂区试验设计的特点及应用范围是什么？若从国外引入 5 个大豆品种加 1 个当地对照种在济南试验，观察品种的表现，分 4 期播种(月/日：5/30、6/10、6/20、6/30)，进行 3 次重复的裂区试验设计，试确定主区因素、副区因素，并说明其理由。

第三章　田间试验的实施

田间试验的实施是指正确地、及时地把试验的各处理按照试验设计布置到试验田，严格执行供试作物在生长期间的各项田间管理措施，并通过观察记载和测定，掌握供试作物的生长动态，获得可靠的试验数据的过程。

为使田间试验能够正确地反映各处理的实际效应，得到可靠的试验结果，在实施过程中必须始终严格执行唯一差异性原则和以区组为单位的局部控制原则。也就是说，在同一区组内的各项管理措施，除了处理项目不同外，其他各项都必须尽可能地达到一致，如各项操作措施及其进行的时间、利用的工具和方法、完成的质量和数量、观察记载标准等在同区组内都要力求达到一致，以达到试验误差最小化。

田间试验实施的主要内容包括：田间试验计划的制订、种子的准备、试验地的准备与田间区划、播种或移栽、栽培管理、收获及脱粒、考种、观察记载与测定等。

第一节　田间试验的布置与管理

一、田间试验计划的制订

田间试验计划是田间试验实施的依据，也是田间试验能否取得预期结果的保证。通过制订田间试验计划，明确试验的目的、要求、方法及各项技术措施的规格要求，使试验的各项工作按计划进行，并便于在试验实施过程中检查执行情况，保证试验任务的圆满完成。

（一）田间试验计划的内容

田间试验计划的内容因试验种类和要求的不同而异，一般应包含以下项目。

（1）试验名称。

（2）试验目的及其依据，包括国内外研究现状、生产上存在的问题、自己现有的科研情况及成果、本试验的目的及意义。

（3）预期的试验结果。

（4）试验年限和地点，包括试验地的土壤、地势等基本情况和轮作方式及前作状况。

（5）试验方案，包括试验材料、试验因素、因素水平及处理组合等。

（6）试验设计，包括试验设计方法和小区技术（田间排列方式、小区的长和宽及面积、重复次数、试验地总面积、保护行、走道、排灌水渠等的设置）。

（7）试验田的管理措施，包括试验地的选择、整地、播种、施肥及收获等一系列农事操作。

（8）田间观察记载和室内考种、分析测定项目及方法、试验收获计产方法。

（9）试验资料的统计分析方法和要求。

（10）试验所需要经费、人力及主要仪器设备。

（11）绘制田间种植图、编制观察记载表等。

(12) 项目执行单位、负责人和执行人。

(二) 种植计划书的编制

种植计划书是指把试验设计安排到田间的试验记载簿。一般包括试验名称、试验地点和年限、作物的种类及来源、播种期、基肥施用种类及用量、田间种植图等，其余内容因试验种类的不同而异。品种、栽培、肥料、药剂比较等试验的种植计划书包括处理编号、种植区号(或行号)、田间记载项目等；育种工作各阶段(除品种比较)的试验，由于材料较多，而且试验是多年连续的，一般应包括今年种植区号(或行号)、去年种植区号(或行号)、品种或品系名称(或组合代号)、来源(原产地或原材料)及田间记载项目等。不论哪种试验，都应按其应包括的项目依上述次序编制表格或利用计算机编制并打印种植计划书。种植计划书的内容可以根据需要灵活拟订，应遵守便于查清试验材料的来龙去脉和历年表现的原则，以利于对试验材料的评定和总结。

(三) 田间种植图

田间种植图应附于种植计划书的前面，它是田间试验区划与播种的依据。田间种植图应包括试验地的方向和肥力梯度变化方向，试验小区的长、宽与面积，排列方式，区组的设置与走向，试验地的走道、保护行(G)、排灌水渠的设置等，同时还应标注试验地周围的主要标志及其方位(图 3-1)。在实际实施过程中如有调整，要及时修正种植图。

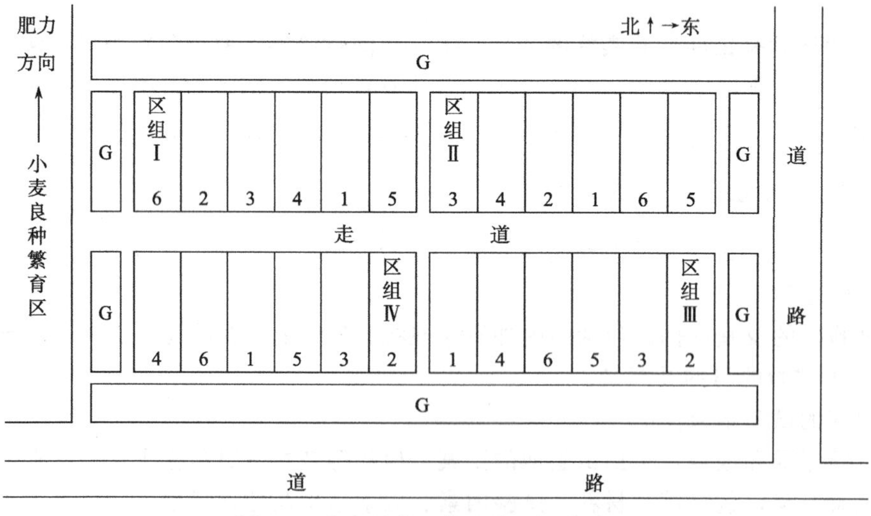

图 3-1 小麦品种比较试验田间种植图

1、2、3…代表处理编号；G 代表保护行

田间试验计划书与田间种植计划书应该备有副本。手抄或打印一份种植计划书用于田间试验实施与记载，另一份种植计划书的复印件或电子版的备份保存，以备不测。各种试验档案要妥善保管。

二、种 子 准 备

播种质量的好坏与种子质量有着密切的关系，必须认真做好种子的准备工作。

(1) 选种。试验用的种子应是同一来源、同一块地、同一年收获的籽粒饱满、大小基本一致的种子，最好选用一级良种。对于种子质量较差的，应进行严格选种。留种的数量要多于试验实际用种量，而且要妥善保存。

(2) 品质检验，并计算小区或行播种量。在播种前测定各试验用种的千粒重和发芽率，以保证各处理的基本苗数基本相同，密度符合试验设计要求，特别是品种比较试验和密度试验。各处理的播种量要按照千粒重和发芽率进行计算，其公式如下：

$$\text{播种量}(\mathrm{kg/hm^2})=\frac{\text{千粒重}(\mathrm{g})\times\text{每公顷基本苗数}}{\text{种子发芽率}\times 1000\times 1000}$$

计算出每公顷的播种量后，再按小区的面积计算出小区的播种量。若试验小区面积较大，行长较长时，应计算出每行或每两行的播种量。

移栽作物(如水稻等)的秧田播种量，也应按其千粒重、发芽率及试验所用秧苗数量来计算，但育苗数要比实际用苗数多20%～30%。对于育种工作初期阶段，因试验材料较多，而每一种材料的种子数又较少，不可能进行发芽试验时，则要求每行(或每小区)的播种粒数相同。

(3) 称量与分装。按照种植计划书各处理的排列顺序准备种子，避免发生差错。根据计算好的各小区(或各行)播种量，称量或数出种子，每小区(或每行)的种子装入一个牛皮纸袋，袋面上写明小区号(或行号)。需要做浸种催芽准备的种子，可把每小区(或每行)的种子装入适合的尼龙网袋里，并挂上用油性笔标注小区号(或行号)的塑料牌。

(4) 其他。需要药剂拌种的种子，应在称量与分装种子前拌好种；需要浸种催芽的种子应在称量与分装后进行；准备好当年播种用种子的同时，须留一定量同样的种子保存，如果遇到干旱或其他灾害致使试验小区严重缺苗时补种用。

三、试验地的准备与田间区划

(1) 试验地的选择。试验地准备的第一步是选择试验地，要根据试验地的总面积和肥力要求选择适合的试验地块，选择试验地原则上应在试验的前一季进行，选择前茬作物长势良好且生长一致的地块。

(2) 基肥的施用。施用基肥的试验地要在耕翻前进行，施用质量一致的基肥，而且要均匀地撒在田间。若施用多种基肥或厩肥，在施用前要充分混合，施用时最好采用分格分量的方法，避免因基肥施用的不一致造成肥力上的差异，也可在播种时施入。

(3) 试验地的耕翻、耙耱与平整。耕翻一般在前一茬作物收获后进行，并做到耕翻深度一致。耕地的方向应与将来作为小区长边的方向垂直，使每一重复内各小区的耕作情况最为相似。试验地的耙耱、平整一般在区划前进行，耙耱的范围应延伸到将来试验地边界外1～2m，使试验范围内的耕层相似，土地平整。整地后应按照试验地区划，开好排灌水沟，做到沟沟相通，使田面做到雨后不积水。

(4) 区划。在区划时先要按照田间种植图计算好整个试验地的总长度和总宽度，并依地形划分四边。在不方整的土地里设置试验时，整个试验地边界线先要拉直，在试验地的一角用木桩定点，在定点处按照“勾股定理”取方，划出试验地的4个边。然后根据土壤肥力差异再划分重复、小区、走道、保护行等。在进行试验地的区划时，必须注意试验小区面积要准确，沟、埂和走道预留合理，以避免小区之间生长环境的不一致。区划完成后，要把所要留的沟、埂打好。

(5) 划行。按照设计行距，在小区内划行。第一行要在距埂边1/2行距处起划，依次按行距划出第2行、第3行……或利用划行器划行。

四、播种或移栽

(1) 插牌、分发种子。播种或移栽前，根据田间种植图的区划插上标有小区号(或行号)的牌子，经查对无误后按种子袋上的小区号(或行号)分发种子和其他试验材料，再对插牌上的小区号(或行号)、种子袋上的小区号(或行号)与记载本上的小区号(或行号)核对一次，确认三者一致无误后再播种。

(2) 播种。人工开沟播种时应力求开沟深浅一致，播撒种子分布均匀，若试验地面积较大需要多人开沟时，应使每人开一个重复，或联合起来每人每小区开相等数量的沟，而不要每人开一个小区，以减小操作上的人为差异。播完一个小区(或行)，种子袋应放在小区(或行)的另一端，播完一个小区后要进行核查，确认无误后覆土。整个试验各小区播种完后再复核一次，如发现错误，应在种植记录本上做相应改正并注明。一个试验的播种种最好在一天内完成，如果一天完不成，也要先播种完几个重复，同一重复的各处理小区不可分为两天播种，以保证每个重复各处理之间的一致性与可比性。整个试验的所有小区播种完后，接着播种保护行。

试验出苗后要及时检查所有小区的出苗情况，如果有小部分漏播或过密，必须及时设法补救；如果大量缺苗，则应详细记载缺苗面积，以便以后计算产量时扣除，但仍须补苗，以免空旷对邻近植株发生影响。

(3) 移栽。需要育苗移栽的试验，取苗时要力求挑选大小均匀的秧苗，以减少试验材料的不一致；如果秧苗不能完全一致，则可分等级按比例等量分配于各小区中，以减少差异。运苗中要防止发生差错，最好用塑料牌或其他标志物标明试验处理或品种代号，随秧苗分送到各小区，经过核对后再进行移栽。移栽时要按照预定的行穴距，保证一定的密度，务必使所有秧苗保持相等的营养面积。移栽后多余的秧苗可留在行(区)的一端，以备在必要时进行补栽。整个试验区移栽完毕后，应移栽保护行。

五、栽培管理

试验田的栽培管理一要及时，其标准和质量应达到当地丰产田的水平。二要遵循唯一差异原则，在执行各项管理措施时除了试验设计所规定的各处理之间的差异外，其他管理措施应力求保持一致，以减少试验误差。三要操作标准化，如中耕、除草、灌溉、排水、施肥等管理措施，要做到尽可能一致。若一个人难以完成的，要几个人联合起来按标准共同操作，或每人操作一个重复，而不要每人操作一个小区。四要同一操作在同一天内完成，如遇到天气突然变化，不能一天完成，则应坚持完成几个重复。

追肥时为了达到均匀，也要按行(或小区)称量与分装，每袋一行(或小区)进行撒施。所用肥料要来自同一厂家、同一批生产的肥料，如果有肥料质量不同应混匀后称量与分装。

如果需要灌水，在有条件的地方要用安装有水表的水管来灌水。若条件不允许，只能用水沟灌水时，也要在控制水量一致的基础上，使每个小区的灌水时间一致。这样才能减小因各小区灌水量不一致引起的误差。

总之，各项管理的操作时间、数量和质量都要严格按规定执行，要充分认识到试验田栽培管理与操作的一致性对保证试验准确度和精确度的重要性。

六、收获及脱粒

田间试验的收获要及时、细致、准确，决不能疏忽大意，否则就得不到完整的试验结果，甚至前功尽弃。

(1) 收获前的准备。收获前一要先准备好收获用的工具与场所，如绳索、标牌、网袋或布袋、晒场等；二要在小区中按计划采取随机方法取得考种或其他测定所用的样本，样本要挂标牌标注，方法同前，不能发生错误；三要记录杂株、缺株和缺区情况，并拔除杂株。

(2) 收获与脱粒。收获试验小区之前，先收保护行。边际效应与生长竞争明显的试验，在收完保护行后还要割去小区边行及两端一定长度。查对无误后，将以上两项收割物先运走，然后依次收获各试验小区。每小区应随收随脱粒，装袋时要装上小区的插牌，并内外各放置一个纸牌(或塑料牌)，注明小区号(或行号)、重复编号、收获时间、收获人等。若为品种比较试验，则应按品种脱粒，脱粒完一个品种后，要仔细清扫脱粒机及容器，避免品种之间的机械混杂。若不能随收随脱粒，要捆成捆，捆内捆外各放置一个纸牌(或塑料牌)，如果一个小区需要捆成两捆以上时，在一个纸牌(或塑料牌)上还要注明总捆数和本捆的顺序号，以便于查找。在运送时应尽量按顺序排列放置，轻拿轻放，以防混杂。

(3) 晾晒。刚收获未经晾晒就脱粒的种子，种子含水量较高，需要晾晒后称重。晾晒时要有专人负责，随时检查核对，以防混杂。同时要经常翻动，以免霉变。

(4) 产量计算。种子晒干后扬净，称重计产，同时把取做样本(考种和测定用的)的那部分产量加到各有关小区，再由小区收获产量，求得小区实际产量[式(3-1)]，然后，根据需要计算亩产量或公顷产量。

$$\text{小区实际产量}=\frac{\text{小区收获产量}}{\text{收获面积}}\times\text{小区设计面积} \tag{3-1}$$

若因成熟度不一致，或遇阴雨天，致使各小区收获的籽粒含水量不同，特别是品种比较试验。可采用间接的方法，从收获的种子中随机抽取一定量的样品进行烘干后计算出收获种子的湿度，然后将小区产量折算成标准湿度下的产量[式(3-2)]，使小区产量能相互比较或与类似试验的产量比较。

$$\text{标准湿度的产量}=\frac{\text{小区实际产量}\times(1-\text{收获的湿度})}{1-\text{标准湿度}} \tag{3-2}$$

对于玉米、棉花、马铃薯等株型较大的作物，在试验中若缺株，通常应将收获产量折合成设计密度下的产量[式(3-3)]，特别是品种比较试验和密度试验。

$$\text{小区产量}=\frac{\text{实际收获产量}}{\text{实际收获株数}}\times\text{小区设计株数} \tag{3-3}$$

但如果在大株作物试验中缺株较多时，则应采用协方差的方法进行分析。

七、考　　种

考种是指将从田间取回的植株样本，进行形态特征的观察、产量构成因素的调查或种子品质鉴定的方法。考种的项目(或试验指标)因作物种类和研究目的的不同可依据栽培学的知识而做不同的选择。例如，谷类作物一般应选择株高、穗长、穗粗、穗行数、穗粒数、穗粒重、千粒重、秃尖等指标；薯类作物一般应选择株高、大中小薯数及质量、单株薯数及质量、薯块的形状、鲜薯水分含量等。考种的指标尽量多取，以备后续作试验分析时用。

八、试验结果的整理、分析与总结

在试验进行过程中，各阶段所取得的资料都应及时进行整理，通过对试验资料的整理可以及时发现试验中的问题，如有错误可做补救，也可为下一阶段的试验提供参考。试验结束后，应尽快对所取得的试验数据资料进行系统的整理、分析与总结。

(1) 试验资料的整理。对在试验过程中取得的数据资料进行初步归纳分析，找出数据资料的基本特征，并以适当的形式(如表、图等)展示这些数据资料，以便对数据的基本特征有清晰、直观的了解。同时应对原始记录数据加以核对，如有怀疑要追查原因，以免发生错误。资料的整理是数据处理的第一步，资料整理的正确、规范，才有利于统计分析的进行。

(2) 试验资料的分析。针对要研究的问题，采用最合适的统计分析方法，对试验数据进行系统的、深入的分析，从数据资料中获取所需有关信息，得出反映被研究作物生长发育过程的内在联系和规律性的结论。试验资料的分析非常重要，分析得好就会得出正确而清晰的结论，分析的不好就有可能得出错误的结论。在统计分析过程中，要想得出正确的结论，就要选择正确的统计分析方法。因此，在试验设计时要先明确采用何种统计方法来分析试验资料，再按所选统计方法的要求和注意事项来进行设计。同时还要注意，在分析和做结论时，决不能凭主观想象或愿望下结论，而要结合当年的气象资料、前人的研究结果、群众的经验等，进行科学的、客观的归纳和判断，得出正确的结论。试验资料的统计分析是在整理资料的基础上进行的。

(3) 试验总结。试验总结是表达试验全过程的文字材料，包括前言(说明试验目的与意义)、试验材料与方法(说明试验的环境条件、时间、地点、设计与统计方法、测定项目与方法等)、结论。试验总结是为便于经验交流，或为生产提供理论和技术参考，或为进一步研究提供依据，有的试验总结本身就是很有学术价值的科技文献。因此，在写作试验总结时要明确试验的目的，试验资料分析要有条理、观点要明确、结论要符合客观事实、篇幅要短，以叙述说明为主要表达方式。

第二节　田间试验的观察记载和测定

一、田间试验的观察记载

在作物生长发育过程中根据试验目的和要求进行系统的、正确的观察记载，掌握丰富的第一手材料，为得出规律性的认识提供依据。因试验目的不同，观察记载项目也有差异，现列举田间试验中常采用的观察项目。

(1) 气候条件的观察记载。正确记载气候条件，注意作物生长动态，研究两者之间的关系，就可以进一步探明产量高低的原因，得出较正确的结论。气象观察可在试验所在地进行，也可引用附近气象台(站)的资料。有关试验地的小气候，则必须由试验人员观察记载。对于特殊气候条件，如冷、热、风、雨、霜、雪、雹等灾害性气候以及由此而引起的作物生长发育的变化，试验人员应及时观察并记载下来，以供日后分析试验结果时参考。

(2) 田间农事操作的记载。任何田间管理和其他农事操作都在不同程度上改变作物生长发育的外界条件，因而也会引起作物的相应变化。因此，详细记载整个试验过程中的农事操作，如整地、施肥、播种、中耕除草、防治病虫害等，将每一项操作的日期、数量、方法等记录下来，有助于正确分析试验结果。

(3) 作物生育动态的记载。这是田间观察记载的主要内容。在整个试验过程中，要观察作物的各个物候期(或称为生育期)、形态特征、特性、生长动态、经济性状等。

(4) 收获物的室内考种与测定。有些项目需在作物收获后考种、观察与测定，如种子千粒重(百粒重)、结实率、种子成分分析及品质分析等。

试验的观察记载必须有专人负责。不确切或片面性的记载会造成偏差，甚至得到完全错误的结论。

二、田间试验的抽样

在田间试验的观察记载、室内考种和分析测定中，往往不可能或没有必要对整个试验小区的所有植株进行全面调查，而是通过抽样的方法选取部分植株作为代表，由这些植株的调查结果来推断整个试验小区的情况。这种方法称为抽样调查(sampling investigation)，选取的这部分植株称为样本(sample)。

在田间试验中，试验单元上由一个或多个个体组成并能获得一个调查数据的集合称为抽样单位(sample unit)。抽样单位随调查研究目的、作物种类、病虫害种类、生育时期、播种方法等因素不同而不同，可以是一种自然的单位，也可以是若干个自然单位归并成的单位，还可以用人为确定的大小、范围或数量作为一个抽样单位。田间试验常用的抽样单位有单株或单穴、器官、面积、时间、容积或质量等。

样本中所包括的抽样单位数为样本容量(或样本含量，sample size)。样本容量的大小与所获抽样调查结果的准确度和精确度密切相关。抽样单位的大小和样本容量的大小决定了总调查工作量。总工作量一定时，宁可样本容量适当大一些而抽样单位适当小一些，因 $s_{\bar{x}}=s/\sqrt{n}$ 之故。当然并不是容量越大越好，因为抽样单位太大也将导入大量误差。样本容量和抽样单位大小的最佳配置一般可由试验综合权衡后确定。

田间试验中常用的抽样方法有：顺序抽样、典型抽样和随机抽样等。

(1) 顺序抽样。顺序抽样(systematic sampling)也称为机械抽样或系统抽样，是指按照某种既定的顺序抽取一定数量的抽样单位取得样本的方法。例如，按总体各单位编号每隔一定数量依次抽取，或按总体每隔一定行数(株数)抽取，或按总体每隔一定距离抽取一个抽样单位，等等。田间试验常用的顺序抽样方式有对角线式、棋盘式、分行式、平行线式、“Z”字形式等(图 3-2)。

(2) 典型抽样。典型抽样(typical sampling)又称为代表性抽样，是指按照研究目的从总体内有意识地选取一定数量有代表性的抽样单位来构成样本的方法。该方法至少要求所选取的单位能代表总体的大多数。这种方法灵活、简便，但由于调查者的知识和经验的差异及主

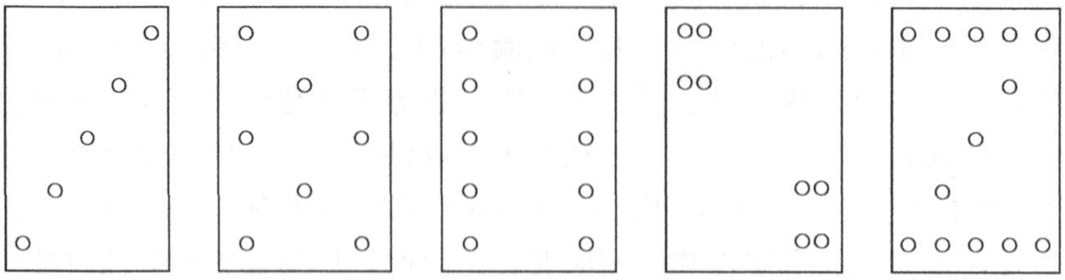

对角线式　　棋盘式　　分行式　　平行线式　　“Z” 字形式

图 3-2　常用的顺序抽样方式

观片面性，使同一个试验不同人去取样，出现结果的不一致。而且这种方法不符合随机原则，所抽取的样本无法估计抽样误差。

(3) 随机抽样。随机抽样(random sampling)也称为等概率抽样，是指在抽取抽样单位时，总体内各单位都有同等机会被抽取进入样本的抽样方法。随机抽样一般先要对总体内各抽样单位编号，然后用某一种随机数字法生成的随机数字抽取所需数量的抽样单位构成样本。

例如，某马铃薯品种比较试验中，每小区 6 行，每行 18 株。若以株为抽样单位，则共有 108 个抽样单位。如果取 5 株进行研究，在抽样时，先将 108 株按种植顺序编号，然后由随机数字法生成的随机数字抽取 5 个编号，这 5 个编号对应的植株就构成了样本。也可先将小区划分为等面积的地块，再按一定的顺序对地块编号，最后按上述方法抽样。

随机抽样法除上述称为简单随机抽样法的抽样法以外，还有一系列衍生的随机抽样法，如分层随机抽样法、整群随机抽样法、巢式随机抽样法、双重随机抽样法、序贯抽样法等。简单随机抽样时，总体各单位被抽取的概率相同，一些复杂的随机抽样可以预先确定总体不同部分被抽取的概率。

以上 3 种方法仅随机抽样法符合统计方法中估计随机误差并由所估误差进行统计推断的原理。在一个抽样调查计划中可以综合地应用以上 3 种方法。例如，从总体内先用典型抽样法选取典型田块或典型单位群，然后再从中进行随机抽样或顺序抽样。

复习思考题

3.1　田间试验实施的内容包括哪些？简要说明每一项实施内容的目的和要求。

3.2　田间试验计划的内容包括哪些？

3.3　田间种植图包括哪些内容？试验地面积如何估算？

3.4　如何进行种子的准备？

3.5　试验地的准备与田间区划时应注意哪些方面？

3.6　什么是抽样调查和抽样单位？常用的抽样方法有哪几种？各有何特点？

3.7　选取 5 种农药进行番茄晚疫病防治田间示范试验，小区面积 $100m^2$，3 次重复。试用随机区组设计方法完成试验设计，绘制田间种植图，并计算试验地面积。

3.8　为了掌握‘郑单 958’玉米品种在不同密度下施氮肥的作用，拟进行氮肥和种植密度二因素试验。氮肥设 3 个水平(N_1、N_2、N_3)，4 种种植密度(B_1、B_2、B_3、B_4)，3 次重复，小区面积 $25m^2$。试用完全随机区组设计方法完成试验设计，绘制田间种植图，并估计所需试验地面积。

第二部分

统计分析基础

第四章　试验资料的整理与特征数

通过对科学试验的观察、测定和记载，可以得到大量的数据资料，对这些资料，只有按照一定的程序进行整理和分析，才能透过数据的表面现象挖掘出隐藏在数据背后的客观规律。所以，资料的整理和分析是试验工作的重要组成部分，也是深入认识客观事物的一个重要步骤。

第一节　统计方法的常用术语

一、总体与样本

总体(population)是指根据研究目的确定的，符合指定条件的全部观察对象。组成总体的每个观察对象称为个体(individual)。总体所包含的个体数量称为总体容量，通常用 N 表示，如果总体容量为无穷多个，称为无限总体(infinite population)；总体容量由有限的个体构成，称为有限总体(finite population)。无限总体是一个抽象的概念。例如，研究玉米'郑单 958'的千粒重时，就需要把在某一时点上的所有'郑单 958'这一品种的个体视为总体，其个体数目是无限的，所以是无限总体。而像"某一小区种植的所有玉米植株"、"1000m^2 谷子田的谷穗"等总体，是由有限的个体组成的，因而是有限总体。总体是根据事物的某种属性确定的，但是往往也可以根据研究的需要人为确定条件来界定。

在客观现实中，迫于人力、财力、物力的限制，研究无限事物的总体经常显得无能为力，往往根据需要从总体中抽取部分个体来加以研究，进一步推断总体特征。将从总体内抽取出来的多个个体的集合体称为样本(sample)。抽取样本的过程称为抽样，一个样本所包含的个体数目称为样本容量(sample size)，通常用 n 表示。样本容量越大，越接近总体容量，它的代表性越强，在农业试验中，通常把容量小于 30 的样本称为小样本，把容量大于等于 30 的样本称为大样本。

为了能更好、更多地得到总体的信息，需要进行多次重复、独立的抽样观察，对抽样要求具有代表性与独立性。所谓代表性是指每个个体被抽到的机会相等；独立性要求每次抽样独立进行，彼此不能干扰、相关。符合这两个条件的样本称为随机样本(random sample)。对有限总体而言，要求复置抽样；对无限总体来说，可以进行不复置抽样。

二、观察值与变量

即使是同一个总体，不同个体在性状或特性表现上也有一定差异性，也就是说总体内个体之间表现不同或者说表现出变异性。例如，同样是'郑单 958'，即使在栽培条件相对一致的情况下，由于受到许多偶然因素的影响，植株高度也是有的高有的低。每一个体的某一性状、特性的测定数值称为观察值(observation)。总体中所有观察值集合起来，称为总体的变量(variable)。由于受一些随机因素的影响，总体内个体之间尽管属性相同也会造成观察值或表现上的变异，所以变量又称为随机变量(random variable)。

三、参数与统计数

整理汇总总体的全部观察值，计算得到的能够反映总体特征的指标，称为参数(parameter)，如总体平均数(μ)、总体标准差(σ)等。参数能够反映某类事物的总体规律性，科学研究的目的就在于探求事物的总体参数。但总体往往包含的个体很多，迫于人力、物力、财力的压力不能逐一测定或观察从而得出总体参数，往往需要从总体中抽取样本，通过对样本的研究来推测总体特征。测定样本中的所有个体观察值，并整理汇总计算得到的能够反映样本特征的指标，称为统计数(statistic)，如样本平均数($\bar{x}$)、样本标准差(s)等。在不知道总体特征值的情况下，我们只能够用样本特征值去推断总体相应的特征值，因此统计数是总体相应参数的估计值(estimate)，样本容量越大，样本统计数对总体参数的估计越准确。

第二节　试验资料的整理

一、试验资料的搜集

试验研究的目的就是运用试验结果来指导和发展农业生产。研究资料是整个科学研究工作的生命线，从问题的提出、分析、解释直到得出结论无不以研究资料为依据。试验资料包括与整个科学研究有关的过程及数据，以及相关的音像、图片等，在这里主要是指数据资料。搜集资料应遵循以下原则。

(1) 真实性原则。如实反映客观事物，不得带有情感色彩和弄虚作假。

(2) 准确性原则。表述准确，不能含糊不清、模棱两可。

(3) 完整性原则。不能残缺，以偏概全。

(4) 目的性原则。搜集的资料都与研究对象有关，具有可比性。

(5) 条理性原则。分类整理，脉络清楚。

(6) 简洁性原则。简明扼要，不要啰唆。

二、试验资料的类型

试验中需要观察、记载数据，根据数据的不同性质，一般可以分为数量性状资料和质量性状资料两大类。

(一) 数量性状资料

数量性状(quantitative character)是指呈现连续变化，界限不太清楚，不易分类，能够用数据来表示的性状。数量性状资料可以通过计数、测量或度量的方式获得。通过测定数量性状而获得的数据就是数量性状资料(data of quantitative characteristics)。例如，小麦单位面积产量、人的身高、羊毛的长度等，数量性状呈现出一系列不同程度上的量变，带有这些差异的个体没有严格质的差别，只有量的不同，不可以严格地分类。根据数据的性质不同，数量性状资料可分为计量资料和计数资料。

1. 计量资料

计量资料(measurement data)是指可以用仪器、计量工具或其他定量方法对每个观察单位的某项标志进行测量，并把测量结果用数值大小表示出来的资料。其观察值不限于整数，在两个数值之间可以有微量数值差异的第3个数值存在，获得的数据带单位。例如，测定谷子每穗粒重为2～3g时，可以有2.357g等数值存在，其小数位数的多少由测量工具的精确度而定。所以计量资料也称为连续性变量资料(data of continuous variable)。又如，农作物产量、株高、病斑长度、土壤中营养元素的含量等。

2. 计数资料

计数资料(enumeration data)是指采用人工清点、计数器等计数方式得到的数量资料，如作物种植密度、出苗数、分蘖数、某种细菌单位每天繁殖数量、单位面积某种害虫数量等，观察值只能以整数表示，在两个相邻的整数之间不能有带小数的数值存在。例如，玉米每穗粒数只能得到整数而不可能得到43.2个或44.8个，由于两个整数之间是不连续的，所以也称为不连续性或间断性变量（discontinuous or discrete variable)资料。

（二）质量性状资料

质量性状(qualitative character)是指同一种性状存在不同表现型，它们之间呈现出质的间断性变化。质量性状只能用人体感官察觉、文字描述，而不能通过测量仪器测量，也称为属性性状，如花药的颜色、麦穗的有芒和无芒、水稻的粳与糯等。通过汇总质量性状而获得的数据就是质量性状资料(data of qualitative characteristics)。质量性状的不同表现类型由少数起决定作用的遗传基因所支配，彼此之间有本质差别，在表面上这类性状差别显著，遗传稳定，可以分成几个截然不同的类别。

可采用下列两种方法整理质量性状资料。

1. 统计次数法

统计次数法是指在一定总体或样本内，统计其具有某个性状的个体数目及具有不同性状的个体数目，按类别计算次数或相对次数。例如，在300株鸡冠花植株中有260株为紫色柱头的，40株为黄色柱头的。这类资料也称为次数(或频次)资料。又如，对番茄做接种病毒试验，结果为接种240个单株后有160个单株不发病、80个单株发病，前者占67%、后者占33%，这种资料也属于次数资料。

2. 给予每类性状以相对数量的方法(评分法)

给予每类性状以相对数量的方法(评分法)是指根据某质量性状的类别或重要性不同，分别给予不同的分值或划分成不同等级类别，然后统计各分级的次数的方法。例如，小麦籽粒形状有圆有长，可以假设圆形的数量值为0、呈长形的数量值为1。从这类变异所得资料，处理方法同间断性变量资料。

（三）半定量(等级)资料

半定量(等级)资料(semi-quantitative or ranked data) 是指将观察单位按所考察的性状或指标的等级顺序分组，然后清点各组观察单位的次数而得的资料。这类资料既有次数资料的特点，又有数量性状的程度或量渐变的特点，如风的大小可以分成12个等级，地震的级别，喜好程度可以分为很喜欢、比较喜欢、没有感觉、厌恶等。

试验资料的3种类型相互之间虽然有区别，但是有时可以根据研究目的将一种类型资料转化为另一种类型资料。例如，作物产量可以说出它的确切数量，也可以以高产、中产、低产来说明。

三、试验资料的整理

田间试验或调查研究得到的资料通常是杂乱无章的，很难发现规律，需要对资料进行整理、处理才能挖掘出数据背后隐藏的规律。不同的资料类型整理方法不同，资料整理的结果常用的表达方法有两种：次数分布表和次数分布图。

（一）次数分布表

试验或调查研究所得资料，如果有几百个观察值时，未加整理就是一大堆杂乱的数字，不能满足科学研究工作的需要。只有把观察值按一定规则分组，制成次数分布表，才能够看出不同观察值与其频率之间的规律性，即可以看出资料的频率分布的初步情况，从而对资料得到一个初步概念。次数分布表的制作方法因资料种类不同而略有不同。

1. 计数资料的整理

由于计数资料只能取整数，相对于计量资料的整理比较简单，根据观察值的多少和变异幅度的大小分为单项式分组法和组距式分组法。

（1）单项式分组法。单项就是把每一个观察值都作为一组对待，计算每个观察值出现的次数，然后绘制次数分布表。适用于观察值较少或数据变化范围较小的情况。

【例 4-1】 现在以某玉米品种的每穗行粒数为例，随机抽取100个玉米穗，每个玉米穗随机抽取一行，计数每行粒数，未加整理的资料列成表 4-1。

表 4-1　100 个玉米穗的每行粒数

25	27	28	27	29	26	28	27	27	25
28	29	27	28	27	28	26	30	26	26
27	28	26	27	28	29	28	26	30	30
27	26	29	28	25	30	27	29	25	27
28	28	29	25	26	27	27	27	27	27
26	27	27	27	29	27	26	26	27	27
29	29	28	27	29	28	27	27	27	29
26	28	29	28	25	27	28	28	28	27
27	28	27	27	26	27	28	29	28	28
28	29	26	28	29	30	29	28	29	26

表 4-2　100 个玉米行粒数的次数分布表

每行粒数(x)	次数(f)
25	6
26	15
27	32
28	25
29	17
30	5
总次数(n)	100

表 4-1 资料为计数资料，通过排序得到，每行粒数为 25～30，把所有观察值归类，共分为 6 组，组与组之间相差为 1 小粒。这样可得到如表 4-2 所示的次数分布表。

由表 4-2 可以看出，每行粒数出现最多的是 27 粒，共出现了 32 次，占据了 32%。其次为每行 28 粒，共出现了 25 次，占据了 25%。两者共占据了 57%，所以可以大致说该玉米品种每行为27粒、28粒。

(2) 组距式分组法。有些间断性变量资料，观察值个数较多，变异幅度较大，如果把每一个观察值归一组，分的组数过多，就看不出其中的规律，这种情况可以将观察值从小到大分成若干组，每组包括若干个观察值，然后计算每个观察值出现的次数，最后绘制次数分布表。

【例 4-2】 某植物保护站抽查小麦灌浆期的麦穗，随机抽查了100个小区，每个小区 $50m^2$，感染某种病毒的小麦穗数如表4-3所示。

表 4-3 100个小区感染病毒小麦穗数

12	15	11	14	12	14	17	13	14	13
16	15	16	17	16	16	16	17	17	13
15	15	14	12	13	15	12	14	15	12
13	13	16	14	17	11	16	14	14	16
14	14	19	17	15	17	15	13	18	11
16	18	17	16	16	15	17	16	15	19
13	13	15	14	16	15	15	14	15	16
13	13	20	9	10	13	10	15	15	11
16	12	16	17	17	14	17	15	17	17
14	13	14	13	11	15	17	14	13	15

首先求取最大值为20，最小值为9，即波动范围为12，如果100个数值分成12组，显得组数过多，很难看出规律，在这里将其分成4组，每组包括3个数值，再计数每组观察值出现的次数，绘制成如表4-4所示的次数分布表。

表 4-4 100个小区感染病毒小麦穗数的次数分布表

每穗粒数(x)	次数(穗数 f)
9～11	8
12～14	37
15～17	50
18～20	5
合计	100

从表4-4可以看出，过半数小区有15～17个小麦穗感染病毒。在这里需要注意每组包括的是几个独立的数值，不是一个区间，可以说是个集合。相邻的两组中较小组的最大值与较大组的最小值差1。

2. 计量资料的整理

计量资料是连续性变量资料，理论上在一定范围内可以取任何小数值，计量资料的整理相对于计数资料的整理有比较规范的程序。

【例 4-3】 以100个玉米穗的穗粒重为例来加以说明，原始资料如表4-5所示。

(1) 数据排序。对数据按从小到大排列(升序)或从大到小排列(降序)。排序(sort)的目的一是为了方便地寻找最大值和最小值，二是便于数据归组计数。

表 4-5　100 个玉米穗粒重　　(单位：g)

349.1	349.2	343.1	345.5	349.2	350.6	346.4	341.8	343.0	341.9
341.7	344.6	342.6	344.3	346.0	354.8	350.5	352.3	352.0	337.1
346.2	347.5	345.5	344.6	339.3	345.7	352.2	341.3	347.3	360.2
343.1	344.3	346.2	343.0	348.6	345.3	345.0	341.5	352.2	341.9
355.3	350.9	346.0	342.2	348.0	338.3	358.1	342.2	347.6	348.2
348.0	344.2	348.3	342.3	342.5	346.2	347.0	346.1	346.2	346.0
340.2	351.0	342.3	347.5	340.4	347.6	344.0	338.7	345.9	345.7
342.7	345.4	344.1	350.4	343.1	348.0	348.0	344.7	346.0	350.0
347.0	340.0	352.0	346.3	344.5	348.2	349.3	343.1	347.6	348.8
347.8	344.4	346.2	333.2	345.2	344.1	352.0	342.5	349.0	342.2

(2) 求极差。所有数据中的最大观察值和最小观察值的差数，称为极差(range)，也就是整个样本的变异幅度。从表 4-5 中查到最大观察值为 360.2g、最小观察值为 333.2g，极差为 360.2－333.2＝27(g)。

表 4-6　样本容量与组数多少的关系

样本容量	组数
50	5～10
100	8～16
200	10～20
300	12～24
500	15～30
1000	20～40

(3) 确定组数和组距。根据极差分为若干组，每组的距离相等，称为组距(class interval)。组数和组距是相互决定的，组距小则组数多；组距大则组数少。决定组数时必须考虑资料整理的目的，组数过多或过少都不能反映次数与观察值之间的关系，不能反映资料的规律性。在确定组数和组距时应考虑：①观察值数值的多少；②极差的大小；③便于计算；④反映资料的真实面貌。样本大小与组数多少的关系可参照表 4-6 来确定。

在此处取 10 组，组数确定后，还须确定组距，组距＝极差/(组数－1)＝27/9＝3(g) 。注意，如果组距为小数，为了方便计算，常常向上入 1 位取整，如 2.3 向上入 1 位取 3，在这里切不可舍去小数。

(4)确定组中点值和组限。每组应有明确的界限，才能使各个观察值划入特定的组内。组限(class limit)要明确，最好比原始资料的数字多一位小数，这样可使观察值归组时不致含糊不清。为此必须选定适当的组中点值(组值，class value)，选定第一组的组中点值，最好接近最小观察值，一般取最小观察值。第一组的下限为第一组的组中点值减去 1/2 个组距，上限为第一组的组中点值加上 1/2 个组距，则该组组限确定。第一组的组中点值加上组距就是第二组的组中点值，第二组的组中点值减去 1/2 个组距就是第二组的下限，第二组的组中点值加上 1/2 个组距就是第二组的上限。依此类推，求得各组的组中点值和组限。

在本例题中最小观察值为 333.2，就以 333.2 为第一组的组中点值，则第一组的下限为 333.2－3/2＝331.7，第一组的上限为 333.2＋3/2＝334.7 。第二组的组中点值为 333.2＋3＝336.2，第二组的下限为 336.2－1.5＝334.7，第二组的上限为 336.2＋1.5＝337.7，依此类推得出各组对应值。

(5) 把原始资料的各个观察值归入划分的各组。传统方法可在每组用 5 笔的“正”字作归组记号，划完一个“正”表示有 5 次，现在计算机可根据研究者设定的组限自动归组。待全部观察值归组后，即可求得各组的次数，制成一个如表 4-7 所示的次数分布表。

表 4-7　100 个玉米穗穗粒重的次数分布

组限	组中点值(x)	次数(f)	组限	组中点值(x)	次数(f)
331.7～334.7	333.2	1	346.7～349.7	348.2	23
334.7～337.7	336.2	1	349.7～352.7	351.2	12
337.7～340.7	339.2	6	352.7～355.7	354.2	2
340.7～343.7	342.2	21	355.7～358.7	357.2	1
343.7～346.7	345.2	32	358.7～361.7	360.2	1
			合计(n)		100

注意分组要做到不重复、不遗漏、前后一致。如果有的值和边界值相等，应归入前一组，也就是说各组是前开后闭区间。

3. 质量性状、等级资料的整理

质量性状、等级资料可以用类似次数分布的方法来整理。在整理前，先把资料按各种类别或等级进行分组，分类数等于组数，然后分别统计各组的次数，最后制成次数分布表。注意这里没有组中点值，某一组是一个类型，不是一个区间，也不是几个数值的集合。

【例 4-4】 已知豌豆高秆(T)对矮秆(t)为显性，圆粒种子(W)对皱粒种子(w)为显性，亲本植株高圆($TtWw$)和矮皱($ttww$)杂交，得子代表现型如表 4-8 所示。

表 4-8　豌豆杂交子一代表现型分离情况

属性分组(x)	次数(f)
高圆	66
高皱	70
矮圆	73
矮皱	69
合计(n)	278

(二) 次数分布图

试验资料除用次数分布表来表示外，也可以用图形来表示，次数分布图可以更形象地表明次数分布的情况。应用较普遍的图形有方柱形图、多边形图、条形图和饼图。

1. 方柱形图

方柱形图(histogram)适用于表示连续性变量资料的次数分布图。现以表 4-5(100 个玉米穗粒重)为例加以说明。通过资料整理得到次数分布表(表 4-7)。该表有 10 组，所以在横坐标轴上分为 10 等份，每一份代表一组，用横坐标轴表示组，其值用组中点值代表，用纵坐标轴表示次数，两轴交点不必为零，如图 4-1 所示。

2. 多边形图

多边形图(polygon)也是表示连续性变量资料的一种普通方法，而且在同一个图上可比较两组以上的资料。仍以表 4-5(100 个玉米穗粒重)为例加以说明。通过资料整理得到次数分布表(表 4-7)，用横坐标轴表示组，其值用组中点值代表，用纵坐标轴表示次数，两轴交点不必为零，如图 4-2 所示。

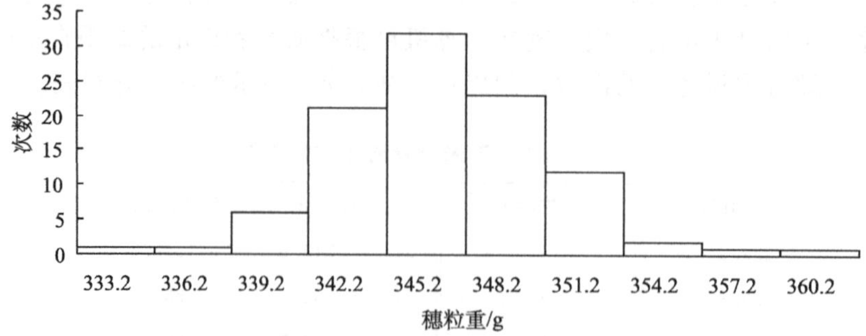

图 4-1　100 个玉米穗粒重的次数分布方柱形图

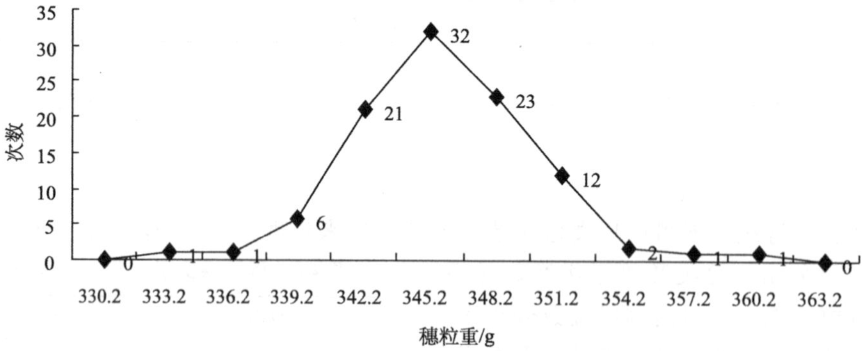

图 4-2　100 个玉米穗粒重的次数分布多边形图

3. 条形图

条形图(bar)适用于计数资料、属性资料、等级资料，用以表示这些资料的次数分布状况。一般其横坐标轴标出间断的组的中点值或分类性状，纵坐标轴标出次数。现以表 4-8 豌豆杂交子一代表现型分离情况为例，在横坐标轴上按等距离分别标定豌豆 4 种表现类型，在纵坐标轴上标定次数(f)，绘制图形结果如图 4-3 所示。

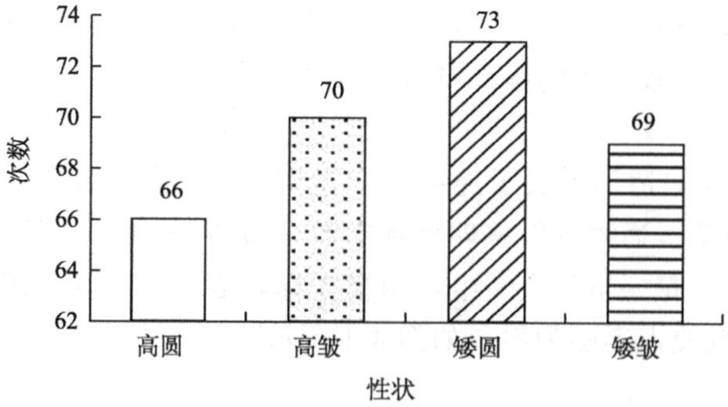

图 4-3　豌豆杂交子一代性状分离条形图

4. 饼图

饼图(pie)适用于计数资料、属性资料、等级资料，用以表示这些资料中各种属性或各种间断性数据观察值在总观察数中所占的百分比。现以表 4-8 豌豆杂交子一代表现型分离情况为例，绘制图形结果如图 4-4 所示。

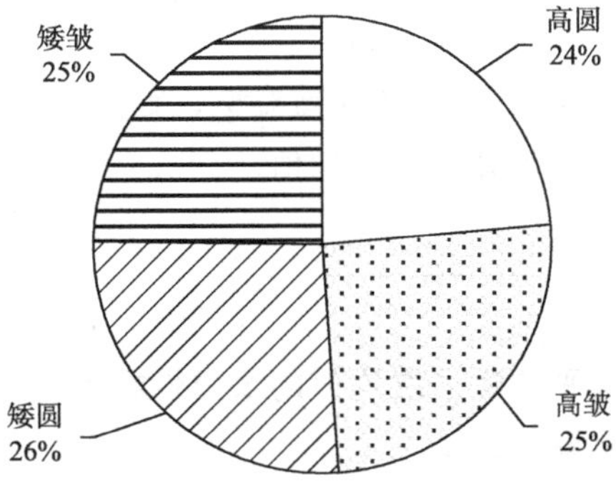

图 4-4　豌豆杂交子一代表现型分离饼图

第三节　试验资料的特征数

通过资料整理，可以得到次数分布表或次数分布图，能够直观、形象地表示资料的集中性和离散性。集中性是指资料中的所有观察值总是以某一数值为中心而展开的分布；离散性是指资料中观察值的分散程度。集中性代表一组数据的中心或重心位置，可以代表一组数据资料，但是集中性的高低则用离散性的大小衡量。通常用平均数来描述数据资料的集中性，用变异数来描述数据资料的离散性。

一、平均数的意义和种类

平均数(mean)是数据的代表值，表示资料观察值的中心位置或重心位置，可作为资料的代表而与另一组资料相比较，进而得出两者的差距。平均数的种类繁多，主要有算术平均数、中数、众数和几何平均数等，其中算术平均数最常用，几何平均数、中数、众数等很少应用。

1. 算术平均数

数量资料中所有观察值的总和除以观察值的个数所得到的商，称为算术平均数(arithmetic mean)，记作 $\bar{x}$。因其应用广泛，常简称平均数或均数(mean)。

算术平均数的计算方法有两种。其一，直接法，也就是按照定义求取，公式为

$$\bar{x} = \frac{x_1 + x_2 + x_3 + \cdots + x_n}{n} = \frac{\sum_{i=1}^{n} x_i}{n} \tag{4-1}$$

【例 4-5】 随机抽取 5 个麦穗，称其质量(g)分别为 18.0、19.3、21.5、17.8、18.2，求麦穗的平均质量。

$$\bar{x} = \frac{x_1 + x_2 + x_3 + \cdots + x_n}{n} = \frac{18.0 + 19.3 + 21.5 + 17.8 + 18.2}{5} = 18.96$$

其二，加权法。如果已经对数据资料进行了分组，整理成了次数分布表或次数分布图，

则可以采用加权平均法求取均值。公式为

$$\bar{x}=\frac{\sum f_i x_i}{\sum f_i}=\frac{\sum fx}{n} \tag{4-2}$$

【例 4-6】 计算表 4-5 中 100 个玉米穗的穗粒重，则需要根据次数分布表 4-7，以组中点值代表各组，以次数为权重进行计算加权平均值。

$$\bar{x}=\frac{\sum f_i x_i}{\sum f_i}=\frac{333.2\times 1+336.2\times 1+\cdots+360\times 1}{100}=345.86$$

随着计算机的应用，加权平均法求取均值的重要性在下降。

算术平均数有两个非常重要的性质。

(1) 所有观察值与其算术平均数的差数(简称离均差，deviation from mean)的总和等于 0，即

$$\sum_{i=1}^{n}(x_i-\bar{x})=\sum_{i=1}^{n}x_i-\sum_{i=1}^{n}\bar{x}=\sum_{i=1}^{n}x_i-n\bar{x}=0$$

(2) 离均差的平方总和为最小，即 $\sum_{i=1}^{n}(x_i-\bar{x})^2$ 最小。

证明：令 Δ 为无穷小量，设任意数 $a=\bar{x}\pm\Delta$，则有

$$\begin{aligned}\sum_{i=1}^{n}(x_i-a)^2&=\sum_{i=1}^{n}(x_i-\bar{x}\pm\Delta)^2=\sum[(x_i-\bar{x})\pm\Delta]^2\\&=\sum(x_i-\bar{x})^2\pm 2\Delta\sum(x_i-\bar{x})+n\Delta^2\end{aligned}$$

因为 $\sum_{i=1}^{n}(x_i-\bar{x})=0$，且 $n\Delta^2>0$

所以 $\sum_{i=1}^{n}(x_i-a)^2=\sum(x_i-\bar{x})^2+n\Delta^2>\sum(x_i-\bar{x})^2$

从而证实离均差的平方总和 $\sum_{i=1}^{n}(x_i-\bar{x})^2$ 是最小值。

2. 几何平均数

一个数量资料中如有 n 个观察值，其乘积开 n 次方所得数值，即为几何平均数，用 G 表示。

$$G=\sqrt[n]{x_1x_2\cdots x_n}$$

该式可以转换为对数运算

$$\lg G=\frac{1}{n}(\lg x_1+\lg x_2+\cdots+\lg x_n)=\frac{1}{n}\sum_{i=1}^{n}\lg x_i$$

$$G=\lg^{-1}\left(\frac{1}{n}\sum\lg x_i\right) \tag{4-3}$$

它是变量对数的算术平均数的反对数。

当资料中观察值变幅较大且为偏态分布，在计算平均增长率时，几何平均数作为资料的代表值要好于算术平均数。在生活中最常见的是生物增长率，如近 5 年人口平均增

长率。

3. 中数

将资料中的所有观察值按从小到大的顺序排列，处于中间位置的观察值称为中数（中位数，median），用 M_d 表示。中数是一个位置的平均数，不受极端观察值的影响。中数的计算方法如下：

（1）如果观察值的个数为奇数，则中数为处于中间位置的数，如 5、7、8、9、12 的中数为 8；

（2）如果观察值的个数为偶数，则中数为中间两个观察值的算术平均数，如 4、8、9、11、12、15 的中数为 $M_d=(9+11)/2=10$。

中数没有利用全部观察值的信息，应用上远不如算术平均数广泛。但在杀虫药剂、杀菌剂的毒力测定上，为了避免极端值的存在，要求得到的是中数，而不求算术平均数，即半致死量（杀死一半个体的剂量）。此外，在作物物候期的调查方面也多采用中数，如棉花的出苗期、现蕾期、开花期、吐絮期都以 50% 为标准。

4. 众数

在资料中出现次数最多的一个数值或次数最多一组的组中点值，称为众数（mode），用 M_0 表示。例如，某棉花品种的单铃重（g）为 4.8、4.7、5.1、4.8、4.9、4.6、4.8、5.0、4.8，该组数据的众数为 4.8。

对于已分组的数据，可用下式计算众数：

$$M_0=L+\frac{f_2}{f_1+f_2}\times i \tag{4-4}$$

式中，L 为众数所在组的下限；f_2 为众数所在组上一组的次数；f_1 为众数所在组下一组的次数；i 为组距。

二、变异数的意义和种类

虽然平均数可以作为数量资料的代表值与别的数据资料进行比较，但是无法判断平均数能够代表数据资料的程度，或者说在多大程度上能代表数据资料，衡量平均数代表数据资料好还是差时要用数据资料的变异数。例如，有 A、B 两组数据：

A 组，3、4、5、6、7　　$\bar{x}=5$

B 组，1、3、5、7、9　　$\bar{x}=5$

虽然 A 组和 B 组的平均数都等于 5，但两组数据的变异程度不同。很显然，B 组要比 A 组的变异大。也就是说 B 组平均数的代表性不如 A 组平均数的代表性好。为了更全面地描述一个数量资料，还必须用变异数来度量其变异程度。最常用的变异数有极差、方差、标准差和变异系数。

1. 极差

极差（range，R）又称为全距，是指观察值中最大值与最小值的差，表示资料的变异范围。R 大表示变异范围大，其代表性差；R 小表示变异范围小，其代表性好。

极差简单、直观，但精度较低，因为：①没有充分利用资料中的全部信息；②对同一个总体，抽出的不同样本，其极差波动比较大。

2. *方差*

含有 n 个观察值的样本，若每个观察值都与算术平均数相减，就得到每个观察值的离均差。对离均差进行平方，然后再相加，得到各个离均差平方和(简称平方和，SS)。

$$SS=\sum(x_i-\bar{x})^2=\sum x_i^2-\frac{\left(\sum x_i\right)^2}{n} \tag{4-5}$$

由于各个样本所包含的观察值数目不同，为了便于比较，用离均差平方和除以 $n-1$ 得到平均的离均差平方和，简称为方差(variance)，s^2 为样本方差，它是总体方差 $\sigma^2=\frac{\sum(x_i-\mu)^2}{N}$ 的无偏估计值，即

$$s^2=\frac{SS}{n-1}=\frac{\sum(x_i-\bar{x})^2}{n-1} \tag{4-6}$$

式中，$n-1$ 为自由度；N 为有限总体的容量。习惯上把样本的 s^2 称为均方，总体的 σ^2 称为方差。

方差在统计分析上应用较广泛，其优点是：①概括了总体(或样本)中每个观察值所提供的信息；②平方形式能灵敏反映各观察值之间的差异；③采用平均的形式，表示每个单位的平均变异，可以不受样本容量的影响，便于相互比较。其缺点是：由于采用平方的形式，度量单位平方了，失去了现实意义；放大了数据的波动程度。为了解决这两个问题，需要求取方差的算术平方根，就得到一个新的变异数——标准差。

3. *标准差*

方差的平方根值定义为标准差(standard deviation，Std.)。

样本标准差：

$$s=\sqrt{\frac{\sum(x_i-\bar{x})^2}{n-1}}=\sqrt{\frac{SS}{n-1}} \tag{4-7}$$

总体标准差：

$$\sigma=\sqrt{\frac{\sum(x_i-\bar{x})^2}{N}} \tag{4-8}$$

标准差的功用：①用以衡量资料的变异性；②估计试验误差，为确定均数之间的差异显著性提供依据。用标准差表示事物的变异性，不仅保留了方差的全部优点，而且在数量水平上与平均数相匹配，在度量单位上与平均数相一致。它能够很好地表示样本(或总体)中每个观察值的平均变异度。

标准差的计算方法如下所述。

(1) 直接法：也就是按照定义去做。

【例 4-7】 以【例 4-5】的 5 个麦穗为例用直接法求标准差。

其平均值为：$\bar{x}=18.96$

$$s=\sqrt{\frac{\sum(x_i-\bar{x})^2}{n-1}}=\sqrt{\frac{(18.0-18.96)^2+(19.3-18.96)^2+\cdots+(18.2-18.96)^2}{5-1}}=1.534$$

（2）矫正数法。

设 $C=(\sum x_i)^2/n$，

$$s=\sqrt{\frac{\sum(x_i-\bar{x})^2}{n-1}}=\sqrt{\frac{\sum x_i^2-\left(\sum x_i\right)^2/n}{n-1}}=\sqrt{\frac{\sum x_i^2-C}{n-1}} \tag{4-9}$$

【例 4-8】 仍以【例 4-5】的 5 个麦穗为例用矫正数法求标准差。

$$\sum x_i=18+19.3+21.5+17.8+18.2=94.8$$

$$C=\left(\sum x_i\right)^2/n=94.8^2/5=1797.408$$

$$s=\sqrt{\frac{\sum x_i^2-C}{n-1}}=\sqrt{\frac{18.0^2+19.3^2+\cdots+18.2^2-1797.408}{5-1}}=1.534$$

（3）加权法。

$$s=\sqrt{\frac{\sum f_i(x_i-\bar{x})^2}{\sum f_i-1}}=\sqrt{\frac{\sum f_ix_i^2-\frac{1}{n}\left(\sum f_ix_i\right)^2}{n-1}} \tag{4-10}$$

适用于编制了次数分布表的资料。

【例 4-9】 以表 4-7 的 100 个玉米穗粒重的次数分布为例用加权法求取标准差。

$$\sum f_ix_i^2=1\times333.2^2+1\times336.2^2+\cdots+1\times360.2^2=11963670.4$$

$$\sum f_ix_i=1\times333.2+1\times336.2+\cdots+1\times360.2=34586.00$$

$$s=\sqrt{\frac{\sum f_ix_i^2-\frac{1}{n}\left(\sum f_ix_i\right)^2}{n-1}}=\sqrt{\frac{11963670.4-\frac{1}{100}\times(34586.00)^2}{100-1}}=4.212$$

4. 变异系数

标准差在统计分析上是衡量一个样本变异程度的重要特征数，但是要对两个不同性质的样本的变异程度作比较时，则往往因为两个样本的单位不同而不能用标准差进行直接比较，如玉米株高的标准差就没有办法与玉米穗粒重的标准差比较。s 和 $\bar{x}$ 是样本最重要的两个特征数，如果用 s 除以 $\bar{x}$，既可以消除单位，又得到一个对平均数的相对变异量。把这个相对变异量称为变异系数（CV）。其计算公式为

$$CV=\frac{s}{\bar{x}}\times100\% \tag{4-11}$$

CV 是一个不带单位的纯数，以百分数表示单位量的变异。在多因素试验中，多引入 CV 值，用以比较各因素之间作用的大小或重要程度。在空白试验中，可作为测定土壤差异大小的指标。

【例 4-10】 检查A地某甲棉花的纤维长度，从中抽取10根，测得其平均长度为 $\bar{x}_A=252.2\text{mm}$，$s_A=71.04\text{mm}$。又得知B科学技术推广站黄豆的平均产量为 $\bar{x}_B=3000\text{kg/hm}^2$，$s_B=375\text{kg/hm}^2$，试分析它们变异度的大小。

由于它们不是一类事物，单位又不统一，因此不能简单地用标准差来比较，只能用变异系数来比较两者的变异度大小。

A站：$CV=(71.04/252.2)\times100\%=28.168\%$

B站：$CV=(375/3000)\times100\%=12.5\%$

由此可以看出，A地的甲棉花纤维长度的变异程度比B科学技术推广站的黄豆产量变异程度高。

复习思考题

4.1　统计学老师为了摸清上统计学课的农学1、2班共85名同学对知识的掌握情况，进行了课堂小测验，并且随机抽取了张三、李四等6名同学的试卷，得分如下：96、85、74、65、82、90，请问在这里总体是什么？总体容量是多少？样本是什么？样本容量是多少？什么是变量？什么是观察值？

4.2　2003年在唐山、秦皇岛一带随机抽取100个小区的小麦，测得其千粒重的资料如表4-9所示，试根据所给资料编制次数分布表(要求分成8组)。

表 4-9　100个小区小麦的千粒重　　　　(单位：g)

37	33	32	34	32	34	35	32	34	33
33	33	46	32	39	35	41	32	34	41
33	39	38	33	42	38	39	30	38	39
35	31	38	30	33	34	41	34	35	39
34	35	39	32	36	35	36	37	35	36
36	35	37	34	39	36	34	33	31	38
28	35	35	27	36	37	35	36	33	38
30	36	35	30	38	37	26	37	32	33
35	34	35	30	35	36	35	32	30	36
36	33	36	34	38	35	31	32	33	36

4.3　根据复习思考题4.2的次数分布表，绘制方柱形图和多边形图。

4.4　采用复习思考题4.2的100个小区小麦千粒重的次数分布资料，用加权法分别计算平均数和标准差。

4.5　试分别算出表4-10所示的两个玉米品种的10个果穗长度(cm)的标准差及变异系数，并解释所得结果。

表 4-10　玉米果穗长度　　　　(单位：cm)

太豫605	18	20	21	22	17	19	22	20	21	19
金皇后	17	19	24	16	26	18	21	19	20	18

4.6　观察10株小麦的分蘖数为：2、7、3、6、2、2、5、7、9、3。如果每一个观察值分别以 x_1，x_2，…，x_n 来表示，那么 n 是多少？x_3、x_7 各是多少？x_i 和 x_{i-1} 有什么区别，当 $i=2$ 时，x_i，x_{i-1} 各为多少？

4.7　按照复习思考题4.6的10株小麦分蘖数，计算其 $\bar{x}$ 和各个 $x_i-\bar{x}$，并验算是否 $\sum(x_i-\bar{x})=0$？该样本的众数和中数各为多少？极差、均方和标准差又各为多少？

第五章　理论分布与抽样分布

统计分析的目的是通过研究样本的有关统计数来推断所属总体的特征，因此要想得到总体的有关特征值就应当了解总体的分布规律，也就是总体的理论分布。本章介绍的理论分布类型有二项分布、正态分布及抽样分布等。

第一节　事件和概率

一、事　　件

（一）事件的概念

在现实中，事件一般是指历史上或社会上已经发生的产生有相当影响的事情，但是试验是为了解某物的性能或某事的结果而进行的尝试性活动，事先有可能知道出现哪几种结果，但是无法确定结果究竟是什么，在分析过程中往往要用到概率论和数理统计学的知识。在试验统计学中，事件是指一个试验的可能出现结果。

每次试验中一定发生的事件称为必然事件，用符号 Ω 表示。每次试验中一定不发生的事件称为不可能事件，用符号 Φ 表示。如果一个试验在相同条件下可以重复进行，而且每次试验的结果事前不可预知，就称它为一个随机试验。试验的每一个可能结果一般称为随机事件，简称为事件，用 A、B、C 表示。

（二）事件的关系及其运算

（1）事件的包含：事件 A 发生必然导致事件 B 的发生；记作 $A \subset B$。

（2）事件的相等：事件 A 包含事件 B，事件 B 也包含事件 A，称为事件 A 与事件 B 相等；记作 $A=B$。

（3）对立事件：事件“非 A”称为 A 的对立事件（或逆事件）。它由样本空间中所有不属于 A 的样本点组成的集合。或者说在一定的条件下两个互斥的随机事件 A 和 B 必然也只能有一个发生。

（4）事件的并（和）：两个事件 A、B 中至少有一个发生，即“A 或 B”是一个事件；记作 $A+B$ 或 $A \cup B$。

（5）事件的交（积）：两个事件 A 与 B 同时发生，即“A 且 B”；记作 AB 或 $A \cap B$。

（6）事件的差：事件 A 发生而事件 B 不发生，由属于 A 但不属于 B 的那些样本点构成；记作 $A-B$。

（7）互不相容事件（互斥）：事件 A 与 B 不能同时发生，$AB=\Phi$，如某地某日某时天气为下雨和天晴。

（8）完备事件组：若事件 A_1，…，A_n 两两互不相容，并且 $A_1+\cdots+A_n=\Omega$，则称 $A_1,\cdots,A_n$ 构成一个完备事件组。

(9) 在一定条件下一个随机事件的发生与否不影响另一个随机事件的发生，就称它们是独立的。

推论：在一定的条件下两个互斥的随机事件同时发生是不可能事件；在一定条件下两个对立的随机事件只发生其中之一是必然事件；上述随机事件之间互斥、对立和独立的关系都适用于多个随机事件之间。

注意理解互斥事件和对立事件的区别。对立事件一定是互斥事件。

二、概　　率

(一) 概率的概念

概率表示随机事件出现的可能性大小。概率是事件本身所固有的不随人的主观意愿而改变的一种属性。

对于随机事件，在一次试验中，不能确定是否发生，但是当试验次数增加到一定程度时，就有了一定的规律。例如，掷硬币，如果是一次试验，我们很难判断它是正面朝上还是反面朝上，但当我们掷 1000 次或更多的时候，正面和反面出现的次数比例总是近似 1∶1，而且大体上掷的次数越多，越接近这个比值。把这种随着重复试验次数的增加而得到的有规律性的结果，称为随机事件的统计规律性。

统计概率：在相同条件下重复进行同一个试验，随机事件 A 发生的频率为 a/n，随着试验总次数 n 的逐渐增大，越来越稳定地接近某一个值 p，p 就称为事件 A 的统计概率。

从统计概率的定义出发，概率有以下两个基本性质：

(1) 任何事件的概率在 0 与 1 之间，即 $0 \leqslant P(\mathrm{A}) \leqslant 1$；

(2) 必然事件的概率等于 1，不可能事件的概率等于 0。

(二) 概率的计算法则

1. 互斥事件概率的加法

设 A 和 B 为两个互斥的随机事件，在一次试验中发生其中之一的概率为两个事件各自概率的和，即

$$P(\mathrm{A}+\mathrm{B})=P(\mathrm{A})+P(\mathrm{B}) \tag{5-1}$$

例如，如果下雨的概率是 0.4，晴天的概率是 0.3，那么，该日该地下雨或晴天的概率为 0.3+0.4=0.7。

注：当 A 与 B 不互斥时，$P(\mathrm{A}+\mathrm{B})=P(\mathrm{A})+P(\mathrm{B})-P(\mathrm{AB})$。

2. 对立事件的概率

设随机事件 A 的对立事件为 $\bar{\mathrm{A}}$，因为在一次试验中必然也只能发生其中一个，则其对立事件的概率为

$$P(\mathrm{A})+P(\bar{\mathrm{A}})=1 \quad 或 \quad P(\bar{\mathrm{A}})=1-P(\mathrm{A}) \tag{5-2}$$

如果某作物亩产达到 400kg 的概率为 0.1，那么亩产不足 400kg 的概率为 1－0.1，即 0.9。

3. 独立事件概率的乘法

设 A 和 B 为两个独立的随机事件，在一次试验中两者同时发生的概率为两个事件各自

概率的乘积，即

$$P(AB)=P(A)\cdot P(B) \tag{5-3}$$

例如，同时播下两粒种子，每一粒种子发芽与否是独立事件，如果该种子的发芽率为 0.9，那么两粒种子都发芽的概率为 $0.9\times0.9=0.81$。

当事件 A 与 B 不独立时，

$$P(AB)=P(A)\cdot P(B/A) \tag{5-4}$$

4. 完全事件系的概率

若事件 A_1，A_2，…，A_n 两两互斥，且每次试验结果必发生其一，则这些事件就构成了一个完全事件系，它们发生的概率之和为 1。

5. “小概率事件不可能”原理

若 $P(A)$ 小于 0.05(或 0.01)，则称事件 A 为小概率事件。实践表明，小概率事件在一次试验中出现的可能性是极小的，以至于实际上认为是不可能事件。把小概率事件在一次试验中看成是实际不可能出现的事件，称为“小概率事件不可能”原理。

三、概 率 分 布

一批玉米种子的发芽率为 0.8，从中取 4 粒做发芽试验，那么都不发芽的概率为 0.0016，只有 1 粒发芽的概率为 0.0256($0.8^1\times0.2^3\times C_4^1$)、只有 2 粒发芽的概率为 0.1536 ($0.8^2\times0.2^2\times C_4^2$)、3 粒发芽的概率为 0.4096($0.8^3\times0.2^1\times C_4^3$)、4 粒发芽的概率为 0.4096 ($0.8^4\times0.2^0\times C_4^4$)，用变量 x 表示发芽粒数。用 x_1、x_2、x_3、x_4、x_5 分别代表 0、1、2、3、4，变量 x 对应的概率 $p(x=x_i)$ 为 p_1、p_2、p_3、p_4、p_5，把变量 x 的可能取值与其对应的概率一一列出形成的分布称为离散型随机变量的概率分布，如表 5-1 所示。

表 5-1 玉米种子发芽率概率分布

变量 x	0	1	2	3	4
概率 $P(x=x_i)$	0.0016	0.0256	0.1536	0.4096	0.4096

当变量 x 是一个连续变量时，如用变量 x 表示小麦亩产量值，x 在连续区间上取某一具体值的概率几乎为 0，往往表现为落在某一区间内的概率。例如，$x\leqslant290$ 出现的概率为 0.20，$290<x\leqslant300$ 出现的概率为 0.33，$300<x\leqslant310$ 出现的概率为 0.32，$x>310$ 出现的概率为 0.15。将 $x\leqslant290$、$290<x\leqslant300$ 等取值与其对应的概率依次排列形成一个有规律的分布，这个变量出现概率的分布即为连续型随机变量的概率分布。

因此概率分布可定义为：将同一个试验所有可能的结果看成是一个随机变量，记为 x，做一次试验相当于在随机变量 x 中随机地抽取了一个数值 x_i 或数值区间 Δx，将随机变量的取值或取值区间与其对应的概率依次排列形成的分布。

通过用变量来表示随机试验的结果，把研究随机试验概率分布转变为研究随机变量的概率分布。

如果变量 x 为离散型变量，则变量 x 取各个值的累计概率为

$$P(x\leqslant x_i)=\sum_{i=1}^{n}P(x=x_i)\quad(1\leqslant i\leqslant n) \tag{5-5}$$

如果变量 x 为连续型随机变量，则变量 x 落在$(-\infty, x_i]$区间的概率为

$$P(x \leqslant x_i) = \int_{-\infty}^{x_i} f(x)\mathrm{d}x = F(x_i) \tag{5-6}$$

这里 $f(x)$为连续型变量 x 的概率密度函数（probability density function）或分布密度（distribution density）。

连续型随机变量 x 落在任意实数 a 和 $b(a<b)$区间的概率为

$$P(a < x \leqslant b) = \int_{a}^{b} f(x)\mathrm{d}x = F(b) - F(a) \tag{5-7}$$

连续型随机变量 x 落在$(-\infty, +\infty)$区间的概率为

$$P(-\infty < x < +\infty) = \int_{-\infty}^{+\infty} f(x)\mathrm{d}x = 1 \tag{5-8}$$

连续型随机变量 x 落在$(x_i, +\infty)$区间的概率为

$$P(x > x_i) = \int_{x_i}^{+\infty} f(x)\mathrm{d}x = 1 - F(x_i) \tag{5-9}$$

例如，当随机变量 x 表示玉米种子发芽率时，计算发芽率低于 3 粒的概率为发芽率为 0、1、2 的累积概率

$$P(x \leqslant 2) = \sum_{i=1}^{3} P(x = x_i) = 0.0016 + 0.0256 + 0.1536 = 0.1808$$

又如，当随机变量 x 表示小麦亩产量时，由前面已知条件可知，$F(290)=P(x\leqslant 290)=0.20$，$P(290<x\leqslant 300)=0.33$，$P(300<x\leqslant 310)=0.32$，$P(x>310)=0.15$。

则随机变量 x 落在$(-\infty, +\infty)$区间的概率为

$$P(-\infty < x < +\infty) = \int_{-\infty}^{+\infty} f(x)\mathrm{d}x = P(x \leqslant 290) + P(290 < x \leqslant 300)$$
$$+ P(300 < x \leqslant 310) + P(x > 310) = 0.20 + 0.33 + 0.32 + 0.15 = 1$$

随机变量 $x\leqslant 310$ 的概率为

$$P(x \leqslant 310) = \int_{-\infty}^{310} f(x)\mathrm{d}x = 1 - P(x > 310) = 1 - 0.15 = 0.85 = F(310)$$

$290<x\leqslant 310$ 的概率为

$$P(290 < x \leqslant 310) = F(310) - F(290) = 0.85 - 0.20 = 0.65$$

第二节　二 项 分 布

一、二项总体及二项式分布

在现实生活中经常碰到一类随机变量，可以根据某种性状的出现与否而把整个总体的观察对象分为非此即彼的两组。例如，小麦种子发芽和不发芽，大豆子叶颜色为黄色和青色，调查棉田盲蝽危害分为受害株和不受害株，等等。这类变量均属离散型随机变量，它们构成的总体称为二项总体（binary population）。

为便于研究，通常将二项总体中的“此”事件以“1”表示，发生概率为 p；将“彼”事件以“0”表示，发生概率为 q。因而二项总体又称为 0、1 总体，其概率则显然有：$p+q=1$。

如果从二项总体中随机抽取 n 个个体，得到 x 个个体属于“此”，则属于“彼”的个体数为 $n-x$，那么 x 的值域为 0，1，2，…，n。x 作为间断性资料的变量，共有 $n+1$ 种取值，这 $n+1$ 种取值各有其对应概率，因而由变量及其概率就构成了一个分布，这个分布称为二项式概率分布，简称为二项式分布或二项分布(binomial distribution)。

二、二项式分布的概率计算方法

已知小麦有芒或无芒是由一对等位基因控制的，只要有一个基因是显性基因就是无芒。具有一对纯显性基因的无芒小麦品种与纯隐形有芒小麦杂交后，F_1 代表现出有芒小麦，其 F_2 代按一对等位基因分离，无芒表现显性，无芒和有芒以 3∶1 比例分离(表 5-2)。这里以杂种后代无芒粒数(x)的概率分布来说明二项式分布的概率计算。

从遗传学已知，杂种后代 F_2 代按一对等位基因分离，出现有芒、无芒两种性状，出现无芒的概率为 0.75，出现有芒的概率为 0.25，这是二项总体的概率分布(表 5-2)。如果从这种总体抽取 n 粒，那么得到 x 株小麦是无芒的概率是多少呢？

表 5-2　小麦有芒无芒概率分布

无芒小麦植株数目(x)	0	1	2	合计
基因组合	yy	$yY+Yy$	YY	
无芒小麦出现 x 株的概率 $P(x)$	1/4	2/4	1/4	1

随机抽取 4 株 F_2 代小麦，则不出现无芒的概率，即都是有芒小麦的概率为

$$P(x=0)=C_4^0\left(\frac{3}{4}\right)^0\left(\frac{1}{4}\right)^4=0.00390625$$

同理抽取 4 株出现 1 株无芒的概率为

$$P(x=1)=C_4^1\left(\frac{3}{4}\right)^1\left(\frac{1}{4}\right)^3=0.046875$$

抽取 4 株出现 2 株无芒的概率为

$$P(x=2)=C_4^2\left(\frac{3}{4}\right)^2\left(\frac{1}{4}\right)^2=0.2109375$$

抽取 4 株出现 3 株无芒的概率为

$$P(x=3)=C_4^3\left(\frac{3}{4}\right)^3\left(\frac{1}{4}\right)^1=0.421875$$

抽取 4 株出现 4 株无芒的概率为

$$P(x=4)=C_4^4\left(\frac{3}{4}\right)^4\left(\frac{1}{4}\right)^0=0.31640625$$

由此可以类推得在 n 次试验中出现 x 次的概率函数为

$$P(x)=C_n^x p^x q^{n-x} \tag{5-10}$$

这一分布规律也称为伯努利(Bernoulli)分布，并有 $\sum_{x=0}^{n}P(x)=1$。

【例 5-1】 某地常年大量数据表明烟青虫危害辣椒植株的概率为 $p=0.35$。令受害株事件为 A，则概率为 $p=0.35$，未受害株事件为对立事件，其概率为 $q=1-0.35=0.65$。这一试验是可以重复的。假定做了 n 次试验，即抽出 n 株为一个抽样单位，试问出现有 x 株是受害的，其概率应有多少？

以调查 5 株为一个抽样单位为例，即 $n=5$，则受害株数 $x=0，1，2，3，4，5$ 的概率可以计算出来，如表 5-3 所示。辣椒植株受害数为随机变量(x)，如表 5-3 所示。

表 5-3　调查单位为 5 株的概率分布表($p=0.35$，$q=0.65$)

受害株数 概率函数 $P(x)$	$C_n^x p^x q^{n-x}$	$P(x)$	$F(x)$	$nP(x)$
$P(0)$	$C_5^0\times 0.35^0\times 0.65^5$	0.1160	0.1160	46.40
$P(1)$	$C_5^1\times 0.35^1\times 0.65^4$	0.3124	0.4284	124.96
$P(2)$	$C_5^2\times 0.35^2\times 0.65^3$	0.3364	0.7648	134.56
$P(3)$	$C_5^3\times 0.35^3\times 0.65^2$	0.1811	0.9459	72.44
$P(4)$	$C_5^4\times 0.35^4\times 0.65^1$	0.0488	0.9947	19.52
$P(5)$	$C_5^5\times 0.35^5\times 0.65^0$	0.0053	1.0000	2.12

图 5-1 和图 5-2 为概率函数图和累积概率函数图。

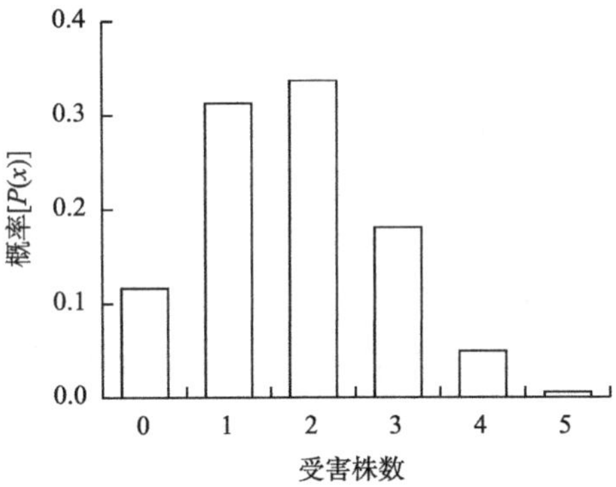

图 5-1　辣椒受烟青虫危害的概率分布图
$n=5$，$p=0.35$

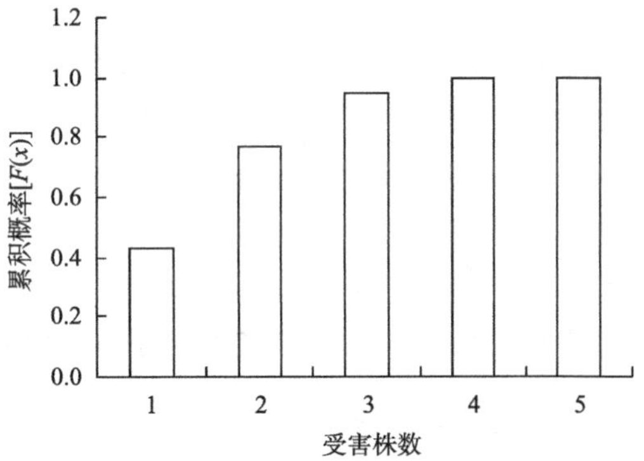

图 5-2　辣椒受烟青虫危害的累积概率函数 $F(x)$图
$n=5$，$p=0.35$

如果每次抽 5 个单株辣椒，抽 $n=400$ 次，则理论上能够得到抽到 2 株被侵害的辣椒的次数，即 $x=2$ 的理论次数应为

$$\text{理论次数}=400\times P(2)=400\times 0.3364=134.56(\text{次})$$

对于任意 x，其理论次数为

$$\text{理论次数}=nP(x) \tag{5-11}$$

【例 5-2】 某地区某种盆栽花卉受某真菌危害，该种花卉的死亡率为 40%，即 $p=0.4$，现对这种病害用一种新药进行治疗试验，每次抽样 10 盆作为一组治疗。为研究新药的疗效，试求在 10 盆中死 3 盆、2 盆、1 盆，以及全部痊愈的概率。

按上述二项分布概率函数式计算：

3 盆死去，7 盆痊愈概率：$P(3)=C_{10}^{3}(0.40)^3(0.60)^7=0.21499$

2 盆死去，8 盆痊愈概率：$P(2)=C_{10}^{2}(0.40)^2(0.60)^8=0.12093$

1 盆死去，9 盆痊愈概率：$P(1)=C_{10}^{1}(0.40)^1(0.60)^9=0.04031$

10 盆全部痊愈的概率：$P(0)=C_{10}^{0}(0.40)^0(0.60)^{10}=0.00605$

若问 10 盆中不超过 2 盆死去的概率为多少？则应该应用累积函数，即

$$F(2)=\sum_{0}^{2}P(x)=P(0)+P(1)+P(2)=0.00605+0.04031+0.12093=0.16729$$

三、二项式分布的参数和形状

（一）二项式分布的参数

平均数和方差(或标准差)是描述一个总体分布的两个重要参数。例如，受害植株与非受害植株构成一个二项总体，从该总体中抽取 n 株，其中以受害株数的多少(x)作为统计指标的话，从总体中可以抽取的所有样本均有一个 x，这样所有的 x 构成了一个新总体，该总体也属于二项式总体，其平均数 μ、方差 σ^2 和标准差 σ 见下式：

$$\mu=np,\ \sigma^2=npq,\ \sigma=\sqrt{npq} \tag{5-12}$$

该总体的概率计算方法与前述的二项式总体相同，只是由于统计指标的变化，使平均数和标准差有所不同。

例如，上述辣椒植株受害率调查结果，$n=5$，$p=0.35$，所以可求得总体参数为：$\mu=5\times0.35=1.75$(株)，$\sigma=\sqrt{5\times0.35\times0.65}=\sqrt{1.1375}=1.067$(株)。

以上平均数和标准差是指从二项总体抽出 n 个个体的样本总和数(个数)分布的平均数和标准差。

如果 n 适当大(如大于 30)，p 值又不过于小(如不靠近 0 值)，并且 np 及 nq 均不少于 5 时，那么，这个二项式分布将趋近于下面即将介绍的正态分布，具有参数 $\mu=np$ 和 $\sigma=\sqrt{npq}$。

（二）二项式分布的形状

当 n 较小，且 $p\neq q$ 时，二项分布是偏态的：

当 $p<0.5$ 时，峰值偏左(图 5-3)；

当 $p>0.5$ 时，峰值偏右(图 5-4)；

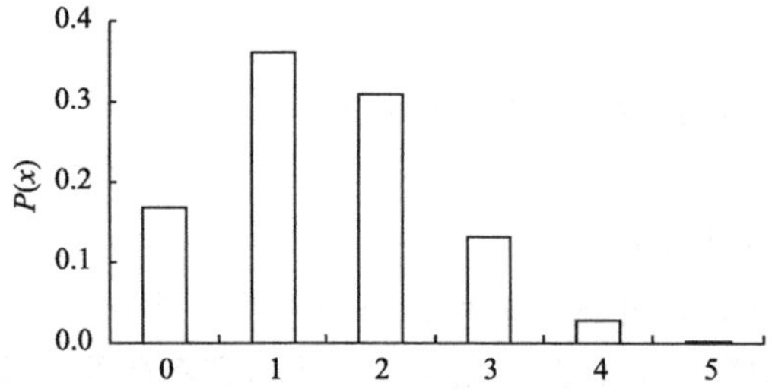

图 5-3　$n=5$，$p=0.3$ 的二项分布图

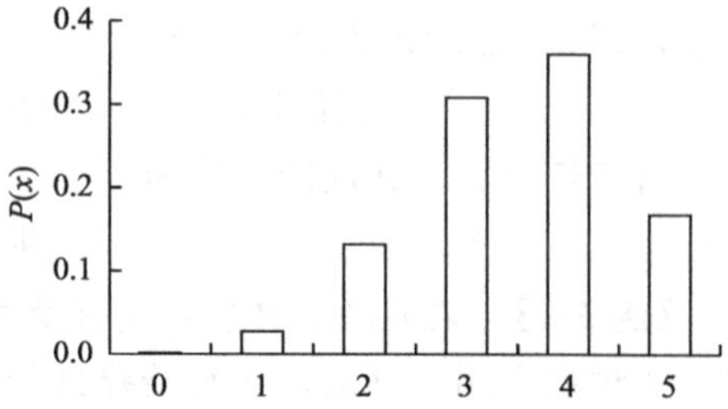

图 5-4　$n=5$，$p=0.7$ 的二项分布图

当 $p=q=0.5$ 时，则二项分布为对称分布。

随着 n 的增大，峰值会逐渐接近对称分布，所以二项分布是由 n 和 p 两个参数来决定的(图 5-5)。

如果 n 适当大，如大于 30，并且 np 及 nq 均不少于 5 时，那么，这个二项式分布将趋近于正态分布，如图 5-6 所示。

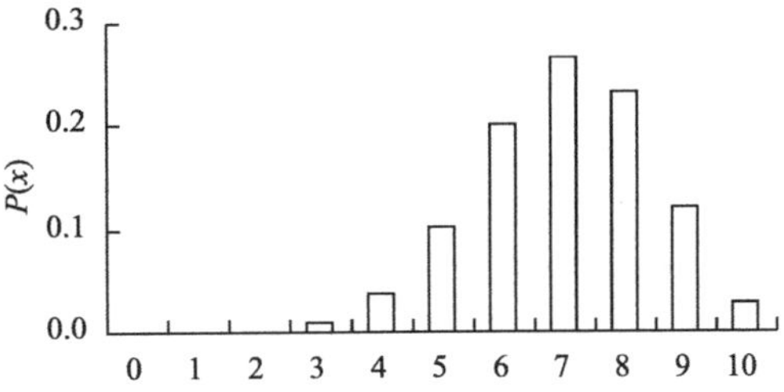

图 5-5　$n=10$，$p=0.7$ 的二项分布图

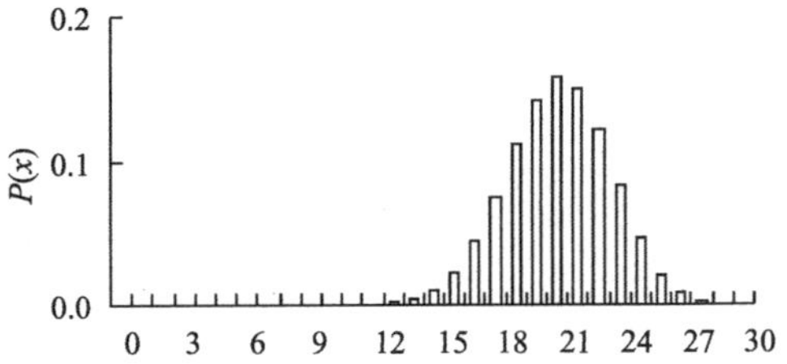

图 5-6　$n=30$，$p=0.7$ 的二项分布图

第三节　正 态 分 布

正态分布(normal distribution)是一种连续型随机变量的概率分布，在理论和实践中都具有非常重要的意义。第一，客观世界有许多现象的数据是服从正态分布的。例如，在日常生活中发现许多数量指标总是在正常范围内较多，而偏离正常表现过高或过低的情况较少数，而且越极端的可能性越少，如一般作物产量和许多经济性状的数据。第二，在适当条件下，它可用来做二项分布及其他离散型或连续型随机变量的似近分布，这样就能用正态分布代替其他分布来计算概率和进行统计推论。第三，虽然有些总体并不做正态分布，但从总体中抽出的样本平均数及其他一些统计数的分布，在样本容量足够大时仍然趋近正态分布，因此可用它来研究这些统计数的抽样分布。

一、正态分布的概率函数

对于二项分布，如果 $p=q$，不论 n 值大或小，二项分布的多边形图必形成对称；如果 $p\neq q$，而 n 足够大时，二项分布多边形图仍趋于对称。当 $n\to\infty$时，多边形的折线就表现为一条光滑曲线。这个光滑曲线在数学上的意义就是一个二项分布的极限曲线(图 5-7)。二项分布的极限曲线属于连续型随机变量分布曲线，这条曲线一般称为正态分布曲线或正态概率密度曲线。可以推导出正态分布的概率密度函数为

$$f(x)=\frac{1}{\sigma\sqrt{2\pi}}\mathrm{e}^{-\frac{1}{2}\left(\frac{x-\mu}{\sigma}\right)^2} \qquad (5\text{-}13)$$

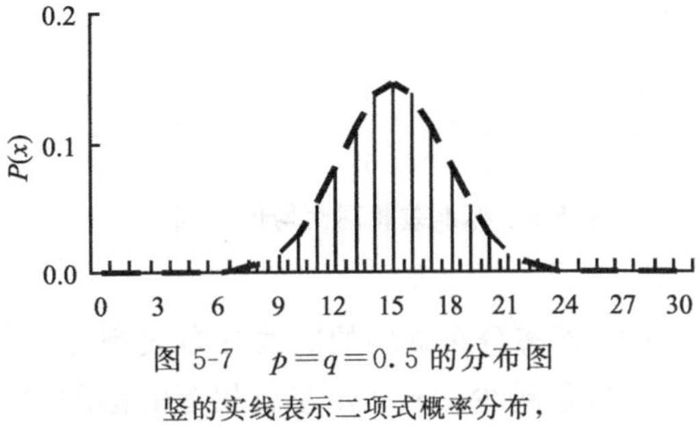

图 5-7　$p=q=0.5$ 的分布图
竖的实线表示二项式概率分布，
虚线表示接近的正态分布曲线

式中，x 是所研究的变量；$f(x)$为某一定值 x 出现的函数值，一般称为概率密度函数，相当于曲线 x 值的纵轴高度；μ 为所研究总

体平均数；σ 为所研究总体标准差。

这里 x 是从负无穷大到正无穷大的数值区间中的一个点，讨论变量处在这个点的概率是没有意义的，但是讨论正态变量落在某一区间的概率有意义，所以这里将式(5-13)称为正态分布的概率密度函数，而非概率函数，以区别于离散型分布的概率函数。

式(5-13)的函数图见图 5-8。

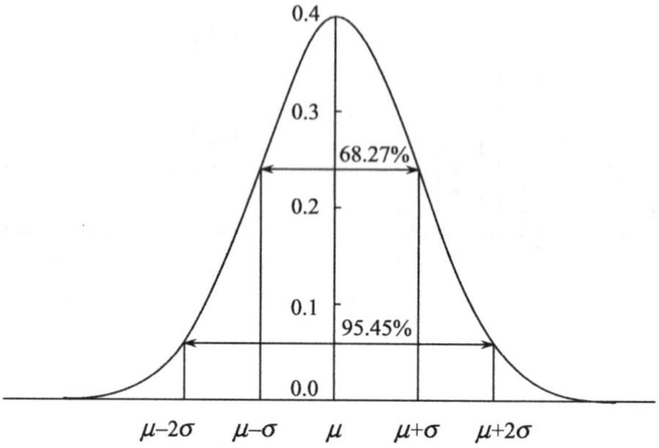

图 5-8　正态分布曲线图

二、正态分布曲线的特性

(1) 正态分布曲线是以 $x=\mu$ 为对称轴，向左右两侧作对称分布，所以它是一个对称曲线。从 μ 竖立的纵轴 $f(x=\mu)$值是最大值，所以正态分布曲线的算术平均数、中数和众数是相等的，三者均合一位于 μ 点上。

(2) 正态分布曲线以参数 μ 和 σ 的不同而表现为一系列曲线，所以它是一个曲线簇而不仅仅是一条曲线。μ 确定它在横轴上的位置，而 σ 确定它的形状，不同 μ 和 σ 的正态总体具有不同的曲线，所以任何一个特定正态曲线必须在其 μ 和 σ 确定后才能确定。图 5-9 和图 5-10表示这个区别。

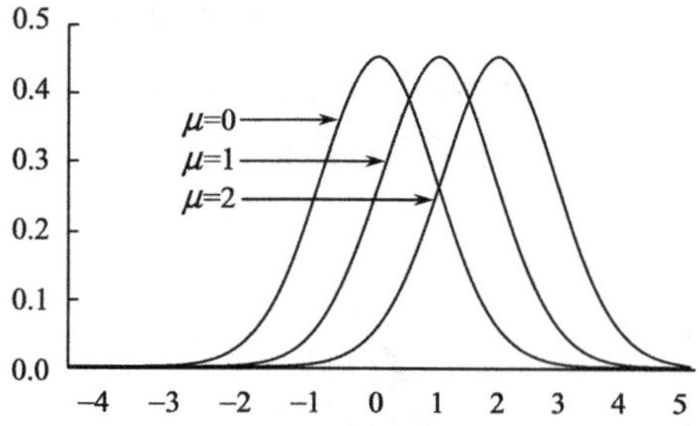

图 5-9　标准差相同而均值不同

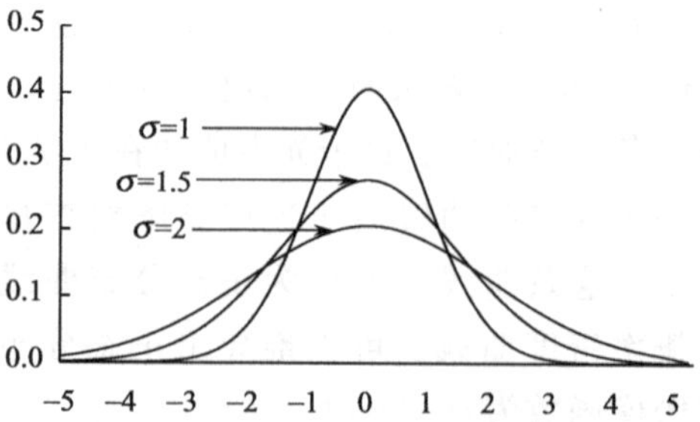

图 5-10　平均数相同而标准差不同

(3) 正态分布资料的次数分布表现为数值(x)越接近于算术平均数(μ)次数越多，越远对应的次数越少；x 在 μ 左右相等的范围内具有相等的次数，离 3 倍标准差(3σ)以上的 x 对应的次数极少。

(4) 正态曲线在 $|x-\mu|=1\sigma$ 处有“拐点”。当 $x\to\pm\infty$，分布曲线以 x 轴为渐近线。

(5) 正态曲线与横轴之间的总面积等于 1，而在曲线下横轴的任何定值，如从 $x=x_1$ 到 $x=x_2$ 之间的面积等于 x 落于这个区间内的面积或概率。下面为几对常见的区间与其相对应的面积或概率：

区间 $\mu\pm1\sigma$	面积或概率 $=0.6827$
$\mu\pm2\sigma$	$=0.9545$
$\mu\pm3\sigma$	$=0.9973$
$\mu\pm1.960\sigma$	$=0.9500$
$\mu\pm2.576\sigma$	$=0.9900$

三、标准正态分布

令 $u=\dfrac{x-\mu}{\sigma}$，则可以把一个服从正态分布的随机变量 x 的密度函数转变为

$$f(u)=\frac{1}{\sqrt{2\pi}}e^{-\frac{1}{2}u^2} \tag{5-14}$$

式(5-14)称为标准化正态分布密度函数，它是参数 $\mu=0$、$\sigma^2=1$ 时的正态分布(图 5-11)。其概率密度和分布函数常用 $\varphi(x)$ 和 $\Phi(x)$ 表示。由于它具有最简单形式，各种不同平均数和标准差的正态分布均可以经过适当转换用标准正态分布表示。

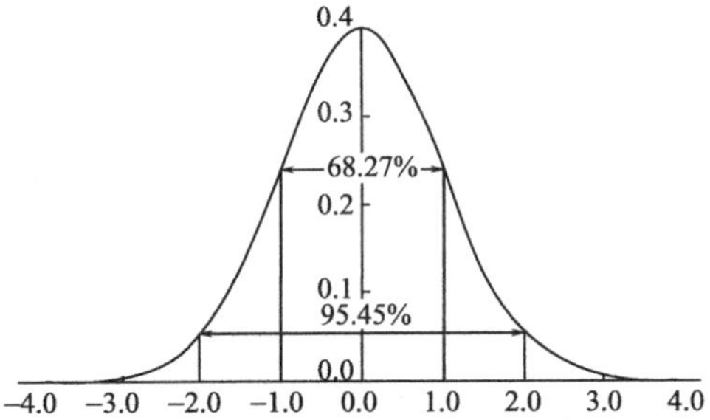

图 5-11　标准正态分布曲线

四、正态分布概率的计算

在一个连续型随机变量中，不能够计算变量取某一个定值的概率，只能计算变量落在某一区间或范围的概率。例如，我们只能计算小麦产量每亩达 430kg 以上的概率或亩产处于 380～450kg 区间的概率，而不能计算亩产(kg)为 430、380 和 450 等的概率。

随机变量 x 取 a 与 b 两个定值，且 $a<b$ 时，则其区间概率表示为

$$P(a<x\leqslant b) \tag{5-15}$$

在正态分布曲线下，x 的值从 a 到 b 区间的概率可用正态曲线下区间的面积来计算，即

$$P(a < x \leqslant b) = \int_a^b \frac{1}{\sigma\sqrt{2\pi}} e^{-\frac{1}{2}\left(\frac{x-\mu}{\sigma}\right)^2} dx \tag{5-16}$$

同样可以计算变量 x 从 $-\infty$ 到 x 正态曲线下的面积，其公式如下：

$$F(x) = \int_{-\infty}^{x} f(x)dx \tag{5-17}$$

$F(x)$ 称为正态分布的累积函数，具有平均数 μ 和标准差 σ。如变量 x 给一个定值 a，那么，可以计算 $x \leqslant a$ 的概率为

$$F(a) = P(x \leqslant a) = \int_{-\infty}^{a} f(x)dx = F(a) \tag{5-18}$$

当 x 取定值 a 与 $b(a<b)$ 时，则其区间概率计算式为

$$P(a < x \leqslant b) = F(b) - F(a) \tag{5-19}$$

虽然正态分布曲线是从 $-\infty$ 到 $+\infty$，但实际应用上 x 值主要位于 $\mu-3\sigma$ 到 $\mu+3\sigma$ 范围内，$F(x)$ 的值域可涵盖从 0 到接近于 1 的值。附表 2 给出了标准正态分布 u 值从 -3 到 $+3$ 范围内 $F(u)$ 的值。

在计算一般正态分布的区间概率时，可将一般正态分布转换为标准正态分布，以正态离差 u 变量替代 x 变量来计算概率。

如果令 $u_1 = \frac{a-\mu}{\sigma}$，$u_2 = \frac{b-\mu}{\sigma}$，则由式(5-18)和式(5-19)，得

$$P(x \leqslant a) = P(u \leqslant u_1) = F(u_1), \quad P(x \leqslant b) = P(u \leqslant u_2) = F(u_2)$$

$$P(a < x \leqslant b) = F(u_2) - F(u_1)$$

$F(u_1)$、$F(u_2)$ 的概率值，可查附表 2 得到。

【例 5-3】 已知 x 服从正态分布 $N(20, 25)$，试计算 $P(x \leqslant 15)$、$P(x \leqslant 26)$、$P(15 < x \leqslant 26)$、$P(x > 26)$ 的概率。

由题意可知：$\mu = 20$，$\sigma^2 = 25$，$\sigma = 5$

令 $a = 15$，$b = 26$

则 $u_1 = \frac{a-\mu}{\sigma} = \frac{15-20}{5} = -1$，故要想计算 $P(x<15)$ 的概率，首先要计算 $P(u \leqslant -1)$ 的概率。

查附表 2，当 $u_1 = -1$ 时，$P(u \leqslant -1) = F(-1) = 0.15866$

因此，$P(x \leqslant 15) = P(u \leqslant -1) = 0.15866$

同理：$u_2 = \frac{b-\mu}{\sigma} = \frac{26-20}{5} = 1.2$

$$P(x \leqslant 26) = P(u \leqslant 1.2) = F(1.2) = 0.88493$$

$$P(15 < x \leqslant 26) = P(-1 < u \leqslant 1.2) = P(u \leqslant 1.2) - P(u \leqslant -1)$$

$$= 0.88493 - 0.15866 = 0.72627$$

$$P(x > 26) = 1 - P(x \leqslant 26) = 1 - 0.88493 = 0.11507$$

【例 5-4】 计算正态分布曲线的中间概率为 0.99 时，其 x 或 u 值应等于多少？

因为正态分布是对称的，所以在曲线左边从 $-\infty$ 到 $-u$ 的概率和在曲线右边从 u 到 ∞ 的

概率都应等于(1−0.99)/2=0.005。查附表 2，$u=-2.58$ 时，$F(x)=0.00494\approx0.005$。于是可知，当 $x=\mu\pm2.58\sigma$ 时，在其范围内包括 99%的变量值，仅有 1%变量值在此范围之外。上述结果写成：

$$P(|x-\mu|\geqslant2.58\sigma)=P(|u|\geqslant2.58)=0.01$$
$$P(|x-\mu|\leqslant2.58\sigma)=P(|u|\leqslant2.58)=0.99$$

同理可求得

$$P(|x-\mu|\geqslant1.96\sigma)=P(|u|\geqslant1.96)=0.05$$
$$P(|x-\mu|\leqslant1.96\sigma)=P(|u|\leqslant1.96)=0.95$$

以上 $P(|x-\mu|\geqslant2.58\sigma)$由两部分构成：正态曲线下左边一尾 x 从 $-\infty$ 到 $x_1=\mu-2.58\sigma$ 上的面积和右边一尾 x 从 $x_2=\mu+2.58\sigma$ 到 $+\infty$ 上的面积之和，也可写成：

$$P(|x-\mu|\geqslant2.58\sigma)=P(x\leqslant\mu-2.58\sigma)+P(x\geqslant\mu+2.58\sigma)$$

同理，$P(|x-\mu|\geqslant1.96\sigma)$也可写成：

$$P(|x-\mu|\geqslant1.96\sigma)=P(x\leqslant\mu-1.96\sigma)+P(x\geqslant\mu+1.96\sigma)$$

以上两式等号右侧的前一项为左尾概率，后一项为右尾概率，其和概率称为两尾概率值。由于统计学上经常应用两尾概率值，为减少计算的麻烦，在附表 3 中列出了两尾概率取某一值时的临界 u 值(正态离差 u 值)，可供直接查用。例如，可查得 $P=0.01$ 时 $u=2.58$、$P=0.05$ 时 $u=1.96$，即表示：

$$P(|u|\geqslant2.58)=0.01，P(|u|\geqslant1.96)=0.05$$

如果仅计算一尾，则为一尾概率值。例如，计算

$$P(u\geqslant1.64)=0.5\times P(|u|\geqslant1.64)=0.5\times0.1=0.05$$

这个 0.05 称为 x 值大于 $\mu+1.64\sigma$ 的一尾概率值。当概率一定时，两尾概率的 $|u|$ 总是大于一尾概率 $|u|$。例如，两尾概率为 0.05 时，$|u|=1.96$；而一尾概率为 0.05 时，$|u|=1.64$。这表明在给定概率为 0.05 时，若考虑两尾，则离均差的绝对值需大于 1.96σ；若考虑一尾，则离均差的绝对值只需大于 1.64σ。

第四节　抽 样 分 布

研究总体与样本之间的关系是统计学的核心内容，可从两个方面着手，一是从总体→样本，这就是抽样分布(sampling distribution)的问题；二是从样本→总体，这就是统计推断(statistical inference)的问题。

从同一个总体中随机抽取若干个个体组成样本，即使每次抽取的样本容量相等，其样本统计量平均数与标准差也将随着样本的不同而有所不同，因而样本统计量也是随机变量，也有其概率分布。

抽样分布：从某总体中随机抽取的样本的统计量具有的概率分布。

一、正态总体的抽样分布

(一) 样本平均数的抽样分布

设有一个总体，其均值为 μ，方差为 σ^2，总体中各观察值为 x(取值为 x_1，x_2，…)，

称此总体为原总体。现从该总体中随机抽取含量为 n 的样本，样本的平均数记作 $\bar{x}$(取值为 $\bar{x}_1$，$\bar{x}_2$，…)，即由 $\bar{x}_1$，$\bar{x}_2$，…组成一个总体，称为样本平均数的抽样总体，其平均数和标准差分别记作 $\mu_{\bar{x}}$ 和 $\sigma_{\bar{x}}$。$\sigma_{\bar{x}}$ 是样本平均数抽样总体的标准差，简称为标准误(standard error)，表示平均数抽样误差的大小。样本平均数的抽样总体 $\bar{x}$ 的两个参数与原总体 x 的两个参数有如下关系：

$$\mu_{\bar{x}}=\mu，\sigma_{\bar{x}}=\frac{\sigma}{\sqrt{n}} \tag{5-20}$$

用一个例题来证明该关系的成立。

【例 5-5】 设一个有限的总体 N 由 2、3、3、4 组成，其参数为 $\mu=3$，$\sigma=\sqrt{2}/2$。采取复置抽样，抽出所有容量为 2 和 4 的样本，共有 4^2 个和 4^4 个样本。对应样本平均数的次数分布表如表 5-4 所示。

表 5-4　$N=4$，$n=2$，$n=4$ 时的 $\bar{x}$ 的次数分布表

$N^2=4^2=16$				$N^4=4^4=256$			
$\bar{x}$	f	$f\times\bar{x}$	$f\times\bar{x}^2$	$\bar{x}$	f	$f\times\bar{x}$	$f\times\bar{x}^2$
2.0	1	2.0	4.00	2.00	1	2.00	4.00
2.5	4	10.0	25.00	2.25	8	18.00	40.50
3.0	6	18.0	54.00	2.50	28	70.00	175.00
3.5	4	14.0	49.00	2.75	56	154.00	423.00
4.0	1	4.0	16.00	3.00	70	210.00	630.00
				3.25	56	182.00	591.50
				3.50	28	98.00	343.00
				3.75	8	30.00	112.50
				4.00	1	4.00	16.00
$\sum$	16	48	148	$\sum$	256	768	2336

由表 5-4 可得：当样本容量为 2 时，

$$\mu_{\bar{x}}=\frac{48}{16}=3=\mu$$

$$\sigma_{\bar{x}}^2=\frac{\sum f\bar{x}^2-(\sum f\bar{x})^2/4^2}{4^2}=\frac{148.00-48^2/16}{16}=\frac{1}{4}=\frac{1/2}{2}=\frac{\sigma^2}{2}=\frac{\sigma^2}{n}$$

同理可得，$n=4$ 时，

$$\mu_{\bar{x}}=768/256=3=\mu$$

$$\sigma_{\bar{x}}^2=\frac{\sum f\bar{x}^2-(\sum f\bar{x})^2/4^4}{4^4}=\frac{2336-768^2/256}{256}=\frac{1}{8}=\frac{1/2}{4}=\frac{\sigma^2}{4}=\frac{\sigma^2}{n}$$

x 变量与 $\bar{x}$ 变量的关系：

(1) 若随机变量 x 服从正态分布 $N(\mu，\sigma^2)$，x_1，x_2，…是由 x 总体得来的随机样本，

则统计量 $\bar{x}$ 也服从正态分布，且有 $\mu_{\bar{x}}=\mu$，$\sigma_{\bar{x}}=\sigma/\sqrt{n}$。

(2) 若 x 不服从正态分布，由此总体得来的随机样本，统计量 $\bar{x}$ 在当样本容量 n 相当大时，逼近正态分布 $N(\mu, \sigma^2/n)$，这就是中心极限定律。

【例 5-6】 根据多年种植经验，某小麦品种亩产的总体平均数为 $\mu=350$kg，$\sigma^2=75$kg。现对该小麦品种进行 3 次重复的小区试验。试求预期试验的平均亩产量、方差，以及平均亩产量大于 360kg 的概率。

$$\mu_{\bar{x}}=\mu=350(\text{kg})$$

$$\sigma_{\bar{x}}^2=\sigma^2/n=75/3=25$$

$$\sigma_{\bar{x}}=\sqrt{25}=5(\text{kg})$$

$$u=\frac{\bar{x}-\mu}{\sigma_{\bar{x}}}=\frac{360-350}{5}=2$$

这里欲求 $\bar{x}>360$ 的概率，只需求 $P(u>2)$，根据标准正态分布关于纵轴对称得

$$P(u>2)=P(u\leqslant -2)=0.02275$$

查附表 2 得：$P(u\leqslant -2)=0.02275$，因此有 $P(\bar{x}>360)=0.02275$。

(二) 两个样本均数差数的抽样分布

设 $x_1\sim N(\mu_1, \sigma_1^2)$，$x_2\sim N(\mu_2, \sigma_2^2)$，且 x_1 和 x_2 相互独立，若分别从这两个总体中抽取所有可能的样本(不论样本容量 n_1、n_2 的大小)，则样本平均数的差数 $(\bar{x}_1-\bar{x}_2)$ 的抽样分布，具有以下特性。

(1) 样本平均数差数的分布也服从正态分布，即 $(\bar{x}_1-\bar{x}_2)\sim N(\mu_{\bar{x}_1-\bar{x}_2}, \sigma_{\bar{x}_1-\bar{x}_2}^2)$。

(2) 两个样本平均数差数的平均数等于总体平均数的差数，即

$$\mu_{\bar{x}_1-\bar{x}_2}=\mu_{\bar{x}_1}-\mu_{\bar{x}_2}=\mu_1-\mu_2 \tag{5-21}$$

(3) 两个样本平均数差数的方差等于两个样本平均数方差之和，即

$$\sigma_{\bar{x}_1-\bar{x}_2}^2=\sigma_{\bar{x}_1}^2+\sigma_{\bar{x}_2}^2=\frac{\sigma_1^2}{n_1}+\frac{\sigma_2^2}{n_2} \tag{5-22}$$

进而，两样本均数差数的标准误为

$$\sigma_{\bar{x}_1-\bar{x}_2}=\sqrt{\frac{\sigma_1^2}{n_1}+\frac{\sigma_2^2}{n_2}} \tag{5-23}$$

【例 5-7】 设总体一有 3 个变量(2，4，6)，总体二有 2 个变量(3，6)，可得 $\mu_1=4$，$\sigma_1^2=8/3$；$\mu_2=4.5$，$\sigma_2^2=9/4$。现在从总体一中抽出所有容量为 2 的样本(共 $3^2=9$ 个)，其平均数构成 $\bar{x}_1$，从总体二中抽出所有容量为 3 的样本(共 $2^3=8$)，其平均数构成 $\bar{x}_2$，则 $(\bar{x}_1-\bar{x}_2)$ 有 $9\times8=72$ 个数据，其统计量有如下关系：

$$\mu_{\bar{x}_1-\bar{x}_2}=\mu_{\bar{x}_1}-\mu_{\bar{x}_2}=\mu_1-\mu_2=4-4.5=-0.5$$

$$\sigma_{\bar{x}_1-\bar{x}_2}^2=\sigma_{\bar{x}_1}^2+\sigma_{\bar{x}_2}^2=\frac{\sigma_1^2}{n_1}+\frac{\sigma_2^2}{n_2}=\frac{8/3}{2}+\frac{9/4}{3}=\frac{25}{12}$$

若两个样本来自于同一个正态总体，则两个样本平均数差数不论容量大小也作正态分

布，两样本平均数差数分布的参数为

$$\mu_{\bar{x}_1-\bar{x}_2}=\mu_1-\mu_2=0 \tag{5-24}$$

$$\sigma^2_{\bar{x}_1-\bar{x}_2}=\frac{\sigma^2}{n_1}+\frac{\sigma^2}{n_2} \tag{5-25}$$

标准误为

$$\sigma_{\bar{x}_1-\bar{x}_2}=\sqrt{\frac{\sigma^2}{n_1}+\frac{\sigma^2}{n_2}} \tag{5-26}$$

二、二项总体的抽样分布

（一）二项总体均值与方差

二项分布(0，1)总体的取值概率分别为 p 和 q，且 $p+q=1$，

则有：$\mu_x=1\times p+0\times q=p$

$$\sigma_x^2=1^2\times p+0^2\times q-p^2=p-p^2=pq$$

（二）样本总和数(次数)的抽样分布

从二项总体进行抽样得到的样本，样本总和数(次数)的分布为二项分布。根据前面介绍的抽样分布理论，可知样本总和数的抽样分布的平均数和方差分别为

$$\mu_{\sum x}=np \qquad \sigma^2_{\sum x}=npq \qquad \sigma_{\sum x}=\sqrt{npq} \tag{5-27}$$

样本总和数是从二项总体中随机抽取容量为 n 的样本，某事件在该样本中出现的次数(x)。

（三）样本平均数(成数)的抽样分布

从二项总体进行抽样得到的样本，样本平均数(成数)的分布为二项分布。根据前面介绍的抽样分布理论，可知样本平均数的抽样分布的平均数和方差分别为

$$\mu_{\bar{x}}=p \qquad \sigma^2_{\bar{x}}=pq/n \qquad \sigma_{\bar{x}}=\sqrt{pq/n} \tag{5-28}$$

样本平均数(成数)是指从二项总体中随机抽取容量为 n 的样本，某事件在该样本中出现的频率($x/n=p$)，它等于总体的概率。

（四）样本总和数(次数)和样本平均数(成数)在实践中的应用

处理某性状出现次数的资料应用样本总和数(次数)；处理某性状出现的成数(或百分数)的资料应用样本平均数(成数)。

【例 5-8】 已知一大豆的 F_2代花色将出现 3 紫：1 白的分离。若在 F_2代中随机抽取 100 株，试求预期出现紫花的株数。

$$p=3/4 \qquad q=1/4$$

$$\mu_{\sum x}=np=100\times 3/4=75 \qquad \sigma_{\sum x}=\sqrt{npq}=4.33$$

如果求紫花株出现的可能性(或百分数)应用后者。

$$p=3/4 \qquad q=1/4$$

$\mu_{\bar{x}}=p=0.75=75\%$　　$\sigma=\sqrt{pq/n}=\sqrt{0.75\times0.25/100}=0.0433=4.33\%$

可以看出，样本的平均数和总体的平均数相等。

复习思考题

5.1　试解释必然事件、不可能事件和随机事件。举出几个随机事件的事例。什么是互斥事件？对立事件？它们的关系是什么？

5.2　从随机数字表抽出 0，1，2，3，…，9 这 10 个数的概率是相等的，即 $P(x_i)=1/10$，而 $0\leqslant x\leqslant9$。试计算：$P(2\leqslant x\leqslant8)$，$P(1<x<9)$，$P(2<x\leqslant4)$ 或 $P(6\leqslant x<8)$，以及 $P[(2\leqslant x\leqslant4)\cup(3\leqslant x\leqslant7)]$。

5.3　香豌豆花的紫色受两个显性基因 C 和 P 的控制，两个基因中的任何一个呈隐性状态时花的颜色是白色。请问基因型 $ccPp$ 与 $CCPp$ 杂交后：①其后代中出现紫色香豌豆花与白色香豌豆花的比率是多少？②假定紫色占 3/4，白色占 1/4，现紫色给予"1"，白色给予"0"，试问这种数据属哪一类分布？试列出这一总体的概率分布的 μ 和 σ^2 值。

5.4　正态分布的概率密度函数是怎样表示的？式中的各个符号有什么意义？正态分布的特性有哪几点？正态分布在统计上有哪些重要性？

5.5　给定一个正态分布具有平均数为 0，标准差为 1，试计算以下概率：$P(u>1.17)$，$P(u\leqslant1.17)$，$P(u\leqslant-1.17)$，$P(0.42<u\leqslant1.61)$，$P(-1.61<u\leqslant-0.42)$，$P(-1.61<u\leqslant0.42)$，$P(|u|\geqslant1.05)$，$P(|u|\leqslant1.05)$。

5.6　假定一个正态分布其平均数为 16，方差为 4，试求：①落于 10 和 20 之间的观察值的百分数为多少？②小于 12 的观察值的百分数为多少？大于 20 的观察值百分数为多少？③计算其分布中间有 50%观察值的全距。④计算中间占 95%观察值的全距。

5.7　假定一个总体共有 4 个个体，其值为：2、3、4、5。从总体进行复置抽样：①每次抽取 2 个观察值，抽出所有样本，共有多少个可能样本？②计算总体平均数、方差和标准差。③求取样本平均数分布的平均数，列出样本平均数分布的平均数次数分布表，绘制一个方柱形图，算出平均数分布的平均数和方差，论述样本平均数分布的平均数与总体平均数有什么关系？平均数分布的方差与总体方差有什么关系？

5.8　假定施用某一种农药后，发现杀死害虫的结果为：0，1，0，0，1，1，0，1，1，0（$x=0$ 死虫，$x=1$ 活虫）。以此作为一个总体：①试计算总体的平均数和标准差；② 试按 $n=4$ 计算从总体抽出的样本平均数和总和数两种分布的平均数和标准差。

第六章　统计假设测验

第五章介绍了已知总体的情况下，从中随机抽取样本后，样本平均数的分布特征，以及与总体之间的关系，这是抽样分布的问题。但是在现实生活中，往往不知道总体的参数，只能通过从总体中抽取的样本的特征值来推断总体的特征情况，这便是本章要介绍的统计假设测验问题。

统计推断问题就是讨论由样本结果来推断总体结果，即通过试验的表面效应与随机误差相比较，根据表面效应可能属于随机误差的概率而作出推论的方法。统计推断包括统计假设测验和参数估计。

统计推断应用非常广泛，在农业研究中，经常要由试验结果来判断新技术、新品种是否优越于普通技术和现行主流品种；比较两个不同措施、两个品种在产量或其他方面有无显著差异等问题。例如，在相同条件下，A 和 B 两个小麦品种各种植 5 个小区，得出 A 品种平均产量为 3900kg/hm^2，B 品种平均产量为 4425kg/hm^2，二者相差 525kg/hm^2，这个差异是由于两个小麦品种确有本质差别($\mu_A \neq \mu_B$)所致，还是这两个品种的生产力本质相同($\mu_A = \mu_B$)，而是由于试验的随机误差所致呢？需要用统计假设测验(显著性测验)来解决这类问题，方法是根据试验目的，首先对试验总体提出无效假设，然后由样本的实际结果，经过计算，在一定概率水平上作出处理效应是否显著的推断。

第一节　统计假设测验的基本原理与方法

一、统计假设测验的概念

根据试验目的对试验总体提出两种彼此对立的假设，然后在无效假设的前提下由样本的实际结果，经过一定的计算得出特定的统计指标，最后根据小概率不可能性原理作出接受哪种假设的推断。

二、统计假设测验的基本方法

假设测验推理方法的步骤如下所述。

(一) 提出假设

假设分为无效假设(null hypothesis)和备择假设(alternative hypothesis)。

无效假设是指假设处理对试验的指示指标没有增减效应，这样试验结果所得的差异是由随机误差引起的，记为 H_0。

备择假设是指假设处理对试验的指示指标有增减效应，试验结果的差异主要由处理的变动引起的，记为 H_A，它和无效假设相反。若无效假设被否定则接受备择假设，而且两种假设不能颠倒。

无效假设的形式多种多样，随着研究内容的不同而异。

1. 单个样本平均数的假设

已知总体平均数为 μ_0，求一个样本是否来源于该总体的假设测验。

无效假设 H_0：$\mu=\mu_0$

备择假设 H_A：$\mu\neq\mu_0$

(1) 某一个油菜品种的产量具有某地主流品种的产量，这指新品种的产量表现乃当地品种产量表现的一个随机样本，其平均产量 μ 等于当地主流品种的平均产量 μ_0，故记为 H_0：$\mu=\mu_0$。

(2) 某一棉花品种的纤维长度(μ)具有工业上某一指定的标准(C)，这可记为 H_0：$\mu=C$。

2. 两个平均数比较的假设

推断两个样本平均数是否来自两个具有相等平均数的总体。

无效假设 H_0：$\mu_1=\mu_2$

备择假设 H_A：$\mu_1\neq\mu_2$

(1) 两个小麦品种的蛋白质含量是相同的。

(2) 两种杀虫药剂对于某种害虫的药效是相等的。

(二) 计算 u 值

在承认无效假设的前提下，利用样本平均数的抽样分布，计算 u 值。

此时若为单个样本的测验，则

$$\mu_{\bar{x}}=\mu$$

$$\sigma_{\bar{x}}=\sigma/\sqrt{n}$$

$$u=\frac{\bar{x}-\mu}{\sigma_{\bar{x}}} \tag{6-1}$$

或两个样本的假设测验，则

$$\mu_1=\mu_2$$

$$\sigma_{\bar{x}_1-\bar{x}_2}=\sqrt{\frac{\sigma_1^2}{n_1}+\frac{\sigma_2^2}{n_2}}$$

$$u=\frac{\bar{x}_1-\bar{x}_2}{\sigma_{\bar{x}_1-\bar{x}_2}} \tag{6-2}$$

(三) 确定显著性水平

判断接受或否定 H_0 的概率标准称为显著性水平，记作 α，在生物学研究中常取 $\alpha=0.05$ 和 $\alpha=0.01$ 两个值。α 是依据统计学原理人为规定的小概率数量界限，它的大小应根据试验要求或试验结论的重要性来定。如果试验较粗放，对试验结论的重要性要求一般，显著性水平 α 可以取 0.05；反之，如果试验耗费较大，对精确度要求较高，或试验结果的应用事关重大，则显著性水平 α 值应取 0.01。

（四）判断接受或否定无效假设

根据显著性水平 α 值，可以得出 u_α，将 u 的整个定义域划分为接受区和否定区，如图 6-1所示，接受区域为$[-u_\alpha, u_\alpha]$，否定区域为$(-\infty, u_\alpha)\cup(u_\alpha, +\infty)$。当 u 落于接受区，即接受 H_0，否定 H_A，说明处理无效应；若 u 落于否定区，则否定 H_0，接受 H_A，说明处理有效应。也可以根据 u 对应的两尾概率(P)判断，$P>\alpha$ 时，接受 H_0，否定 H_A；$P\leqslant\alpha$ 时，拒绝 H_0，接受 H_A。下面通过一个例子来说明。

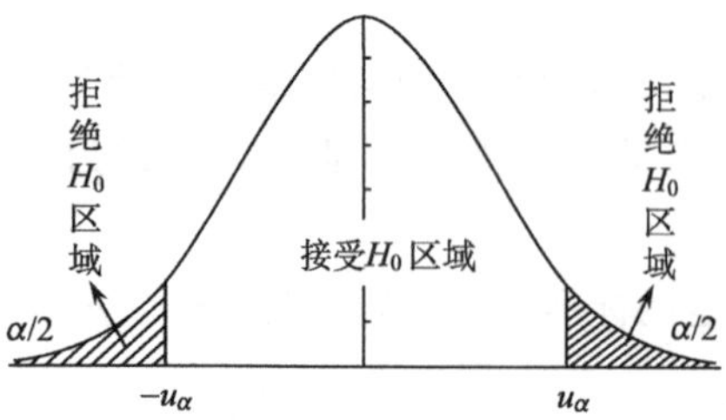

图 6-1　两尾测验

【例 6-1】　已知某地主流小麦品种产量为3900kg/hm²，标准差为 1050kg/hm²，现引入一个新品种随机取样 20 块，平均产量为4425kg/hm²，问该新品种与当地主流品种产量有无显著差异？

（1）提出假设：H_0：$\mu=\mu_0=3900\text{kg/hm}^2$

H_A：$\mu\neq\mu_0=3900\text{kg/hm}^2$

（2）确定显著性水平：$\alpha=0.05$

（3）计算 u 值：

$$\sigma_{\bar{x}}=\frac{\sigma}{\sqrt{n}}=\frac{1050}{\sqrt{20}}=234.7871(\text{kg/hm}^2)$$

$$u=\frac{\bar{x}-\mu}{\sigma_{\bar{x}}}=\frac{4425-3900}{234.7871}=2.2361$$

查正态分布双尾表得：$u=2.2361$ 时，对应的两尾概率 P 为 0.02～0.03，小于显著性水平 0.05。

查附表 2 得：$P(|u|>2.2361)=P(u<-2.2361)+P(u>2.2361)=2\times P(u<-2.2361)=2\times0.01255=0.0251$，小于显著性水平 0.05。

（4）推断：新品种和当地主流品种不同，虽然是小概率事件但是在一次试验中发生了，所以应否定 H_0，接受 H_A。

（5）新品种与当地品种的产量在 0.05 水平上有显著差异。

三、两尾测验和一尾测验

假设时，设定的显著性水平 α 为正态曲线左右两尾概率的和，称为两尾测验(two test)，它具有两个否定区域。例如，单个样本平均数的比较，H_0：$\mu=\mu_0$，H_A：$\mu\neq\mu_0$。

假设时，设定显著性水平 α 为正态曲线左尾概率或右尾概率，称为一尾测验(one test)，它只有一个否定区域。例如，药效 H_0：$\mu\leqslant\mu_0$时为右尾测验；发病率 H_0：$\mu\geqslant\mu_0$时为左尾测验；计算器的寿命 H_0：$\mu\leqslant\mu_0$时为右尾测验。

若测验 $\mu\neq\mu_0$，则无效假设应为 H_0：$\mu=\mu_0$，此时 H_A：$\mu\neq\mu_0$为两尾测验。

若测验 $\mu>\mu_0$，则无效假设应为 H_0：$\mu\leqslant\mu_0$，此时 H_A：$\mu>\mu_0$为右尾测验。

若测验 $\mu<\mu_0$，则无效假设应为 H_0：$\mu\geqslant\mu_0$，此时 H_A：$\mu<\mu_0$为左尾测验。

四、假设测验的两类错误

假设测验是建立在一定的概率水平上的，既然是概率就有可能发生也有可能不发生，因此就有可能出现错误，这便是假设测验的两类错误。

第一类错误：本来无效假设是正确的，可是测验结果否定了无效假设 H_0。

第二类错误：本来无效假设是错误的，可是测验结果接受了无效假设 H_0。

将两类错误归纳为表 6-1 。

表 6-1　假设测验的判断结果

判断结果	真 H_0，假 H_A	假 H_0，真 H_A
接受 H_0	判断正确，$1-\alpha$ 为可信度	判断错误，Ⅱ类，β
否定 H_0	判断错误，Ⅰ类	判断正确，$1-\beta$ 把握度

减少两类错误应注意如下事项。提高显著性水平 α（取较小的 α 值）会降低犯第一类错误的概率，但是将提高犯第二类错误的概率。为了降低两类错误的概率，应适当增加样本容量，提高试验技术和精度。

提高显著性水平，即 α 取较小的值，取极端 0，u_α 趋近∞，u 对应的两尾概率 $P=0$。因此，函数密度曲线与横轴围成的面积全部变成接受 H_0假设的区域，就不会犯拒绝无效假设的错误，必将提高犯第二类错误的概率，但是不可能犯第一类错误。相反，假设降低显著性水平，即 α 取较大的值，取极端 1，那么 u_α趋近 0，u 对应的两尾概率 $P=1$。因此，函数密度曲线与横轴围成的面积全部变成拒绝区域，一定否定无效假设，增加了犯第一类错误的概率，但是不可能犯第二类错误。

第二节　样本平均数的假设测验

一、t　分　布

1. t 分布的作用

u 测验只有在方差已知，或 σ^2 未知但样本容量相当大，可用样本均方直接作为总体方差估计值时应用。当样本容量不太大，$n<30$ 且 σ^2 未知时，如果以样本均方 s^2 估计 σ^2，其标准化离差 $(\bar{x}-\mu)/s_{\bar{x}}$ 分布不呈正态，而呈另一种分布，把它称为 t 分布，具有自由度 df 或 $\nu=n-1$。

这里 $t=(\bar{x}-\mu)/s_{\bar{x}}$，$s_{\bar{x}}=s/\sqrt{n}$ 为样本平均数的标准误，它是 $\sigma_{\bar{x}}$ 的估计值，其中 s 为样本标准差，n 为样本容量。

t 分布（t-distribution）又称为学生氏分布（student t distribution）。

2. t 分布曲线的特点

t 分布的密度函数：

$$f_\nu(t)=\frac{1}{\sqrt{\pi\nu}}\frac{\Gamma[(\nu+1)/2]}{\Gamma(\nu/2)}\left(1+\frac{t^2}{\nu}\right)^{-\frac{\nu+1}{2}}，-\infty<t<+\infty \tag{6-3}$$

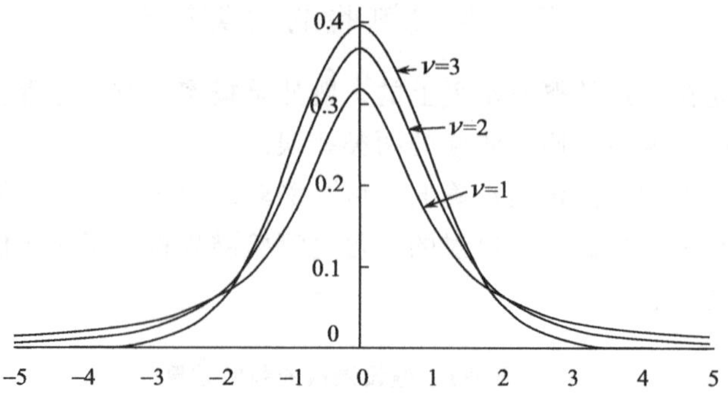

图 6-2　t 分布图形

t 分布的平均数和标准差为：$\mu_t=0$（假定 $\nu>1$），$\sigma_t=\sqrt{\frac{\nu}{\nu-2}}$（假定 $\nu>2$）。

(1) t 分布是一组对称的密度曲线，形似正态曲线，但较正态曲线偏平，峰顶略低，只由自由度（df 或 $\nu=n-1$）来决定。

(2) 在理论上，当 ν 增大时，t 分布趋向于正态分布，$\mu_t=0$。$\nu>30$ 时，接近正态曲线；$\nu\to\infty$时，两者合一，如图 6-2 所示。

根据 t 分布函数，将不同 ν 值、不同 t 值对应的概率累积函数做成两尾表（附表 4）。

当 $|t|>t_\alpha$时，$P\leqslant\alpha$，否定 H_0，接受 H_A，说明处理有显著效应；

当 $|t|\leqslant t_\alpha$时，$P>\alpha$，接受 H_0，说明处理无显著效应。

二、单个样本平均数的假设测验

单个样本平均数的假设测验就是测验某一个样本 $\bar{x}$ 所属总体平均数是否与某一个指定的总体平均数 μ_0 相同。

（一）u 测验法

当总体方差 σ^2 为已知，或为大样本（$n\geqslant30$）时，采用 u 测验法。

【例 6-2】 已知某玉米品种的穗长为 20.50cm，现引进一个新玉米品种，在当地做试验，随机抽样得穗长如表 6-2 所示，问两者之间有无显著差异？

表 6-2　35 穗玉米穗长　（单位：cm）

24.67	23.67	18.67	18.00	23.67	26.00	23.00
20.67	19.00	20.67	23.00	24.33	21.00	20.00
20.33	24.00	20.67	23.33	26.00	24.67	22.00
25.67	21.67	18.00	19.33	21.00	20.67	17.67
19.67	20.67	26.00	17.67	22.33	23.33	17.00

本题虽然不知道总体方差，但是由于是大样本，可以用 u 测验。

(1) H_0：$\mu=\mu_0=20.50$，即新引入品种的穗长与当地良种指定的值相同；

H_A：$\mu \neq \mu_0 = 20.50$，即新引入品种的穗长与当地良种指定的值不相同。

(2)确定显著性水平：$\alpha = 0.05$(两尾概率)。

(3)构造统计量，用计算器计算得

样本平均数：$\bar{x} = \dfrac{\sum x_i}{n} = \dfrac{24.67 + 23.67 + \cdots + 17.00}{35} = 21.66$

样本标准差：$s = \sqrt{\dfrac{SS}{n-1}} = 2.64$

均数标准误：$s_{\bar{x}} = \dfrac{s}{\sqrt{n}} = \dfrac{2.64}{\sqrt{35}} = 0.45$

统计量 u 值：$u = \dfrac{\bar{x} - \mu_0}{s_{\bar{x}}} = \dfrac{21.66 - 20.50}{0.45} = 2.58$

(4) 统计推断：由显著性水平 $\alpha = 0.05$，查附表 3 得：$u_{0.05} = 1.96$。

因为 $|u| = 2.58 > u_{0.05} = 1.96$，所以 $P < 0.05$，故拒绝 H_0，接受 H_A。

(5) 结论：新引入的品种穗长与当地良种穗长在 0.05 水平上有显著差异。

(二) t 测验法

当总体方差 σ^2 为未知，且为小样本($n < 30$)时，采用 t 测验。

$$t = \frac{\bar{x} - \mu_0}{s_{\bar{x}}} \qquad s_{\bar{x}} = \frac{s}{\sqrt{n}} \tag{6-4}$$

【例 6-3】 某地玉米品种的千粒重为 286g，现引入外地一个高产玉米品种，现在当地同等生产条件下种植了 10 个小区(小区面积为 $25m^2$)，得其千粒重(g)为：306、316、330、310、327、324、309、320、330、318。问新引入品种的千粒重与当地良种有无显著差异？

(1) H_0：$\mu = \mu_0 = 286$g，即新引入的高产品种的千粒重与当地良种千粒重的值相同；

H_A：$\mu \neq \mu_0 = 286$g，即新引入高产品种的千粒重与当地良种的千粒重的值不相同。

(2) $\alpha = 0.05$。

(3) 计算：由已知的样本，用计算器计算得

$$\bar{x} = \sum \frac{x_i}{n} = \frac{306 + 316 + \cdots + 318}{10} = 319$$

$$s = \sqrt{\frac{SS}{n-1}} = 8.7686$$

$$s_{\bar{x}} = \frac{s}{\sqrt{n}} = \frac{8.7686}{\sqrt{10}} = 2.7729$$

$$t = \frac{\bar{x} - \mu_0}{s_{\bar{x}}} = \frac{319 - 286}{2.7729} = 11.9009$$

(4) 推断：查附表 4，当 $\nu = 10 - 1 = 9$ 时，$t_{0.05,9} = 2.262$。

因 $|t| = 11.9099 > t_{0.05,9} = 2.262$，$P < 0.05$，所以拒绝 H_0，接受 H_A：$\mu \neq \mu_0 = 286$g。

(5) 新引入品种的千粒重与当地良种指定品种的潜力值在 0.05 水平上有显著差异。

三、两个样本平均数的假设测验

(一) 成组数据的平均数比较

如果两个处理为完全随机设计，各供试单位彼此独立，不管两个处理样本容量是否相同，所得数据都称为成组数据，以组(处理)平均数为相互比较的标准。根据两个样本所属的总体方差(σ_1^2和σ_2^2)是否已知、是否相等采用不同的测验方法。

1. u 测验

(1) 两个样本的总体方差 σ_1^2和 σ_2^2为已知时，应用公式：

$$\sigma_{\bar{x}_1-\bar{x}_2}=\sqrt{\frac{\sigma_1^2}{n_1}+\frac{\sigma_2^2}{n_2}}$$

$$u=\frac{(\bar{x}_1-\bar{x}_2)-(\mu_1-\mu_2)}{\sigma_{\bar{x}_1-\bar{x}_2}} \tag{6-5}$$

(2) 总体方差 σ_1^2和 σ_2^2未知，但两个样本为大样本时，可用 s_1 代替 σ_1，s_2 代替 σ_2，其计算公式为

$$s_{\bar{x}_1-\bar{x}_2}=\sqrt{\frac{s_1^2}{n_1}+\frac{s_2^2}{n_2}}$$

$$u=\frac{(\bar{x}_1-\bar{x}_2)-(\mu_1-\mu_2)}{s_{\bar{x}_1-\bar{x}_2}} \tag{6-6}$$

【例 6-4】 现测得某品种玉米自交一代 35 穗每穗粒重的平均数为 356.8g，样本标准差为 19.3g；自交二代 32 穗每穗粒重的平均数为 338.9g，样本标准差为 20.1g。问该品种玉米自交一代与自交二代每穗粒重差异是否显著？显著性水平为 0.05。

(1) 提出假设：H_0：$\mu_1=\mu_2$，玉米自交一代与自交二代每穗粒重相同；

H_A：$\mu_1\neq\mu_2$，玉米自交一代与自交二代每穗粒重不同。

(2) 计算 u 值：

$$s_{\bar{x}_1-\bar{x}_2}=\sqrt{\frac{s_1^2}{n_1}+\frac{s_2^2}{n_2}}=\sqrt{\frac{19.3^2}{35}+\frac{20.1^2}{32}}=4.8237$$

$$u=\frac{(\bar{x}_1-\bar{x}_2)-(\mu_1-\mu_2)}{s_{\bar{x}_1-\bar{x}_2}}=\frac{356.8-338.9}{4.8237}=3.7108$$

(3) 在显著性水平为 0.05 的情况下，查附表 3 得 $u_{0.05}=1.96$

(4) 因为 $|u|=3.7101>u_{0.05}=1.96$，所以 $P<0.05$。推断：拒绝 H_0，接受 H_A。

(5) 玉米自交一代与自交二代每穗粒重在 0.05 水平上有显著差异。

2. t 测验

两个样本的总体方差 σ_1^2和 σ_2^2为未知，但可假定 $\sigma_1^2=\sigma_2^2=\sigma^2$，而两个样本又为小样本时，用 t 测验。

由于 s_1^2和 s_2^2都是总体方差 σ^2的无偏估计，但是它们又存在一定的差异，不能贸然指定 s_1^2或 s_2^2来代替总体方差 σ^2，在这种情况下，最好用两样本方差的加权平均值 s_e^2来代替 σ^2。

$$s_e^2=\frac{(n_1-1)s_1^2+(n_2-1)s_2^2}{(n_1-1)+(n_2-1)} \tag{6-7}$$

那么，两个样本平均数的差数标准误为

$$s_{\bar{x}_1-\bar{x}_2}=\sqrt{\frac{s_e^2}{n_1}+\frac{s_e^2}{n_2}} \tag{6-8}$$

当 $n_1=n_2=n$ 时，

$$s_{\bar{x}_1-\bar{x}_2}=\sqrt{\frac{2s_e^2}{n}}$$

这样，$t=\frac{(\bar{x}_1-\bar{x}_2)-(\mu_1-\mu_2)}{s_{\bar{x}_1-\bar{x}_2}}$，在假设 H_0：$\mu_1=\mu_2$时，

$$t=\frac{\bar{x}_1-\bar{x}_2}{s_{\bar{x}_1-\bar{x}_2}} \tag{6-9}$$

t 具有的自由度为$\nu=(n_1-1)+(n_2-1)$。

【例 6-5】 现有两个小麦品种产量比较试验，重复 4 次，小区面积为 20m²，小区产量整理如表 6-3 所示，试分析两个品种产量的差异性。

表 6-3　小麦产量品比试验结果

（单位：kg）

x_1(甲品种)	x_2(乙品种)
15.1	13.8
15.6	14.3
14.9	13.9
15.1	13.3

因为不知道两总体的方差，又是小样本，故只能用 t 测验，又因为事先不知道两种密度谁高谁低，故需要用两尾测验。

(1) 提出假设：H_0：$\mu_1=\mu_2$，两个小麦的产量没有差异；

H_A：$\mu_1\neq\mu_2$，两个小麦的产量有显著差异。

(2) 计算 t 值。

由已知两个品种小区产量，可得

$$\bar{x}_1=\frac{\sum x_{1i}}{n_1}=\frac{15.1+15.6+\cdots+15.1}{4}=15.175 \quad s_1=\sqrt{\frac{SS_1}{n_1-1}}=0.2986$$

$$\bar{x}_2=\frac{\sum x_{2i}}{n_2}=\frac{13.8+14.3+\cdots+13.3}{4}=13.825 \quad s_2=\sqrt{\frac{SS_2}{n_2-1}}=0.4113$$

所以，$s_e^2=\frac{(n_1-1)s_1^2+(n_2-1)s_2^2}{(n_1-1)+(n_2-1)}=\frac{(4-1)0.2986^2+(4-1)0.4113^2}{(4-1)+(4-1)}=0.1292$

进一步得出 $s_{\bar{x}_1-\bar{x}_2}=\sqrt{\frac{2s_e^2}{n}}=\sqrt{\frac{2\times0.1292}{4}}=0.2542$

因此，$t=\frac{\bar{x}_1-\bar{x}_2}{s_{\bar{x}_1-\bar{x}_2}}=\frac{15.175-13.825}{0.2542}=5.3108$

(3) 选择显著性水平为 0.05，自由度为 $\nu=(4-1)+(4-1)=6$，查附表 4 得 $t_{0.05,6}=2.447$。

(4) 因为 $|t|=5.3108>t_{0.05,6}=2.447$，所以 $P<0.05$，拒绝 H_0，接受 H_A。

(5) 两个小麦的产量在 0.05 水平上有显著差异。

【例 6-6】 为研究某新型叶面肥对芹菜的增产效果，喷清水作为对照，重复 6 次，随机排列，数据如表 6-4 所示，问该叶面肥对芹菜产量的影响是否显著？

表 6-4 叶面肥对芹菜增产影响的结果 （单位：cm）

处理方式	处理号					
	1	2	3	4	5	6
叶面肥	47.5	48.0	46.6	47.8	46.2	38.9
清水	43.5	40.3	44.2	40.0	41.5	

由于该叶面肥只能促进生长，不能阻碍增高，至多无效，因此用单尾测验就行了。

(1) 提出假设：H_0：喷叶面肥的株高与喷清水的株高相同，$\mu_1 \leqslant \mu_2$；

H_A：喷叶面肥的株高高于喷清水的株高，$\mu_1 > \mu_2$。

(2) 计算 t 值。

由已知两个品种小区产量，可得

$$\bar{x}_1 = \frac{\sum x_{1i}}{n_1} = \frac{47.5 + 48.0 + \cdots + 38.9}{6} = 45.8333 \quad s_1 = \sqrt{\frac{SS_1}{n_1 - 1}} = 3.4679$$

$$\bar{x}_2 = \frac{\sum x_{2i}}{n_2} = \frac{43.5 + 40.3 + \cdots + 41.5}{5} = 41.9 \quad s_2 = \sqrt{\frac{SS_2}{n_2 - 1}} = 1.8828$$

所以，

$$s_e^2 = \frac{(n_1 - 1)s_1^2 + (n_2 - 1)s_2^2}{(n_1 - 1) + (n_2 - 1)} = \frac{(6-1)3.4679^2 + (5-1)1.8828^2}{(6-1)+(5-1)} = 8.2568$$

进一步得出

$$s_{\bar{x}_1 - \bar{x}_2} = \sqrt{\frac{s_e^2}{n_1} + \frac{s_e^2}{n_2}} = \sqrt{\frac{8.2568}{6} + \frac{8.2568}{5}} \sqrt{\frac{11 \times 8.2568}{30}} = 1.7380$$

因此，

$$t = \frac{\bar{x}_1 - \bar{x}_2}{s_{\bar{x}_1 - \bar{x}_2}} = \frac{45.8333 - 41.9}{1.7380} = 2.2631$$

(3) 选择显著性水平为 0.05，自由度为 $\nu = (6-1) + (5-1) = 9$，查附表得一尾 $t_{0.05 \times 2, 9} = 1.833$。

(4) 因为 $|t| = 2.2631 > t_{0.05 \times 2, 9} = 1.833$，所以 $P < 0.05$，拒绝 H_0，接受 H_A。

(5) 喷叶面肥的芹菜株高在 0.05 水平上显著高于喷清水的芹菜株高。

3. 近似 t 测验

两个样本的总体方差 σ_1^2 和 σ_2^2 为未知，$\sigma_1^2 \neq \sigma_2^2$，且两个样本为小样本时，

$$s_{\bar{x}_1 - \bar{x}_2} = \sqrt{\frac{s_1^2}{n_1} + \frac{s_2^2}{n_2}}$$

但是，把 $s_{\bar{x}_1 - \bar{x}_2}$ 代入 $t = \frac{(\bar{x}_1 - \bar{x}_2) - (\mu_1 - \mu_2)}{s_{\bar{x}_1 - \bar{x}_2}}$，求得的 t 值不能严格服从 t 分布，因而

只能进行近似的 t 测验。此时需要先计算 k 值和 ν'。

$$k=\frac{s_{\bar{x}_1}^2}{s_{\bar{x}_1}^2+s_{\bar{x}_2}^2} \tag{6-10}$$

进一步求得

$$\nu'=\frac{1}{\dfrac{k^2}{\nu_1}+\dfrac{(1-k)^2}{\nu_2}} \tag{6-11}$$

$$t=\frac{\bar{x}_1-\bar{x}_2}{s_{\bar{x}_1-\bar{x}_2}}$$

这样，当假设 H_0：$\mu_1=\mu_2$ 时，t 近似服从自由度为 ν' 的 t 分布，因此，可用 ν' 查附表 4 所得 t_α 值作近似的 t 测验。

（二）成对数据的比较

1. 什么是成对数据

将性质相同的两个供试单位配成一对，并随机地给予不同的处理，多个配对所得的观察值为成对数据(如相邻两区的产量、同树不同枝条的抗病性、同窝猪的体重等)。配对的两个供试单位的试验条件必须是很接近或相同，否则就不能构成成对数据。

2. 成对数据的优点

（1）可以控制试验误差，具有较高的精度。

（2）成对比较不受两样本总体方差 $\sigma_1^2\neq\sigma_2^2$ 的干扰，分析时不需要考虑 σ_1^2 和 σ_2^2 是否相等。

3. 成对数据的测验

应用公式：

$$SS_d=\sum d^2-\frac{\left(\sum d\right)^2}{n} \tag{6-12}$$

$$s_d=\sqrt{\frac{SS_d}{n-1}} \tag{6-13}$$

$$s_{\bar{d}}=\frac{s_d}{\sqrt{n}}$$

这样，

$$t=\frac{\bar{d}-\mu_d}{s_{\bar{d}}} \tag{6-14}$$

它具有自由度 $\nu=n-1$。若假设 H_0：$\mu_d=0$，则计算 t 值的公式为

$$t=\frac{\bar{d}}{s_{\bar{d}}} \tag{6-15}$$

【例 6-7】 选生长期、发育进度、植株大小和其他方面都比较一致的两株青椒构成一组，共得 7 组，每组中一株接种 A 处理后病毒，另一株接种 B 处理后病毒，以研究不同处理方法的钝化病毒效果，结果为病毒在青椒上产生的病痕数目，如表 6-5 所示，试测验两种处理方法的差异显著性($\alpha=0.01$)。

表 6-5　青椒上产生的病痕数

组别	x_1(A法)	x_2(B法)	d
1	11	28	−17
2	14	13	1
3	9	17	−8
4	4	18	−14
5	6	15	−9
6	21	20	1
7	7	21	−14

这是配对设计，因为A、B两法对钝化病毒的效应并未明确，故用双尾测验。又因为不知道总体方差，且为小样本，故用 t 测验。

(1) 提出假设：H_0：$\mu_d=0$；H_A：$\mu_d\neq 0$。

(2) 计算 t 值。

由表 6-5 得 d 值，计算得到：$\bar{d}=-8.5714$，$s_d=7.2309$

抽样分布的标准误为：$s_{\bar{d}}=\sqrt{\dfrac{s_d^2}{n}}=\sqrt{\dfrac{7.2309^2}{7}}=2.73302$

所以，$t=\dfrac{\bar{d}-\mu_d}{s_{\bar{d}}}=\dfrac{\bar{d}}{s_{\bar{d}}}=\dfrac{-8.5714}{2.73302}=-3.136$

(3) 自由度 $\nu=n-1=6$，显著性水平为 0.01 条件下，查附表 4 得：$t_{0.01,6}=3.707$。

(4) 因为 $|t|=3.136< t_{0.01,6}=3.707$，即 $P>0.01$，故接受 H_0。

(5) A、B两法对钝化病毒的效应在 0.01 水平上没有极显著差异。

【例 6-8】 研究采用某肥料能否使马铃薯增产 4500kg/hm^2 以上，选择条件比较一致的相邻小区构成一组，共设 5 组，每组中一区为新肥料，另一区作对照使用传统肥料，测得每块地的马铃薯产量如表 6-6 所示，试检验此新肥料能否使马铃薯增产 4500kg/hm^2 以上。

表 6-6　两种肥料对比试验马铃薯产量　　（单位：kg/hm^2）

新肥料	24319.50	23304.00	22416.75	22476.00	23142.00
老肥料	19260.75	17239.50	16176.75	17994.75	18043.50
d	5058.75	6064.50	6240.00	4481.25	5098.50

由题意可知，该试验资料为成对数据，因为要检验新肥料能否比对照增产 4500kg，故采用一尾测验。

(1) 提出假设，H_0：新肥料比对照每公顷增产不超过 4500kg，即 $\mu_d\leqslant 4500$kg；

H_A：新肥料比对照每公顷增产超过 4500kg，即 $\mu_d>4500$kg。

(2) 计算 t 值。

由表 6-6 中的 d 值得知：$\bar{d}=5388.6$，$s_d=741.2769$

$$s_{\bar{d}}=\sqrt{\frac{s_d^2}{n}}=\sqrt{\frac{741.2769^2}{5}}=331.5091$$

$$t=\frac{\bar{d}-\mu_d}{s_{\bar{d}}}=\frac{5388.6-4500}{331.5091}=2.6805$$

(3) 在显著性水平 0.05 和自由度 4 的情况下，查附表 4 得 $t_{0.1,4}=2.132$(注：α 为单尾概率的 2 倍)。

(4) 因为 $|t|=2.6805>t_{0.1,4}=2.132$，$P<0.05$，所以拒绝 H_0，接受 H_A。

(5) 在 0.05 水平上新肥料较对照每公顷增产马铃薯 4500kg 以上有显著性意义。

成对数据和 $n_1=n_2=n$ 成组数据的区别：成对数据的每一对数据是有联系的，不能分开，对与对之间的数据是独立的，供试单位的性质相同；而成组数据每一个观察值之间是相互独立的。因此可以固定一个处理的值，简单地调换另一个处理的任意两个观察值，看是否符合要求，如果符合要求就是成组数据，不符合要求就是成对数据。

第三节　样本百分数的假设测验

在农业试验及生产实践中，有许多试验结果需要用百分数(成数)表示，如出苗率，半致死率、农产品的合格率等。百分数由一个来自某二项总体的样本中的符合某种属性的计数变量转化而来，由于其总体服从二项分布，因此称为二项百分数。对二项百分数的假设测验，理论上应按二项分布进行，由于二项分布展开式计算麻烦，常用正态分布近似求取。

当样本容量 n 足够大，p 不过小，而且 np 和 nq 均不小于 5 时，二项分布趋近于正态分布，可以将百分数资料作正态分布处理，从而作出近似的测验。适于用 u 测验所需的二项样本容量 n 见表 6-7。

表 6-7　适于用正态离差测验的二项样本的 $n\hat{p}$ 和 n 值表

$\hat{p}$ (样本百分数)	$n\hat{p}$ (较小组次数)	n (样本容量)
0.50	15	30
0.40	20	50
0.30	24	80
0.20	40	200
0.10	60	600
0.05	70	1400

一、单个样本百分数的假设测验

由样本百分数与已知理论百分数的差数($\hat{p}-p_0$)去推断样本所在总体的百分数 p 与已知理论百分数 p_0 是否存在差异。在 n 不小于 30，而且 np 大于 5 时，样本百分数近似服从正态分布。

在无效假设 H_0：$p=p_0$ 的条件下有

$$u=\frac{\hat{p}-p}{\sigma_{\hat{p}}}=\frac{\hat{p}-p_0}{\sqrt{\frac{p_0(1-p_0)}{n}}} \tag{6-16}$$

其中，百分数的标准误为

$$\sigma_{\hat{p}}=\sqrt{\frac{p(1-p)}{n}}=\sqrt{\frac{p_0(1-p_0)}{n}}$$

【例 6-9】 我国规定冬瓜良种的发芽率不低于 60%，某种子公司质量检验员随机抽查某良种繁育基地冬瓜良种 50 份，其中 32 份发芽率达标，问能否判定该基地生产的冬瓜种子合格(α 为 0.05)？

本例题关心的是产品质量合格问题，应当采用单尾测验。

(1) 提出假设，H_0：$p \leqslant p_0 = 60\%$，即该产品不符合要求；

H_A：$p > p_0 = 60\%$，即该产品高于标准，符合要求。

(2) 计算 u 值。

$$\hat{p} = \frac{x}{n} = \frac{32}{50} = 0.64$$

$$\sigma_{\hat{p}} = \sqrt{\frac{p_0(1-p_0)}{n}} = \sqrt{\frac{0.6(1-0.6)}{50}} = 0.0693$$

$$u = \frac{\hat{p} - p}{\sigma_{\hat{p}}} = \frac{0.64 - 0.60}{0.0693} = 0.5772$$

(3) 在显著性水平 0.05 的条件下，查附表 3 得 $u_{0.05\times 2} = u_{0.1} = 1.64$

(4) 因为 $|u| = 0.5772 \leqslant u_{0.05\times 2} = 1.64$，$P > 0.05$，所以接受 H_0。

(5) 该育种基地生产的冬瓜种子在 0.05 水平上没有显著差异，不符合国家规定。

二项资料既可以用百分数计算，也可以用次数计算。当 $x \sim N(\mu_x, \sigma_x^2)$时，总体平均数 $\mu_x = np$；标准差 $\sigma_x = \sqrt{npq}$。

因此有

$$u = \frac{x - \mu_x}{\sigma_x} = \frac{x - np}{\sqrt{npq}} \tag{6-17}$$

在无效假设 H_0：$p = p_0$下，有

$$u = \frac{x - np_0}{\sqrt{np_0q_0}} \tag{6-18}$$

其中，$\sigma_x = \sqrt{np_0q_0}$

因此，本例题还可按次数资料的方法进行分析。

由题意可知：$x = 32$，$np_0 = 50 \times 0.60 = 30$

$$\sigma_x = \sqrt{np_0q_0} = \sqrt{50 \times 0.60 \times (1 - 0.60)} = 3.4641$$

$$u = \frac{x - np_0}{\sqrt{np_0q_0}} = \frac{32 - 30}{3.4641} = 0.5774$$

结论同上。

二、两个样本百分数的假设测验

由两个样本百分数 $\hat{p}_1 = \frac{x_1}{n_1}$和 $\hat{p}_2 = \frac{x_2}{n_2}$的差异去推断它们所属总体百分数 p_1和 p_2是否有显著差异的方法，也就是检验无效假设 H_0：$p_1 = p_2$。

当 n_1和 n_2均为大样本，而且 $n_1 p_1$和 $n_2 p_2$都大于 5 时，两样本百分数的差数$\hat{p}_1 - \hat{p}_2$近似服从正态分布 $N(\mu_{\hat{p}_1-\hat{p}_2}, \sigma^2_{\hat{p}_1-\hat{p}_2})$。因此有

$$u = \frac{(\hat{p}_1 - \hat{p}_2) - (p_1 - p_2)}{\sigma_{\hat{p}_1-\hat{p}_2}} \sim N(0, 1)$$

在无效假设 H_0：$p_1=p_2=p$ 的条件下，有

$$u=\frac{\hat{p}_1-\hat{p}_2}{\sigma_{\hat{p}_1-\hat{p}_2}} \tag{6-19}$$

其中，$\sigma_{\hat{p}_1-\hat{p}_2}=\sqrt{\dfrac{p_1q_1}{n_1}+\dfrac{p_2q_2}{n_2}}=\sqrt{\left(\dfrac{1}{n_1}+\dfrac{1}{n_2}\right)pq}$。

但是总体百分数 p 未知，只能由两个样本的百分数的加权平均值 $\bar{p}$ 来估计，即 $\bar{p}=\dfrac{x_1+x_2}{n_1+n_2}$。

因此进一步有

$$s_{\hat{p}_1-\hat{p}_2}=\sqrt{\left(\frac{1}{n_1}+\frac{1}{n_2}\right)\bar{p}(1-\bar{p})} \tag{6-20}$$

【例 6-10】 甲、乙两位园艺师在相同条件下，对同种名贵花木进行移栽，其中甲移栽了 378 株，成活了 342 株，乙移栽了 396 株，成活了 313 株，试问甲、乙两位园艺师的移栽水平是否有差异？

(1) 提出假设，H_0：$p_1=p_2$，甲、乙两位园艺师的移栽水平相同；

H_A：$p_1\neq p_2$，甲、乙两位园艺师的移栽水平有显著差异。

(2) 计算 u 值。

由题意可得

$$\hat{p}_1=\frac{x_1}{n_1}=\frac{342}{378}=0.905，\quad \hat{p}_2=\frac{x_2}{n_2}=\frac{313}{396}=0.790$$

$$\bar{p}=\frac{x_1+x_2}{n_1+n_2}=\frac{342+313}{378+396}=0.846$$

$$s_{\hat{p}_1-\hat{p}_2}=\sqrt{\left(\frac{1}{n_1}+\frac{1}{n_2}\right)\bar{p}(1-\bar{p})}=\sqrt{\left(\frac{1}{378}+\frac{1}{396}\right)\times 0.846\times(1-0.846)}=0.026$$

$$u=\frac{(\hat{p}_1-\hat{p}_2)-(p_1-p_2)}{s_{\hat{p}_1-\hat{p}_2}}=\frac{0.905-0.790}{0.026}=4.423$$

(3) 在显著性水平 0.05 的条件下，查附表 3 得 $u_{0.05}=1.96$。

(4) 因为 $|u|=4.423>u_{0.05}=1.96$，$P<0.05$，所以拒绝 H_0，接受 H_A。

(5) 甲、乙园艺师的移栽水平在 0.05 水平上有显著差异。

三、百分数假设测验的连续性矫正

二项分布在性质上属间断性变量的概率分布，把它当做连续性正态分布或 t 分布处理，结果会有些出入，一般容易发生第一类错误。补救办法是在假设测验时进行连续性矫正，这种矫正在 $n<30$，而且 $np<5$ 时是必须的，经过连续性矫正的正态离差以 u_C 值表示；如果样本大，试验结果符合表 6-7 条件，则可以不作矫正，直接用 u 测验。

（一）单个样本百分数的假设测验

在无效假设 H_0：$p=p_0$ 的条件下，有

$$u_C=\frac{|\hat{p}-\mu_p|-\frac{0.5}{n}}{\sigma_{\hat{p}}}=\frac{|\hat{p}-p_0|-\frac{0.5}{n}}{\sqrt{\frac{p_0(1-p_0)}{n}}} \tag{6-21}$$

（二）两个样本百分数的假设测验

在无效假设 H_0：$p_1=p_2=p$ 的条件下，有

$$u_C=\frac{|\hat{p}_1-\hat{p}_2|-\left(\frac{0.5}{n_1}+\frac{0.5}{n_2}\right)}{s_{\hat{p}_1-\hat{p}_2}} \tag{6-22}$$

第四节　参数的区间估计

计算样本统计数的目的在于估计总体参数，如以 $\bar{x}$ 估计 μ，这种估计称为点估计。但是由于存在抽样误差，不同样本将有不同的 $\bar{x}$ 值，很难确定哪一个 $\bar{x}$ 值最能代表 μ。但可以在一定的概率保证下，估计出一个能够覆盖参数 μ 的范围或区间，这个区间称为置信区间(confidence interval)，区间的上、下限称为置信限(confidence limit)，区间的长度称为置信距。一般以 L_1 和 L_2 分别表示置信下限和上限。保证该参数在某一区间的概率 $1-\alpha$ 为置信度(这里的 α 为两尾概率)，以上这种对参数的估计称为参数的区间估计。

前面讲过在样本平均数 $\bar{x}$ 的分布中，$\mu_{\bar{x}}=\mu$，$\sigma_{\bar{x}}=\frac{\sigma}{\sqrt{n}}$，给定一个 $1-\alpha$ 的概率，此时将有 $(1-\alpha)\times100\%$ 的样本 $\bar{x}$ 落在 $\mu-u_\alpha\sigma$ 至 $\mu+u_\alpha\sigma$ 的范围内，即

$$P(\mu-u_\alpha\sigma\leqslant\bar{x}\leqslant\mu+u_\alpha\sigma)=1-\alpha$$

该等式也是在单样本假设测验中接受无效假设的条件，该等式等价于下式：

$$|u|=\left|\frac{\bar{x}-\mu}{\sigma_{\bar{x}}}\right|\leqslant u_\alpha$$

经移项变换后，就可以得到置信度为 $P=(1-\alpha)$ 时，对 μ 的置信区间为

$$\bar{x}-u_\alpha\sigma_{\bar{x}}\leqslant\mu\leqslant\bar{x}+u_\alpha\sigma_{\bar{x}} \tag{6-23}$$

这里用 $L_1=\bar{x}-u_\alpha\sigma_{\bar{x}}$ 表示下限，用 $L_2=\bar{x}+u_\alpha\sigma_{\bar{x}}$ 表示上限。

这就是样本对总体估计的置信区间，它表示：如果从总体中抽出容量为 n 的所有样本，并且每一个样本都算出其 $[L_1, L_2]$ 区间，将有 $(1-\alpha)\times100\%$ 的区间能够覆盖参数 μ。

一、总体平均数的置信区间

（一）已知总体方差 σ^2 或是大样本时

总体平均数 μ 的置信区间为

$$\bar{x}-u_\alpha s_{\bar{x}}\leqslant\mu\leqslant\bar{x}+u_\alpha s_{\bar{x}} \tag{6-24}$$

这里 $L_1=\bar{x}-u_\alpha s_{\bar{x}}$，$L_2=\bar{x}+u_\alpha s_{\bar{x}}$。式(6-24)中 u_α 为正态分布下置信度为 $1-\alpha$ 时的 u 临界值。

【例 6-11】 现引进一新玉米品种，在当地试验，随机抽样得穗长如表 6-8 所示，试以置

信度为95%估计该品种的果穗长度范围。

表 6-8　35 穗玉米穗长　（单位：cm）

24.67	23.67	18.67	18.00	23.67	26.00	23.00
20.67	19.00	20.67	23.00	24.33	21.00	20.00
20.33	24.00	20.67	23.33	26.00	24.67	22.00
25.67	21.67	18.00	19.33	21.00	20.67	17.67
19.67	20.67	26.00	17.67	22.33	23.33	17.00

新玉米品种的平均穗长 $\bar{x}=\frac{\sum x_i}{n}=\frac{24.67+23.67+\cdots+17.00}{35}=21.66$

新玉米品种的样本标准差 $s=\sqrt{\frac{SS}{n-1}}=2.64$

均数标准误 $s_{\bar{x}}=\frac{s}{\sqrt{n}}=\frac{2.64}{\sqrt{35}}=0.45$

查附表3得 $u_{0.05}=1.96$，因此由式(6-24)得

$21.66-1.96\times0.45\leqslant\mu\leqslant21.66+1.96\times0.45$，即 $20.778\leqslant\mu\leqslant22.542$

因此，有95%的把握认为该新玉米品种的果穗长度为20.778～22.542cm。

（二）在总体方差 σ^2 未知，而且又是小样本时

由 t 测验原理得置信区间为

$$\bar{x}-t_\alpha s_{\bar{x}}\leqslant\mu\leqslant\bar{x}+t_\alpha s_{\bar{x}} \tag{6-25}$$

这里 $L_1=\bar{x}-t_\alpha s_{\bar{x}}$，$L_2=\bar{x}+t_\alpha s_{\bar{x}}$。式(6-25)中的 t_α 为 t 分布下置信度为 $1-\alpha$ 时的 t 临界值。

【例 6-12】 现从外地引入一个高产玉米品种，在当地同等生产条件下种植了10个小区（小区面积为25m²），得其千粒重(g)为：306、316、330、310、327、324、309、320、330、318。试以置信度为95%估计该高产玉米品种的千粒重置信区间。

由已知的样本，计算高产品种千粒重的均值和标准差：

$$\bar{x}=\frac{\sum x_i}{n}=\frac{306+316+\cdots+318}{10}=319$$

$$s=\sqrt{\frac{SS}{n-1}}=8.7686$$

平均数的标准误值：

$$s_{\bar{x}}=\frac{s}{\sqrt{n}}=\frac{8.7686}{\sqrt{10}}=2.7729$$

当 $\nu=10-1=9$，查附表4，$t_{0.05,9}=2.262$，因此由式(6-25)得

$319-2.262\times2.7729\leqslant\mu\leqslant319+2.262\times2.7729$，即 $312.73\leqslant\mu\leqslant325.27$

因此，有95%的把握认为该新玉米品种的千粒重置信区间为312.73～325.27g。

二、两个总体平均数差数的置信区间

（一）在两总体方差为已知或两总体方差虽未知但为大样本时

两个总体平均数差数 $\mu_1-\mu_2$ 的置信区间为

$$(\bar{x}_1-\bar{x}_2)-u_\alpha\sigma_{\bar{x}_1-\bar{x}_2}\leqslant\mu_1-\mu_2\leqslant(\bar{x}_1-\bar{x}_2)+u_\alpha\sigma_{\bar{x}_1-\bar{x}_2} \tag{6-26}$$

这里，$L_1=(\bar{x}_1-\bar{x}_2)-u_\alpha\sigma_{\bar{x}_1-\bar{x}_2}$，$L_2=(\bar{x}_1-\bar{x}_2)+u_\alpha\sigma_{\bar{x}_1-\bar{x}_2}$。

式(6-26)中的 $\sigma_{\bar{x}_1-\bar{x}_2}$ 为样本平均数差数的标准误，u_α 为正态分布下置信度为 $1-\alpha$ 时的 u 临界值。当是大样本时，需用 s 直接代替 σ。

【例 6-13】 现测得某品种玉米自交一代 35 穗每穗粒重的平均数为 356.8g，样本标准差为 19.3g；自交二代 32 穗每穗粒重的平均数为 338.9g，样本标准差为 20.1g。试以 95%置信度估计自交一代和自交二代每穗粒重差的置信区间。

由题意可得：

$$\bar{x}_1=356.8 \quad s_1=19.3 \quad n_1=35$$
$$\bar{x}_2=338.9 \quad s_2=20.1 \quad n_2=32$$

可以求得：

$$s_{\bar{x}_1-\bar{x}_2}=\sqrt{\frac{19.3^2}{35}+\frac{20.1^2}{32}}=4.82$$

由附表 3 得 $u_{0.05}=1.96$，因此由式 $(\bar{x}_1-\bar{x}_2)-u_\alpha s_{\bar{x}_1-\bar{x}_2}\leqslant\mu_1-\mu_2\leqslant(\bar{x}_1-\bar{x}_2)+u_\alpha s_{\bar{x}_1-\bar{x}_2}$，得出 95%的置信限为

$$L_1=(356.8-338.9)-1.96\times4.82=8.45$$
$$L_2=(356.8-338.9)+1.96\times4.82=27.35$$

推断：有 95%的把握确定自交一代和自交二代每穗粒重数的置信区间为 8.45～27.35g。

（二）在两总体方差为未知时

(1) 假设两总体方差相等，即 $\sigma_1=\sigma_2=\sigma$ 时，$\mu_1-\mu_2$ 的置信区间为

$$(\bar{x}_1-\bar{x}_2)-t_\alpha s_{\bar{x}_1-\bar{x}_2}\leqslant\mu_1-\mu_2\leqslant(\bar{x}_1-\bar{x}_2)+t_\alpha s_{\bar{x}_1-\bar{x}_2}$$
$$L_1=(\bar{x}_1-\bar{x}_2)-t_\alpha s_{\bar{x}_1-\bar{x}_2}，L_2=(\bar{x}_1-\bar{x}_2)+t_\alpha s_{\bar{x}_1-\bar{x}_2} \tag{6-27}$$

式中，$s_{\bar{x}_1-\bar{x}_2}=\sqrt{\frac{s_e^2}{n_1}+\frac{s_e^2}{n_2}}$ 为两个样本平均数差数的标准误，$s_e^2=\frac{\nu_1s_1^2+\nu_2s_2^2}{\nu_1+\nu_2}$；$t_\alpha$ 是置信度为 $1-\alpha$、自由度为 n_1+n_2-2 时 t 分布的临界值。

【例 6-14】 现有两个小麦品种产量比较试验，重复 4 次，小区面积为 20m²，小区产量整理如表 6-9 所示。试以 95%的置信度估计两小麦品种小区面积产量差的置信区间。

表 6-9　小麦产量品比试验结果　（单位：kg）

x_1(甲品种)	x_2(乙品种)
15.1	13.8
15.6	14.3
14.9	13.9
15.1	13.3

已知两个品种的小区产量，可得

$$\bar{x}_1=\frac{\sum x_{1i}}{n_1}=\frac{15.1+15.6+\cdots+15.5}{4}=15.175 \quad s_1=\sqrt{\frac{SS_1}{n_1-1}}=0.2986$$

$$\bar{x}_2=\frac{\sum x_{2i}}{n_2}=\frac{13.8+14.3+\cdots+13.3}{4}=13.825 \quad s_2=\sqrt{\frac{SS_2}{n_2-1}}=0.4113$$

所以，$s_e^2=\dfrac{\nu_1 s_1^2+\nu_2 s_2^2}{\nu_1+\nu_2}=\dfrac{(4-1)0.2986^2+(4-1)0.4113^2}{(4-1)+(4-1)}=0.1292$

进一步得出 $s_{\bar{x}_1-\bar{x}_2}=\sqrt{\dfrac{2s_e^2}{n}}=\sqrt{\dfrac{2\times 0.1292}{4}}=0.2542$

自由度为 $\nu=(4-1)+(4-1)=6$，查附表 4 得 $t_{0.05,6}=2.447$。

由公式 $(\bar{x}_1-\bar{x}_2)-t_\alpha s_{\bar{x}_1-\bar{x}_2}\leqslant\mu_1-\mu_2\leqslant(\bar{x}_1-\bar{x}_2)+t_\alpha s_{\bar{x}_1-\bar{x}_2}$ 得出两个小麦品种 20m² 产量差数的置信区间为

$$L_1=(\bar{x}_1-\bar{x}_2)-t_\alpha s_{\bar{x}_1-\bar{x}_2}=(15.175-13.825)-2.447\times 0.2542=0.728$$

$$L_2=(\bar{x}_1-\bar{x}_2)+t_\alpha s_{\bar{x}_1-\bar{x}_2}=(15.175-13.825)+2.447\times 0.2542=1.972$$

两小麦品种小区面积产量差的 95％置信度的置信区间为 0.728～1.972kg。

(2) 两总体方差不相等，即 $\sigma_1\neq\sigma_2$ 时，$\mu_1-\mu_2$ 的置信区间为

$$(\bar{x}_1-\bar{x}_2)-t'_{\alpha,\nu}s_{\bar{x}_1-\bar{x}_2}\leqslant\mu_1-\mu_2\leqslant(\bar{x}_1-\bar{x}_2)+t'_{\alpha,\nu}s_{\bar{x}_1-\bar{x}_2}$$

此时有，$L_1=(\bar{x}_1-\bar{x}_2)-t'_{\alpha,\nu}s_{\bar{x}_1-\bar{x}_2}$，$L_2=(\bar{x}_1-\bar{x}_2)+t'_{\alpha,\nu}s_{\bar{x}_1-\bar{x}_2}$。这里 $s_{\bar{x}_1-\bar{x}_2}=\sqrt{\dfrac{s_1^2+s_2^2}{n_1+n_2}}$，$t'_{\alpha,\nu}$ 为置信度 $1-\alpha$、自由度为 ν' 时 t 分布的临界值。

三、成对数据总体差数的置信区间

成对数据总体差数 μ_d 的 $1-\alpha$ 置信区间

$$\bar{d}-t_\alpha s_{\bar{d}}\leqslant\mu_d\leqslant\bar{d}+t_\alpha s_{\bar{d}}$$

$$L_1=\bar{d}-t_\alpha s_{\bar{d}}，L_2=\bar{d}+t_\alpha s_{\bar{d}} \tag{6-28}$$

【例 6-15】 用两种电极测定同一土壤 10 个样品的 pH，结果如表 6-10 所示。试求 μ_d 的 99％置信区间。

表 6-10　土壤 pH

A 电极	5.72	5.86	5.96	5.89	5.90	5.81	5.83	5.85	5.90	5.82
B 电极	5.88	5.75	5.84	5.80	5.80	5.79	5.82	5.80	5.85	5.80
d	−0.16	0.11	0.12	0.09	0.1	0.02	0.01	0.05	0.05	0.02

由题意得到 $\bar{d}=0.041$，$s_d=0.081$。

$s_{\bar{d}}=\dfrac{s_d}{\sqrt{n}}=\dfrac{0.081}{\sqrt{10}}=0.0256$，由附表 4 查得 $t_{0.01,9}=3.250$。

由公式 $\bar{d}-t_\alpha s_{\bar{d}}\leqslant\mu_d\leqslant\bar{d}+t_\alpha s_{\bar{d}}$，得到

$L_1=0.041-3.250\times 0.0256=-0.0422$，$L_2=0.041+3.250\times 0.0256=0.1242$

μ_d 的 99％的置信区间为 −0.0422～0.1242。

四、百分数的置信区间

（一）二项总体百分数 p 的区间估计

在 n，p 符合表 6-7 的情况下，在置信度 $1-\alpha$ 下，由样本百分数 $\hat{p}$ 近似估计总体百分

数 p 的置信区间为

$$\hat{p}-u_{\alpha}\sqrt{\frac{p_0(1-p_0)}{n}}\leqslant p\leqslant\hat{p}+u_{\alpha}\sqrt{\frac{p_0(1-p_0)}{n}} \tag{6-29}$$

其中，$L_1=\hat{p}-u_{\alpha}\sqrt{\frac{p_0(1-p_0)}{n}}$，$L_2=\hat{p}+u_{\alpha}\sqrt{\frac{p_0(1-p_0)}{n}}$ 。

【例 6-16】 某种子公司质量检验员随机抽查某良种繁育基地冬瓜良种 100 份，其中 64 份发芽率达标，请用 95%的置信度估计该基地繁育的冬瓜良种发芽率的置信区间。

$$\hat{p}=\frac{x}{n}=\frac{64}{100}=0.64$$

$$s_{\hat{p}}=\sqrt{\frac{\hat{p}(1-\hat{p})}{n}}=\sqrt{\frac{0.64(1-0.64)}{100}}=0.048$$

查附表 3 得 $u_{0.05}=1.96$，由上式计算得：

$$L_1=\hat{p}-u_{\alpha}\sqrt{\frac{p_0(1-p_0)}{n}}=0.64-1.96\times0.048=0.5459$$

$$L_2=\hat{p}+u_{\alpha}\sqrt{\frac{p_0(1-p_0)}{n}}=0.64+1.96\times0.048=0.7341$$

因此，以 95% 的置信度估计的该基地繁育的冬瓜良种发芽率的置信区间为 54.59%～73.41%。

（二）两个样本百分数的区间估计

在 n_1，p_1，n_2，p_2符合表 6-7 的情况下，置信区间可按正态分布估计。在 $1-\alpha$ 的置信度下，p_1-p_2 的置信区间为：

$$(\hat{p}_1-\hat{p}_2)-\mu_{\alpha}s_{\hat{p}_1-\hat{p}_2}\leqslant p_1-p_2\leqslant(\hat{p}_1-\hat{p}_2)+\mu_{\alpha}s_{\hat{p}_1-\hat{p}_2} \tag{6-30}$$

其中，$s_{\hat{p}_1-\hat{p}_2}=\sqrt{\left(\frac{1}{n_1}+\frac{1}{n_2}\right)\bar{p}(1-\bar{p})}$，$\bar{p}=\frac{x_1+x_2}{n_1+n_2}$。

$$L_1=(\hat{p}_1-\hat{p}_2)-\mu_{\alpha}s_{\hat{p}_1-\hat{p}_2}，L_2=(\hat{p}_1-\hat{p}_2)+\mu_{\alpha}s_{\hat{p}_1-\hat{p}_2}$$

【例 6-17】 甲、乙两位园艺师在相同条件下，对同种名贵花木经行移栽。其中，甲移栽了 378 株，成活了 342 株；乙移栽了 396 株，成活了 313 株。试以 95%的置信度估计甲、乙两位园艺师移栽成活率差数的置信区间。

由题意可得

$$\hat{p}_1=\frac{x_1}{n_1}=\frac{342}{378}=0.905，\hat{p}_2=\frac{x_2}{n_2}=\frac{313}{396}=0.790$$

$$\bar{p}=\frac{x_1+x_2}{n_1+n_2}=\frac{342+313}{378+396}=0.846$$

$$s_{\hat{p}_1-\hat{p}_2}=\sqrt{\left(\frac{1}{n_1}+\frac{1}{n_2}\right)\bar{p}(1-\bar{p})}=\sqrt{\left(\frac{1}{378}+\frac{1}{396}\right)\times0.846\times(1-0.846)}=0.026$$

查附表 3 得 $u_{0.05}=1.96$，由上式算得

$$L_1=(\hat{p}_1-\hat{p}_2)-\mu_\alpha s_{\hat{p}_1-\hat{p}_2}=(0.905-0.790)-1.96\times0.026=0.064$$

$$L_2=(\hat{p}_1-\hat{p}_2)+\mu_\alpha s_{\hat{p}_1-\hat{p}_2}=(0.905-0.790)+1.96\times0.026=0.166$$

即 $0.064\leqslant p_1-p_2\leqslant0.166$。

因此，以95%的置信度估计的甲、乙园艺师移栽成活率差数的置信区间为6.4%～16.6%。

复习思考题

6.1　什么是统计推断？为什么统计推断的结论有可能发生错误？有哪两类错误？如何克服？

6.2　统计假设测验的定义是什么？假设有几种，含义是什么？为什么说在无效假设下进行假设测验？什么是显著性水平？根据什么确定显著性水平的高低？它在统计推断中的作用是什么？

6.3　什么是区间估计？置信区间如何表示？置信度和显著性水平有什么关系？

6.4　‘冀麦7号’是河北省的主流冬小麦品种，在山区其平均产量为4875kg/hm²，研究机构对其进行改良以提高产量，在太行山区随机抽取30个地块进行试验，得到样本平均产量为5150kg/hm²，标准差为140kg/hm²，试问改良品种的产量是否有显著提高？

6.5　某农民想了解两个大豆品种的产量有无显著区别，在当地随机抽取11块同等面积地块采用同等田间管理试种，产量如表6-11所示，试判别有无显著性差别，以及两个大豆品种的产量差数在置信度为95%的置信区间。

表6-11　大豆品种产量比较　（单位：g）

大豆1	2452	2478	2503	2588	2575	2494
大豆2	2632	2515	2500	2558	2600	

6.6　为了研究A、B两种生物有机肥料对芹菜株高的影响，选用雪白芹菜，采用盆栽，初始株高相同的配成一对，每盆施肥20g，一周后测得株高增长量如表6-12所示，问两种生物有机肥对增进芹菜生长有无显著差异？试求 μ_d 的99%置信区间。

表6-12　芹菜株高对比　（单位：cm）

有机肥A	19	18	16	15	14	15	17	20
有机肥B	15	17	15	16	16	16	17	19

第七章 方差分析

第一节 方差分析的基本原理

前面介绍了 u 测验和 t 测验，它们可对样本平均数与总体平均数或两个样本平均数之间的差异进行显著性测验。而在实际中往往需要对多个($k>2$)样本平均数进行比较，此时如果仍用 t 测验(或 u 测验)对其平均数进行两两相互比较，就会出现一些问题，一是测验繁琐，要进行 $k(k-1)/2$ 次比较；二是每两个样本平均数之间比较的误差不同，使得推断的可靠性降低。如何避免这些问题呢？就需要引入一种新的测验方法——方差分析法。

方差分析(analysis of variance，ANOVA)是对多个($k>2$)样本平均数之间比较的假设测验方法，是英国著名统计学家 R. A. Fisher 于 1923 年提出的。方差分析是先将总变异分解为处理间变异和试验误差，然后将处理间变异作为一个整体与其试验误差进行比较来推断各处理之间的效应是否有显著差异，如果二者差异不显著，则认为试验各处理之间的效应无显著差异(处理对指标的影响不显著)，分析结束；如果差异显著，则认为试验各处理之间的效应有显著差异(处理对指标有显著的影响)，再进一步比较是哪些处理间的效应差异显著。

一、自由度与平方和的分解

反映试验结果变异性的指标有多个，方差分析是采用样本均方来度量的。均方是离均差平方和(sum of squares，SS)除以自由度(degree of freedom，df)的商。因此，要将一组试验结果数据的总变异依据变异来源分解为相应的变异，首先必须将总自由度和总平方和分解为各个变异来源的相应部分。

有一个试验设 k 个处理，每个处理重复 n 次，完全随机设计。试验的结果将有 k 组数据，每组 n 个观察值，共有 nk 个观察值，其试验结果数据资料见表 7-1。

表 7-1 k 个处理，n 次重复试验结果数据资料($i=1, 2, \cdots, k$；$j=1, 2, \cdots, n$)

处理	观察值						处理合计	处理平均	均方
	1	2	…	j	…	n	(T_i)	($\bar{x}_i$)	(s_i^2)
1	x_{11}	x_{12}	…	x_{1j}	…	x_{1n}	T_1	$\bar{x}_1$	s_1^2
2	x_{21}	x_{22}	…	x_{2j}	…	x_{2n}	T_2	$\bar{x}_2$	s_2^2
⋮	⋮	⋮		⋮		⋮	⋮	⋮	⋮
i	x_{i1}	x_{i2}	…	x_{ij}	…	x_{in}	T_i	$\bar{x}_i$	s_i^2
⋮	⋮	⋮		⋮		⋮	⋮	⋮	⋮
k	x_{k1}	x_{k2}	…	x_{kj}	…	x_{kn}	T_k	$\bar{x}_k$	s_k^2
							T	$\bar{x}$	

注：$T_i=\sum_{j=1}^{n}x_{ij}$ 为第 i 个处理中的各观察值的和；$\bar{x}_i=T_i/n$ 为第 i 个处理 n 个观察值的平均数；$T=\sum x$ 为所有观察值的总和；$\bar{x}=T/nk$ 为所有观察值的平均值；$SS_i=\sum_{j=1}^{n}(x_{ij}-\bar{x}_i)^2$ 为第 i 个处理内的离均差平方和；$s_i^2=SS_i/(n-1)$ 为第 i 个处理内的均方

(一)平方和的分解

在表 7-1 中，全部观察值的总平方和为

$$SS_T=\sum_{i=1}^{k}\sum_{j=1}^{n}(x_{ij}-\bar{x})^2$$

首先，将每个离均差的平方和变换，得

$$(x_{ij}-\bar{x})^2=[(x_{ij}-\bar{x}_i)+(\bar{x}_i-\bar{x})]^2=(x_{ij}-\bar{x}_i)^2+2(x_{ij}-\bar{x}_i)(\bar{x}_i-\bar{x})+(\bar{x}_i-\bar{x})^2$$

然后，将处理内的 n 个离均差平方和相加，得

$$\sum_{j=1}^{n}(x_{ij}-\bar{x})^2=\sum_{j=1}^{n}(x_{ij}-\bar{x}_i)^2+n(\bar{x}_i-\bar{x})^2$$

这里，$\sum_{j=1}^{n}2(x_{ij}-\bar{x}_i)(\bar{x}_i-\bar{x})=2(\bar{x}_i-\bar{x})\sum_{j=1}^{n}(x_{ij}-\bar{x}_i)=0$(离均差之和等于零)。

最后，再将 k 个处理的离均差平方和相加，得

$$\sum_{i=1}^{k}\sum_{j=1}^{n}(x_{ij}-\bar{x})^2=\sum_{i=1}^{k}\sum_{j=1}^{n}(x_{ij}-\bar{x}_i)^2+n\sum_{i=1}^{k}(\bar{x}_i-\bar{x})^2$$

即

$$\text{总平方和}(SS_T)=\text{处理平方和}(SS_t)+\text{误差平方和}(SS_e) \tag{7-1}$$

类似于第四章中介绍的平方和的计算方法式(4-5)，上述 3 个平方和在计算时可用以下各式。

$$\text{总变异平方和 } SS_T=\sum_{i=1}^{k}\sum_{j=1}^{n}(x_{ij}-\bar{x})^2=\sum_{1}^{nk}x_{ij}^2-C \tag{7-2}$$

$$\text{处理间平方和 } SS_t=n\sum_{i=1}^{k}(\bar{x}_i-\bar{x})^2=\frac{1}{n}\sum_{i=1}^{k}T_i^2-C \tag{7-3}$$

$$\text{处理内(误差) 平方和 } SS_e=\sum_{i=1}^{k}\sum_{j=1}^{n}(x_{ij}-\bar{x}_i)^2=SS_T-SS_t \tag{7-4}$$

式中，C 为矫正系数：

$$C=\frac{\left(\sum x\right)^2}{nk}=\frac{T^2}{nk} \tag{7-5}$$

(二) 自由度的分解

总变异是 nk 个观察值的变异，故其总自由度为

$$df_T=nk-1 \tag{7-6}$$

与总变异平方的分解相对应，总自由度也可分解为处理间自由度和误差自由度，即

$$df_T=df_t+df_e \tag{7-7}$$

处理间自由度等于处理数减 1，即

$$df_t=k-1 \tag{7-8}$$

每个处理内自由度为 $n-1$，则 k 个处理内(误差)总的自由度为

$$df_e = k(n-1) \tag{7-9}$$

（三）均方

在第四章中均方用 s^2 来表示，在方差分析中均方多用 MS 来表示。同时，表示不同变异来源的均方用加下标的方法以示区别。因此，根据式(4-8)，得

$$\text{总变异均方 } MS_T = s_T^2 = \frac{SS_T}{df_T} \tag{7-10}$$

$$\text{处理间均方 } MS_t = s_t^2 = \frac{SS_t}{df_t} \tag{7-11}$$

$$\text{处理内(误差) 均方 } MS_e = s_e^2 = \frac{SS_e}{df_e} = \sum s_i^2 \tag{7-12}$$

误差均方 MS_e 是 k 个处理内均方的加权平均值。

【例 7-1】 设有 A_1、A_2、A_3、A_4 4 个蚕豆品种，其中 A_1 为对照，进行大区比较试验，每个品种各得 3 个百粒重，其结果见表 7-2。试分解其自由度和平方和。

表 7-2　4 个蚕豆品种大区比较试验的百粒重结果　　（单位：g）

品种	百粒重			T_i	$\bar{x}_i$
A_1	112	118	121	351	117
A_2	111	110	112	333	111
A_3	128	129	121	378	126
A_4	130	135	134	399	133
				$T=1461$	$\bar{x}=121.75$

根据式(7-6)、式(7-8)、式(7-9)，得各部分的自由度分别为

总变异自由度 $df_T = nk - 1 = 3 \times 4 - 1 = 11$

品种间自由度 $df_t = k - 1 = 4 - 1 = 3$

品种内自由度 $df_e = k(n-1) = 4 \times (3-1) = 8$

根据式(7-2)～式(7-5)得

矫正数 $C = \dfrac{T^2}{nk} = \dfrac{1461^2}{3 \times 4} = 177876.75$

总变异平方和 $SS_T = \sum_{1}^{nk} x_{ij}^2 - C = (112^2 + 118^2 + \cdots + 134^2) - 177876.75 = 944.25$

品种间平方和 $SS_t = \dfrac{1}{n}\sum_{i=1}^{k} T_i^2 - C = \dfrac{351^2 + 333^2 + 378^2 + 399^2}{3} - 177876.75 = 848.25$

品种内平方和 $SS_e = SS_T - SS_t = 944.25 - 848.25 = 96.00$

根据式(7-10)～式(7-12)，可得各变异均方分别为

$$MS_T = \frac{SS_T}{df_T} = \frac{944.25}{11} = 85.84$$

$$MS_t = \frac{SS_t}{df_t} = \frac{848.25}{3} = 282.75$$

$$MS_e = \frac{SS_e}{df_e} = \frac{96.00}{8} = 12.00$$

以上品种内均方 $MS_e = 12.00$ 是 4 个品种内变异的合并均方值，它是表 7-2 资料试验误差的估计；品种间均方 $MS_t = 282.75$，则是不同品种之间百粒重的变异。

二、F 分布与 F 测验

在一个 $X \sim N(\mu, \sigma^2)$ 的正态总体中，随机抽取样本容量为 n_1 和 n_2 的两个独立样本，可算得两个样本的均方 s_1^2 和 s_2^2，$\frac{s_1^2}{s_2^2}$ 这个新的随机变量定义为 F，则

$$F = \frac{s_1^2}{s_2^2} \tag{7-13}$$

此 F 值具有 s_1^2 的自由度 $\nu_1 = n_1 - 1$ 和 s_2^2 的自由度 $\nu_2 = n_2 - 1$。如果按上述抽样方法在给定不同的自由度下进行一系列随机抽样，则所有可能的 F 值就构成了一个服从自由度为 ν_1 和 ν_2 的 F 分布，记为 $F \sim F_{(\nu_1, \nu_2)}$。

F 分布是非对称分布，其取值范围为 $[0, \infty)$，曲线形状由 ν_1 和 ν_2 决定。

当 $\nu_1 = 1$ 或 $\nu_1 = 2$ 时，F 分布曲线形状为反向 J 形；当 $\nu_1 \geqslant 3$ 时，曲线转为偏态（图 7-1）。

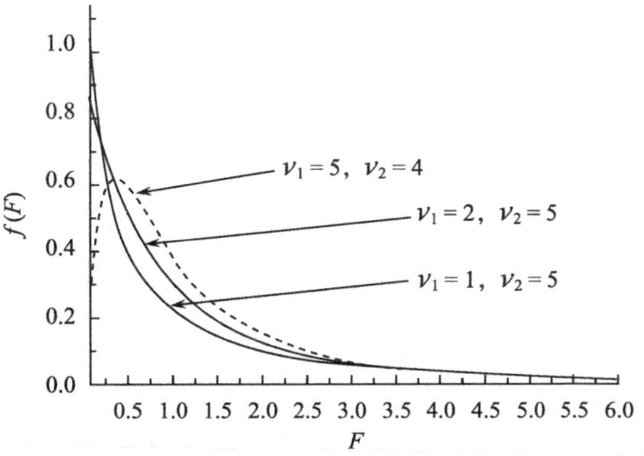

图 7-1　F 分布曲线

F 分布的积累函数 $F(F_i)$ 为

$$F(F_i) = P\{F \leqslant F_i\} = \int_0^{F_i} f(F)\mathrm{d}F$$

因而 F 分布右尾从 F_i 到 $+\infty$ 的概率为

$$P(F > F_i) = 1 - F(F_i) = \int_{F_i}^{+\infty} f(F)\mathrm{d}F$$

F 分布为右尾概率，当给定其右尾概率为 α 时，该分布的临界值记为 F_α，即 $P(F > F_\alpha) = \alpha$。附表 5 给出了不同自由度 ν_1 和 ν_2 下，右尾概率 $\alpha = 0.05$ 和 $\alpha = 0.01$ 时的临界 F_α 值。例如，当 $\nu_1 = 4$、$\nu_2 = 20$ 时，查附表 5 得 $F_{0.01(4,20)} = 4.43$，即表示以 $\nu_1 - 4$ 和 $\nu_2 = 20$ 在一个正态总体中进行独立的连续抽样，则所得 F 值大于 4.43 的概率为 1%。

在假设测验中，无效假设 H_0：$\sigma_1^2 \leqslant \sigma_2^2$，备择假设 H_A：$\sigma_1^2 > \sigma_2^2$。给定一个显著水平 α，查附表 5，得到相应的临界值 $F_{\alpha(\nu_1, \nu_2)}$。若所得 $F \leqslant F_\alpha$，即 $P(F \leqslant F_\alpha) > \alpha$ 时，说明 H_0 出现的概率大于 α，则应接受 H_0；若 $F > F_\alpha$，即 $P(F > F_\alpha) \leqslant \alpha$ 时，说明 H_0 出现的概率小于或等于 α，则应否定 H_0，接受 H_A。这种利用 F 值出现概率的大小来推断一个总体方差是否大于另一个总体方差的方法称为 F 测验（F-test）。这里的 F 测验是一尾测验。

在方差分析中，F 测验是用于测验处理之间的变异是否真实存在。因此，在计算 F 值时，总是将要测验的某处理（因素）项的均方作分子，而以试验误差项的均方作分母，即 $F = MS_t / MS_e$。

【例 7-2】 在【例 7-1】中，品种间均方 $MS_t=282.75$，品种内均方 $MS_e=12.00$，具自由度 $\nu_1=df_t=3$，$\nu_2=df_e=8$。试问测验品种间变异是否显著大于品种内变异？

假设 H_0：$\sigma_t^2 \leqslant \sigma_e^2$，或 $\mu_1=\mu_2=\mu_3=\mu_4$，即品种间百粒重无显著差异；

H_A：$\sigma_t^2>\sigma_e^2$，或 μ_1、μ_2、μ_3、μ_4 之间存在显著差异。

测验计算：$F=MS_t/MS_e=282.75/12.00=23.56$

查附表 5 得：$F_{0.05(3,8)}=4.07$，$F_{0.01(3,8)}=7.59$

比较判断：$F=23.56>F_{0.01(3,8)}=7.59$，则 $P<0.01$，因此，应否定 H_0，接受 H_A，即品种间变异极显著大于品种内变异，说明不同品种之间的百粒重有极显著的差异。

将【例 7-1】和【例 7-2】的计算结果整理后得方差分析表，见表 7-3。方差分析表一般包括变异来源、自由度(df)、离均差平方和(简称为平方和，SS)、均方(MS)、F 值。

表 7-3 蚕豆大区比较试验的百粒重方差分析

变异来源	df	SS	MS	F
品种间	3	848.25	282.75	23.56**
品种内(误差)	8	96.00	12.00	
总变异	11	944.25		

在制作方差分析表时，若 $F>F_{0.01(\nu_1,\nu_2)}$，即 $P\leqslant 0.01$，则否定 H_0：$\sigma_1^2\leqslant\sigma_2^2$，接受 H_A：$\sigma_1^2>\sigma_2^2$，说明处理间的效应有极显著差异，在 F 值的右上方标记“**”；若 $F_{0.05(\nu_1,\nu_2)}<F\leqslant F_{0.01(\nu_1,\nu_2)}$，即 $0.01<P\leqslant 0.05$，则否定 H_0：${\sigma_1}^2\leqslant{\sigma_2}^2$，接受 H_A：${\sigma_1}^2>{\sigma_2}^2$，说明处理间的效应有显著差异，在 F 值的右上方标记“*”；若 $F\leqslant F_{0.05(\nu_1,\nu_2)}$，即 $P>0.05$，则接受 H_0：${\sigma_1}^2\leqslant{\sigma_2}^2$，说明处理间的效应无显著差异，$F$ 值的右上方不标记符号。如果 $F<1$，说明处理间的均方小于处理内(误差)的均方，此时不用查表即可确定 $P>0.05$，而接受 H_0。表 7-3 中，$F=23.56>F_{0.01(3,8)}=7.59$，因此，在 F 值的右上方应标记“**”，说明不同品种间的百粒重有极显著的差异。

第二节 多重比较

在方差分析中，如果处理间 F 测验显著或极显著，说明在 k 个处理平均数中，两两处理的平均数之间有一对或多对处理平均数之间存在显著或极显著差异，但此时并不知道哪些处理平均数之间存在显著或极显著差异。一个试验中 k 个平均数之间可能有 $k(k-1)/2$ 个比较，要找出哪些处理平均数之间存在差异，就需将各个处理平均数两两之间进行比较，以推断它们之间的差异显著性。把多个平均数两两之间差异显著性的相互比较称为多重比较(multiple comparison)。这种比较不同于两两单独比较，它是在 F 测验显著后进行的，且误差是由多个处理内的变异合并估计的，因此精确度更高，误判的概率更小。多重比较的方法很多，本节仅介绍 3 种常用的方法，即最小显著差数法、复极差法和 Duncan’s 新复极差法。

一、最小显著差数法

最小显著差数(least significant difference，LSD)法是由 R. A. Fisher 提出的，应用的是

t 测验法，但不同于前面的 t 测验，它的标准误是由合并均方计算而来。

LSD 法是在处理间 F 测验显著的前提下，计算出给定 α 显著水平上的最小显著差数 LSD_α 值，任何两个平均数的差数 $\bar{x}_i-\bar{x}_j$，若其 $|\bar{x}_i-\bar{x}_j|>LSD_\alpha(i\neq j)$，即为在给定的 α 水平上差异显著；反之，差异不显著。这种方法又称为 F 测验保护下的最小显著差数 (*FPLSD*)法。

由两个平均数差数的 t 测验公式推导，得最小显著差数的计算公式为

$$LSD_\alpha=t_\alpha\cdot s_{\bar{x}_i-\bar{x}_j}\quad (i,\ j=1,\ 2,\ \cdots,\ k;\ i\neq j) \tag{7-14}$$

平均数差数的标准误：

$$s_{\bar{x}_i-\bar{x}_j}=\sqrt{MS_e\left(\frac{1}{n_i}+\frac{1}{n_j}\right)} \tag{7-15}$$

式中，MS_e为 F 测验中的误差均方，n 为各处理的重复次数。

当 $n_i=n_j=n$ 时，

$$s_{\bar{x}_i-\bar{x}_j}=\sqrt{\frac{2MS_e}{n}} \tag{7-16}$$

【例 7-3】 试用 *LSD* 法测验【例 7-1】资料各蚕豆品种的百粒重平均数之间的差异显著性。

由【例 7-2】的结果可知，各蚕豆品种的百粒重平均数之间存在显著差异，可对其百粒重平均数进行多重比较。

$MS_e=12.00$，$\nu=df_e=8$，

$$s_{\bar{x}_i-\bar{x}_j}=\sqrt{\frac{2MS_e}{n}}=\sqrt{\frac{2\times 12.00}{3}}=2.828(\text{g})$$

查附表 4，$\nu=8$ 时，$t_{0.05,8}=2.306$，$t_{0.01,8}=3.355$。

$$LSD_{0.05}=2.306\times 2.828=6.521(\text{g}),\ LSD_{0.01}=3.355\times 2.828=9.488(\text{g})$$

最后，将各品种的百粒重两两进行比较，若 $|\bar{x}_i-\bar{x}_j|>9.488\text{g}$ 为差异极显著，若 $6.521\text{g}<|\bar{x}_i-\bar{x}_j|\leqslant 9.488\text{g}$ 为差异显著；若 $|\bar{x}_i-\bar{x}_j|\leqslant 6.521\text{g}$ 为差异不显著。

这里，品种 A_4 与 A_2、A_1 之间百粒重的差数分别为 22g、16g，品种 A_3 与 A_2 之间的差数为 15g，均大于 9.488g，说明它们之间的百粒重存在极显著差异；品种 A_4 与 A_3、品种 A_3 与 A_1 之间的百粒重差数分别为 7g、9g，均大于 6.521g、小于 9.488g，说明它们之间百粒重存在显著差异；品种 A_1 与 A_2 的百粒重差数为 6g，小于 6.521g，说明这两个品种之间百粒重无显著差异。

如果各品种只与对照品种进行比较，则可得出：对照品种 A_1 与品种 A_4 的百粒重存在极显著差异，与品种 A_3 存在显著差异，与品种 A_2 无显著差异。

LSD 法中，如果 k 个平均数要进行 $k(k-1)/2$ 次比较，则称为 Fisher 氏最小显著差数测验法；如果 k 个平均数中，有一个是对照，其他平均数都与对照比较，则称为 Dunnett 氏最小显著差数测验法。

二、最小显著极差法

LSD 法的比较是基于两个样本平均数差数($k=2$)的抽样分布提出的，当 $k>2$ 时，

抽样分布理论指出，随机极差会随着 k 的增大而增大。因而用 $k=2$ 时的 t 测验有可能夸大 $k>2$ 时最大与最小两个样本平均数差数的显著性，为了克服这一缺点，统计学家提出了最小显著极差(least significant range，LSR)法。

LSR 法是先将一组 k 个平均数由大到小排序，再按它们的极差范围内所包含的平均数的个数(p)来计算不同的比较标准 LSR_α。在进行两个平均数的比较时，若两个平均数的差数大于 LSR_α，就推断这两个平均数之间差异显著(或极显著)；若两个平均数的差数小于 LSR_α，就推断这两个平均数之间无显著差异(或无极显著差异)。

LSR_α值称为最小显著极差，$p(2\leqslant p\leqslant k)$称为秩次距，$k$ 个平均数相互比较时，就有 $k-1$ 个秩次距，因而，在某个显著水平下进行比较时，该法要有 $k-1$ 个标准值 LSR_α，LSR_α值随秩次距 p 的增大而提高。

LSR 法是一种极差测验法，当两个有较大秩次距的平均数的测验不显著时，其中所包含的各个平均数之间的极差也一概作不显著处理。

LSR 法克服了 LSD 法标准偏低的不足，常用的 LSR 法有复极差法和新复极差法两种。

(一) 复极差法

Student-Newman-keul 基于极差的抽样分布理论，提出了复极差法，即 q 法(S-N-K 法)。

q 法测验的最小极差值：

$$LSR_\alpha = q_{\alpha(\nu,\ p)} \cdot SE \tag{7-17}$$

$$SE = \sqrt{\frac{MS_e}{n}} \tag{7-18}$$

式中，SE 为平均数的标准误；$q_{\alpha(\nu,p)}$ 为不同秩次距(p)和自由度(ν)下的临界 q 值，见附表 6。

【例 7-4】 试用 q 法测验【例 7-1】资料各蚕豆品种百粒重平均数之间的差异显著性。

由【例 7-2】资料得

$$SE = \sqrt{\frac{MS_e}{n}} = \sqrt{\frac{12.00}{3}} = 2.00(\text{g})$$

查附表 6，当 $\nu = df_e = 8$ 时，$p=2，3，4$ 的 q 值列于表 7-4，并由式(7-17)计算 LSR_α。

表 7-4 q 值和 LSR_α 值

p	$q_{0.05}$	$q_{0.01}$	$LSR_{0.05}$	$LSR_{0.01}$
2	3.26	4.74	6.52	9.48
3	4.04	5.64	8.08	11.28
4	4.53	6.20	9.06	12.40

由表 7-2 可知，百粒重由大到小依次为：$\bar{x}_4=133$g、$\bar{x}_3=126$g、$\bar{x}_1=117$g、$\bar{x}_2=111$g。

当 $p=2$ 时，以下差数应分别与 $LSR_{0.05}=6.52$g 和 $LSR_{0.01}=9.48$g 比较，则

$\bar{x}_4-\bar{x}_3=7$g　　在 0.05 水平上显著；

$\bar{x}_3-\bar{x}_1=9\text{g}$　　在 0.05 水平上显著；

$\bar{x}_1-\bar{x}_2=6\text{g}$　　在 0.05 水平上不显著。

当 $p=3$ 时，以下差数应分别与 $LSR_{0.05}=8.08\text{g}$ 和 $LSR_{0.01}=11.28\text{g}$ 比较，则

$\bar{x}_4-\bar{x}_1=16\text{g}$　　在 0.01 水平上显著；

$\bar{x}_3-\bar{x}_2=15\text{g}$　　在 0.01 水平上显著。

当 $p=4$ 时，以下差数应分别与 $LSR_{0.05}=9.06\text{g}$ 和 $LSR_{0.01}=12.40\text{g}$ 比较，则

$\bar{x}_4-\bar{x}_2=22\text{g}$　　在 0.01 水平上显著。

（二）新复极差法

由表 7-4 可以发现，不同秩次距下的最小显著极差 LSR_α 变幅比较大，为此 D. B. Duncan 在 1955 年提出了一种方法新复极差法（*SSR* 法），又称为最短显著极差法（shortest significant range）。

新复极差法比较的标准为

$$LSR_\alpha=SE\cdot SSR_{\alpha(\nu,\ p)} \tag{7-19}$$

附表 7 给出了两尾概率为 0.05 和 0.01 水平下，不同自由度和秩次距的 $SSR_{\alpha(\nu,p)}$ 值。

SSR 法与 q 法相似，所计算的最小显著极差值 LSR_α 也随着 p 值的增大而提高，但与 q 测验相对应的 LSR_α 值要小。

【例 7-5】 试用新复极差法测验【例 7-1】资料各蚕豆品种百粒重平均数之间的差异显著性。

由【例 7-4】知 $SE=2.00\text{g}$。

查附表 7，当 $\nu=df_e=8$ 时，$p=2, 3, 4$ 的 SSR_α 值列于表 7-5，并计算 LSR_α。

表 7-5　SSR_α 值和 LSR_α 值（新复极差法）

p	$SSR_{0.05}$	$SSR_{0.01}$	$LSR_{0.05}$	$LSR_{0.01}$
2	3.26	4.74	6.52	9.48
3	3.39	5.00	6.78	10.00
4	3.47	5.14	6.94	10.28

与【例 7-4】一样，表 7-2 中百粒重平均数由大到小依次为 $\bar{x}_4=133\text{g}$、$\bar{x}_3=126\text{g}$、$\bar{x}_1=117\text{g}$、$\bar{x}_2=111\text{g}$。

当 $p=2$ 时，以下差数应分别与 $LSR_{0.05}=6.52\text{g}$ 和 $LSR_{0.01}=9.48\text{g}$ 比较，则

$\bar{x}_4-\bar{x}_3=7\text{g}$　　在 0.05 水平上显著；

$\bar{x}_3-\bar{x}_1=9\text{g}$　　在 0.05 水平上显著；

$\bar{x}_1-\bar{x}_2=6\text{g}$　　在 0.05 水平上不显著。

当 $p=3$ 时，以下差数应分别与 $LSR_{0.05}=6.78\text{g}$ 和 $LSR_{0.01}=10.00\text{g}$ 比较，则

$\bar{x}_4-\bar{x}_1=16\text{g}$　　在 0.01 水平上显著；

$\bar{x}_3-\bar{x}_2=15\text{g}$ 在 0.01 水平上显著。

当 $p=4$ 时，以下差数应分别与 $LSR_{0.05}=6.94\text{g}$ 和 $LSR_{0.01}=10.28\text{g}$ 比较，则

$\bar{x}_4-\bar{x}_2=22\text{g}$ 在 0.01 水平上显著。

三、多重比较结果的表示方法

（一）列梯形表法

首先将全部平均数从大到小自上而下依次进行排列，然后算出各平均数之间的差数，共有$\frac{k(k-1)}{2}$个差数，将这些差数分别与相应的标准进行比较，凡达到 0.05 显著水平的用“*”标记，凡达到 0.01 显著水平的用“**”标记，未达到 0.05 显著水平的不做任何标记。由于在多重比较中$\frac{k(k-1)}{2}$个平均数的差数构成一个梯形状，故称为列梯形表法，也有人称其为三角形法。【例 7-3】利用 *LSD* 法比较的结果若以列梯形法表示，则可做成表 7-6。

表 7-6 蚕豆百粒重多重比较差异显著性（*LSD* 法）

品种	百粒重/g	差数		
		$\bar{x}_i-\bar{x}_{A2}$	$\bar{x}_i-\bar{x}_{A1}$	$\bar{x}_i-\bar{x}_{A3}$
A_4	133	22**	16**	7*
A_3	126	15**	9*	
A_1	117	6		
A_2	111			

（二）标记字母法

标记字母法是先将全部处理平均数从大到小自上而下依次排列，并在最大的平均数上标记字母 *a*；然后将该平均数与以下各平均数依序比较，凡相差不显著的，都标记相同字母 *a*，直至某一个与之相差显著的平均数标以不同字母 *b*；再以该标有 *b* 字母的平均数与上方各个平均数依序相比，凡不显著的也一律标以字母 *b*，直至某一个与之相差显著的平均数为止；再以标有 *b* 的最大平均数与以下各未标记字母 *b* 的平均数相比，凡不显著的标以 *b*，直至某一个与之相差显著的平均数则标以不同字母 *c*；……如此进行下去，直至最小的一个平均数进行了标记，并与以上各平均数进行了比较为止。在实际应用中，常以小写字母表示 0.05 显著水平，大写字母表示 0.01 显著水平。各平均数之间，凡有相同标记字母的即为在该显著水平上差异不显著，凡没有相同标记字母的即为在该显著水平上差异显著。字母标记法的应用比较广泛，常在科技论文中出现。

【例 7-6】 试利用【例 7-5】的测验结果做出字母标记。

先将表 7-2 资料各蚕豆品种的百粒重平均数由大到小自上而下排列，见表 7-7 前两列，再进行差异显著性字母标记。当显著水平 $\alpha=0.05$ 时，以表 7-5 的 $LSR_{0.05}$ 列的值为比较标准，先在品种 A_4 对应的行上标记字母 *a*，然后以品种 A_4 与下方品种 A_3 的百粒重比较，差数为 7g，大于 $LSR_{0.05}=6.52(p=2)$，显著，在 A_3 品种对应的行上标记不同字母 *b*；再以该

标有 b 字母的 A_3 品种向上与 A_4 比较，先前做了比较为显著，因此要向下与 A_1 比，其差数为 9g，大于 $LSR_{0.05}=6.52(p=2)$，显著，在 A_1 对应的行上标记不同字母 c；再以 A_1 品种向上与 A_3 比较，先前做了比较为显著，因此要向下与 A_2 品种比较，其差数为 6g，小于 $LSR_{0.05}=6.52(p=2)$，不显著，在 A_2 对应的行上标记相同字母 c；最后以最小的平均数 A_2 向上与 A_1 比较，先前做了比较为不显著，比较到此为止，在 $\alpha=0.05$ 显著水平上各品种之间百粒重的比较与字母标记完毕。

表 7-7 表 7-2 资料多重比较结果的字母标记(*SSR* 法)

品种	百粒重/g	差异显著性	
		0.05	0.01
A_4	133	*a*	*A*
A_3	126	*b*	*AB*
A_1	117	*c*	*BC*
A_2	111	*c*	*C*

类似地，当显著水平 $\alpha=0.01$ 时以表 7-5 的 $LSR_{0.01}$ 列的值为比较标准，先在品种 A_4 对应行上标记字母 A，然后与下方品种 A_3 进行比较，差数为 7g，小于 $LSR_{0.01}=9.48(p=2)$，不显著，在 A_3 对应的行上标记相同字母 A；以品种 A_4 继续向下与 A_1 比较，差数为 16g，大于 $LSR_{0.01}=10.00(p=3)$，显著，在 A_1 品种对应的行上标记不同字母 B；再用 A_1 品种向上与 A_1 比较，差数为 9g$(p=2)$，不显著，在 A_3 品种对应的行上标记相同字母 B；接着再用 A_3 向上与 A_4 比较，此前已做过了比较为显著，因此，A_4 对应的行上不再做标记。此后应以标记有 B 的最大百粒重 A_3 品种向下与未标记字母 B 的平均数 A_2 比较，差数为 15g，大于 $LSR_{0.01}=10.00(p=3)$，显著，在 A_2 对应的行上标记不同字母 C；再用 A_2 品种向上与 A_1 比较，差数为 6g $(p=2)$，不显著，在 A_1 品种对应的行上标记相同字母 C；接着再往上与 A_3 比较，先前已做了比较为显著，因此，A_3 对应的行上不再做标记。至此比较结束。字母标记结果见表 7-7。

由表 7-7 可以看出，在 0.05 显著水平上，品种 A_4 与 A_3、A_1、A_2，品种 A_3 与 A_1、A_2 之间的百粒重有显著差异；品种 A_1 与 A_2 之间的百粒重无显著差异。在 0.01 显著水平上，品种 A_4 与品种 A_1、A_2，品种 A_3 与 A_2 之间的百粒重有极显著的差异；品种 A_4 与 A_3、A_3 与 A_1、A_1 与 A_2 无极显著的差异。

在 0.01 显著水平上显著的，在 0.05 显著水平上一定显著；在 0.05 显著水平上不显著的，在 0.01 显著水平上一定不显著。因此，以上多重比较结果的表述还可以简化为：在 0.01 显著水平上，品种 A_4 与品种 A_1、A_2，品种 A_3 与 A_2 之间的百粒重有极显著的差异；在 0.05 显著水平上，品种 A_4 与 A_3、品种 A_3 与 A_1 之间的百粒重有显著差异；在 0.05 显著水平上，品种 A_1 与 A_2 之间的百粒重无显著差异。

多重比较的方法很多，都有依据，也都有不足。【例 7-1】资料平均数的多重比较用 *LSD* 法、*q* 法和 *SSR* 法测验的结果相同，但有时会出现不同的结论。在实际中应用哪一种方法，要根据不同的目的和要求而定。就以上所述的 3 种方法而言，一般试验事先确定了比较的标准，要求其他结果都与之相比，多选用 *LSD* 法，如果要求所有平均数两两进行比较，则要用 *q* 法或新复极差法。

当 $k \geqslant 3$ 时，3 种方法的比较标准不同，*LSD* 法最低，*SSR* 法次之，q 法最高。故 *LSD* 法测验在统计推断时犯第一类错误的概率最大，q 法最小。在实际应用中，如果否定一个正确的 H_0 事关重大或后果严重时，应提高比较的标准，可选用 q 法；如果接受一个不正确的 H_0 重要时，应降低标准，可选用 *LSD* 法或 *SSR* 法，这样可避免犯第二类错误。现在很多人认为，在一般的试验中，各平均数只与对照(CK)比较时采用 *LSD* 法，各平均数间比较时可采用 *SSR* 法；而在重大试验中，最好采用 q 法。

第三节　方差分析的数学模型与期望均方

方差分析的数学模型(mathematical model)是指方差分析是建立在一定的线性可加模型基础上的，或者说是总体的每一个变量是由总体平均数、各种效应和随机误差组成的。

【例 7-1】的数据资料的线性模型可表示为

$$x_{ij} = \mu + \tau_i + \varepsilon_{ij}$$

式中，μ 为总体平均数；τ_i 为处理效应服从 $N(0, \sigma_\tau^2)$；ε_{ij} 为随机误差服从 $N(0, \sigma^2)$。

而由样本估计的线性模型为

$$x_{ij} = \bar{x} + t_i + e_{ij}$$

式中，$\bar{x}$ 为样本平均数；t_i 为样本的第 i 个处理的效应；e_{ij} 为试验误差。

这里，$\bar{x}$ 是 μ 的无偏估计值，MS_e 是 σ^2 的无偏估计值，MS_t 是 $\sigma^2 + n\sigma_\tau^2$ 的无偏估计值。也就是说，σ^2 是 MS_e 的数学期望，$\sigma^2 + n\sigma_\tau^2$ 是 MS_t 的数学期望，又因为它们是均方的期望值(expected value)，又称为期望均方，记为 *EMS*(expected mean square)。

在线性模型中，根据 τ_i 的性质不同，又可分为几种模型。在单因素试验中，线性模型可分为固定模型(fixed model)和随机模型(random model)；在多因素试验中，线性模型可分为固定模型、随机模型和混合模型(mixed model)。由于模型不同，在方差分析中各项期望均方的计算也有所不同，因而 F 测验时分母项均方的选择也有所不同。

一、固 定 模 型

固定模型(模型Ⅰ)中，各处理是固定的，各个处理的效应 τ_i($\tau_i = \mu_i - \mu$)是一个固定的常量，且满足 $\sum \tau_i = 0$，其均方用 $\kappa_\tau^2 = \sum \tau_i{}^2/(k-1)$ 表示。试验的目的是了解特定的处理效应，在试验中，无论重复多少次试验，每一次试验所选定的各处理都是相同(固定)的，而推断也仅限于供试处理的范围。例如，5 个小麦品种的品比试验，在进行试验设计时，每一次只安排这 5 个品种(处理)。若要进行重复试验，各参试的品种不变，只能是前一试验各处理的重复试验，即处理是固定的。试验的目的是要分析这 5 个小麦品种所属总体生产力的差异情况，F 测验的无效假设是 H_0：$\tau_i = 0$ 或 H_0：$\mu_1 = \mu_2 = \cdots = \mu_5$，即各品种的生产力无显著差异。处理间的期望均方为 $n\kappa_\tau^2 + \sigma^2$，处理内的期望均方为 σ^2。

一般的品种比较试验、栽培试验、病虫害防治试验等都属于固定模型。

二、随 机 模 型

随机模型(模型Ⅱ)中，各处理的选择是随机的，各个处理的效应 τ_i 是一个随机变量，

其均方用 $\sigma_\tau{}^2$ 表示。试验的目的不仅仅是研究参试处理的效应，还要对这些处理所属的总体的变异情况进行研究，每一次试验的各处理都是从总体中随机抽取的。例如，为了研究中国小麦品种的生态类型，从搜集的大量地方品种中随机抽取一些品种来做试验，通过供试品种的试验结果推断中国小麦品种效应的变异。若进行重复试验，则必须从总体中再次随机抽取一些品种来进行试验，这一次试验所抽取的品种不一定是前一试验的品种，处理是随机的。随机模型的统计推断目的不仅仅是测验供试品种的处理效应，而是处理效应的变异度(方差)。F 测验的无效假设 H_0：$\sigma_\tau^2=0$，即所搜集的地方品种不存在效应上的差异，属于同一个生态类型；备择假设 H_A：$\sigma_\tau^2\neq0$，即所搜集的地方品种存在效应上的差异，不属于同一个生态类型。处理间的期望均方为 $n\sigma_\tau^2+\sigma^2$，处理内的期望均方为 σ^2。

随机模型在遗传、育种和生态等试验研究方面有较广泛的应用。

三、混合模型

在多因素试验的线性模型中，除了以上两种模型外，还有一种既包括固定的试验因素模型，又包括随机的试验因素模型，称之为混合模型(模型Ⅲ)。在混合模型中，各处理效应既有固定的，也有随机的。如进行多年、多点品种区域试验，品种效应、地点效应是固定的，而年份效应是随机的。固定因素的均方用 κ_τ^2 表示，随机因素的均方用 σ_τ^2 表示。

应该指出的是，模型的不同仅与 F 测验的假设和统计推断有关，而在方差分析时 SS、df、MS 的计算都是相同的。不论是设计试验，还是进行统计推断，都必须了解这 3 种模型的意义与区别。

第四节 方差分析的基本假定和数据转换

一、方差分析的基本假定

在进行方差分析时，试验的数据资料要符合以下 3 个基本假定。

1. 效应的可加性(additivity)

方差分析就是建立在线性可加模型基础上的，也就是说它的处理效应和误差(环境)效应是可加的，即 $x_{ij}=\mu+\tau_i+\varepsilon_{ij}$。由此才能将前面所述的试验资料的总变异的平方分解为处理间变异的平方和处理内变异(误差)的平方和，即 $SS_T=SS_t+SS_e$。如果试验资料不符合这一性质，则变量的总变异依据变异原因的分解将失去根据，方差分析不能正确进行。

2. 试验误差的正态性(normality)

试验误差 ε_{ij} 应该是随机的，彼此独立的，且服从正态分布 $N(0, \sigma^2)$，即 k 个样本都是随机地从各自正态分布总体中抽取的。也就是说，在田间试验中，处理安排在某一个小区和观察值的取得都是运用随机的方法，而不是顺序的方法。顺序排列和顺序取样资料的误差估计不是无偏的估计，是不能作方差分析的。

3. 方差的同质性(homogeneity)

所有试验处理必须具有共同的误差方差的特性，即 $\sigma_i^2=\sigma^2$。只有这样，才有理由以各个处理均方的合并均方作为测验各处理差异显著性的共同的误差均方。如果各处理的误差方差不具有同质性($\sigma_i^2\neq\sigma^2$)，则在假设测验中必然会使某些处理的效应得不到正确的反映。

各处理内的方差是否为同质，可用 χ^2 测验法来判定。如果方差不同质，在不影响分析正确性的条件下，可将方差特别大或变异特殊的处理、重复的数据剔除，或将试验资料分成几个部分，使每一部分具有比较同质的误差方差，以作较为准确的假设测验。但在剔除特殊处理数据时应十分小心，以免失掉某些有用的信息。

二、数 据 转 换

试验或调查中所得的各种数据资料，有时是不完全准确地符合方差分析的 3 个基本假定的，是不能直接进行方差分析的。但对于这些并不完全符合基本假定的试验资料，可应用一些方法将其进行适当的数据转换(transformation of data)后，就可以进行方差分析了。

常用的转换方法有以下几种。

1. 平方根转换

平方根转换(square root transformation)是将原数据 x 转换成$\sqrt{x}$的方法。样本平均数与其均方有比例关系的资料，尤其是呈泊松分布的资料($\mu_i=\sigma_i^2$)，可用平方根转换的方法把原数进行转换，以减少极端大的变量对方差的影响。若原数据中有 0 的数或多数观察值小于 10 时，则可把原数据 x 转换成$\sqrt{x+1}$。这种转换常用于单位面积上昆虫的头数或某种杂草的株数等资料。

2. 对数转换

对数转换(logarithmic transformation) 是将原数据 x 转换为 $\lg x$ 或 $\ln x$ 的方法。如果试验资料的样本平均数与其极差或标准差成比例关系，或数据的变化效应为倍加性或相乘性，则采用对数转换，这样可获得一个同质的方差，并使试验效应具有了可加性。如果原数据含有 0，可采用 $\lg(x+1)$进行转换。对数转换对削弱大变数的作用比平方根转换更为有效。例如，4、16、64 这 3 个数，若进行对数转换后分别为 0.60、1.20、1.81，若进行平方根转换则分别为 2、4、8。

【例 7-7】 某一个试验测定 3 种捕蛾灯(D_1、D_2、D_3)在不同时期捕获昆虫数的差异性。试验结果见表 7-8，试作分析。

表 7-8 捕蛾灯捕获昆虫结果及其对数值和平方根值

时期	捕蛾数			对数值			平方根值		
	D_1	D_2	D_3	D_1	D_2	D_3	D_1	D_2	D_3
1	19.1	50.1	123.0	1.28	1.70	2.09	4.37	7.08	11.09
2	23.4	166.0	407.4	1.37	2.22	2.61	4.84	12.88	20.18
3	39.5	223.9	398.1	1.60	2.35	2.60	6.28	14.96	19.95
4	23.4	58.9	229.1	1.37	1.77	2.36	4.84	7.67	15.14
5	16.6	64.6	251.2	1.22	1.81	2.40	4.07	8.04	15.85

对表 7-8 资料进行方差分析时，$F_{0.05(4,8)}=3.84$，$F_{0.05(2,8)}=4.46$，$F_{0.01(4,8)}=7.01$，$F_{0.01(2,8)}=8.65$。利用原始数据、平方根转换后数据和对数转换后数据分别进行方差分析，结果见表 7-9～表 7-11，可总结如下：

表 7-9 表 7-8 资料原始数据的方差分析

变异来源	SS	df	MS	F
时期	53644.851	4	13411.213	3.669
捕蛾灯	171020.572	2	85510.286	23.396**
误差	29239.361	8	3654.920	
总变异	253904.784	14		

表 7-10 表 7-8 资料平方根转换后数据的方差分析

变异来源	SS	df	MS	F
时期	80.928	4	20.232	5.459*
捕蛾灯	335.130	2	167.565	45.215**
误差	29.648	8	3.706	
总变异	445.706	14		

表 7-11 表 7-8 资料对数转换后数据的方差分析

变异来源	SS	df	MS	F
时期	0.488	4	0.122	8.133**
捕蛾灯	2.750	2	1.375	91.667**
误差	0.121	8	0.015	
总变异	3.359	14		

(1) 对不同时期捕蛾数进行 F 测验：利用原始数据进行的 F 测验结果无显著差异，利用平方根转换后的数据进行的 F 测验结果有显著差异但无极显著差异，利用对数转换后的数据进行的 F 测验结果有极显著的差异。3 种数据的分析结果都不同。

(2) 对不同捕蛾灯捕蛾数进行 F 测验：3 种数据的分析结果都为极显著。

(3) 利用 3 种数据进行方差分析时的 F 值都不相同，利用原始数据计算的 F 值最小、平方根转换的次之、对数转换的最大。因此，在进行数据分析时一定要正确判断。

3. *反正弦转换*

反正弦转换(arcsine transformation)，如果资料是以成数或百分数表示的，在理论上，如果 $0.3<p<0.7$ 时，资料的分布接近于正态分布，数据变换与否对分析的影响不大；如果资料中的 $p<0.3$ 或 $p>0.7$ 的数较多时，则它作二项式分布，应对所有数据做反正弦转换，以获得一个比较一致的方差。该法是将百分数(p)转换成$\sin^{-1}\sqrt{p}$的方法，转换后的数值变为角度值。这一转换可利用附表 10 百分数的反正弦转换表来实现百分数与角度(反正弦值)之间的转换，也可利用计算器进行数据的转换。如 $p=28.3\%$，则查附表 10 得其反正弦值为 32.14；反之，如果一个反正弦值为 68.28，则查附表 10 得其百分数为 86.3%。

【例 7-8】 不同大豆品种子叶节诱导丛生芽比较试验，用 A_1、A_2、A_3和 A_4分别代表 4 个品种，3 次重复。其丛生芽诱导率的试验结果列于表 7-12，试作方差分析。

表 7-12　不同品种大豆子叶节丛生芽诱导率

品种	诱导率/%		
	Ⅰ	Ⅱ	Ⅲ
A_1	69.0	73.9	72.2
A_2	80.0	74.8	78.4
A_3	43.2	45.2	49.6
A_4	27.0	32.0	35.0

表 7-12 中，大豆子叶节丛生芽诱导率有多个大于 70%和小于 30%的数，故需作反正弦变换。由附表 10 得表 7-12 各个诱导率的反正弦值列于表 7-13。

表 7-13　表 7-12 丛生芽诱导率百分数的反正弦值($\sin^{-1}\sqrt{p}$)

品种	反正弦值		
	Ⅰ	Ⅱ	Ⅲ
A_1	56.17	59.28	58.18
A_2	63.43	59.87	62.31
A_3	41.09	42.25	44.77
A_4	31.31	34.45	36.27

由表 7-13 的数据资料作方差分析得表 7-14。用 *SSR* 法对各处理反正弦值的平均数进行多重比较，结果列于表 7-15。

表 7-14　表 7-13 资料的方差分析

变异来源	df	SS	MS	F	显著 F 值
品种间	3	1526.182	508.727	130.142**	$F_{0.05(3,8)}=4.07$
品种内(误差)	8	31.272	3.909		$F_{0.01(3,8)}=7.59$
总变异	11	1557.454			

表 7-15　表 7-12 资料多重比较结果(*SSR* 法)

品种	反正弦值的平均数	诱导率/%	差异显著性	
			0.05	0.01
A_2	61.87	77.8	*a*	*A*
A_1	57.88	71.7	*b*	*A*
A_3	42.70	46.0	*c*	*B*
A_4	34.01	31.3	*d*	*C*

利用附表 10，将表 7-15 反正弦值的平均数变换为百分数(诱导率)列于第 3 列，由此可以看出，大豆品种 A_1 和 A_2 的丛生芽诱导率极显著地高于品种 A_3、A_4，A_2 显著地高于 A_1，A_3 极显著地高于 A_4。

以上3种数据转换都可在SPSS统计分析软件中实现，参见第十五章第四节内容。

复习思考题

7.1 什么是方差分析？方差分析的步骤有哪些？

7.2 举例说明方差分析中变异来源是如何确定的？各变异来源的自由度和离均差平方和之间有何关系？

7.3 什么是多重比较？如何选定多重比较方法？

7.4 数据的线性模型与方差分析有何关系？

7.5 什么是方差分析的固定模型、随机模型和混合模型？

7.6 方差分析有哪些基本假定？为什么有些数据需经过转换才能作方差分析？有哪几种转换方法？

7.7 一个水稻肥料试验，设4个处理，氨水、碳酸氢铵、尿素、不施氮肥。每处理4盆，共16盆，随机放置于同一个棚内培养，其稻谷产量(g/盆)列于表7-16。试作方差分析，并用 *LSD* 法、*SSR* 法和 q 法对各处理平均产量进行差异显著性分析。

表 7-16 水稻施肥盆栽试验的产量结果

处理	观察值(x_{ij})/(g/盆)			
A(氨水)	28	30	24	26
B(碳酸氢铵)	25	31	28	30
C(尿素)	33	32	33	28
D(不施)	16	21	22	21

7.8 对4个小麦品种各选定5个点进行黑穗病的调查，统计结果如表7-17所示，试作方差分析。并比较该试验资料进行反正弦转换前后方差分析结果的差别，以说明资料转换的作用。

表 7-17 4个小麦品种黑穗病率调查结果

品种	黑穗病率/%				
A_1	0.8	3.8	0.0	6.0	1.7
A_2	4.0	1.9	0.7	3.5	3.2
A_3	9.8	56.2	66.0	10.3	9.2
A_4	6.0	79.8	7.0	84.6	2.8

第三部分

常用试验设计的统计分析

第八章　单因素试验结果的统计分析

第一节　顺序排列试验结果的统计分析

对比法和间比法试验均属于顺序排列的试验设计，不能正确地估计出无偏的试验误差，因而试验结果不能采用方差分析的方法进行显著性测验，一般采用百分比法，即设对照(CK)的产量(或其他性状)为100，然后求出各处理和对照相比的百分数。顺序排列也具有一定优点，如设计简单，播种、观察和收获等工作不易发生差错，可按品种的成熟期、株高等排列，以减少处理之间的生长竞争。

一、对比法试验结果的统计分析

对比法的主要优点是，处理和对照彼此相邻，由于相邻小区的土壤肥力比较相似，所以供试处理与对照的比较有较高的精确度。

【例 8-1】 有一个大豆品种比较试验，A、B、C、D、E、F 6 个品种，另加一个对照品种 CK，采用对比法设计，3 次重复，小区计产面积 $12m^2$，所得产量结果列于表 8-1，试作分析。

表 8-1　大豆品比试验(对比法)的产量结果与分析

品种名称	小区产量/kg			总和(T_i)	平均($\bar{x}_i$)	对邻近 CK 的百分比/%	矫正产量/($kg/667m^2$)	位次
	Ⅰ	Ⅱ	Ⅲ					
CK	11.1	11.0	10.6	32.7	10.90	100.0	541.69	(4)
A	10.9	11.0	10.3	32.2	10.73	98.5	533.56	5
B	11.4	11.1	10.4	32.9	10.97	119.6	647.86	1
CK	9.5	9.2	8.8	27.5	9.17	100.0	541.69	(4)
C	11.0	10.5	9.3	30.8	10.27	112.0	606.69	2
D	10.6	9.6	9.0	29.2	9.73	106.6	577.44	3
CK	9.2	9.9	8.3	27.4	9.13	100.0	541.69	(4)
E	8.5	7.7	7.1	23.3	7.77	85.0	460.44	7
F	9.2	8.9	8.5	26.6	8.87	90.5	490.23	6
CK	10.5	9.7	9.2	29.4	9.80	100.0	541.69	(4)

1. 计算各品种的总产量和小区平均产量

在表 8-1 中，先将各品种 3 次重复中的小区产量相加，得 3 次重复的产量总和，见“总和”列；然后将各个总产量除以重复次数，得小区平均产量，见“平均”列。

2. 计算各品种产量对邻近 CK 产量的百分比

$$对邻近\ CK\ 的百分比(\%)=\frac{某品种总产量}{邻近\ CK\ 总产量}\times 100=\frac{某品种平均产量}{邻近\ CK\ 平均产量}\times 100$$

例如，A 品种对邻近 CK 的百分比(%)$=\frac{32.2}{32.7}\times100=98.5$，或$=\frac{10.73}{10.90}\times100=98.4$；B 品种对邻近 CK 的百分比(%)$=\frac{32.9}{27.5}\times100=119.6$，或$=\frac{10.97}{9.17}\times100=119.6$。其余品种依此类推，并将各品种对邻近 CK 的百分数填入表 8-1“对邻近 CK 的百分比”一列。

3. 计算各品种的矫正产量

各品种的小区产量是在不同土壤肥力条件下形成的，这些产量可能因小区土壤肥力的不同表现出偏高或偏低，而对照品种均匀地分布在整个试验区，其平均产量能够代表对照品种在这一试验区平均肥力条件下的产量水平。因此，可将对照品种作为标准，计算各品种在平均肥力条件下的矫正产量。

(1) 对照区平均产量＝对照区产量总和/对照区个数

$=(32.7+27.5+27.4+29.4)/12=9.75(\text{kg})$

(2) 对照品种 667m² 产量＝对照区平均产量×(667/小区面积)

$=9.75\times(666.7/12)=541.69(\text{kg})$

(3) 各品种的矫正产量＝对照品种 667m² 产量×各品种对邻近 CK 的百分比。

本例 A 品种的矫正产量＝541.69×98.5%＝533.57(kg)，B 品种的矫正产量＝541.69×119.6%＝647.86(kg)，……依此类推得其他品种的矫正产量列于表 8-1。

4. 确定各品种产量的位次

将各品种(包括对照品种)矫正产量由高到低排列位次列于表 8-1。

5. 试验结论

相对生产力大于 100%的品种，其百分比越高，越可能优于对照品种。但决不能认为超过 100%的所有品种都显著优于对照，因为将品种与相邻 CK 相比只是减少了误差，并不是消除了误差，一般田间试验很难察觉处理间差异在 5%以下的显著性。所以，对于对比法(包括间比法)的试验结果，要判断某品种的生产力确实优于对照，其相对生产力一般至少应超过对照 10%以上；凡相对生产力仅超过对照 5%左右的品种，均宜继续试验再作结论。当然，由于不同试验的误差大小不同，上述标准仅供参考。

本例 B 品种产量最高，比对照增产 19.6%；C 品种产量位居第二，比对照增产 12.0%，这两个品种的产量都超过对照 10%以上，大体上可以认为它们确实优于对照。D 品种产量位居第三，超过对照 6.6%，而且有一个重复的产量低于对照，因而不能作出 D 品种的确优于对照的结论，尚需进一步试验。

二、间比法试验结果的统计分析

间比法的两个对照间安排了更多的小区，各处理要与两端对照的平均数相比，因此其精确度较对比法为差。这类设计常用于育种的初期阶段，如选种圃、品系鉴定圃及良种繁育时的株行圃，此时育种材料多、小区小，着重于优良性状的选择，产量仅作参考。

【例 8-2】 有一水稻品系比较试验，共 8 个品系，采用间比法设计，3 次重复，小区计产面积 8.5m²，每隔 4 个品系设一个对照。所得产量结果列于表 8-2，试作分析。

表 8-2　水稻品系比较试验(间比法)的产量结果与分析

品系	各重复小区产量/kg			总和(T_i)	平均($\bar{x}_i$)	对照标准($\overline{\text{CK}}$)	对$\overline{\text{CK}}$的百分比/%
	Ⅰ	Ⅱ	Ⅲ				
CK_1	4.2	4.5	4.3	13.0	4.33		
A_1	4.4	4.4	4.1	12.9	4.30	4.17	103.1
A_2	4.9	5.1	4.7	14.7	4.90	4.17	117.5
A_3	4.2	3.9	3.8	11.9	3.97	4.17	95.2
A_4	3.8	3.8	3.7	11.3	3.77	4.17	90.4
CK_2	4.1	4.0	3.9	12.0	4.00		
A_5	4.6	4.4	4.7	13.7	4.57	4.12	110.9
A_6	4.3	4.2	4.1	12.6	4.20	4.12	101.9
A_7	4.8	4.6	4.6	14.0	4.67	4.12	113.3
A_8	3.9	3.9	4.2	12.0	4.00	4.12	97.1
CK_3	4.2	4.1	4.4	12.7	4.23		

1. 计算各品系和 CK 的总产量或平均产量

表 8-2 中，将各品系和 CK 在各重复的小区产量相加得 T_i，再除以重复数，得小区平均产量 $\bar{x}_i$。

2. 计算各品系相邻对照的平均产量$\overline{\text{CK}}$

例如，A_1、A_2、A_3、A_4 4 个品系的$\overline{\text{CK}}=\frac{CK_1+CK_2}{2}=\frac{4.33+4.00}{2}=4.17(\text{kg})$

同理，A_5、A_6、A_7、A_8 4 个品系的$\overline{\text{CK}}$为 4.12kg，如表 8-2 所示。

3. 计算各品系相对于$\overline{\text{CK}}$的生产力

$$某品系的相对生产力(\%)=\frac{某品系的平均产量}{某品种对照平均产量\overline{\text{CK}}}\times 100$$

$$如\ A_1品系的相对生产力(\%)=\frac{A_1\ 品系的平均产量}{A_1\ 品系对照平均产量\overline{\text{CK}}}\times 100$$

$$=\frac{4.3}{4.17}\times 100=103.1$$

$$A_5品系的相对生产力(\%)=\frac{A_5\ 品系的平均产量}{A_5\ 品系对照平均产量\overline{\text{CK}}}\times 100$$

$$=\frac{4.57}{4.12}\times 100=110.9$$

其余各品系的相对生产力按同样的方法计算，结果见表 8-2。

4. 试验结论

试验结果表明，相对生产力超过$\overline{\text{CK}}$ 10%以上的品系有 A_2、A_5、A_7，而相对生产力超过$\overline{\text{CK}}$ 5%以内的品系有 A_1和 A_6，尚需做进一步试验。其他品系都低于对照，不予考虑。

第二节　单因素完全随机试验结果的方差分析

单因素试验资料的方差分析只能分析单个因素各水平对试验指标影响的相对效应，分析比较的结果，可以得到各水平之间作用的大小，也可找出试验因素的最佳水平，是一种比较简单的分析方法。在单因素完全随机试验资料(单向分组资料)的方差分析中，根据各处理重复次数(组内观察值数目)是否相等，可分为重复次数相等或不等的单因素方差分析。

一、重复次数相等的方差分析

试验中有 k 个处理，每一处理皆有 n 个观察值，共有 nk 个观察值，其试验结果的数据结构见表 7-1，方差分析如表 8-3 所示。

表 8-3　重复次数相等的单因素方差分析

变异来源	自由度 (df)	平方和 (SS)	均方 (MS)	F	期望均方(EMS)	
					固定模型	随机模型
处理间	$k-1$	$n\sum(\bar{x}_i-\bar{x})^2$	MS_t	MS_t/MS_e	$n\kappa_\tau^2+\sigma^2$	$n\sigma_\tau^2+\sigma^2$
误差	$k(n-1)$	$\sum\sum(x_{ij}-\bar{x}_i)^2$	MS_e		σ^2	σ^2
总变异	$nk-1$	$\sum(x_{ij}-\bar{x})^2$				

总变异：$SS_T=\sum(x_{ij}-\bar{x})^2=\sum x_{ij}^2-C$

处理间：$SS_t=n\sum(\bar{x}_i-\bar{x})^2=\dfrac{\sum T_i^2}{n}-C$

误差项：$SS_e=\sum\sum(x_{ij}-\bar{x}_i)^2=SS_T-SS_t$

$$C=T^2/nk$$

F 测验查表时，$\nu_1=k-1$，$\nu_2=k(n-1)$。

该资料的方差分析与多重比较参见第七章的相关内容。

二、重复次数不等的方差分析

试验中有 k 个处理，每个处理的观察值数目不等，分别为 n_1，n_2，…，n_k。与重复次数相等的方差分析的方法相比，在方差分析时有关公式因 n_i 不相同而需作相应改变。方差分析如表 8-4 所示。

表 8-4　重复次数不等的单因素方差分析

变异来源	自由度 (df)	平方和 (SS)	均方 (MS)	F	期望均方(EMS)	
					固定模型	随机模型
处理间	$k-1$	$n\sum(\bar{x}_i-\bar{x})^2$	MS_t	MS_t/MS_e	$n\kappa_\tau^2+\sigma^2$	$n\sigma_\tau^2+\sigma^2$
误差	$\sum n_i-k$	$\sum\sum(x_{ij}-\bar{x}_i)^2$	MS_e		σ^2	σ^2
总变异	$\sum n_i-1$	$\sum(x_{ij}-\bar{x})^2$				

总变异：$SS_T=\sum(x_{ij}-\bar{x})^2=\sum x_i^2-C$　　　$df_T=\sum n_i-1$

处理间：$SS_t=n\sum(\bar{x}_i-\bar{x})^2=\sum\frac{T_i^2}{n_i}-C$　　　$df_t=k-1$

误差项：$SS_e=\sum\sum(x_{ij}-\bar{x}_i)^2=SS_T-SS_t$　　　$df_e=\sum n_i-k$

$$C=\frac{T^2}{\sum n_i}$$

F 测验查表时，$\nu_1=df_t=k-1$，$\nu_2=df_e=\sum n_i-k$。

若用 LSD 法进行多重比较时，可用式(7-14)、式(7-15)计算比较标准 LSD_α 和平均数差数的标准误。

若用 SSR 法进行多重比较时，其平均数的标准误为

$$SE=\sqrt{\frac{MS_e}{n_0}} \tag{8-1}$$

式中，n_0 为各处理重复数 n_i 的平均数：

(1) 我国各统计教材中多为

$$n_0=\frac{\left(\sum n_i\right)^2-\sum n_i^2}{\left(\sum n_i\right)(k-1)} \tag{8-2}$$

(2) SPSS 统计软件中为

$$n_0=\frac{k}{\sum n_i^{-1}} \tag{8-3}$$

【例 8-3】 某果树场调查苹果品种短枝 1 号、短枝 2 号与普通型、小老树枝条节间的平均长度(cm)，每个类型样点数不等，调查资料列于表 8-5。

表 8-5　某苹果品种不同类型树枝条节间长度

类型	样点											T_i	$\bar{x}_i$	n_i
	1	2	3	4	5	6	7	8	9	10	11			
短枝 1 号	1.7	1.8	1.8	1.6	1.7	1.8	1.9	1.8	1.8	1.8		17.7	1.77	10
短枝 2 号	1.9	1.7	1.6	1.8	1.8	1.8	1.8	1.7	1.9			16.0	1.78	9
普通型	2.2	2.3	2.4	2.5	2.4	2.4	2.4	2.3	2.2	2.2	2.2	25.5	2.32	11
小老树	1.4	1.5	1.4	1.3	1.6	1.7						8.9	1.48	6

注：$T=68.1$，$\bar{x}=1.89$，$\sum n_i=36$

(一) 平方和与自由度的分解

$$C=\frac{T^2}{\sum n_i}=\frac{68.1^2}{36}=\frac{4637.61}{36}=128.823$$

$$SS_T=\sum x^2-C=1.7^2+1.8^2+\cdots+1.7^2-C=132.450-128.823=3.627$$

$$SS_t = \sum \frac{T_t^2}{n_i} - C = \frac{17.7^2}{10} + \frac{16.0^2}{9} + \frac{25.5^2}{11} + \frac{8.9^2}{6} - 128.823 = 3.266$$

$$SS_e = SS_T - SS_t = 3.627 - 3.266 = 0.361$$

$$df_T = \sum n_i - 1 = 36 - 1 = 35$$

$$df_t = k - 1 = 4 - 1 = 3$$

$$df_e = \sum n_i - k = 36 - 4 = 32$$

类型间均方　　$MS_t = \frac{SS_t}{df_t} = \frac{3.266}{3} = 1.089$

误差均方　　$MS_e = \frac{SS_e}{df_e} = \frac{0.361}{32} = 0.011$

（二）F 测验

将上述计算结果列于表 8-6，并计算 F 值。

表 8-6　苹果不同类型树枝条节间长度调查结果方差分析

变异来源	SS	df	MS	F
类型间	3.266	3	1.089	99.00**
误差	0.361	32	0.011	
总变异	3.627	35		

注：$F_{0.05(3,32)}=2.90$，$F_{0.01(3,32)}=4.46$

对果树类型间进行 F 测验，得 $F=\frac{1.089}{0.011}=99.00>F_{0.01(3,32)}=4.46$，即 $P<0.01$，说明不同果树类型间枝条节间长度存在极显著差异。

（三）多重比较

1. 利用 LSD 法进行平均数间的比较

在利用 LSD 法进行平均数的两两比较时，由于 4 种苹果树的取样点都不相同，其平均数差数的标准误差 $s_{\bar{x}_1-\bar{x}_2}$ 都不相同，由式(7-15)计算各平均数间差数的标准误，列于表 8-7 最后一列。例如，类型 1 和类型 2 比较时，

$$s_{\bar{x}_1-\bar{x}_2} = \sqrt{\frac{MS_e}{n_1} + \frac{MS_e}{n_2}} = \sqrt{\frac{0.011}{10} + \frac{0.011}{9}} = 0.0482$$

$$LSD_{0.05} = t_{0.05,32} \times s_{\bar{x}_1-\bar{x}_2} = 2.037 \times 0.0482 = 0.098(\text{cm})$$

$$LSD_{0.01} = t_{0.01,32} \times s_{\bar{x}_1-\bar{x}_2} = 2.738 \times 0.0482 = 0.132(\text{cm})$$

由表 8-7 可以看出，短枝 1 号、短枝 2 号分别与普通型、小老树的节间长度有极显著差异，普通型与小老树的节间长度也有极显著差异，短枝 1 号与短枝 2 号的节间长度无显著差异。

表 8-7 某苹果品种不同类型树枝条节间长度差异显著性(LSD 法)

(I) 类型	(J) 类型	平均数的差数 ($I-J$)		标准误差 ($s_{\bar{x}_i-\bar{x}_j}$)	$LSD_{0.05}$	$LSD_{0.01}$
		0.05	0.01			
1	2	−0.01	−0.01	0.0482	0.098	0.132
	3	−0.55*	−0.55**	0.0458	0.093	0.125
	4	0.29*	0.29**	0.0542	0.110	0.148
2	3	−0.54*	−0.54**	0.0471	0.096	0.129
	4	0.29*	0.29**	0.0553	0.113	0.151
3	4	0.84*	0.84**	0.0532	0.108	0.146

注：类型 1、2、3、4 分别代表短枝 1 号、短枝 2 号、普通型、小老树。$I-J$ 表示 $\bar{x}_i-\bar{x}_j$

2. 利用 SSR 法进行平均数间的比较

处理重复数的调和平均数 n_0 由式(8-3)计算得

$$n_0=\frac{k}{\sum n_i^{-1}}=\frac{4}{\frac{1}{10}+\frac{1}{9}+\frac{1}{11}+\frac{1}{6}}=8.534$$

$$SE=\sqrt{\frac{MS_e}{n_0}}=\sqrt{\frac{0.011}{8.534}}=0.036$$

当 $\nu=32$，查附表 7 得 $p=2$，3，4 时的 SSR_α 值，将 SSR_α 值代入式(6-19)得 LSR_α 值(略)，以 LSR_α 值作为比较标准，对 4 种类型果树枝条节间长度进行差异显著性测验的结果见表 8-8。

表 8-8 苹果品种不同类型树枝条节间长度差异显著性(SSR 法)

类型	节间长度/cm	差异显著性	
		0.05	0.01
普通型	2.32	a	A
短枝 2 号	1.78	b	B
短枝 1 号	1.77	b	B
小老树	1.48	c	C

由表 8-8 可以看出，在 0.01 水平上，短枝 2 号、短枝 1 号分别与普通型、小老树的节间长度有极显著差异，普通型和小老树的节间长度也有极显著差异；在 0.05 水平上，短枝 2 号和短枝 1 号的节间长度无显著差异。普通型的节间长度最长，小老树的节间长度最短。这与 LSD 法比较的结果相同。

第三节 单因素随机区组试验结果的统计分析

随机区组试验设计是按处理的重复数划分区组，区组可作为一个试验因素参加统计分析，并将其变异从误差中扣除，和完全随机试验设计相比，可提高试验结果分析的精确度。

一、单因素随机区组试验结果的方差分析

试验设 k 个处理、r 个区组，则该试验有 kr 个观察值，其试验结果的数据结构类型见表 8-9、方差分析见表 8-10、期望均方见表 8-11。

1. 自由度和平方和的分解

误差离均差＝处理内离均差－区组间离均差＝$(x_{ij}-\bar{x}_t)-(\bar{x}_r-\bar{x})$

总自由度 df_T＝区组自由度 df_r＋处理自由度 df_t＋误差自由度 df_e

即 $$rk-1=(r-1)+(k-1)+(r-1)(k-1) \tag{8-4}$$

表 8-9　单因素随机区组试验结果的数据结构

($i=1, 2, \cdots, k$；$j=1, 2, \cdots, r$)

处理	区组						处理总计(T_t)	处理平均($\bar{x}_t$)
	1	2	…	j	…	r		
A_1	x_{11}	x_{12}	…	x_{1j}	…	x_{1r}	$T_{1\cdot}$	$\bar{x}_{1\cdot}$
A_2	x_{21}	x_{22}	…	x_{1j}	…	x_{2r}	$T_{2\cdot}$	$\bar{x}_{2\cdot}$
⋮	⋮	⋮		⋮		⋮	⋮	⋮
A_i	x_{i1}	x_{i2}	…	x_{ij}	…	x_{ir}	$T_{i\cdot}$	$\bar{x}_{i\cdot}$
⋮	⋮	⋮		⋮		⋮	⋮	⋮
A_k	x_{k1}	x_{k2}	…	x_{kj}	…	x_{kr}	$T_{k\cdot}$	$\bar{x}_{k\cdot}$
区组总和(T_r)	$T_{\cdot 1}$	$T_{\cdot 2}$	…	$T_{\cdot j}$	…	$T_{\cdot r}$	$T_{\cdot\cdot}$	
区组平均($\bar{x}_r$)	$\bar{x}_{\cdot 1}$	$\bar{x}_{\cdot 2}$	…	$\bar{x}_{\cdot j}$	…	$\bar{x}_{\cdot r}$		$\bar{x}_{\cdot\cdot}$

注：表中的 x_{ij}($i=1, 2, \cdots, k$；$j=1, 2, \cdots, r$)为第 i 个处理的第 j 个观察值；$T_t=\sum_{j=1}^{r}x_{ij}$ 为第 i 个处理 r 个观察值的和；$\bar{x}_t=\frac{T_t}{r}$为第 i 个处理 r 个观察值的平均数；$T_r=\sum_{i=1}^{k}x_{ij}$ 为第 j 个区组 k 个处理的和；$\bar{x}_r=\frac{T_r}{k}$为第 j 个区组 k 个处理的平均数；$T=\sum_{1}^{kr}x_{ij}=\sum x$ 为所有观察值的总和；$\bar{x}=\frac{T}{rk}$为所有观察值的平均数

表 8-10　单因素随机区组试验结果的方差分析

变异来源	df	SS	MS	F
区组间	$r-1$	$k\sum(\bar{x}_r-\bar{x})^2=\frac{\sum T_r^2}{k}-C$	MS_r	$\frac{MS_r}{MS_e}$
处理间	$k-1$	$r\sum(\bar{x}_t-\bar{x})^2=\frac{\sum T_i^2}{r}-C$	MS_t	$\frac{MS_t}{MS_e}$
误差	$(k-1)(r-1)$	$\sum(x_{ij}-\bar{x}_t-\bar{x}_r+\bar{x})^2=SS_T-SS_r-SS_t$	MS_e	
总变异	$rk-1$	$\sum(x_{ij}-\bar{x})^2=\sum x^2-C$		

表 8-11　随机区组设计的期望均方

变异来源	df	MS	固定模型（区组、处理均固定）	随机模型（区组、处理均随机）	混合模型	
					（区组随机，处理固定）	（区组固定，处理随机）
区组间	$r-1$	MS_r	$\sigma^2+k\kappa_\beta^2$	$\sigma^2+k\sigma_\beta^2$	$\sigma^2+k\sigma_\beta^2$	$\sigma^2+k\kappa_\beta^2$
处理间	$k-1$	MS_t	$\sigma^2+n\kappa_\tau^2$	$\sigma^2+n\sigma_\tau^2$	$\sigma^2+n\kappa_\tau^2$	$\sigma^2+n\sigma_\tau^2$
误差	$(r-1)(k-1)$	MS_e	σ^2	σ^2	σ^2	σ^2

总平方和(SS_T)＝区组平方和(SS_r)＋处理平方和(SS_t)＋误差平方和(SS_e)

$$\sum_1^k\sum_1^r(x_{ij}-\bar{x})^2=k\sum_1^r(\bar{x}_r-\bar{x})^2+r\sum_1^k(\bar{x}_t-\bar{x})^2+\sum_1^k\sum_1^r[(x_{ij}-\bar{x}_t)-(x_r-\bar{x})]^2 \tag{8-5}$$

2. 多重比较

(1) LSD 法：

$$s_{\bar{x}_1-\bar{x}_2}=\sqrt{\frac{2MS_e}{r}}\quad 并有\quad \left.\begin{aligned}LSD_{0.05}&=s_{\bar{x}_1-\bar{x}_2}\times t_{0.05}\\LSD_{0.01}&=s_{\bar{x}_1-\bar{x}_2}\times t_{0.01}\end{aligned}\right\} \tag{8-6}$$

(2) 新复极差法(SSR 法)：

$$LSR_\alpha=SSR_\alpha\times SE,\quad SE=\sqrt{\frac{MS_e}{r}} \tag{8-7}$$

【例 8-4】　一个马铃薯密度试验，试验设 4 个种植密度，分别为 M_1、M_2、M_3、M_4，3 次重复，共计 12 个小区，随机区组排列。小区面积 21m²，行距 70cm，试验结果见表 8-12。

表 8-12　不同密度下马铃薯试验小区的产量　（单位：kg）

密度	区组			T_t	$\bar{x}_t$
	Ⅰ	Ⅱ	Ⅲ		
M_1	87.2	82.2	85.7	255.1	85.0
M_2	90.0	84.2	90.2	264.4	88.1
M_3	83.2	77.8	83.3	244.3	81.4
M_4	73.0	72.5	82.7	228.2	76.1
T_r	333.4	316.7	341.9	T＝992.0	

1. 自由度和平方和的分解

(1) 自由度的分解。

$$df_T=rk-1=3\times4-1=11$$

$$df_r=r-1=3-1=2$$

$$df_t=k-1=4-1=3$$

$$df_e=(r-1)(k-1)=(3-1)(4-1)=6$$

(2) 平方和的分解。

矫正数：$C=\frac{T^2}{rk}=\frac{992^2}{3\times 4}=82005.333$

总变异：$SS_T=\sum_{1}^{rk}x^2-C=(87.2^2+82.2^2+\cdots+82.7^2)-82005.333=364.027$

区组间：$SS_r=k\sum_{1}^{r}(\bar{x}_r-\bar{x})^2=\frac{1}{k}\sum_{1}^{r}T_r^2-C$

$=\frac{333.4^2+316.7^2+341.9^2}{4}-82005.333=82.182$

处理间：$SS_t=r\sum_{1}^{k}(\bar{x}_t-\bar{x})^2=\frac{1}{r}\sum_{1}^{k}T_t^2-C$

$=\frac{255.1^2+264.4^2+244.3^2+228.2^2}{3}-82005.333=241.700$

误差：$SS_e=SS_T-SS_t-SS_r=364.027-241.700-82.182=40.145$

将上述计算结果列于表 8-13 并计算 MS 值及 F 值。

表 8-13　马铃薯密度试验结果的方差分析

变异来源	df	SS	MS	F	$F_{0.05}$	$F_{0.01}$
区组间	2	82.182	41.091	6.141*	5.14	10.92
密度间	3	241.700	80.567	12.041**	4.76	9.78
误差	6	40.145	6.691			
总变异	11	364.027				

2. F 测验

对区组间作 F 测验，$F=\frac{MS_r}{MS_e}=\frac{41.091}{6.691}=6.141>F_{0.05(2,6)}=5.14$，故 $P<0.05$，说明 3 个区组间的土壤肥力有显著差异，也说明此试验采用区组排列可有效地降低试验误差。

对密度间作 F 测验，$F=\frac{MS_t}{MS_e}=\frac{80.567}{6.691}=12.041>F_{0.01(3,6)}=9.78$，故 $P<0.01$，说明不同密度间马铃薯产量存在极显著差异，需进一步作多重比较。

3. 多重比较

利用新复极差法（SSR 法）进行密度间产量显著性测验。

$$SE=\sqrt{\frac{MS_e}{r}}=\sqrt{\frac{6.691}{3}}=1.493$$

查附表 7，当 $\nu=6$ 时，得 $p=2$、3、4 的 SSR_α 值，并根据公式 $LSR_\alpha=SE\times SSR_\alpha$ 计算得到的 LSR_α 值列于表 8-14，然后利用字母标记法，以表 8-14 的 LSR_α 值作为比较标准对 4 个不同密度间产量差异的显著性进行比较，结果列于表 8-15。

表 8-14　马铃薯不同密度下产量平均数的 LSR_{α}（SSR 法）

p	$SSR_{0.05}$	$SSR_{0.01}$	$LSR_{0.05}$	$LSR_{0.01}$
2	3.46	5.24	5.17	7.82
3	3.58	5.51	5.34	8.23
4	3.64	5.65	5.43	8.44

表 8-15　马铃薯不同密度下产量平均数的差异显著性（SSR 法）

密度	小区产量/kg	差异显著性	
		0.05	0.01
M_2	88.1	*a*	*A*
M_1	85.0	*ab*	*A*
M_3	81.4	*b*	*AB*
M_4	76.1	*c*	*B*

由表 8-15 可以看出，在 0.01 水平上，密度 M_2 和 M_1 的产量极显著地高于 M_4；在 0.05 水平上，密度 M_2 的产量显著高于 M_3，密度 M_3 的产量显著地高于 M_4；在 0.05 水平上，M_2 与 M_1，M_1 与 M_3 的产量无显著差异。

二、随机区组的缺区估计与结果分析

在试验中，由于某些意外原因造成某些小区缺失产量或其他性状的数据，在这种情况下，处理和区组的正交性遭到破坏，试验结果丧失均衡性，使方差分析不能正常进行。解决这种问题，可根据一定的统计学原理，估计缺值的最可能值（最可信值），并以之代替缺值参加分析。一般来说，估计个别缺值尚属可行，如有较多缺值，则缺值估计并不可靠。因此，缺值估计是一种不得已的补救办法，试验应尽量避免缺失，在缺值较多时，可考虑重做试验或弃去缺值较多的处理或区组。

根据最小二乘法的原理得出，缺值的估计值应满足缺失值 x_e 的误差=0 的条件。由前面介绍可知。

随机区组试验的误差表达式为：$e=(x_{ij}-\bar{x}_t)-(\bar{x}_r-\bar{x})$。

缺值 x_e 需满足 $e=0$，由此得公式：

$$x_e-\frac{T'_t+x_e}{r}-\frac{T'_r+x_e}{k}+\frac{T'+x_e}{rk}=0 \tag{8-8}$$

式中，r 为区组数；k 为处理数；T'_t 为不包括缺区的处理总和；T'_r 为不包括缺区的区组总和；T' 为不包括缺区的全试验总和。

对其进行方差分析时应注意以下几点。

（1）因为 x_e 是一个误差为零的理论值，不占有自由度，所以误差项和总变异项的自由度要比常规的少一个（缺失数据的个数），即 $df_e=(k-1)(n-1)-1$ 和 $df_T=nk-2$。

（2）在多重比较时，具有缺值的处理，由于其实际重复数减少，有较大的误差，应进行矫正，一般用 t 测验（LSD 法）。对于非缺区处理间的比较，其标准误 $s_{\bar{x}_1-\bar{x}_2}$ 仍由原式计算；

对于缺区处理和非缺区处理间的比较，则公式有所不同。

$$s_{\bar{x}_i-\bar{x}_j}=\sqrt{\frac{MS_e}{r}\left[2+\frac{k}{(r-1)(k-1)}\right]} \tag{8-9}$$

【例 8-5】 一个小麦品种区域试验，试验有 10 个小麦新品种(系)参试，试验结果如表 8-16所示，缺失一区，试作分析。

由表 8-16 可知，区组 $r=3$、处理 $k=10$、$T'_t=16.58$、$T'_r=77.82$、$T'=252.16$，代入式(8-8)，得

$$x_e-\frac{16.58+x_e}{3}-\frac{77.82+x_e}{10}+\frac{252.16+x_e}{3\times 10}=0$$

由此计算得：$x_e=8.17$kg。

将 $x_e=8.17$kg 补入缺失值 x_e的位置，进行方差分析，得表 8-17。

由于所补缺失数据的误差为零，所以表 8-17 中误差项的自由度为

$$df_e=(k-1)(r-1)-1=(10-1)(3-1)-1=17$$

表 8-16　小麦品种区域试验(缺一区)产量结果

品种(系)	小区产量/kg			T_t
	Ⅰ	Ⅱ	Ⅲ	
A_1	9.56	8.65	8.89	27.10
A_2	9.08	8.83	8.25	26.16
A_3	7.99	8.59	x_e	$16.58+x_e$
A_4	8.06	8.62	8.65	25.33
A_5	9.12	9.19	8.93	27.24
A_6	7.94	7.87	7.40	23.21
A_7	8.82	8.52	9.32	26.66
A_8	8.12	8.51	8.24	24.87
A_9	10.01	9.86	9.67	29.54
A_{10}	8.39	8.61	8.47	25.47
T_r	87.09	87.25	$77.82+x_e$	$252.16+x_e$

表 8-17　小麦品种(系)区域试验(缺一区)的方差分析

变异来源	SS	df	MS	F	$F_{0.05}$	$F_{0.01}$
区组	0.094	2	0.047	0.439	3.59	6.11
品种	9.028	9	1.003	9.373**	2.47	3.68
误差	1.822	17	0.107			
总变异	10.944	28				

总变异项的自由度为

$$df_T=rk-2=3\times 10-2=28$$

由表 8-17 可以看出，品种(系)间的产量有极显著的差异($F=9.373>F_{0.01(9,17)}=3.68$)，需作多重比较。

在进行多重比较时，对于非缺值处理间的比较，其 $s_{\bar{x}_1-\bar{x}_2}$ 仍由 $s_{\bar{x}_1-\bar{x}_2}=\sqrt{\frac{2MS_e}{r}}$ 计算。

本例中，
$$s_{\bar{x}_1-\bar{x}_2}=\sqrt{\frac{2MS_e}{r}}=\sqrt{\frac{2\times 0.107}{3}}=0.267(\text{kg})$$

查附表 4 得 $t_{0.05,17}=2.110$，$t_{0.01,17}=2.898$，则

$$LSD_{0.05}=s_{\bar{x}_1-\bar{x}_2}\times t_{0.05,17}=0.267\times 2.110=0.56(\text{kg})$$

$$LSD_{0.01}=s_{\bar{x}_1-\bar{x}_2}\times t_{0.01,17}=0.267\times 2.898=0.77(\text{kg})$$

对于缺值处理和非缺值处理间的比较，则由式(8-9)计算，得

$$s_{\bar{x}_1-\bar{x}_2}=\sqrt{\frac{MS_e}{r}\left[2+\frac{k}{(r-1)(k-1)}\right]}=\sqrt{\frac{0.107}{3}\left[2+\frac{10}{(3-1)(10-1)}\right]}=0.302(\text{kg})$$

$$LSD_{0.05}=s_{\bar{x}_1-\bar{x}_2}\times t_{0.05,17}=0.302\times 2.110=0.64(\text{kg})$$

$$LSD_{0.01}=s_{\bar{x}_1-\bar{x}_2}\times t_{0.01,17}=0.302\times 2.898=0.88(\text{kg})$$

复习思考题

8.1　在对比法和间比法试验结果的分析中，为什么要进行产量的矫正？

8.2　缺区估计的原理是什么？如何估计随机区组试验缺区的数据？

8.3　在重复次数相等与不相等的单因素完全随机试验结果方差分析中，两种资料处理间平方和如何计算？有何不同？

8.4　单因素完全随机设计和随机区组设计试验结果如何分析？有何异同？

8.5　设有 A、B、C、D、E、F 6 个小麦品种的比较试验，对照品种为 CK，采用对比设计，小区面积 35m^2，3 次重复。试验结果见表 8-18，试进行统计分析。

表 8-18　小麦品种比较试验的产量结果

品种	各重复小区的产量/(kg/35m²)		
	Ⅰ	Ⅱ	Ⅲ
A	26	30	29
CK	21	25	25
B	22	25	24
C	21	23	24
CK	24	29	26
D	30	31	30
E	26	27	28
CK	25	25	27
F	26	25	25

8.6 某年调查了某地A、B、C、D、E 5个玉米品种的穗长，得数据资料列于表8-19。试分析5个玉米品种穗长间的差异显著性。

表8-19 5个不同玉米品种的穗长

品种	穗长/cm					
A	21.5	19.5	20.0	22.0	18.0	20.0
B	16.0	18.5	17.0	15.5	20.0	16.0
C	19.0	17.5	20.0	18.0	17.0	
D	21.0	18.5	19.0	20.0		
E	15.5	18.0	17.0	16.0		

8.7 有一大豆品种比较试验，共有5个品种，完全随机区组设计，3个区组，小区产量结果见表8-20，试作分析。假定该试验为一种完全随机设计，试将两种设计的试验误差作一比较，看看划分区组的效果如何？

表8-20 大豆品种比较试验小区产量结果 （单位：kg）

品种	区组		
	Ⅰ	Ⅱ	Ⅲ
A	29	27	25
B	21	19	19
C	20	18	16
D	23	23	20
E	17	16	18

8.8 某玉米播期试验，随机区组设计，3个区组，试验结果缺失一区产量，见表8-21。试估计 x_e，并作分析。

表8-21 玉米播期试验小区产量结果 （单位：kg）

播期	区组		
	Ⅰ	Ⅱ	Ⅲ
B_1	14.1	x_e	15.2
B_2	19.8	19.0	18.6
B_3	20.3	22.1	20.7
B_4	18.4	16.8	17.4
B_5	15.1	14.8	15.2

第九章　多因素试验结果的统计分析

多因素试验是指两个或两个以上试验因素的试验，其处理组合数为各因素水平数之积。例如，二因素试验中，一个因素 4 水平，另一个因素 5 水平，则这一试验就有 $4\times5=20$ 个处理组合，多因素试验因处理组合以不同方式进行田间排列而有不同的类型，如完全随机、随机区组、裂区设计和条区设计等。

第一节　二因素完全随机试验结果的方差分析

二因素试验的所有处理组合在试验中完全随机排列，而整理资料时，试验数据是按两个因素交叉分组的，即为两向分组(或称为交叉分组)资料，其方差分析按各组合内有无重复观察值分为两种情况。

一、二因素无重复设置试验资料的方差分析

某试验设有 A 和 B 两个因素，A 因素有 a 个水平，B 因素有 b 个水平，共有 ab 个处理组合，所有处理组合不设重复，则试验可得到 ab 个观察值，其试验结果整理后的资料类型如表 9-1 所示。该资料又属于组内只有单个观察值的两向分组资料。

表 9-1　无重复设置的二因素完全随机试验结果的数据结构

($i=1，2，\cdots，a；j=1，2，\cdots，b$)

A 因素	B 因素						A 因素总计(T_A)	A 因素平均($\bar{x}_A$)
	B_1	B_2	…	B_j	…	B_b		
A_1	x_{11}	x_{12}	…	x_{1j}	…	x_{1b}	$T_{1\cdot}$	$\bar{x}_{1\cdot}$
A_2	x_{21}	x_{22}	…	x_{1j}	…	x_{2b}	$T_{2\cdot}$	$\bar{x}_{2\cdot}$
⋮	⋮	⋮		⋮		⋮	⋮	⋮
A_i	x_{i1}	x_{i2}	…	x_{ij}	…	x_{ib}	$T_{i\cdot}$	$\bar{x}_{i\cdot}$
⋮	⋮	⋮		⋮		⋮	⋮	⋮
A_a	x_{a1}	x_{a2}	…	x_{aj}	…	x_{ab}	$T_{a\cdot}$	$\bar{x}_{a\cdot}$
B 因素总和 T_B	$T_{\cdot1}$	$T_{\cdot2}$	…	$T_{\cdot j}$	…	$T_{\cdot b}$	$T_{\cdot\cdot}$	
B 因素平均 $\bar{x}_B$	$\bar{x}_{\cdot1}$	$\bar{x}_{\cdot2}$	…	$\bar{x}_{\cdot j}$	…	$\bar{x}_{\cdot b}$		$\bar{x}_{\cdot\cdot}$

表 9-1 所示试验资料中只有 A、B 互作不存在时，才能正确估计误差。如果 A、B 存在互作，则与误差混淆，既无法分析互作，也不能取得合理的试验误差估计。

表 9-1 所示资料的线性模型为

$$x_{ij}=\mu+\tau_i+\beta_j+\varepsilon_{ij}$$

式中，μ 为总体平均；τ_i 和 β_j 分别为 A 因素和 B 因素的效应，可以是固定模型

$\left(\sum \tau_i = 0, \sum \beta_j = 0\right)$，也可以是随机模型$[\tau_i \sim N(0, \sigma_A^2), \beta_j \sim N(0, \sigma_B^2)]$；$\varepsilon_{ij}$为随机误差，服从正态分布 $N(0, \sigma^2)$。

该资料方差分析的期望均方见表 9-2。

表 9-2　无重复设置的二因素完全随机试验资料方差分析的期望均方

变异来源	自由度	固定模型	随机模型	A 固定、B 随机
A 因素	$a-1$	$\sigma^2+b\kappa_A^2$	$\sigma^2+b\sigma_A^2$	$\sigma^2+b\kappa_A^2$
B 因素	$b-1$	$\sigma^2+a\kappa_B^2$	$\sigma^2+a\sigma_B^2$	$\sigma^2+a\sigma_B^2$
误差	$(a-1)(b-1)$	σ^2	σ^2	σ^2

由表 9-2 可知，对于无重复设置的二因素完全随机试验资料的方差分析，在对因素 A 和因素 B 作 F 测验时，3 种模型的分母项都是误差均方 MS_e，这种资料无法计算 $\sigma_{A\times B}^2$的估计值，所以也无法对交互项(A×B)进行 F 测验。

无重复设置的二因素完全随机试验资料的方差分析，与单因素随机区组试验资料的方差分析相似，可将 A 因素看成处理，B 因素看成区组，表 9-1 所示资料的各项变异来源自由度和平方和的计算及方差分析见表 9-3。具体计算过程参考【例 8-4】。

表 9-3　无重复设置的二因素完全随机试验资料的方差分析($C=T^2/ab$)

变异来源	df	SS	MS	F
A 因素	$a-1$	$SS_A = b\sum(\bar{x}_A - \bar{x})^2 = \dfrac{\sum T_A^2}{b} - C$	MS_A	$\dfrac{MS_A}{MS_e}$
B 因素	$b-1$	$SS_B = a\sum(\bar{x}_B - \bar{x})^2 = \dfrac{\sum T_B^2}{a} - C$	MS_B	$\dfrac{MS_B}{MS_e}$
误差	$(a-1)(b-1)$	$SS_e = \sum(x - \bar{x}_A - \bar{x}_B + \bar{x})^2 = SS_T - SS_A - SS_B$	MS_e	
总变异	$ab-1$	$SS_T = \sum(x_{ij} - \bar{x})^2 = \sum x^2 - C$		

二、二因素有重复设置试验资料的方差分析

某试验设有 A 和 B 两个因素，A 因素有 a 个水平，B 因素有 b 个水平，共有 ab 个处理组合，若每一处理组合重复 n 次，则该试验可得到 abn 个观察值(x_{ijl})。如果试验按完全随机设计，则其试验结果整理后的资料类型如表 9-4 所示。

表 9-4 资料的线性模型为

$$x_{ijl} = \mu + \tau_i + \beta_j + (\tau\beta)_{ij} + \varepsilon_{ijl}$$

式中，μ 为总体平均；τ_i 和β_j 分别为因素 A 和 B 的效应；$(\tau\beta)_{ij}$为 A×B 互作效应；ε_{ijl}为随机误差，遵循正态分布 $N(0, \sigma^2)$。上式说明表 9-4 所示类型资料的总变异($x_{ijl}-\mu$)可分解为 A 因素效应 τ_i、B 因素效应 β_j、A×B 互作$(\tau\beta)_{ij}$和试验误差ε_{ijl} 4 个部分。方差分析的期望均方见表 9-5。

表 9-4　有重复设置的二因素完全随机试验结果的数据结构

($i=1, 2, \cdots, a$；$j=1, 2, \cdots, b$；$l=1, 2, \cdots, n$)

A因素	重复	B因素						A因素总和 T_A	A因素平均 $\bar{x}_A$
		B_1	B_2	…	B_j	…	B_b		
A_1	1	x_{111}	x_{121}	…	x_{1j1}	…	x_{1b1}	$T_{1\cdot\cdot}$	$\bar{x}_{1\cdot\cdot}$
	2	x_{112}	x_{122}	…	x_{1j2}	…	x_{1b2}		
	⋮	⋮	⋮		⋮		⋮		
	n	x_{11n}	x_{12n}	…	x_{1jn}	…	x_{1bn}		
	T_{ij}	T_{11}	T_{12}		T_{1j}		T_{1b}		
A_2	1	x_{211}	x_{221}	…	x_{2j1}	…	x_{2b1}	$T_{2\cdot\cdot}$	$\bar{x}_{2\cdot\cdot}$
	2	x_{212}	x_{222}	…	x_{2j2}	…	x_{2b2}		
	⋮	⋮	⋮		⋮		⋮		
	n	x_{21n}	x_{22n}	…	x_{2jn}	…	x_{2bn}		
	T_{ij}	T_{21}	T_{22}	…	T_{2j}	…	T_{2b}		
…	…	…	…	…	…	…	…	…	…
A_a	1	x_{a11}	x_{a21}	…	x_{aj1}	…	x_{ab1}	$T_{a\cdot\cdot}$	$\bar{x}_{a\cdot\cdot}$
	2	x_{a12}	x_{a22}	…	x_{aj2}	…	x_{ab2}		
	⋮	⋮	⋮		⋮		⋮		
	n	x_{a1n}	x_{a2n}	…	x_{ajn}	…	x_{abn}		
	T_{ij}	T_{a1}	T_{a2}	…	T_{aj}	…	T_{ab}		
B因素总和 T_B		$T_{\cdot 1\cdot}$	$T_{\cdot 2\cdot}$	…	$T_{\cdot j\cdot}$	…	$T_{\cdot b\cdot}$	T	
B因素平均 $\bar{x}_B$		$\bar{x}_{\cdot 1\cdot}$	$\bar{x}_{\cdot 2\cdot}$	…	$\bar{x}_{\cdot j\cdot}$	…	$\bar{x}_{\cdot b\cdot}$		$\bar{x}$

注：T_{ij} 为各处理组合的和(也可用 T_t 来表示)；$\bar{x}_{ij}$ 为各处理组合的平均数($\bar{x}_{ij}=T_{ij}/n$)；T 为所有观察值的总和；$\bar{x}$ 为所有观察值的平均数

表 9-5　表 9-4 资料各变异来源的期望均方

变异来源	MS	固定模型	随机模型	混合模型(A随机，B固定)
A因素	MS_A	$\sigma^2+bn\kappa_\tau^2$	$\sigma^2+n\sigma_{\tau\beta}^2+bn\sigma_\tau^2$	$\sigma^2+bn\sigma_\tau^2$
B因素	MS_B	$\sigma^2+an\kappa_\beta^2$	$\sigma^2+n\sigma_{\tau\beta}^2+an\sigma_\beta^2$	$\sigma^2+n\sigma_{\tau\beta}^2+an\kappa_\beta^2$
A×B	MS_{AB}	$\sigma^2+n\kappa_{\tau\beta}^2$	$\sigma^2+n\sigma_{\tau\beta}^2$	$\sigma^2+n\sigma_{\tau\beta}^2$
误差	MS_e	σ^2	σ^2	σ^2

由表 9-5 可知，对效应和互作进行 F 测验的分母因模型的不同而不同。对于固定模型，测验 H_0：$\tau_i=0$，H_0：$\beta_j=0$ 和 H_0：$(\tau\beta)_{ij}=0$ 都以 MS_e 为分母；对于随机模型，测验 H_0：$\sigma_{\tau\beta}^2=0$ 以 MS_e 为分母，而测验 H_0：$\sigma_\tau^2=0$ 和 H_0：$\sigma_\beta^2=0$ 则以 MS_{AB} 为分母；对于 A 随机、B 固定的混合模型，测验 H_0：$\sigma_\tau^2=0$ 和 H_0：$\sigma_{\tau\beta}^2=0$ 以 MS_e 为分母，而测验 H_0：$\beta_j=0$ 则以 MS_{AB} 为分母。

有重复设置的二因素完全随机试验资料(有重复观察值的两向分组资料)的方差分析，其各项变异来源自由度和平方和的计算及方差分析见表 9-6。

表 9-6　有重复设置的二因素完全随机试验资料的方差分析($C=T^2/abn$)

变异来源	df	SS	F
处理间	$ab-1$	$SS_t=\frac{\sum T_{ij}^2}{n}-C$	$\frac{MS_t}{MS_e}$
A 因素	$a-1$	$SS_A=\frac{\sum T_A^2}{bn}-C$	$\frac{MS_A}{MS_e}$
B 因素	$b-1$	$SS_B=\frac{\sum T_B^2}{an}-C$	$\frac{MS_B}{MS_e}$
A×B	$(a-1)(b-1)$	$SS_{AB}=SS_t-SS_A-SS_B$	$\frac{MS_{AB}}{MS_e}$
误差	$ab(n-1)$	$SS_e=SS_T-SS_t$	
总变异	$abn-1$	$SS_T=\sum x^2-C$	

1. 自由度和平方和的分解

总自由度 df_T=处理自由度 df_t+误差自由度 df_e，即

$$abn-1=(ab-1)+ab(n-1)$$

而处理自由度 df_t=A 的自由度 df_A+B 的自由度 df_B+A×B 的自由度 df_{AB}，即

$$ab-1=(a-1)+(b-1)+(a-1)(b-1)$$

总平方和 $SS_T=SS_t+SS_e$

$$\sum_1^{abn}(x_{ijl}-\bar{x})^2=n\sum_1^{ab}(\bar{x}_{ij}-\bar{x})^2+\sum_1^{abn}(x_{ijl}-\bar{x}_{ij})^2$$

而处理平方和 $SS_t=SS_A+SS_B+SS_{AB}$

$$n\sum_1^{ab}(\bar{x}_{ij}-\bar{x})^2=nb\sum_1^{a}(\bar{x}_i-\bar{x})^2+na\sum_1^{b}(\bar{x}_j-\bar{x})^2+$$

$$n\sum_1^{a}\sum_1^{b}[(\bar{x}_{ij}-\bar{x}_i)-(\bar{x}_j-\bar{x})]^2$$

式中，$\bar{x}_{ij}$ 为各处理组合平均数，$\bar{x}_i$ 为 A 因素各水平平均数，$\bar{x}_j$ 为 B 因素各水平平均数，$\bar{x}$ 为试验平均数。

2. 平均数的多重比较

采用新复极差法进行平均数间的比较：其比较标准 $LSR_\alpha=SSR_{\alpha(\nu,p)}\cdot SE$，$\nu=df_e$。

(1) 处理间平均数的比较$\left(\bar{x}_{ij}=\frac{T_{ij}}{n}\right)$：$SE=\sqrt{\frac{MS_e}{n}}$。

(2) A 因素间平均数的比较$\left(\bar{x}_A=\frac{T_A}{nb}\right)$：$SE=\sqrt{\frac{MS_e}{nb}}$。

(3) B 因素间平均数的比较$\left(\bar{x}_B=\frac{T_B}{na}\right)$：$SE=\sqrt{\frac{MS_e}{na}}$。

(4) A×B 互作分析。

A 因素在同一水平下，B 因素不同水平的比较$\left(\bar{x}_{\cdot j}=\frac{T_{ij}}{n}\right)$，$SE=\sqrt{\frac{MS_e}{n}}$。

B 因素在同一水平下，A 因素不同水平的比较$\left(\bar{x}_{i\cdot}=\frac{T_{ij}}{n}\right)$，$SE=\sqrt{\frac{MS_e}{n}}$。

【例 9-1】 将 A_1、A_2、A_3、A_4 4 种肥料分别施于 B_1、B_2、B_3 3 种土壤，以小麦为指示作物，每处理组合种 3 盆，得产量结果(g/盆)列于表 9-7。试作方差分析。

表 9-7　4 种肥料施于 3 种土壤的小麦产量($a=4$，$b=3$，$n=3$，$abn=36$)（单位：g）

肥料种类(A)	盆	土壤种类(B)			总和 T_A	平均 $\bar{x}_A$
		B_1	B_2	B_3		
A_1	1	12.8	14.2	12.0	122.0	13.56
	2	13.8	13.6	14.6		
	3	13.7	13.3	14.0		
	T_{ij}	40.3	41.1	40.6		
A_2	1	12.0	13.0	13.3	118.2	13.13
	2	14.2	13.7	14.0		
	3	12.1	12.0	13.9		
	T_{ij}	38.3	38.7	41.2		
A_3	1	15.2	13.2	14.4	123.6	13.73
	2	13.3	12.6	14.9		
	3	12.8	13.5	13.7		
	T_{ij}	41.3	39.3	43.0		
A_4	1	21.4	19.6	17.6	169.2	18.80
	2	21.2	18.8	16.6		
	3	20.1	16.4	17.5		
	T_{ij}	62.7	54.8	51.7		
总和	T_B	182.6	173.9	176.5	$T=533.0$	
平均	$\bar{x}_B$	15.22	14.49	14.71		$\bar{x}=14.81$

1. 自由度和平方和的分解

根据表 9-6 所示各项变异来源的计算公式和表 9-7 所示的数据，有

$$df_T=abn-1=4\times3\times3-1=35$$

$$df_t=ab-1=4\times3-1=11$$

$$df_e=ab(n-1)=4\times3\times(3-1)=24$$

$$df_A=a-1=4-1=3$$

$$df_B=b-1=3-1=2$$

$$df_{AB}=(a-1)(b-1)=(4-1)(3-1)=6$$

$$C=\frac{T^2}{abn}=\frac{533.0^2}{4\times3\times3}=7891.361$$

$$SS_T=\sum x^2-C=12.8^2+14.2^2+\cdots+17.5^2-7891.361=239.719$$

$$SS_t = \frac{\sum T_{ij}^2}{n} - C = \frac{40.3^2 + 41.1^2 + \cdots + 51.7^2}{3} - 7891.361 = 218.666$$

$$SS_e = SS_T - SS_t = 239.719 - 218.666 = 21.053$$

$$SS_A = \frac{\sum T_A^2}{bn} - C = \frac{122.0^2 + 118.2^2 + 123.6^2 + 169.2^2}{3 \times 3} - 7891.361 = 193.177$$

$$SS_B = \frac{\sum T_B^2}{an} - C = \frac{182.6^2 + 173.9^2 + 176.5^2}{4 \times 3} - 7891.361 = 3.324$$

$$SS_{AB} = SS_t - SS_A - SS_B = 218.666 - 193.177 - 3.324 = 22.165$$

2. *F* 测验

将上述计算结果列于表 9-8，以固定模型作 *F* 测验。

表 9-8　不同类型土壤和肥料试验产量结果的方差分析

变异来源	SS	df	MS	F	$F_{0.05}$	$F_{0.01}$
处理间	218.666	11	19.879	22.667**	2.22	3.09
肥料种类	193.177	3	64.392	73.423**	3.01	4.72
土壤种类	3.324	2	1.662	1.895	3.40	5.61
肥料种类×土壤种类	22.165	6	3.694	4.212**	2.51	3.67
误差	21.053	24	0.877			
总变异	239.719	35				

（1）对处理间作 *F* 测验得，$F = MS_t / MS_e = 19.879/0.877 = 22.667$，$F_{0.01(11,24)} = 3.09$，$F > F_{0.01(11,24)}$ 说明处理效应间存在极显著性差异。

（2）假设 H_0：$\tau_i = 0$，对肥料间效应作 *F* 测验得，$F = MS_A / MS_e = 64.392/0.877 = 73.423$，$F_{0.01(3,24)} = 4.72$，$F > F_{0.01(3,24)}$ 说明肥料种类效应间存在极显著性差异，不同的肥料对小麦的增产作用不同。

（3）假设 H_0：$\beta_j = 0$，对土壤种类间效应作 *F* 测验得，$F = MS_B / MS_e = 1.662/0.877 = 1.895$，$F_{0.05(2,24)} = 3.40$，$F < F_{0.05(2,24)}$ 说明土壤种类效应间无显著性差异。

（4）假设 H_0：$(\tau\beta)_{ij} = 0$，对肥料种类×土壤种类的互作项作 *F* 测验得，$F = MS_{AB} / MS_e = 3.694/0.877 = 4.212$，$F_{0.01(6,24)} = 3.67$，$F > F_{0.01(6,24)}$ 说明肥料种类×土壤种类的互作效应存在极显著性差异，也说明不同肥料的效应随土壤种类而不同。

以上存在显著性差异的各项需进行多重比较。

3. 平均数的多重比较

以下平均数间的多重比较均采用新复极差法。

（1）不同肥料间平均效应的多重比较：

$$SE = \sqrt{\frac{MS_e}{nb}} = \sqrt{\frac{0.877}{3 \times 3}} = 0.312$$

根据 $\nu = 24$，查 SSR 值表得 $p = 2$、3、4 的 SSR_α 值，并算得各 $LSR_{0.05}$ 和 $LSR_{0.01}$ 的值列于表 9-9。平均数间显著性测验结果见表 9-10。

表 9-9　不同肥料效应间平均数比较的 *LSR* 值(*SSR* 法)

p	$SSR_{0.05}$	$SSR_{0.01}$	$LSR_{0.05}$	$LSR_{0.01}$
2	2.92	3.96	0.91	1.24
3	3.07	4.14	0.96	1.29
4	3.15	4.24	0.98	1.32

表 9-10　不同肥料效应间平均数的新复极差测验

肥料种类	平均数/(g/盆)	差异显著性	
		0.05	0.01
A_4	18.8	*a*	*A*
A_3	13.7	*b*	*B*
A_1	13.6	*b*	*B*
A_2	13.1	*b*	*B*

由表 9-10 可知，肥料 A_4 与 A_3、A_1、A_2 均有极显著的差异；A_3、A_1、A_2 3 种肥料两两之间的效应无显著差异。

(2) 各处理组合间平均数的比较：

$$SE=\sqrt{\frac{MS_e}{n}}=\sqrt{\frac{0.877}{3}}=0.541$$

根据 $\nu=24$，查 *SSR* 值表得 $p=2, 3, \cdots, 12$ 的 SSR_α 值，并算得各 $LSR_{0.05}$ 和 $LSR_{0.01}$ 的值(略)后，以此为标准进行平均数的比较，多重比较结果见表 9-11。

表 9-11　表 9-7 资料各处理组合平均数的多重比较(*SSR* 法)

处理组合	平均数/(g/盆)	差异显著性	
		0.05	0.01
A_4B_1	20.90	*a*	*A*
A_4B_2	18.27	*b*	*B*
A_4B_3	17.23	*b*	*B*
A_3B_3	14.33	*c*	*C*
A_3B_1	13.77	*c*	*C*
A_2B_3	13.73	*c*	*C*
A_1B_2	13.70	*c*	*C*
A_1B_3	13.53	*c*	*C*
A_1B_1	13.43	*c*	*C*
A_3B_2	13.10	*c*	*C*
A_2B_2	12.90	*c*	*C*
A_2B_1	12.77	*c*	*C*

由表 9-11 可知，A_4B_1 处理组合的产量极显著地高于其他 11 个处理组合；A_4B_2 和 A_4B_3 处理组合的产量极显著地高于其下位的 9 个处理组合，而它们之间无显著性差异；其余 9 个处理组合的产量两两之间均无显著性差异。

第二节　二因素随机区组试验结果的统计分析

一、二因素随机区组试验结果的方差分析

某试验设有 A 和 B 两个因素，分别具有 a 和 b 个水平，那么试验共有 ab 个处理组合，作随机区组设计，有 r 个区组(r 次重复)，则该试验可得到 rab 个观察值。其试验结果数据结构如表 9-12 所示。

表 9-12　二因素随机区组试验结果的数据结构

($i=1, 2, \cdots, a$; $j=1, 2, \cdots, b$; $l=1, 2, \cdots, r$)

A 因素	B 因素	区组						T_t	$\bar{x}_t$
		1	2	…	l	…	r		
A_1	B_1	x_{111}	x_{112}	…	x_{11l}	…	x_{11r}	T_{11}	$\bar{x}_{11}$
	B_2	x_{121}	x_{122}	…	x_{12l}	…	x_{12r}	T_{12}	$\bar{x}_{12}$
	⋮	⋮	⋮		⋮		⋮	⋮	⋮
	B_b	x_{1b1}	x_{1b2}	…	x_{1bl}	…	x_{1br}	T_{1b}	$\bar{x}_{1b}$
A_2	B_1	x_{211}	x_{212}	…	x_{21l}	…	x_{21r}	T_{21}	$\bar{x}_{21}$
	B_2	x_{221}	x_{222}	…	x_{22l}	…	x_{22r}	T_{22}	$\bar{x}_{22}$
	⋮	⋮	⋮		⋮		⋮	⋮	⋮
	B_b	x_{2b1}	x_{2b2}	…	x_{2bl}	…	x_{2br}	T_{2b}	$\bar{x}_{2b}$
…	…	…	…	…	…	…	…	…	…
A_a	B_1	x_{a11}	x_{a12}	…	x_{a1l}	…	x_{a1r}	T_{a1}	$\bar{x}_{a1}$
	B_2	x_{a21}	x_{a22}	…	x_{a2l}	…	x_{a2r}	T_{a2}	$\bar{x}_{a2}$
	⋮	⋮	⋮		⋮		⋮	⋮	⋮
	B_b	x_{ab1}	x_{ab2}	…	x_{abl}	…	x_{abr}	T_{ab}	$\bar{x}_{ab}$
区组总和 T_r		$T_{\cdot\cdot 1}$	$T_{\cdot\cdot 2}$	…	$T_{\cdot\cdot l}$	…	$T_{\cdot\cdot r}$	T	
区组平均 $\bar{x}_r$		$\bar{x}_{\cdot\cdot 1}$	$\bar{x}_{\cdot\cdot 2}$	…	$\bar{x}_{\cdot\cdot l}$	…	$\bar{x}_{\cdot\cdot r}$		$\bar{x}$

由表 9-12 的 T_t 值按 A 因素和 B 因素作两向分组整理得表 9-13，根据表 9-13 可以计算出 A 因素各水平总和 T_A 和平均值 $\bar{x}_A$，B 因素各水平总和 T_B 和平均值 $\bar{x}_B$。

表 9-13　A 因素和 B 因素资料的两向表

A 因素	B 因素				T_A	$\bar{x}_A$
	B_1	B_2	…	B_b		
A_1	T_{11}	T_{12}	…	T_{1b}	T_1	$\bar{x}_1$
A_2	T_{21}	T_{22}	…	T_{2b}	T_2	$\bar{x}_2$
⋮	⋮	⋮		⋮	⋮	⋮
A_a	T_{a1}	T_{a2}	…	T_{ab}	T_a	$\bar{x}_a$
T_B	T_1	T_2	…	T_b	T	
$\bar{x}_B$	$\bar{x}_1$	$\bar{x}_2$	…	$\bar{x}_b$		$\bar{x}$

1. 自由度和平方和的分解

二因素随机区组试验和有重复二因素完全随机试验，在变异来源上的区别仅在于增加了区组项，其他相同。

总自由度 df_T＝区组自由度 df_r＋处理自由度 df_t＋误差自由度 df_e，即

$$abr-1=(r-1)+(ab-1)+(r-1)(ab-1)$$

其中，处理自由度 df_t＝A 的自由度 df_A＋B 的自由度 df_B＋A×B 的自由度 df_{AB}，即

$$ab-1=(a-1)+(b-1)+(a-1)(b-1)$$

总平方和 SS_T＝区组平方和 SS_r＋处理平方和 SS_t＋误差平方和 SS_e，即

$$\sum(x_{ijl}-\bar{x})^2=ab\sum_1^r(\bar{x}_l-\bar{x})^2+r\sum_1^{ab}(\bar{x}_{ij}-\bar{x})^2+\sum_1^{abr}[(x_{ijl}-\bar{x}_{ij})-(\bar{x}_l-\bar{x})]^2$$

其中，处理平方和 SS_t＝A 的平方和 SS_A＋B 的平方和 SS_B＋A×B 的平方和 SS_{AB}，即

$$r\sum_1^{ab}(\bar{x}_{ij}-\bar{x})^2=rb\sum_1^a(\bar{x}_i-\bar{x})^2+ra\sum_1^b(\bar{x}_j-\bar{x})^2+r\sum_1^a\sum_1^b(\bar{x}_{ij}-\bar{x}_i-\bar{x}_j+\bar{x})^2$$

上式中，$\bar{x}_{ij}$ 为各处理组合平均数；$\bar{x}_i$ 为 A 因素各水平平均数；$\bar{x}_j$ 为 B 因素各水平平均数；$\bar{x}$ 为全试验平均数。

将平方和与自由度的计算公式列于表 9-14。

表 9-14　二因素随机区组设计试验资料的方差分析($C=T^2/abr$)

变异来源	df	SS	MS	F
区组	$r-1$	$SS_r=\frac{\sum T_r^2}{ab}-C$	MS_r	$\frac{MS_r}{MS_e}$
处理组合	$ab-1$	$SS_t=\frac{\sum_1^{ab} T_t^2}{r}-C$	MS_t	$\frac{MS_t}{MS_e}$
A 因素	$a-1$	$SS_A=\frac{\sum_1^{a} T_A^2}{rb}-C$	MS_A	$\frac{MS_A}{MS_e}$
B 因素	$b-1$	$SS_B=\frac{\sum_1^{b} T_B^2}{ra}-C$	MS_B	$\frac{MS_B}{MS_e}$
A×B	$(a-1)(b-1)$	$SS_{AB}=SS_t-SS_A-SS_B$	MS_{AB}	$\frac{MS_{AB}}{MS_e}$
误差	$(r-1)(ab-1)$	$SS_e=SS_T-SS_t-SS_r$	MS_e	
总变异	$abr-1$	$SS_T=\sum_1^{rab}x^2-C$		

2. 平均数的多重比较

如果采用新复极差法进行平均数间的比较，则

$$LSR_\alpha=SSR_{\alpha(\nu,\ p)}\cdot SE,\quad \nu=df_e$$

(1) 处理间平均数的比较$\left(\bar{x}_t=\frac{T_t}{r}\right)$，$SE=\sqrt{\frac{MS_e}{r}}$。

(2) A 因素间平均数的比较$\left(\bar{x}_{\mathrm{A}}=\dfrac{T_{\mathrm{A}}}{rb}\right)$，$SE=\sqrt{\dfrac{MS_e}{rb}}$。

(3) B 因素间平均数的比较$\left(\bar{x}_{\mathrm{B}}=\dfrac{T_{\mathrm{B}}}{ra}\right)$，$SE=\sqrt{\dfrac{MS_e}{ra}}$。

(4) A×B 互作分析。

A 因素在同一水平下，B 因素不同水平间平均数的比较$\left(\bar{x}_{\cdot j}=\dfrac{T_t}{r}\right)$，$SE=\sqrt{\dfrac{MS_e}{r}}$。

B 因素在同一水平下，A 因素不同水平间平均数的比较$\left(\bar{x}_{i\cdot}=\dfrac{T_t}{r}\right)$，$SE=\sqrt{\dfrac{MS_e}{r}}$。

【例 9-2】 有一个春小麦品种及密度二因素试验，A 因素为品种，设 A_1、A_2、A_3 3 个水平($a=3$)；B 因素为密度，设 B_1、B_2、B_3、B_4 4 个水平($b=4$)，共有 12 个处理，随机区组排列，重复 3 次($r=3$)。试验小区田间排列及产量见图 9-1，试作分析。

区组Ⅰ	A_2B_2 12.3	A_2B_4 13.9	A_1B_1 4.8	A_3B_2 15.9	A_3B_3 21.5	A_2B_1 7.3	A_3B_4 11.0	A_1B_3 9.4	A_3B_1 5.8	A_1B_2 11.2	A_1B_4 5.5	A_2B_3 12.6
区组Ⅱ	A_1B_2 6.3	A_3B_2 11.0	A_1B_4 4.9	A_2B_2 13.2	A_1B_1 3.5	A_1B_3 8.2	A_2B_3 9.1	A_3B_1 7.2	A_3B_3 18.6	A_2B_1 6.7	A_2B_4 14.7	A_3B_4 17.0
区组Ⅲ	A_3B_4 12.9	A_2B_3 11.2	A_3B_1 5.9	A_3B_3 24.2	A_2B_2 9.7	A_1B_2 6.8	A_2B_4 13.0	A_2B_1 7.7	A_1B_1 3.4	A_3B_2 11.7	A_1B_3 7.2	A_1B_4 6.7

图 9-1　小麦品种密度试验田间排列和小区产量

1. 结果整理

将试验所得结果按处理和区组作两向分组整理成表 9-15，按品种和密度作两向分组整理成表 9-16。

表 9-15　区组和处理产量的两向表

处理组合	区组			T_t	$\bar{x}_t$
	Ⅰ	Ⅱ	Ⅲ		
A_1B_1	4.8	3.5	3.4	11.7	3.90
A_1B_2	11.2	6.3	6.8	24.3	8.10
A_1B_3	9.4	8.2	7.2	24.8	8.27
A_1B_4	5.5	4.9	6.7	17.1	5.70
A_2B_1	7.3	6.7	7.7	21.7	7.23
A_2B_2	12.3	13.2	9.7	35.2	11.73
A_2B_3	12.6	9.1	11.2	32.9	10.97
A_2B_4	13.9	14.7	13.0	41.6	13.87
A_3B_1	5.8	7.2	5.9	18.9	6.30
A_3B_2	15.9	11.0	11.7	38.6	12.87
A_3B_3	21.5	18.6	24.2	64.3	21.43
A_3B_4	11.0	17.0	12.9	40.9	13.63
T_r	131.2	120.4	120.4	372.0	

表 9-16　品种(A)和密度(B)的两向表

密度(B因素)	品种(A因素)			T_B	$\bar{x}_B$
	A_1	A_2	A_3		
B_1	11.7	21.7	18.9	52.3	5.81
B_2	24.3	35.2	38.6	98.1	10.90
B_3	24.8	32.9	64.3	122.0	13.56
B_4	17.1	41.6	40.9	99.6	11.07
T_A	77.9	131.4	162.7	372.0	
$\bar{x}_A$	6.49	10.95	13.56		10.33

2. 自由度和平方和的分解

$$df_T = abr - 1 = 3\times4\times3 - 1 = 35$$

$$df_t = ab - 1 = 3\times4 - 1 = 11$$

$$df_e = (r-1)(ab-1) = (3-1)(3\times4-1) = 22$$

$$df_A = a - 1 = 3 - 1 = 2$$

$$df_B = b - 1 = 4 - 1 = 3$$

$$df_{AB} = (a-1)(b-1) = (3-1)(4-1) = 6$$

$$C = \frac{T}{rab} = \frac{372.0^2}{3\times4\times3} = 3844.0$$

根据表 9-15 按单因素随机区组的分析方法可得

总变异：$SS_T = \sum_1^{rab} x^2 - C = 4.8^2 + 3.5^2 + \cdots + 12.9^2 - 3844.0 = 844.460$

区组：$SS_r = \dfrac{\sum T_r^2}{ab} - C = \dfrac{131.2^2 + 120.4^2 + 120.4^2}{3\times4} - 3844.0 = 6.480$

处理组合：$SS_t = \dfrac{\sum T_t^2}{r} - C = \dfrac{11.7^2 + 24.3^2 + \cdots + 40.9^2}{3} - 3844.0 = 760.067$

误差：$SS_e = SS_T - SS_r - SS_t = 844.460 - 6.480 - 760.067 = 77.913$

引用表 9-16 的数据，对处理 $SS_t = 760.067$ 进行再分解，得

品种(A因素)平方和：

$$SS_A = \frac{\sum T_A^2}{rb} - C = \frac{77.9^2 + 131.4^2 + 162.7^2}{3\times4} - 3844.0 = 306.472$$

密度(B因素)平方和：

$$SS_B = \frac{\sum T_B^2}{ra} - C = \frac{52.3^2 + 98.1^2 + 122.0^2 + 99.6^2}{3\times3} - 3844.0 = 285.229$$

品种×密度交互项平方和：

$$SS_{AB} = SS_t - SS_A - SS_B = 760.067 - 306.472 - 285.229 = 168.366$$

3. F 测验

将上述结果列于表 9-17。这里对 A 和 B 两因素皆取固定模型，区组则取随机模型，据表 9-14 的公式进行 F 测验。

表 9-17 的 F 测验结果表明，区组间的差异不显著，而处理间、品种间、密度间和品种×密度间的差异都达到极显著。由此说明，不同品种、不同密度间小麦的产量不同，不同品种又要求有相应不同的密度。所以需对品种间、密度间和品种×密度间的差异显著性作进一步的分析。

表 9-17 小麦品种与密度二因素试验的方差分析

变异来源	SS	df	MS	F	$F_{0.05}$	$F_{0.01}$
区组	6.480	2	3.240	0.915	3.44	5.72
处理	760.067	11	69.097	19.508**	2.26	3.18
品种	306.472	2	153.236	43.263**	3.44	5.72
密度	285.229	3	95.076	26.842**	3.05	4.82
品种×密度	168.366	6	28.061	7.922**	2.55	3.76
误差	77.913	22	3.542			
总变异	844.460	35				

4. 多重比较

(1) 处理间的比较：

$$SE=\sqrt{\frac{MS_e}{r}}=\sqrt{\frac{3.542}{3}}=1.087(\text{kg})$$

根据 $\nu=22$，查 SSR 值表得 $p=2，3，\cdots，12$ 的 SSR_α值，并算得各 $LSR_{0.05}$和 $LSR_{0.01}$的值，以 LSR 值为比较标准，进行处理平均数间显著性测验，比较结果见表 9-18。

表 9-18 表 9-15 资料处理组合平均产量的差异显著性比较（SSR 法）

处理	小区平均产量/kg	差异显著性 0.05	差异显著性 0.01
A_3B_3	21.43	*a*	*A*
A_2B_4	13.87	*b*	*B*
A_3B_4	13.63	*b*	*B*
A_3B_2	12.87	*b*	*BC*
A_2B_2	11.73	*b*	*BCD*
A_2B_3	10.97	*bc*	*BCDE*
A_1B_3	8.27	*cd*	*CDEF*
A_1B_2	8.10	*cd*	*DEF*
A_2B_1	7.23	*de*	*DEF*
A_3B_1	6.30	*de*	*EF*
A_1B_4	5.70	*de*	*F*
A_1B_1	3.90	*e*	*F*

由表 9-18 可知，处理组合 A_3B_3 的产量居第一位，极显著地高于其他处理；A_2B_4 和 A_3B_4 处理的产量居第 2、3 位，极显著地高于其下面的 A_3B_2 等 9 个处理；A_3B_2 处理的产量居第 4 位，极显著地高于 A_1B_2、A_2B_1、A_3B_1、A_1B_4、A_1B_1 等处理，与 A_2B_4 和 A_3B_4 处理无显著性差异。这 4 个处理的产量较高，可在生产上进行利用。

(2) 品种间的比较：

假设 H_0：$\mu_{A_1}=\mu_{A_2}=\mu_{A_3}$，$H_A$：$\mu_{A_1}$、$\mu_{A2}$、$\mu_{A3}$ 不全相等。

$$SE=\sqrt{\frac{MS_e}{rb}}=\sqrt{\frac{3.542}{3\times 4}}=0.543$$

根据 $\nu=22$，查 SSR 值表得 $p=2$、3 的 SSR_α 值，并算得各 $LSR_{0.05}$ 和 $LSR_{0.01}$ 的值，以 LSR 值为比较标准，进行品种间平均数的显著性测验，比较结果见表 9-19。

表 9-19　小麦品种小区平均产量的差异显著性（SSR 法）

品种	小区平均产量/kg	差异显著性	
		0.05	0.01
A_3	13.56	*a*	*A*
A_2	10.95	*b*	*B*
A_1	6.49	*c*	*C*

表 9-19 说明：在 0.01 水平上，3 个品种两两之间都存在极显著的差异，以 A_3 品种的产量最高、A_2 次之、A_1 最低。

(3) 密度间的比较：

假设 H_0：$\mu_{B_1}=\mu_{B_2}=\mu_{B_3}=\mu_{B_4}$，$H_A$：$\mu_{B_1}$、$\mu_{B_2}$、$\mu_{B_3}$、$\mu_{B_4}$ 不全相等。

$$SE=\sqrt{\frac{MS_e}{ra}}=\sqrt{\frac{3.542}{3\times 3}}=0.627$$

根据 $\nu=22$，查 SSR 值表得 $p=2$、3、4 的 SSR_α 值，并算得各 $LSR_{0.05}$ 和 $LSR_{0.01}$ 的值，以 LSR 值为比较标准，进行密度间平均数的显著性测验，比较结果见表 9-20。

表 9-20　小麦 4 种密度小区平均产量的差异显著性

密度	小区平均产量/kg	差异显著性	
		0.05	0.01
B_3	13.56	*a*	*A*
B_4	11.07	*b*	*AB*
B_2	10.90	*b*	*B*
B_1	5.81	*c*	*C*

表 9-20 表明，密度 B_3 的产量极显著地高于 B_2、B_1，显著地高于 B_4；B_2 和 B_4 的产量极显著地高于 B_1，且它们之间无显著差异。

(4) 品种×密度的互作：由于品种×密度的互作是极显著的，说明各品种所要求的最适密度可能不相同。因此，可分别计算各品种不同密度的简单效应，以分析互作的具体情形。

$$SE=\sqrt{\frac{MS_e}{r}}=\sqrt{\frac{3.542}{3}}=1.087$$

据 $\nu=df_e=22$，查 SSR 值表得 $p=2$、3、4 的 SSR_α 值，并由 $LSR_\alpha=SSR_\alpha\times SE$ 计算得 LSR 值，见表 9-21，各品种不同密度下的小区平均产量 $\bar{x}_{\cdot j}$ 与显著性测验结果于表 9-22。

表 9-21　各小麦品种在不同密度间平均数比较的 *LSR* 值

p	$SSR_{0.05}$	$SSR_{0.01}$	$LSR_{0.05}$	$LSR_{0.01}$
2	2.93	3.99	3.18	4.34
3	3.08	4.17	3.35	4.53
4	3.17	4.28	3.45	4.65

表 9-22　各小麦品种不同密度下小区平均产量的差异显著性(*SSR* 法)

A_1品种				A_2品种				A_3品种			
密度	产量	差异显著性		密度	产量	差异显著性		密度	产量	差异显著性	
		0.05	0.01			0.05	0.01			0.05	0.01
B_3	8.27	*a*	*A*	B_4	13.87	*a*	*A*	B_3	21.43	*a*	*A*
B_2	8.10	*a*	*A*	B_2	11.70	*a*	*AB*	B_4	13.63	*b*	*B*
B_4	5.70	*ab*	*A*	B_3	10.97	*a*	*AB*	B_2	12.87	*b*	*B*
B_1	3.90	*b*	*A*	B_1	7.23	*b*	*B*	B_1	6.30	*c*	*C*

由表 9-22 可知，对 A_1 品种来说，B_3、B_2 密度的产量显著地高于 B_1，B_3、B_2、B_4 3 个密度间的产量无显著差异，B_4 和 B_1 密度间的产量也无显著差异，所以 A_1 品种以 B_3、B_2 为优；对 A_2 品种来说，B_4 密度的产量极显著地高于 B_1，B_2、B_3 密度的产量显著地高于 B_1，而 B_4、B_2、B_3 密度的产量三者之间无显著差异，所以 A_2 品种以 B_4 为优；对 A_3 品种来说，B_3 密度的产量极显著地高于 B_4、B_2、B_1，B_4、B_2 密度的产量极显著地高于 B_1，而 B_4 和 B_2 间密度的产量无显著差异，所以 A_3 品种以 B_3 为最优。因此，A_1 品种应选 B_3 或 B_2 密度，A_2 品种应选 B_4 密度，A_3 品种应选 B_3 密度。这种情况就是品种和密度存在互作的反映。

二、二因素随机区组试验的线性模型和期望均方

二因素随机区组试验的线性模型为

$$x_{ijl}=\mu+\beta_l+A_i+B_j+(AB)_{ij}+\varepsilon_{ijl}$$

式中，μ 为总体平均数；β_l 为第 l 区组的效应；A_i 为 A 因素第 i 个水平的效应；B_j 为 B 因素第 j 个水平的效应；$(AB)_{ij}$ 为 A 与 B 交互作用的效应；ε_{ijl} 为随机误差，相互独立且 $\varepsilon_{ijl}\sim N(0,\sigma^2)$。

二因素随机区组试验的方差分析有 3 种模型：固定模型、随机模型和混合模型，其期望均方列于表 9-23。

表 9-23　二因素随机区组设计的期望均方

变异来源	MS	固定模型	随机模型	混合模型(A 随机，B 固定)
区组间	MS_r	$\sigma^2+ab\kappa_\beta^2$	$\sigma^2+ab\sigma_\beta^2$	$\sigma^2+ab\kappa_\beta^2$ 或 $\sigma^2+ab\sigma_\beta^2$
A 因素	MS_A	$\sigma^2+rb\kappa_A^2$	$\sigma^2+r\sigma_{AB}^2+rb\sigma_A^2$	$\sigma^2+rb\sigma_A^2$
B 因素	MS_B	$\sigma^2+ra\kappa_B^2$	$\sigma^2+r\sigma_{AB}^2+ra\sigma_B^2$	$\sigma^2+r\sigma_{AB}^2+ra\kappa_B^2$
A×B	MS_{AB}	$\sigma^2+r\kappa_{AB}^2$	$\sigma^2+r\sigma_{AB}^2$	$\sigma^2+r\sigma_{AB}^2$
误差	MS_e	σ^2	σ^2	σ^2

不同的模型，其 F 测验和统计推断也不同。当选用固定模型时，测验 H_0：$\kappa_\beta^2=0$，H_0：$\kappa_A^2=0$，H_0：$\kappa_B^2=0$，H_0：$\kappa_{AB}^2=0$，其 F 值均是以误差均方为分母。当选用随机模型时，则测验 H_0：$\sigma_\beta^2=0$ 和 H_0：$\sigma_{AB}^2=0$，应以误差项均方为分母；而测验 H_0：$\sigma_A^2=0$ 和 H_0：$\sigma_B^2=0$ 时需以 A×B 互作项均方为分母。混合模型可以类推。【例 9-2】中的资料分析是 A 和 B 两因素皆取固定模型、区组取随机模型进行计算的。

第三节　裂区试验结果的统计分析

裂区试验属于多因素试验设计的一种，它有多种形式，下面主要讨论二因素裂区(二裂式裂区)试验结果的统计分析方法。二因素裂区试验资料在进行自由度和平方和的分解时，要将变异来源分为主区部分和副区部分，用于测验主区部分及副区部分各变异来源显著性的误差也分为主区部分误差(E_a)和副区部分误差(E_b)，它们是不同的。

有一个二因素裂区试验，设主区因素 A 有 a 个水平、副区因素 B 有 b 个水平、r 个区组，则试验共有 rab 个观察值，数据结构见表 9-24，A 和 B 的两向表同二因素随机区组试验资料表 9-13，方差分析见表 9-25。

表 9-24　二因素裂区试验结果的数据结构

($i=1, 2, \cdots, a$；$j=1, 2, \cdots, b$；$l=1, 2, \cdots, r$)

A 因素	B 因素	区组						T_t	$\bar{x}_t$
		1	2	…	l	…	r		
A_1	B_1	x_{111}	x_{112}	…	x_{11l}	…	x_{11r}	T_{11}	$\bar{x}_{11}$
	B_2	x_{121}	x_{122}	…	x_{12l}	…	x_{12r}	T_{12}	$\bar{x}_{12}$
	⋮	⋮	⋮		⋮		⋮	⋮	⋮
	B_b	x_{1b1}	x_{1b2}	…	x_{1bl}	…	x_{1br}	T_{1b}	$\bar{x}_{1b}$
	T_m	$T_{1\cdot1}$	$T_{1\cdot2}$	…	$T_{1\cdot l}$	…	$T_{1\cdot r}$		
A_2	B_1	x_{211}	x_{212}	…	x_{21l}	…	x_{21r}	T_{21}	$\bar{x}_{21}$
	B_2	x_{221}	x_{222}	…	x_{22l}	…	x_{22r}	T_{22}	$\bar{x}_{22}$
	⋮	⋮	⋮		⋮		⋮	⋮	⋮
	B_b	x_{2b1}	x_{2b2}	…	x_{2bl}	…	x_{2br}	T_{2b}	$\bar{x}_{2b}$
	T_m	$T_{2\cdot1}$	$T_{2\cdot2}$	…	$T_{2\cdot l}$	…	$T_{2\cdot r}$		
…	…	…	…	…	…	…	…	…	…

续表

A 因素	B 因素	区组 1	2	…	l	…	r	T_t	$\bar{x}_t$
A_a	B_1	x_{a11}	x_{a12}	…	x_{a1l}	…	x_{a1r}	T_{a1}	$\bar{x}_{a1}$
	B_2	x_{a21}	x_{a22}	…	x_{a2l}	…	x_{a2r}	T_{a2}	$\bar{x}_{a2}$
	⋮	⋮	⋮		⋮		⋮	⋮	⋮
	B_b	x_{ab1}	x_{ab2}	…	x_{abl}	…	x_{abr}	T_{ab}	$\bar{x}_{ab}$
	T_m	$T_{a\cdot1}$	$T_{a\cdot2}$	…	$T_{a\cdot l}$	…	$T_{a\cdot r}$		
区组总和 T_r		$T_{\cdot\cdot1}$	$T_{\cdot\cdot2}$	…	$T_{\cdot\cdot l}$	…	$T_{\cdot\cdot r}$	T	
区组平均 $\bar{x}_r$		$\bar{x}_{\cdot\cdot1}$	$\bar{x}_{\cdot\cdot2}$	…	$\bar{x}_{\cdot\cdot l}$	…	$\bar{x}_{\cdot\cdot r}$		$\bar{x}$

表 9-25 二因素裂区试验结果的方差分析

变异来源		df	SS	MS	F
主区部分	区组	$r-1$	$SS_r=\frac{\sum T_r^2}{ab}-C$	MS_r	$\frac{MS_r}{MS_{E_a}}$
	主区因素 A	$a-1$	$SS_A=\frac{\sum T_A^2}{rb}-C$	MS_A	$\frac{MS_A}{MS_{E_a}}$
	主区误差 E_a	$(r-1)(a-1)$	$SS_{E_a}=SS_m-SS_r-SS_A$	MS_{E_a}	
	主区总变异	$ra-1$	$SS_m=\frac{\sum T_m^2}{b}-C$		
副区部分	副区因素 B	$b-1$	$SS_B=\frac{\sum T_B^2}{ra}-C$	MS_B	$\frac{MS_B}{MS_{E_b}}$
	A×B	$(a-1)(b-1)$	$SS_{AB}=SS_t-SS_A-SS_B$	MS_{AB}	$\frac{MS_{AB}}{MS_{E_b}}$
	副区误差 E_b	$a(r-1)(b-1)$	$SS_{E_b}=SS_T-SS_m-SS_B-SS_{AB}$	MS_{E_b}	
总变异		$rab-1$	$SS_T=\sum x^2-C$		

注：$C=\frac{T^2}{rab}$，$SS_t=\frac{\sum T_t{}^2}{r}-C$

在二裂式裂区试验中，试验资料观察值 x_{ijl} 的线性模型为

$$x_{ijl}=\mu+\beta_l+A_i+(\varepsilon_a)_{il}+B_j+(AB)_{ij}+(\varepsilon_b)_{ijl}$$

式中，μ 为总体平均数；β_l 为区组的效应；A_i 为主区因素 A 的效应；B_j 为副区因素 B 的效应；$(AB)_{ij}$ 为 A 与 B 交互作用的效应；$(\varepsilon_a)_{il}$ 和 $(\varepsilon_b)_{ijl}$ 分别为主区误差和副区误差，两者相互独立，且 $(\varepsilon_a)_{il}\sim N(0,\sigma_{E_a}^2)$ 和 $(\varepsilon_b)_{ijl}\sim N(0,\sigma_{E_b}^2)$。

1. *自由度和平方和的分解*

自由度和平方和的计算公式见表 9-25。

主区平方和 SS_m = 区组平方和 SS_r + A 因素的平方和 SS_A + 主区误差平方和 SS_{E_a}

总平方和 $SS_T=SS_m$ + B 因素的平方和 SS_B + A×B 交互项平方和 SS_{AB} + 副区误差平方和 SS_{E_b}

处理平方和 $SS_t=SS_A+SS_B+SS_{AB}$

主区自由度 df_m=区组自由度 df_r+A 因素的自由度 df_A+主区误差自由度 df_{E_a}

总自由度 $df_T=df_m$+B 因素的自由度 df_B+A×B 的自由度 df_{AB}+副区误差自由度 df_{E_b}

处理自由度 $df_t=df_A+df_B+df_{AB}$

如果用 df_e、SS_e分别表示二因素随机区组试验的误差项自由度和平方和，则有 $df_e=df_{E_a}+df_{E_b}$，$SS_e=SS_{E_a}+SS_{E_b}$，而其余各个变异项目的自由度和平方和皆相同。由此说明，裂区试验和二因素随机区组试验在变异来源上有误差项的再分解。

2. *F* 测验

裂区试验中，区组和主区因素的 *F* 值由主区误差均方作分母求得，副区因素和交互项的 *F* 值由副区误差均方作分母求得，见表 9-25。

3. 平均数的多重比较

裂区试验一般不对处理进行 *F* 测验，因此也不作多重比较。其他项平均数进行比较时的标准误计算公式分别为(以 *SSR* 法为例)

(1) A 因素间的比较$\left(\bar{x}_A=\frac{T_A}{rb}\right)$，$SE=\sqrt{\frac{MS_{E_a}}{rb}}$。

(2) B 因素间的比较$\left(\bar{x}_B=\frac{T_B}{ra}\right)$，$SE=\sqrt{\frac{MS_{E_b}}{ra}}$。

(3) A×B 交互作用分析。

A 因素在同一水平下，B 因素不同水平的比较$\left(\bar{x}_{\cdot j}=\frac{T_{AB}}{r}\right)$，$SE=\sqrt{\frac{MS_{E_b}}{r}}$。

B 因素在同一水平下，A 因素不同水平的比较$\left(\bar{x}_{i\cdot}=\frac{T_{AB}}{r}\right)$，

$$SE=\sqrt{\frac{[(b-1)MS_{E_b}+MS_{E_a}]}{rb}}$$。

【例 9-3】 有一个玉米种植密度和施肥量试验，裂区设计，以施肥量作主区因素 A，有 A_1、A_2、A_3 3 个水平；密度为副区因素 B，有 B_1、B_2、B_3 3 个水平。其田间排列图及小区产量(kg)见图 9-2，试作方差分析。

Ⅰ

A_1	A_3	A_2
B_3 11.8	B_2 11.5	B_2 12.9
B_1 9.4	B_3 14.3	B_1 14.2
B_2 10.2	B_1 9.2	B_3 14.0

Ⅱ

A_1	A_2	A_3
B_2 12.8	B_1 11.6	B_2 15.6
B_3 12.4	B_2 11.1	B_3 15.5
B_1 12.0	B_3 14.5	B_1 16.0

Ⅲ

A_3	A_2	A_1
B_1 14.0	B_3 13.3	B_1 7.1
B_3 16.0	B_1 10.6	B_2 12.2
B_2 14.3	B_2 13.9	B_3 13.4

Ⅳ

A_2	A_3	A_1
B_2 15.4	B_3 15.6	B_2 13.4
B_1 12.3	B_2 16.0	B_3 13.4
B_3 14.8	B_1 13.6	B_1 8.6

图 9-2　玉米种植密度和施肥量裂区试验的田间排列及小区产量

1. 资料的整理

将图 9-2 试验数据资料按区组和处理作两向分组，并对区组项、处理项求和，见表 9-26；按 A 因素和 B 因素作两向表，并对 A 因素和 B 因素求和，见表 9-27。

表 9-26　【例 9-3】资料区组和处理两向表

主区因素 A	副区因素 B	区组				T_t
		Ⅰ	Ⅱ	Ⅲ	Ⅳ	
A_1	B_1	9.4	12.0	7.1	8.6	37.1
	B_2	10.2	12.8	12.2	13.4	48.6
	B_3	11.8	12.4	13.4	13.4	51.0
	T_m	31.4	37.2	32.7	35.4	
	$\bar{x}_m$	10.47	12.40	10.90	11.80	
A_2	B_1	14.2	11.6	10.6	12.3	48.7
	B_2	12.9	11.1	13.9	15.4	53.3
	B_3	14.0	14.5	13.3	14.8	56.6
	T_m	41.1	37.2	37.8	42.5	
	$\bar{x}_m$	13.70	12.40	12.60	14.17	
A_3	B_1	9.2	16.0	14.0	13.6	52.8
	B_2	11.5	15.6	14.3	16.0	57.4
	B_3	14.3	15.5	16.0	15.6	61.4
	T_m	35.0	47.1	44.3	45.2	
	$\bar{x}_m$	11.67	15.70	14.77	15.07	
	T_r	107.5	121.5	114.8	123.1	$T=466.9$

表 9-27　表 9-26 资料 A 和 B 的两向表

A 因素	B 因素			T_A	$\bar{x}_A$
	B_1	B_2	B_3		
A_1	37.1	48.6	51.0	136.7	11.39
A_2	48.7	53.3	56.6	158.6	13.22
A_3	52.8	57.4	61.4	171.6	14.30
T_B	138.6	159.3	169.0	$T=466.9$	
$\bar{x}_B$	11.55	13.28	14.08		

2. 自由度和平方和的分解

由题意可知：$a=3$，$b=3$，$r=4$

$$df_T=abr-1=3\times3\times4-1=35$$

$$df_A=a-1=3-1=2$$

$$df_{E_a}=(r-1)(a-1)=(4-1)(3-1)=6$$

$$df_B=b-1=4-1=3$$

$$df_{AB}=(a-1)(b-1)=(3-1)(3-1)=4$$

$$df_{E_b}=a(r-1)(b-1)=3\times(4-1)(3-1)=18$$

矫正系数：$C=\dfrac{T^2}{a\times b\times r}=\dfrac{466.9^2}{3\times3\times4}=6055.434$

总变异：$SS_T=\sum x^2-C=9.4^2+10.2^2+\cdots+15.6^2-6055.434=173.516$

主区总变异：$SS_m=\dfrac{\sum T_m^2}{b}-C=\dfrac{31.4^2+41.1^2+\cdots+45.2^2}{3}-6055.434=94.343$

区组：$SS_r=\dfrac{\sum T_r^2}{ab}-C=\dfrac{107.5^2+121.5^2+114.8^2+123.1^2}{3\times3}-6055.434=16.916$

因素 A：$SS_A=\dfrac{\sum T_A^2}{rb}-C=\dfrac{136.7^2+158.6^2+171.6^2}{4\times3}-6055.434=51.851$

主区误差项：$SS_{E_a}=SS_m-SS_r-SS_A=94.343-16.916-51.851=25.576$

根据表 9-26 数据资料计算处理间平方和 SS_t，并分解为因素 A 平方和 SS_A、因素 B 平方和 SS_B和 A×B 交互项平方和 SS_{AB}三部分：

$$SS_t=\frac{\sum T_t^2}{r}-C=\frac{37.1^2+48.6^2+\cdots+61.4^2}{4}-6055.434=96.584$$

$$SS_B=\frac{\sum T_B^2}{ra}-C=\frac{138.6^2+159.3^2+169^2}{4\times3}-6055.434=40.187$$

$$SS_{AB}=SS_t-SS_A-SS_B=96.584-51.851-40.187=4.546$$

副区误差项：$SS_{E_b}=SS_T-SS_m-SS_B-SS_{AB}=173.516-94.343-40.187-4.546=34.440$ 或 $SS_{E_b}=SS_T-SS_r-SS_t-SS_{E_a}=173.516-16.916-96.584-25.576=34.440$。

将上述计算结果列于表 9-28，并计算 MS 和 F 值。

表 9-28　玉米种植密度和施肥量裂区试验的方差分析

变异来源		SS	df	MS	F	$F_{0.05}$	$F_{0.01}$
主区部分	区组	16.916	3	5.639	1.323	4.76	9.78
	A	51.851	2	25.926	6.082*	5.14	10.92
	E_a	25.576	6	4.263			
	主区总变异	94.343	11				
副区部分	B	40.187	2	20.094	10.54**	3.55	6.01
	A×B	4.546	4	1.137	0.594		
	E_b	34.440	18	1.913			
总变异		173.516	35				

3. F 测验

由表 9-28 可以看出，F 测验的结果表明：①区组间玉米产量无显著差异，说明本试验的土壤肥力比较均匀；②A 因素各水平间有显著差异，说明不同的施肥量对玉米产量有显著的影响；③B 因素各水平间有极显著差异，说明不同的种植密度间玉米产量有极显著差异；④A×B 互作不显著，说明该玉米品种在试验设计的密度和施肥水平范围内，密度和施肥量交互作用不显著。

4. 多重比较

对 F 测验达到显著的效应项，以 SSR 法进行平均数间差异显著性测验。

(1) 施肥量间玉米产量的差异显著性测验。

$$SE=\sqrt{\frac{MS_{E_a}}{rb}}=\sqrt{\frac{4.263}{4\times 3}}=0.60$$

据 $\nu=df_{E_a}=6$，查 SSR 值表得 $p=2$、3 的 SSR_α 值，并由 $LSR_\alpha=SSR_\alpha\times SE$ 计算得

$$p=2，LSR_{0.05,6}=3.46\times 0.60=2.08，LSR_{0.01,6}=5.24\times 0.60=3.14$$

$$p=3，LSR_{0.05,6}=3.58\times 0.60=2.15，LSR_{0.01,6}=5.51\times 0.60=3.31$$

以此为比较标准，得不同施肥量下玉米小区平均产量的显著性测验结果于表 9-29。

由表 9-29 可知，施肥量 A_3 的玉米产量显著地高于 A_1，而 A_3 与 A_2、A_2 与 A_1 间的玉米产量无显著性差异。

表 9-29　不同施肥量玉米小区产量的显著性测验

施肥量	小区产量/kg	差异显著性	
		0.05	0.01
A_3	14.30	*a*	*A*
A_2	13.22	*ab*	*A*
A_1	11.39	*b*	*A*

(2) 密度间玉米产量的差异显著性测验。

$$SE=\sqrt{\frac{MS_{E_b}}{ra}}=\sqrt{\frac{1.913}{4\times 3}}=0.40$$

据 $\nu=df_{E_b}=18$，查 SSR 值表得 $p=2$、3 的 SSR_α 值，并由 $LSR_\alpha=SSR_\alpha\times SE$ 计算得

$$p=2，LSR_{0.05,18}=2.97\times 0.40=1.19，LSR_{0.01,18}=4.07\times 0.40=1.63$$

$$p=3，LSR_{0.05,18}=3.12\times 0.40=1.25，LSR_{0.01,18}=4.27\times 0.40=1.71$$

以此为比较标准，得不同密度下玉米小区平均产量的显著性测验结果列于表 9-30。

表 9-30　不同密度下玉米小区产量的显著性测验

密度	小区产量/kg	差异显著性	
		0.05	0.01
B_3	14.08	*a*	*A*
B_2	13.28	*a*	*A*
B_1	11.55	*b*	*B*

由表 9-30 可知，密度 B_3、B_2 的玉米产量极显著地高于 B_1，而 B_3 与 B_2 间的玉米产量无显著性差异。

第四节　一年多点试验结果的综合分析

品种区域试验是鉴定新品种在不同环境下的产量表现，通过多点考察以确定品种的平均表现、对环境变化的稳定性及其适应区域，从而有利于对供试品种作出客观、准确和全面的分析，以便因地制宜地推广最适宜的品种。

品种区域试验分一年多点试验和多年多点试验，多个试验的联合分析首先要对各个试验进行分析，然后检验各个试验的误差是否同质，如果不同质则不可进行联合方差分析。区域试验结果的综合分析，不仅要比较供试品种的平均表现，还要了解品种×地点的互作效应，即了解不同品种在各地点的差异反应，从而进一步了解品种的稳产性及区域适应性。

某年一品种多点试验，设 k 个品种、l 个试验点、每个试验点重复 r 次，则试验有 klr 个观察值。该资料的自由度和平方和的计算见表 9-31。

表 9-31　一年多点试验资料自由度和平方和的计算公式($C=T^2/klr$)

变异来源	df	SS
试点内重复间	$l(r-1)$	$SS_r=k\sum_1^{lr}(\bar{x}_r-\bar{x}_l)^2=\frac{\sum_1^{lr}T_r^2}{k}-C-SS_l$
试点间	$l-1$	$SS_l=kr\sum_1^{l}(\bar{x}_l-\bar{x})^2=\frac{\sum_1^{l}T_l^2}{kr}-C$
品种间	$k-1$	$SS_k=lr\sum_1^{k}(\bar{x}_k-\bar{x})^2=\frac{\sum_1^{k}T_k^2}{lr}-C$
品种×试点	$(k-1)(l-1)$	$SS_{lk}=r\sum_1^{lk}(\bar{x}_{lk}-\bar{x}_l-\bar{x}_k+\bar{x})^2=\frac{\sum_1^{lk}T_{lk}^2}{r}-C-SS_l-SS_k$
误差	$l(k-1)(r-1)$	$SS_e=SS_T-SS_r-SS_k-SS_l-SS_{lk}$
总变异	$klr-1$	$SS_T=\sum_1^{klr}(x-\bar{x})^2=\sum_1^{klr}x^2-C$

试点内重复间、试点间、品种间、品种×试点等变异来源的 F 值都是以自身的均方为分子，以误差项均方为分母计算而来的。

【例 9-4】　设一个水稻品种区域试验，包括对照种在内共有 5($a=5$)个供试品种，分别为 A_1、A_2、A_3、A_4、A_5，在甲、乙、丙、丁 4 个试验点($l=4$)种植，每个点均采用相同小区面积 $33m^2$，重复 3 次($r=3$)，随机区组排列，其试验结果列于表 9-32。

1. 自由度和平方和的分解

由表 9-31 的公式计算得水稻品种区域试验方差分析结果列于表 9-33(计算过程略)。

2. F 测验

由表 9-33 可知，试点内重复(区组)间的差异极显著，说明在划分区组时，局部控制有效；试点间差异极显著，说明供试的 4 个地点水稻的生产水平有极显著的不同；品种间的差异极显著，说明供试的 5 个水稻品种的生产力有本质上的差异；品种×试点互作亦极显著，说明不同的水稻品种在不同地点的生产力不同，即它们的适应性不同。

表 9-32　水稻品种一年多点区域试验小区产量　　（单位：kg）

试点	重复	品种					T_r	T_l
		A	B	C	D	E		
甲	Ⅰ	19.7	28.6	20.3	27.9	22.3	118.8	469.7
	Ⅱ	31.4	38.3	27.5	40.0	30.8	168.0	
	Ⅲ	29.6	43.5	32.6	46.1	31.1	182.9	
	T_{kl}	80.7	110.4	80.4	114.0	84.2		
	$\bar{x}_{kl}$	26.90	36.80	26.80	38.00	28.07		
乙	Ⅰ	40.8	44.4	44.6	39.8	71.5	241.1	608.4
	Ⅱ	29.4	34.9	41.4	39.2	47.6	192.5	
	Ⅲ	30.2	33.9	26.2	29.1	55.4	174.8	
	T_{kl}	100.4	113.2	112.2	108.1	174.5		
	$\bar{x}_{kl}$	33.47	37.73	37.40	36.03	58.17		
丙	Ⅰ	34.7	28.8	29.8	27.7	43.0	164.0	457.0
	Ⅱ	29.1	28.7	38.4	27.6	32.7	156.5	
	Ⅲ	35.1	21.0	28.0	20.4	32.0	136.5	
	T_{kl}	98.9	78.5	96.2	75.7	107.7		
	$\bar{x}_{kl}$	32.97	26.17	32.07	25.23	35.90		
丁	Ⅰ	20.2	13.2	24.5	19.0	27.6	104.5	348.7
	Ⅱ	30.2	20.5	41.6	18.4	30.0	140.7	
	Ⅲ	16.0	9.6	30.6	24.6	22.7	103.5	
	T_{kl}	66.4	43.3	96.7	62.0	80.3		
	$\bar{x}_{kl}$	22.13	14.43	32.23	20.67	26.77		
T_k		346.4	345.4	385.5	359.8	446.7	$T=1883.8$	
$\bar{x}_k$		28.87	28.78	32.13	29.98	37.23		$\bar{x}=31.40$

表 9-33　表 9-32 资料的方差分析

变异来源	SS	df	MS	F	$F_{0.01}$
试点内重复间	1182.012	8	147.752	7.563**	3.13
试点间	2268.915	3	756.305	38.715**	4.46
品种间	596.734	4	149.184	7.637**	3.97
品种×试点	1763.996	12	147.000	7.525**	2.80
误差	625.121	32	19.535		
总变异	6436.778	59			

3. 多重比较

(1) 品种间平均数的多重比较。

利用 SSR 法进行品种间的多重比较，$SE=\sqrt{\frac{MS_e}{lr}}=\sqrt{\frac{19.535}{4\times 3}}=1.276$。多重比较结果见表 9-34。

由表 9-34 可以看出，品种 A_5 的产量极显著地高于其他 4 个品种，而品种 A_1、A_2、A_3、A_4 的产量两两之间均无显著性差异。

表 9-34　品种间的多重比较(SSR 法)

品种	小区产量/kg	差异显著性	
		0.05	0.01
A_5	37.23	*a*	*A*
A_3	32.13	*b*	*B*
A_4	29.98	*b*	*B*
A_1	28.87	*b*	*B*
A_2	28.78	*b*	*B*

(2) 各试点品种间平均数的比较。

利用 SSR 法进行各试点品种间的多重比较，$SE=\sqrt{\frac{MS_e}{r}}=\sqrt{\frac{19.535}{3}}=2.552$，$\nu=32$，查 SSR 值表，并计算 LSR_α 值列于表 9-35。

以表 9-35 LSR_α 值为标准测验各试点品种间小区平均产量的差异显著性列于表 9-36。

表 9-35　*SSR* 值和 *LSR* 值表

p	$SSR_{0.05}$	$SSR_{0.01}$	$LSR_{0.05}$	$LSR_{0.01}$
2	2.89	3.88	7.37	9.90
3	3.04	4.05	7.76	10.34
4	3.12	4.15	7.96	10.59
5	3.20	4.21	8.17	10.74

由表 9-36 可以看出，在甲试点以 A_4 品种的产量最高，极显著地高于 A_3、A_1，显著地高于 A_5，与 A_2 间无显著性差异；A_2 品种的产量次之，显著地高于 A_3、A_1、A_5 品种。在乙试点以 A_5 品种的产量最高，极显著地高于其他 4 个品种，且 A_4、A_3、A_2、A_1 4 个品种的产量间无显著性差异；在丙试点以 A_5 品种的产量最高，显著地高于 A_2、A_4 品种，且与 A_1 和 A_3 品种的产量无显著性差异；在丁试点以 A_3 品种的产量最高，极显著地高于 A_4、A_2 品种，显著地高于 A_1 品种，与 A_5 品种的产量无显著性差异；A_5 品种的产量次之，极显著地高于 A_2 品种，与 A_1、A_4 品种间的产量无显著性差异。

表 9-36　各试点品种间平均产量的多重比较(*SSR* 法)

甲试点				乙试点			
品种	小区产量/kg	差异显著性		品种	小区产量/kg	差异显著性	
		0.05	0.01			0.05	0.01
A_4	38.00	*a*	*A*	A_5	58.17	*a*	*A*
A_2	36.80	*a*	*AB*	A_2	37.73	*b*	*B*
A_5	28.07	*b*	*AB*	A_3	37.40	*b*	*B*
A_1	26.90	*b*	*B*	A_4	36.03	*b*	*B*
A_3	26.80	*b*	*B*	A_1	33.47	*b*	*B*
丙试点				丁试点			
品种	小区产量/kg	差异显著性		品种	小区产量/kg	差异显著性	
		0.05	0.01			0.05	0.01
A_5	35.90	*a*	*A*	A_3	32.23	*a*	*A*
A_1	32.97	*ab*	*A*	A_5	26.77	*ab*	*AB*
A_3	32.07	*ab*	*A*	A_1	22.13	*bc*	*ABC*
A_2	26.17	*b*	*A*	A_4	20.67	*bc*	*BC*
A_4	25.23	*b*	*A*	A_2	14.43	*c*	*C*

综上所述，A_5品种的稳定性较好，在乙和丙试点的产量排在第一位、丁试点排在第 2 位，可以推广利用；其他 4 个品种在不同试点表现不一，有待进一步研究。

复习思考题

9.1　多因素随机区组试验资料和单因素随机区组试验资料的方差分析方法有何异同？

9.2　裂区试验和多因素随机区组试验结果的统计分析方法有何异同？在裂区试验中误差 E_a 和 E_b 是如何计算的，各具什么意义？

9.3　为了研究不同的种植密度和不同种类的化肥对大麦产量的影响，试验种植密度设 3 个水平、肥料种类 5 种，完全随机设计，重复 4 次。产量结果列于表 9-37。试作方差分析。

表 9-37　不同种植密度和不同种类化肥试验的大麦产量　（单位：kg/小区）

种植密度	重复	肥料种类				
		B_1	B_2	B_3	B_4	B_5
A_1	Ⅰ	27	26	31	30	25
	Ⅱ	29	25	30	30	25
	Ⅲ	26	24	30	31	26
	Ⅳ	26	29	31	30	24
A_2	Ⅰ	30	28	31	32	28
	Ⅱ	30	27	31	34	29
	Ⅲ	28	26	30	33	28
	Ⅳ	29	25	32	32	27

续表

种植密度	重复	肥料种类				
		B_1	B_2	B_3	B_4	B_5
A_3	Ⅰ	33	33	35	35	30
	Ⅱ	33	34	33	34	29
	Ⅲ	34	34	37	33	31
	Ⅳ	32	35	35	35	30

9.4　有一个大豆试验，A 因素为品种，有 A_1、A_2、A_3、A_4 4 个水平，B 因素为播期，有 B_1、B_2、B_3 3 个水平，随机区组设计，重复 3 次，小区计产面积 $25m^2$，其田间排列和产量(kg)如图 9-3 所示，试作分析。

区组Ⅰ	A_1B_1 12	A_2B_2 13	A_3B_3 14	A_4B_2 15	A_2B_1 13	A_4B_3 16	A_3B_2 14	A_1B_3 13	A_4B_1 16	A_1B_2 12	A_3B_1 14	A_2B_3 14
区组Ⅱ	A_4B_2 16	A_1B_3 14	A_2B_1 14	A_3B_3 15	A_1B_2 12	A_2B_3 13	A_4B_1 16	A_3B_2 13	A_2B_2 13	A_3B_1 15	A_1B_1 13	A_4B_3 17
区组Ⅲ	A_2B_3 13	A_3B_1 15	A_1B_2 11	A_2B_1 14	A_4B_3 17	A_3B_2 14	A_2B_2 12	A_4B_1 15	A_3B_3 15	A_1B_3 13	A_4B_2 15	A_1B_1 13

图 9-3　大豆品种播种期二因素随机区组试验田间排列图

9.5　设有一个小麦中耕次数(A)和施肥量(B)裂区设计试验，主区因素为 A，设 A_1、A_2、A_3 3 个水平；副区因素为 B，设 B_1、B_2、B_3、B_4 4 个水平，重复 3 次($r=3$)，副区计产面积 $33m^2$，试验结果以小区产量(kg)计，见图 9-4，试作分析。

重复Ⅰ

A_1	A_3	A_2
$B_2$37	$B_3$15	$B_4$13
$B_3$18	$B_4$16	$B_1$28
$B_1$29	$B_2$31	$B_3$13
$B_4$17	$B_1$30	$B_2$31

重复Ⅱ

A_3	A_2	A_1
$B_1$27	$B_4$12	$B_2$32
$B_4$15	$B_2$28	$B_4$16
$B_3$14	$B_3$13	$B_3$14
$B_2$28	$B_1$29	$B_1$28

重复Ⅲ

A_1	A_3	A_2
$B_4$15	$B_2$31	$B_1$25
$B_2$31	$B_1$26	$B_3$10
$B_3$17	$B_4$13	$B_2$29
$B_1$32	$B_3$11	$B_4$12

图 9-4　小麦中耕次数和施肥量裂区试验的田间排列和小区产量

第十章　χ^2 测验

第一节　χ^2 的定义和分布

χ^2（卡方，或卡平方）分布（chi-square distribution）是由统计学家 K. Pearson 于 1900 年提出的，它是一种重要的连续型随机变量的概率分布。前面讲过，若从一般正态分布 $N(\mu, \sigma^2)$ 中随机抽取容量为 n 的样本 $x_i(i=1, 2, \cdots, n)$，正态离差为 $u=\frac{x_i-\mu}{\sigma}$。则 χ^2 的定义为相互独立的多个正态离差平方值的总和，即

$$\chi^2=u_1^2+u_2^2+\cdots+u_i^2+\cdots+u_n^2=\frac{1}{\sigma^2}\sum_{i=1}^{n}(x_i-\mu)^2$$

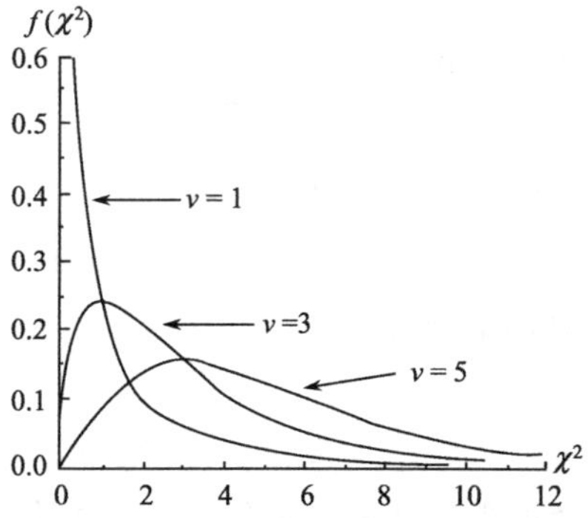

图 10-1　不同自由度的 χ^2 分布曲线

χ^2 分布的特点：

(1) χ^2 分布图形是一组具不同自由度 ν 值的曲线，其形状取决于参数 ν（图 10-1）。

(2) χ^2 分布的取值区间为 $[0, +\infty)$，其期望平均数为 ν，方差为 2ν。

(3) χ^2 呈偏态分布，当 $\nu=1$ 时，为倒 J 型，随着自由度增加，偏度降低，当 ν 增大至 $+\infty$ 时，则呈正态分布。在实际应用时，当 $\nu\geqslant 30$ 时，χ^2 分布即可用正态分布代替。

χ^2 分布的累积函数为

$$F(\chi_p^2)=P(\chi^2\leqslant\chi_p^2)=\int_0^{\chi_p^2}f(\chi^2)\mathrm{d}\chi^2$$

因而 χ^2 分布的右尾从 χ^2 到 $+\infty$ 的概率为

$$P(\chi^2>\chi_p^2)=1-F(\chi_p^2)=\int_{\chi_p^2}^{+\infty}f(\chi^2)\mathrm{d}\chi^2$$

附表 8 给出了不同自由度下，$\chi^2\geqslant\chi_\alpha^2$ 时的右尾概率值，可供 χ^2 测验之用。

K. Pearson 根据 χ^2 的上述定义从属性性状的分布推导出用于次数资料（也称为计数资料）或属性资料分析的 χ^2 计算公式：

$$\chi^2=\sum_{i=1}^{k}\frac{(O_i-E_i)^2}{E_i} \tag{10-1}$$

式中，O_i 为观察次数；E_i 为理论次数；$i=1, \cdots, k$ 为计数资料的分组数，自由度为 $\nu(\nu=k-1)$。

由于 χ^2 分布是连续性的，而次数资料是间断性的，因此由间断性资料算得的 χ^2 值是一个近似值，而且有偏大的趋势，尤其在 $\nu=1$ 时，需作连续性矫正，矫正后的 χ^2 值用 χ_C^2 值表示。其计算公式为

$$\chi_C^2=\sum_{i=1}^{k}\frac{(|O_i-E_i|-0.5)^2}{E_i} \tag{10-2}$$

对于同一资料，χ_C^2 值要小于 χ^2 值。当 $\nu \geqslant 2$ 时，χ^2 值和 χ_C^2 值相差不大，可以不作连续性矫正。

在 χ^2 测验中，无效假设 H_0 为实际值与理论值无差异，备择假设 H_A 为实际值与理论值有差异。若实得结果 $\chi^2 \leqslant \chi_\alpha^2$，即 $P>\alpha$，则应接受 H_0，说明在 α 显著水平上实际值与理论值无显著差异；若 $\chi^2>\chi_\alpha^2$，即 $P\leqslant\alpha$，则应否定 H_0，接受 H_A，说明在 α 显著水平上实际值与理论值有显著差异。这里应用的是一尾测验。

第二节　适合性测验

适合性测验(test for goodness-of-fit)是比较实际观察次数与理论次数间是否符合的 χ^2 测验。在适合性测验中，理论次数和自由度的计算公式为

$$E_i=n\cdot p_i \tag{10-3}$$

$$\nu=k-1 \tag{10-4}$$

式中，E_i 为理论次数；n 为总次数；p_i 为理论概率或比率；k 为组数。

适合性测验常用于遗传定律中实际分离比与某种理论分离比是否相符的测验，是 χ^2 测验最常用的方法之一。

【例 10-1】 具有红色芽鞘的纯种高粱和具有绿色芽鞘的纯种高粱杂交，杂交一代(F_1)的芽鞘均为红色，F_1 自交所得后代(F_2)分离成红色芽鞘的高粱 985 株、绿色芽鞘的高粱 309 株，问这一试验的实际观察结果是否符合一对等位基因 3∶1 的理论分离比例?

此处要推论是否符合 3∶1 分离，只要看观察次数与理论次数是否一致，故可用 χ^2 测验，其测验步骤为：

(1) 提出假设，H_0：红色芽鞘高粱与绿色芽鞘高粱杂交的 F_2 代的分离符合理论假设的 3∶1 比例；H_A：不符合 3∶1 的比例。

(2) 计算 χ^2 值。

根据假设可知：$p_1=3/4$，$p_2=1/4$

又 $n=\sum_{1}^{k}O_i=985+308=1293$

所以，红色芽鞘的理论次数：$E_1=n\cdot p_1=1293\times3/4=969.75$

绿色芽鞘的理论次数：$E_2=n\cdot p_2=1293\times1/4=323.25$

将这些结果列于表 10-1。

表 10-1　红色芽鞘高粱与绿色芽鞘高粱的适合性测验计算

芽鞘颜色	观察次数(O_i)	理论概率(p_i)	理论次数(E_i)	$(\lvert O_i-E_i\rvert-0.5)^2/E_i$
红色	985(O_1)	3/4	969.75(E_1)	0.2243
绿色	308(O_2)	1/4	323.25(E_2)	0.6730
合计	1293(n)	1.0	1293	0.8973

由于 $\nu=k-1=2-1=1$，所以计算 χ^2 值时需作连续性矫正。

则由式(10-2)计算得

$$\chi_C^2=\sum\frac{(|O_i-E_i|-0.5)^2}{E_i}$$

$$=\frac{(|985-969.75|-0.5)^2}{969.75}+\frac{(|308-323.25|-0.5)^2}{323.25}=0.8973$$

(3) 确定显著水平 $\alpha=0.05$。

(4) 统计推断。

查附表 8，当 $\nu=1$ 时，$\chi^2_{0.05,1}=3.84$，而实得 $\chi_C^2=0.8973<\chi^2_{0.05,1}$，$P>0.05$，所以接受 H_0，即认为红色芽鞘高粱与绿色芽鞘高粱杂交的 F_2 代的分离符合理论假设的 3∶1，这个试验结果是符合一对等位基因的遗传规律的。

如果在计算 χ^2 值时不作连续性矫正。则由式(10-1)计算得

$$\chi^2=\sum_{i=1}^{k}\frac{(O_i-E_i)^2}{E_i}=0.2398+0.7195=0.9593$$

$\chi^2=0.9593$ 仍然小于 $\chi^2_{0.05,1}=3.84$，结论与前相同。但可以看出，如果不作连续性矫正，$\chi^2=0.9593>\chi_C^2=0.8973$，因此，此时如果用 χ^2 进行测验，则容易达到显著水平。

【例 10-2】 两对等位基因遗传试验，若基因为独立分配，则 F_2 代的 4 种表现型在理论上应有 9∶3∶3∶1 的比率。有一水稻遗传试验，以稃尖有色非糯品种与稃尖无色糯性品种杂交，其 F_2 代如表 10-2 所示结果。试测验实际结果是否符合 9∶3∶3∶1 的理论比率。

表 10-2 F_2 代表现型的观察次数和根据 9∶3∶3∶1 算出的理论次数

表现型	稃尖有色非糯稻	稃尖有色糯稻	稃尖无色非糯稻	稃尖无色糯稻	总数
观察次数(O)	491	76	90	86	743
理论次数(E)	417.94	139.31	139.31	46.44	743
$O-E$	73.06	−63.31	−49.31	39.56	0

(1) 提出无效假设 H_0：水稻稃尖和糯性性状 F_2 代分离符合 9∶3∶3∶1 比率；

备择假设 H_A：不符合 9∶3∶3∶1 比率。

(2) 计算 χ^2 值。

根据假设可知：$p_1=9/16$，$p_2=p_3=3/16$，$p_4=1/16$，又 $n=\sum_1^k O_i=491+76+90+86=743$。所以，

稃尖有色非糯稻的理论次数：$E_1=n\cdot p_1=743\times9/16=417.94$

稃尖有色糯稻和稃尖无色非糯稻的理论次数：$E_2=E_3=n\cdot p_2=743\times3/16=139.31$

稃尖无色糯稻：$E_4=n\cdot p_4=743\times1/16=46.44$

将这些结果列于表 10-2。

由于 $\nu=k-1=4-1=3$，故在计算 χ^2 值时不需作连续性矫正。

由表 10-2 资料及式(10-1)计算得 χ^2 值为

$$\chi^2=\sum_{i=1}^{k}\frac{(O_i-E_i)^2}{E_i}=\frac{73.06^2}{417.94}+\frac{(-63.31)^2}{139.31}+\frac{(-49.31)^2}{139.31}+\frac{39.56^2}{46.44}=92.696$$

(3) 确定显著水平 $\alpha=0.01$。

(4) 统计推断。

查附表 8，当 $\nu=3$ 时，$\chi^2_{0.01,3}=11.34<\chi^2=92.696$，故 $P<0.01$，则应否定 H_0，接受 H_A，即该水稻稃尖和糯性性状在 F_2 代的实际结果不符合 9∶3∶3∶1 的理论比率。这一情况表明，该两对等位基因并非独立遗传，而可能为连锁遗传。

在应用 χ^2 测验进行分离比例适合性测验时，必须注意这种测验只是推论实际分离比与某种理论分离比的相符情况。在实际应用中有可能出现实际分离比可能符合两种或多种理论分离比，因此由表现型分离比推断其基因型要十分谨慎，且应根据相关的专业知识作出判断，否则就会得出错误的结论。

第三节　独立性测验

χ^2 测验应用于独立性测验(test for independence)的资料按照两个方向分组，按行分为 r 组，按列分为 c 组，故也称为两向分组次数资料的独立性测验。其测验的目的主要是为探求两个因素间是否相互独立，是次数资料的一种相关性分析。例如，在分析小麦田喷某种农药与否和黏虫数量的多少两个因素之间的关系时，若相互独立，则表明喷药与黏虫的数量多少无关，喷药对黏虫的防治无效果；若相互关联，则表示喷药与黏虫的数量有关，喷药对黏虫的防治有效果。

应用 χ^2 进行独立性测验的无效假设是：H_0：两个因素相互独立，备择假设是 H_A：两个因素彼此相关。

在计算 χ^2 值时，首先将所得次数资料按两个因素做两向分组，排列成相依表，行为 r 组、列为 c 组；再根据两个因素相互独立的假设，由实际次数 O_{ij} 算出每一组格的理论次数 E_{ij}；最后由式(10-9)或式(10-10)算得 χ^2 或 χ^2_C 值。

这里

$$n=\sum_{1}^{rc}O_{ij}\qquad (i=1,2,\cdots,r;\ j=1,2,\cdots,c)\tag{10-5}$$

$$E_{ij}=\frac{R_iC_j}{n}\tag{10-6}$$

$$R_i=\sum_{j=1}^{c}O_{ij}\tag{10-7}$$

$$C_j=\sum_{i=1}^{r}O_{ij}\tag{10-8}$$

$$\chi^2_C=\sum\frac{|(O_{ij}-E_{ij})-0.5|^2}{E_{ij}}\qquad(\nu=1)\tag{10-9}$$

$$\chi^2=\sum\frac{(O_{ij}-E_{ij})^2}{E_{ij}}\tag{10-10}$$

式中，R_i 为相依表中第 i 组的和；C_j 为相依表中第 j 组的和。

χ^2 的自由度随两个因素各自的分组数不同而不同，$\nu=(r-1)(c-1)$。

在 χ^2 测验中，若 $\chi^2 \leqslant \chi^2_\alpha$，则 $P>\alpha$，应接受 H_0，说明两个因素相互独立；若 $\chi^2>\chi^2_\alpha$，则 $P\leqslant\alpha$，应否定 H_0，接受 H_A，即两个因素相关或关联。

一、2×2 表的独立性测验

2×2 相依表是指行和列皆分为两组的资料，即 $r=2$、$c=2$。2×2 表的一般形式如表 10-3所示。在作独立性测验时，其 $\nu=(2-1)(2-1)=1$，故计算 χ^2 值时需作连续性矫正，应用式(10-9)。

表 10-3　2×2 表的一般形式

分组	1	2	R_i
1	$O_{11}(E_{11})$	$O_{12}(E_{12})$	R_1
2	$O_{21}(E_{21})$	$O_{22}(E_{22})$	R_2
C_j	C_1	C_2	n

【例 10-3】 小麦田喷某种农药防治黏虫试验，以不喷的作为对照，其结果列于表 10-4。试问喷药对黏虫的防治是否有效果？

表 10-4　小麦田喷药防治黏虫试验观察结果

处理项目	死虫数	活虫数	R_i
喷农药	423(373.1)	37(86.9)	460
不喷农药	315(364.9)	135(85.1)	450
C_j	738	172	910

(1) 提出假设。

H_0：两个因素相互独立，即小麦田喷农药与否与黏虫数量的多少无关；

H_A：两个因素彼此相关，即小麦田喷农药与否与黏虫数量的多少有关。

(2) 根据两个因素相互独立的假定，算得理论次数。

由式(10-5)得：$n=\sum_{1}^{rc} O_{ij}=423+37+315+135=910$

由式(10-6)计算理论次数如下：

$$E_{11}=\frac{R_1C_1}{n}=\frac{460\times738}{910}=373.1$$

$$E_{12}=\frac{R_1C_2}{n}=\frac{460\times172}{910}=86.9$$

$$E_{21}=\frac{R_2C_1}{n}=\frac{450\times738}{910}=364.9$$

$$E_{22}=\frac{R_2C_2}{n}=\frac{450\times172}{910}=85.1$$

因 $\nu=(2-1)(2-1)=1$，所以应将以上各个 E_{ij} 值代入式(10-9)得

$$\chi_C^2=\sum\frac{(|O_{ij}-E_{ij}|-0.5)^2}{E_{ij}}=\frac{(|423-373.1|-0.5)^2}{373.1}+\frac{(|37-86.9|-0.5)^2}{86.9}$$

$$+\frac{(|315-364.9|-0.5)^2}{364.9}+\frac{(|135-85.1|-0.5)^2}{85.1}=70.116$$

(3) 假设测验。这里 $\nu=1$，查附表 8，$\chi^2_{0.01,1}=6.63$，现实得 $\chi_C^2=70.116>\chi^2_{0.01,1}$，故 $P<0.01$，应否定 H_0，接受 H_A，即小麦田喷农药与否与黏虫数量的多少有关，喷该种农药对防治小麦田黏虫有极显著的效果。

二、$r\times c$ 表的独立性测验

$r\times c$ 表资料是按行分为 r 组($r\geqslant2$)，按列分为 c 组($c\geqslant3$)。对这种资料作独立性测验时，其自由度 $\nu=(r-1)(c-1)\geqslant2$，在计算 χ^2 值时，不需要进行连续性矫正，应用式(10-10)。

【例 10-4】 燕麦杂交组合的第三代(F_3)共有 810 个系，在温室内鉴别各系幼苗对某种病害的反应，并在田间鉴别植株对此病害的反应，所得结果列于表 10-5，试测验两种反应间是否有关联。

表 10-5　燕麦不同杂交组合的幼苗和田间植株对某种病害的反应

田间反应	温室幼苗反应			R_i
	抗病	分离	感染	
抗病	142(37.99)	51(114.21)	3(43.80)	196
分离	13(81.21)	404(244.16)	2(93.63)	419
感染	2(37.80)	17(113.63)	176(43.57)	195
C_j	157	472	181	810

(1) 提出假设。H_0：燕麦不同杂交组合的幼苗对某种病害的反应与田间植株对某种病害的反应无关；H_A：两种反应有关联。

(2) 根据假定，算得各组格的理论次数。

由式(10-5)得：$n=\sum_1^{rc}O_{ij}=142+51+\cdots+176=810$

由式(10-6)得：$E_{11}=R_1C_1/n=196\times157/810=37.99$

$E_{12}=R_1C_2/n=196\times472/810=114.21$

…

$E_{33}=R_3C_3/n=195\times181/810=43.57$

以此方法求得所有理论次数列于表 10-5 的括号内。

这里 $\nu=(r-1)(c-1)=(3-1)(3-1)=4$，因此在计算 χ^2 值时要用式(10-10)，即

$$\chi^2=\sum\frac{(O_{ij}-E_{ij})^2}{E_{ij}}=\frac{(142-37.99)^2}{37.99}+\frac{(51-114.21)^2}{114.21}+\cdots+\frac{(176-43.57)^2}{43.57}$$

$$=1127.89$$

(3) 显著水平 $\alpha=0.01$。

（4）假设测验。查附表 8，当 $\nu=4$ 时，$\chi^2_{0.01,4}=13.28$，现实得 $\chi^2=1127.95>\chi^2_{0.01,4}$，故 $P<0.01$，因此，应否定 H_0，接受 H_A，即燕麦不同杂交组合的幼苗对某种病害的反应与田间植株对某种病害的反应有关联。

复习思考题

10.1　χ^2 测验与 t 测验、F 测验在应用上有什么区别？

10.2　在进行 χ^2 测验时，什么情况下需作连续性矫正？如何矫正？

10.3　调查某作物 F_2 代 280 株，其中具显性性状的 204 株，不具显性性状的 76 株，试问这一分离是否符合 3∶1 的分离比率？

10.4　纯合的黄圆豌豆与绿皱豌豆杂交，F_1 代自交，F_2 代分离得到黄圆豌豆 315 粒、黄皱豌豆 101 粒、绿圆豌豆 108 粒、绿皱豌豆 32 粒。问这一结果是否符合 9∶3∶3∶1 的独立分配规律？

10.5　两种农药杀灭棉铃虫试验，两种农药混合使用 25 只中杀死 15 只；单用一种农药 24 只中死亡 9 只，问两种杀虫方式的杀虫效果是否有显著性差异？

10.6　不同灌溉方式下水稻叶片衰老情况的调查资料如表 10-6 所示。试测验水稻叶片衰老情况是否与灌溉方式有关。

表 10-6　水稻在不同灌溉方式下叶片的衰老情况

灌溉方式	绿叶数	黄叶数	枯叶数
深水	146	7	7
浅水	183	9	13
湿润	152	14	16

第十一章 直线回归与相关

前述各章的统计方法，除了 χ^2 测验涉及两个变量以外，其他都只涉及一个变量。实际生产实践和科学试验中所要研究的变量往往不止一个。例如，研究作物生长进程时，就会涉及生育期与温度、湿度等变量的关系；研究某小麦的产量时，就会涉及小麦产量与施肥量、播种密度、千粒重、穗粒数等变量的关系。

第一节 回归和相关的概念

一、函数关系与统计关系

两个或两个以上变量之间的关系可分为两类：一类是函数关系；另一类是统计关系。

函数关系是一种确定性的关系，即一个变量取值必定与其相关变量取值相对应。例如，圆面积与半径的关系为 $S=\pi R^2$，对于任意一个半径值 R，必定能求得一个唯一的面积值 S，两者之间的关系是完全确定的；又如，土地的面积(S)与长(a)和宽(b)的关系为 $S=a\times b$，给定一对 a、b 的值就可以计算出一个土地面积与之相对应。函数关系不包含误差的干扰。

统计关系是一种非确定性的关系，即一个变量的取值受另一变量的影响，两者之间既有关系，但又不存在完全确定的关系。例如，作物的产量与灌水量的关系，在雨量较少的地区，一定的灌水量范围内，灌水量多则产量高，灌水量少则产量低。但这种关系并不是完全确定的，不是灌多少水就一定有多少产量，即使灌水量完全相同，两块同样面积土地上的产量也不一定相等。这是因为在生产实际中，作物的产量除受灌水量的影响外，还会受到土壤、作物个体等许多不确定因素的影响，而使产量与灌水量间存在不确定的关系。又如，作物产量与施肥量、生物产量与株高、穗重与穗长、穗重与穗粗等的关系都是统计关系。具有统计关系的变量之间受误差的干扰，而且这种关系的存在是有条件的。

二、自变量与依变量

具有统计关系的两个变量间若是原因和结果的关系，则称这两个变量间存在因果关系，并定义原因变量为自变量(independent variable)，以 x 表示；定义结果变量为依变量(dependent variable)，以 y 表示。例如，在灌水量和产量的关系中，灌水量是产量变化的原因，是自变量(x)；产量是对灌水量的反应，是依变量(y)。在具有因果关系的变量中，依变量只有一个，自变量可以有多个。如果自变量有 m 个时，则自变量以 x_1，x_2，x_3，…，x_m表示。例如，水稻产量与千粒重、每穗粒数、结实率、亩穗数等的关系。自变量是固定的(试验时预先确定)、是没有误差的，而依变量是有随机误差的。

如果具有统计关系的两个变量间不是原因和结果的关系，而是呈现一种相互影响、共同变化的关系，则称这两个变量间存在相关关系。例如，在谷子穗长与穗重的关系中，它们是同步增长、相互影响的，既不能说穗长是穗重的原因，也不能说穗重决定穗长。相关关系中并没有自变量和依变量之分，x 和 y 可分别用于表示任一变量，而且都存在随机误差。

三、回归分析和相关分析

对具有因果关系的两个变量，变量 x 的每一个值 x_i，都有一个随机变量 y 的分布与之对应，则称 y 对 x 存在回归关系，可用一个表示 y 随 x 的改变而改变的方程 $\hat{y}=f(x)$表示，此时称 $\hat{y}=f(x)$为 y 依 x 的回归方程(regression equation of y on x)。方程 $\hat{y}=f(x)$的形式多种多样，最简单的为一元线性方程，也可为多元线性方程或曲线方程。通常将计算回归方程为基础的统计分析方法称为回归分析，包括直线回归分析、曲线回归分析和多元线性回归分析。回归分析的目的是建立回归方程，并利用所建立的回归方程由自变量来预测和控制依变量。

对具有相关关系的两个变量，不能用一个变量来预测另一个变量，但可以分析它们之间的相关程度。表示变量 y 和变量 x 相关密切程度的统计数称为相关系数(correlation coefficient)。这一统计数在两个变量为直线关系时称为简单相关系数(简称为相关系数)，记为 r；在一个变量与多个变量间的线性相关中称为多元相关系数或复相关系数(multiple correlation)，记为 $R_{y/12\cdots m}$；两个变量为曲线相关时称为相关指数(correlation index)，记作 R。通常将计算相关系数为基础的统计分析方法称为相关分析，相关分析的目的是研究两个变量间，或一个变量与多个变量间相关的程度或性质。

变量间的关系及分析方法归纳见图 11-1。一般情况下，一个变量含有试验误差而其他变量不含试验误差时着重进行回归分析；试验所涉及的变量均含有试验误差时着重进行相关分析。

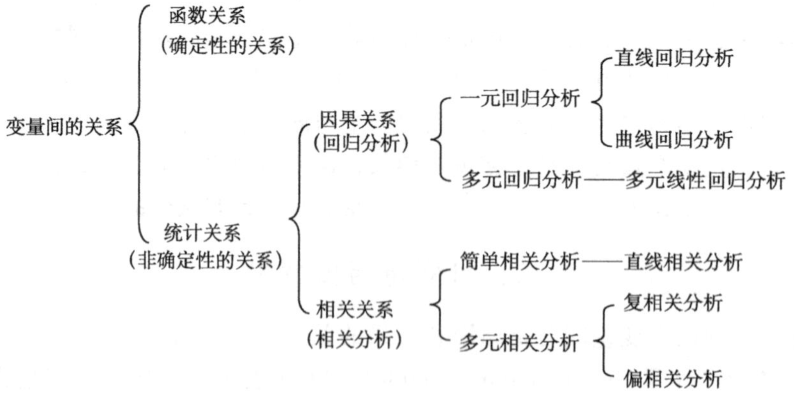

图 11-1　变量间的关系及分析方法

四、散　点　图

将两个变量的 n 对观察值(x_1, y_1)，(x_2, y_2)，…，(x_i, y_i)，…，(x_n, y_n)分别以坐标点的形式标记于同一直角坐标平面上，所形成的图形为散点图(scatter diagram)，根据散点图可初步判定变量 y 和 x 间的关系，见图 11-2。

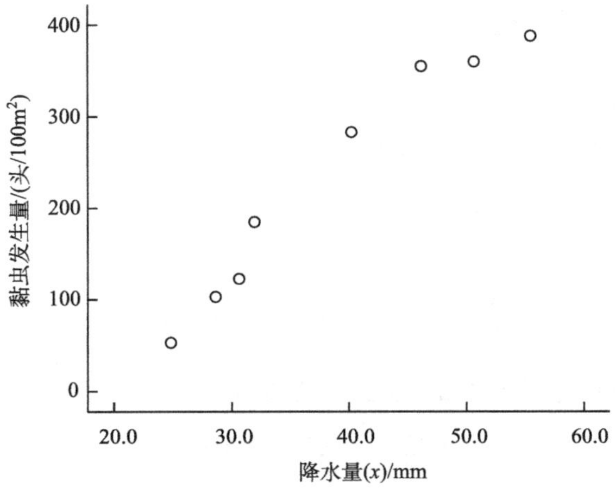

图 11-2　某地降水量与黏虫发生量的散点图

第二节　直线回归

一、直线回归方程

（一）直线回归方程式

对于在散点图上呈直线趋势的两个变量，可采用直线回归方程（linear regression equation）来描述。其一般形式为

$$\hat{y}=a+bx \tag{11-1}$$

式(11-1)读作“y 依 x 的直线回归方程”。式中，x 为自变量；$\hat{y}$ 为和 x 的量相对应的依变量的点估计值；a 为 $x=0$ 时的 $\hat{y}$ 值，即回归直线在 y 轴上的截距，称为回归截距（regression intercept）；b 为回归直线的斜率（slope），称为回归系数（regression coefficient），其含意是 x 每增加一个单位数时，$\hat{y}$ 平均将要增加($b>0$ 时)或减少($b<0$ 时)的单位数。

根据前文所述，在实际中具有直线关系的 x 和 y 所有的观察值(x_i, y_i)并不在一条直线上，而是形成一个分散状(图 11-3)，由这些点可以得到许多条直线，哪一条是最适合的呢？a 和 b 又怎么得到的呢？

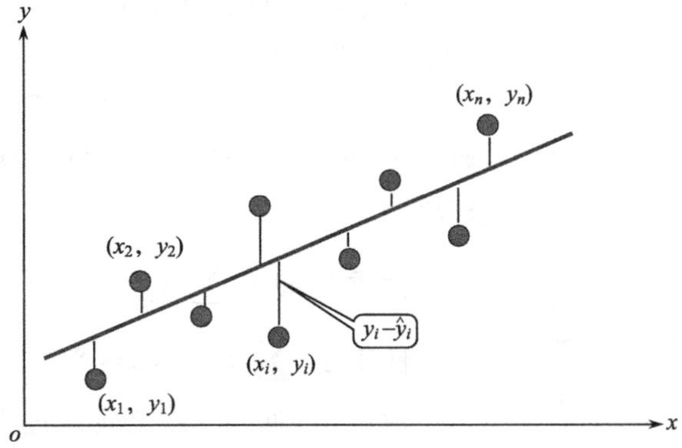

图 11-3　观察值(x_i, y_i)的散点图

要使 $\hat{y}=a+bx$ 能够最好地代表 y 和 x 在数量上的互变关系，根据最小二乘法，必须使 $Q=\sum^{n}(y-\hat{y})^2=\sum^{n}(y-a-bx)^2$ 为最小。

根据微积分学中的极值原理，分别对 a 和 b 求偏导数并令其为 0，即

$$\frac{\partial Q}{\partial a}=-2\sum(y-a-bx)=0$$

$$\frac{\partial Q}{\partial b}=-2\sum(y-a-bx)x=0$$

由上面的两个方程整理得关于 a、b 的正规方程组：

$$an+b\sum x=\sum y$$

$$a\sum x+b\sum x^2=\sum xy$$

解之得

$$a=\bar{y}-b\bar{x} \tag{11-2}$$

$$b=\frac{\sum xy-\frac{1}{n}\sum x\sum y}{\sum x^2-\frac{1}{n}(\sum x)^2}=\frac{\sum(x-\bar{x})(y-\bar{y})}{\sum(x-\bar{x})^2}=\frac{SP}{SS_x} \tag{11-3}$$

式(11-3)的分子 $\sum(x-\bar{x})(y-\bar{y})$是自变量 x 的离均差与依变量 y 的离均差的乘积之和，简称为乘积和(sum of product)，记为 SP；分母 $\sum(x-\bar{x})^2$ 是自变量 x 的离均差平方和，记为 SS_x。

$\hat{y}=a+bx$ 所表示的是生物体量的指标关系，一般都是大于零的，所以，直线只能在第Ⅰ象限。a 值和 b 值可正可负，随具体资料而异，但不能同时为负，如图 11-4 所示。

(1) 当 $a>0$，$b<0$ 时，回归直线可交于 $\hat{y}$ 和 x 轴，$\hat{y}$ 随 x 的增大而减小。

(2) 当 $a>0$，$b>0$ 时，回归直线可交于 $\hat{y}$ 轴，$\hat{y}$ 随 x 的增大而增大。

(3) 当 $a<0$，$b>0$ 时，回归直线可交于 x 轴，$\hat{y}$ 随 x 的增大而增大。

若 $b=0$，或与 0 的差异不显著，则表明 $\hat{y}$ 与 x 的直线回归关系不能成立。

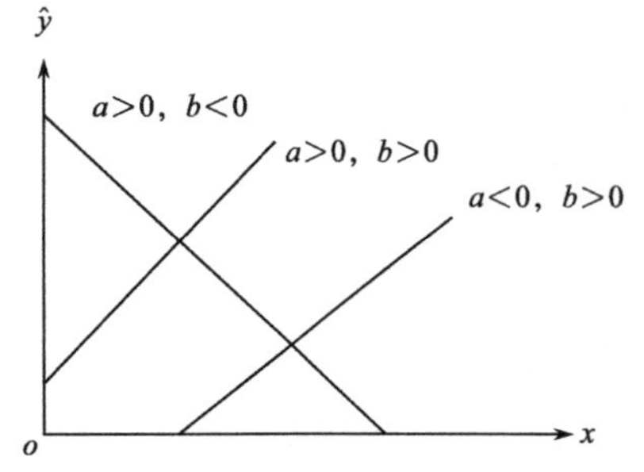

图 11-4 直线回归方程 $\hat{y}=a+bx$ 的图像

以上是 a 和 b 的统计学解释，对于具体资料，a 和 b 将有专业上的实际意义。

将 x 的取值代入直线回归方程，可计算出 $\hat{y}$ 值，研究 y 和 $\hat{y}$ 之间的关系，可发现回归方程的 3 个基本性质：

性质 1：$Q=\sum_{1}^{n}(y-\hat{y})^2=$最小值。

性质 2：$\sum(y-\hat{y})=0$。

性质 3：回归直线必定通过中心点$(\bar{x},\bar{y})$。

（二）直线回归方程的计算

【例 11-1】 某地对 5 月中旬降水量与 6 月上、中旬黏虫发生量进行了连续 8 年的调查，将结果列于表 11-1，试计算其回归方程。

表 11-1　5 月中旬降水量与 6 月上、中旬黏虫发生量

变量	第 1 年	第 2 年	第 3 年	第 4 年	第 5 年	第 6 年	第 7 年	第 8 年
降水量(x)/mm	46.1	31.9	55.4	30.6	50.6	24.8	40.2	28.6
黏虫发生量(y)/(头/100m^2)	355	251	388	123	377	53	359	103

线性回归计算的步骤如下所述。

第一步：由观察值直接算得 6 个一级数据，即 n，$\sum x$，$\sum x^2$，$\sum y$，$\sum y^2$，$\sum xy$。

$n=8$

$\sum x=46.1+31.9+\cdots+28.6=308.2$

$\sum x^2=46.1^2+31.9^2+\cdots+28.6^2=12757.74$

$\sum y=355+251+\cdots+103=2009$

$\sum y^2=355^2+251^2+\cdots+103^2=639127$

$\sum xy=46.1\times 355+31.9\times 251+\cdots+28.6\times 103=87399.6$

第二步：由一级数据算得 5 个二级数据 SS_x，SS_y，SP，$\bar{x}$，$\bar{y}$。

$$SS_x=\sum x^2-\frac{\left(\sum x\right)^2}{n}=12757.74-\frac{308.2^2}{8}=884.335$$

$$SS_y=\sum y^2-\frac{\left(\sum y\right)^2}{n}=639127-\frac{2009^2}{8}=134616.875$$

$$SP=\sum xy-\frac{\sum x\sum y}{n}=87399.6-\frac{308.2\times 2009}{8}=10002.875$$

$$\bar{x}=\frac{\sum x}{n}=\frac{308.2}{8}=38.525$$

$$\bar{y}=\frac{\sum y}{n}=\frac{2009}{8}=251.125$$

第三步：根据式(11-2)和式(11-3)计算得

$$b=\frac{SP}{SS_x}=\frac{10002.875}{884.335}=11.311(\text{头}/100\text{m}^2)$$

$a=\bar{y}-b\bar{x}=251.125-11.311\times 38.525=-184.638$

第四步：建立回归方程 $\hat{y}=-184.638+11.311x$。

第五步：指出方程中回归系数(b)与回归截距(a)的意义。

上述方程，说明该地区 5 月中旬降水量每增加 1mm，6 月上、中旬黏虫的量每平方米就会增加 11.311 头。$b>0$ 说明 y 和 x 成正比，降水量越大，黏虫的发生量越大；反之，发生量越小。当 5 月中旬降水量低于 16.3mm 时，6 月上、中旬无黏虫发生。

二、直线回归的假设测验

从任意两个变量 X 和 Y 的总体中抽样，所得到的观察值(x_1, y_1)，(x_2, y_2)，(x_3, y_3)……都可以用计算回归方程的方法算得一个直线回归方程 $\hat{y}=a+bx$，但这个回归方程是否可靠，x 和 y 是否真的存在线性关系，必须对回归方程进行显著性测验。在给定显著水平 α 的条件下，如果测定其来自无直线回归关系总体的概率小于 α 时，才能认为其所代表的总体存在直线回归关系。对直线回归的假设测验为：H_0：总体回归系数 $\beta=0$，即两变量间无线性关系；H_A：$\beta\neq0$，即两变量间有线性关系。可用 t 测验或 F 测验的方法对回归关系进行显著性测验。

（一）F 测验

当以 $\hat{y}=a+bx$ 表示 y 资料时，样本 y 的变异 SS_y 可由 $\sum(y-\bar{y})^2$ 来计算，由 $(y-\bar{y})=(y-\hat{y})-(\hat{y}-\bar{y})$ 得

$$\sum(y-\bar{y})^2=\sum[(y-\hat{y})+(\hat{y}-\bar{y})]^2=\sum(y-\hat{y})^2+\sum(\hat{y}-\bar{y})^2 \quad (11\text{-}4)$$

总的平方和：$SS_y=\sum(y-\bar{y})^2=\sum y^2-\dfrac{\left(\sum y\right)^2}{n}$，它是 y 的变异，具有自由度 $\nu=n-1$。

回归平方和：$U=\sum(\hat{y}-\bar{y})^2=\dfrac{SP^2}{SS_x}$，它是由 x 的不同而引起 y 的变异，具有自由度 $\nu_1=1$。

离回归平方和：$Q=\sum(y-\hat{y})^2=SS_y-U=SS_y-\dfrac{SP^2}{SS_x}$，它是由 x 以外的因素引起 y 的变异，具有自由度 $\nu_2=n-2$，

$$F=\frac{U/\nu_1}{Q/\nu_2}=\frac{SP^2/SS_x}{Q/(n-2)}$$

由此得测验回归关系显著性的方差分析见表 11-2。

表 11-2　回归关系的方差分析

变异来源	SS	df	MS	F
回归	$U=\dfrac{SP^2}{SS_x}$	1	$\dfrac{U}{1}$	$F=\dfrac{U}{Q/(n-2)}$
离回归	$Q=SS_y-\dfrac{SP^2}{SS_x}$	$n-2$	$\dfrac{Q}{n-2}$	
总变异	$SS_y=\sum y^2-\dfrac{\left(\sum y\right)^2}{n}$	$n-1$		

F 测验：查附表 5，得 $F_{\alpha(1,n-2)}$ 的值。

若 $F \leqslant F_{\alpha(1,n-2)}$，则 $P > \alpha$，接受 H_0，即总体回归系数 $\beta = 0$，也就是说两个变量之间无直线回归关系。

若 $F > F_{\alpha(1,n-2)}$，则 $P \leqslant \alpha$，否定 H_0，接受 H_A，即总体回归系数 $\beta \neq 0$，说明两个变量之间存在显著的直线回归关系。

【例 11-2】 试用 F 测验法测验【例 11-1】资料回归关系的显著性。

在【例 11-1】中，已算得 $SS_y = 134616.875$，$SS_x = 884.335$，$SP = 10002.875$，故

$$U = \frac{SP^2}{SS_x} = \frac{10002.875^2}{884.335} = 113144.349$$

$$Q = SS_y - U = 134616.875 - 113144.349 = 21472.526$$

方差分析结果列于表 11-3。

表 11-3　【例 11-1】资料回归关系的方差分析

变异来源	SS	df	MS	F	$F_{0.01}$
回归	113144.349	1	113144.349	31.616	13.75
离回归	21472.526	6	3578.754		
总变异	134616.875	7			

由表 11-3 可知，$F = 31.616 > F_{0.01(1,6)} = 13.75$，$P < 0.01$，则否定 H_0，接受 H_A，即总体回归系数 $\beta \neq 0$，说明 x 和 y 存在极显著的直线回归关系，也表明某地 5 月中旬降水量与 6 月上、中旬黏虫发生量存在极显著的线性关系，可以利用回归方程 $\hat{y} = -184.638 + 11.311x$ 来进行预测。

（二）t 测验

根据 t 测验的原理，得

$$t = \frac{b - \beta}{s_b} \tag{11-5}$$

$$s_b = \frac{s_{y/x}}{\sqrt{SS_x}} \tag{11-6}$$

$$s_{y/x} = \sqrt{\frac{Q}{n-2}} \tag{11-7}$$

这里，s_b 为回归系数 b 的标准误，反映样本回归系数与总体回归系数之间的抽样误差。

$s_{y/x}$ 为离回归标准误，说明因变量 y 对于回归直线的离散程度，$s_{y/x}$ 越大，说明各个观察点越分散；$s_{y/x}$ 越小，各观察点越靠近回归线；$s_{y/x}$ 为 0 时，所有的观察点都落在回归线上。故样本 $s_{y/x}$ 越小，s_b 就越小，说明抽样误差越小，由回归方程估计 y 的精确性越高。

推断：查附表 4，得 $\nu = n - 2$ 时的 $t_{\alpha,\nu}$ 值。

若 $|t| \leqslant t_{\alpha,\nu}$，则 $P > \alpha$，应接受 H_0，即总体回归系数 $\beta = 0$，也就是说两个变量之间无直线回归关系。

若 $|t| > t_{\alpha,\nu}$，则 $P \leqslant \alpha$，应否定 H_0，接受 H_A，即总体回归系数 $\beta \neq 0$，说明两个变量之间存在显著的直线回归关系。

【例 11-3】 试测验【例 11-1】资料回归关系的显著性。

在【例 11-1】和【例 11-2】已算得 $b=11.311$，$SS_x=884.335$，$Q=21472.526$。

故有：

$$s_{y/x}=\sqrt{\frac{Q}{n-2}}=\sqrt{\frac{21472.526}{8-2}}=59.823$$

$$s_b=\frac{s_{y/x}}{\sqrt{SS_x}}=\frac{59.823}{\sqrt{884.335}}=2.012$$

$$t=\frac{b-\beta}{s_b}=\frac{11.311}{2.012}=5.62$$

查附表 4，$t_{0.05,6}=2.45$，$t_{0.01,6}=3.71$。现实得 $|t|=5.62>t_{0.01,6}=3.71$，所以应否定 H_0，接受 H_A：$\beta\neq 0$，说明 x 和 y 存在极显著的直线回归关系，这与 F 测验的结果一致。

上述 t 测验和 F 测验，在任何回归样本上的测验结果都是完全一致的。因为在同一概率值下，$\nu_1=1$、$\nu_2=n-2$ 的一尾 F 值为 $\nu=n-2$ 的两尾 t 值的平方($F=t^2$)。所以，对直线回归作假设测验时，只需选择上述测验方法之一即可。

三、直线回归方程的图示

在制作直线回归图时，首先以 x 为横坐标，以 y 为纵坐标建立直角坐标系；然后取实际中 x 的两个极值点(极大值和极小值)，代入回归方程，算得两个 $\hat{y}$ 的坐标，连接这两个坐标点即成一条直线；最后将实测的各对(x_i，y_i)数值坐标点标于图上。对于【例 11-1】资料来说，x 的最小值为 24.8mm，最大值为 55.4mm，将这两个值代入 $\hat{y}=-184.6+11.3x$ 得 $\hat{y}_1=95.6$ 头，$\hat{y}_2=441.4$ 头，连接(24.8，95.6)和(55.4，441.4)即为所要的回归直线。此直线必过坐标点($\bar{x}$，$\bar{y}$)，本例为(38.5，251)，如图 11-5。此图既可以表示原始资料的基本趋势，也可进行预测。

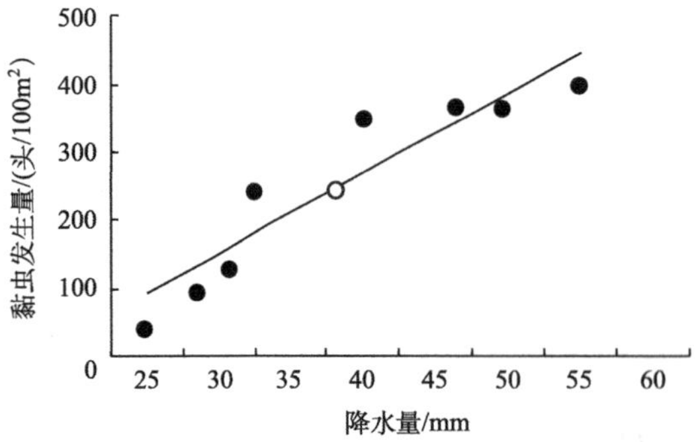

图 11-5　降水量与黏虫发生量的关系

四、直线回归方程的预测

1. 预测值的点估计

给定一个 x_i 值，将其代入回归方程即可求得一个预测值 $\hat{y}_i$。

2. 预测值的区间估计

预测值的置信区间为$[\hat{y}-t_\alpha\cdot s_{\hat{y}}，\hat{y}+t_\alpha\cdot s_{\hat{y}}]$。其中，$s_{\hat{y}}=s_{y/x}\sqrt{1+\frac{1}{n}+\frac{(x-\bar{x})^2}{SS_x}}$。

这个区间估计值是在一定的置信度 $1-\alpha$ 下，给定一个 x_i 值，就可得到 $\hat{y}_i$ 预测值的区间。

【例 11-4】 试根据【例 11-1】资料估计某年 5 月中旬的降水量为 40mm 时，6 月上、中旬黏虫发生量为多少。如果取 95％置信度，则黏虫发生量在何范围？

$$\hat{y}=-184.6+11.3x=-184.638+11.311\times 40=267.802\approx 267.8(\text{头}/100\text{m}^2)$$

$$s_{\hat{y}}=s_{y/x}\sqrt{1+\frac{1}{n}+\frac{(x-\bar{x})^2}{SS_x}}=59.823\sqrt{1+\frac{1}{8}+\frac{(40-38.525)^2}{884.335}}=63.522$$

当置信度为 95％时，$\alpha=0.05$，查附表 4，得 $t_{0.05,6}=2.477$。

因此

$$L_1=\hat{y}-t_\alpha\cdot s_{\hat{y}}=267.802-63.522\times 2.447=112.364\approx 112.4(\text{头}/100\text{m}^2)$$

$$L_2=\hat{y}+t_\alpha\cdot s_{\hat{y}}=267.802+63.522\times 2.447=423.240\approx 423.2(\text{头}/100\text{m}^2)$$

即某年 5 月中旬的降水量为 40mm 时，6 月上、中旬黏虫的发生量为 267.8 头/100m^2，有 95％的把握认为每 100m^2 的黏虫发生量为 112.4～423.2 头。

第三节　直线相关

一、相关系数和决定系数

对呈直线关系的两个变量，建立回归方程的主要目的是由自变量 x 预测依变量 y，若两个变量无确切的因果关系，而只表现为相互影响的线性关系，这时，并不需要由 x 来预测 y，而仅需了解 x 和 y 的相关关系。若要了解 x 和 y 的相关关系，首先应算出表示 x 和 y 相关密切程度的统计数——简单相关系数(简称相关系数)。通常样本相关系数用 r 表示，总体相关系数用 ρ 表示。

1. *相关系数*

相关系数是两个变量标准化离差的乘积之和的平均数，由此得

总体相关系数：$\rho=\dfrac{\sum_1^N\left(\dfrac{X-\mu_X}{\sigma_X}\right)\left(\dfrac{Y-\mu_Y}{\sigma_Y}\right)}{N}$

则样本相关系数：

$$r=\frac{\sum_1^n\left(\frac{x-\bar{x}}{s_{\bar{x}}}\right)\left(\frac{y-\bar{y}}{s_{\bar{y}}}\right)}{n-1}=\frac{\sum(x-\bar{x})(y-\bar{y})}{(n-1)s_{\bar{x}}s_{\bar{y}}}$$

$$=\frac{\sum(x-\bar{x})(y-\bar{y})}{(n-1)\sqrt{\frac{\sum(x-\bar{x})^2}{n-1}}\cdot\sqrt{\frac{\sum(y-\bar{y})^2}{n-1}}}=\frac{\sum(x-\bar{x})(y-\bar{y})}{\sqrt{\sum(x-\bar{x})^2\cdot\sum(y-\bar{y})^2}}$$

$$=\frac{SP}{\sqrt{SS_x\cdot SS_y}}\tag{11-8}$$

由式(11-8)可知，相关系数 r 是一个既与两个变量的变异程度和样本容量无关，又不受度量单位影响的无量纲的统计数，因而，可以用来表示 x 和 y 变量的相关程度和性质。

两个变量的相关关系，当 $0<r<1$ 时，为正相关(positive correlation)；当 $-1<r<0$

时，为负相关(negative correlation)；当 $r=0$，或与零无显著差异时，为非线性相关或零相关(null correlation)。当散点图上的点完全落在回归直线上时，有两种情况，一是 x 和 y 变量成完全正的直线相关关系，此时 $r=1$；二是 x 和 y 变量成完全负的直线相关关系，此时 $r=-1$，如图 11-6 所示，所以 r 的取值区间为 $[-1, 1]$。

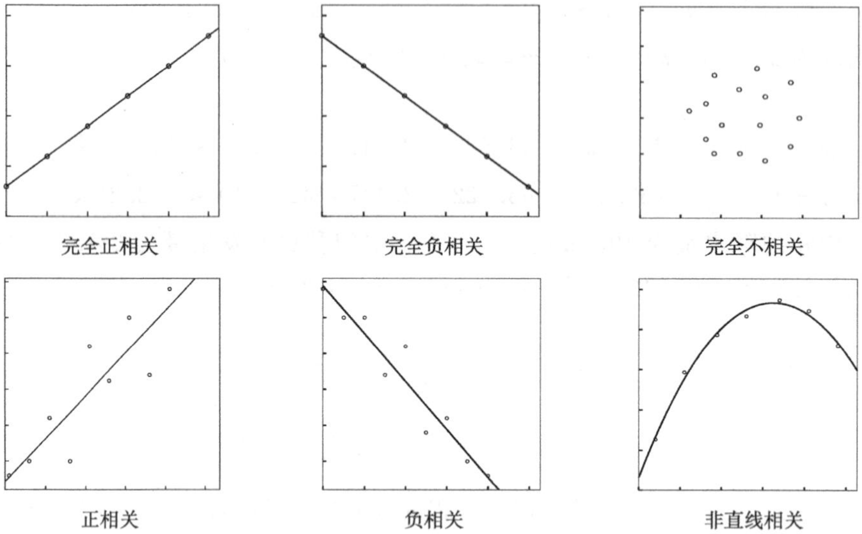

图 11-6　相关系数示意图

两个变量的相关程度由 $|r|$ 的大小决定，$|r|$ 越接近于 1，相关越密切；越接近于 0，相关程度越小，或可能无线性相关。

两个变量的相关性质由 r 值的正或负来表示：正的 r 值表示正相关，即 y 随 x 的增大而增大；负的 r 值表示负相关，即 y 随 x 的增大而减少。由于 r 和 b 算式中的分母部分总取正值，而分子部分都是 SP，所以相关系数的正或负，必然与回归系数一致。

2. 决定系数

决定系数（determination coefficient）定义为由 x 不同而引起的 y 变异平方和 $\sum(\hat{y}-\bar{y})^2$ 占 y 总平方和 SS_y 的比率；也可以定义为由 y 的不同而引起的 x 变异的平方和 $\sum(\hat{x}-\bar{x})^2$ 占 x 总变异平方和 SS_x 的比率。

$$r^2=\frac{\sum(\hat{y}-\bar{y})^2}{\sum(y-\bar{y})^2}=\frac{SP^2/SS_x}{SS_y}=\frac{SP^2}{SS_x\cdot SS_y}$$

或

$$r^2=\frac{\sum(\hat{x}-\bar{x})^2}{\sum(x-\bar{x})^2}=\frac{SP^2/SS_y}{SS_x}=\frac{SP^2}{SS_x\cdot SS_y} \tag{11-9}$$

由此可以看出，决定系数可以由相关系数 r 的平方值来计算。

决定系数 r^2 只有正值，其取值区间为 $[0, 1]$。r^2 值越大，说明由 x 的不同引起 y 变异的平方和 $\sum(\hat{y}-\bar{y})^2$ 占 y 变异总平方和 SS_y 的比率越高，x 和 y 的相关程度越高。而且，用决定系数 r^2 表示两个变量的相关程度较相关系数更恰当，可以有效地防止用相关系数表示变量间相关程度作夸大的解释。例如，$r=0.6$，并不表示由 x 的不同而引起的 y 变异(或由 y 的不同而引起的 x 变异)为 60%，而是 $r^2=0.6^2=0.36=36\%$。r^2可以解释两个变量的相关程度，而不能说明相关的性质。因此，在相关分析中，常用相关系数来说明变量间的相关性质(正或负)，用决定系数来说明变量间的相关程度。

3. 相关系数和决定系数的计算

【例 11-5】 试计算【例 11-1】资料 5 月中旬降水量与 6 月上、中旬黏虫发生量的相关系数和决定系数。

在【例 11-1】中已算得该资料的 $SS_x=884.335$，$SS_y=134616.875$，$SP=10002.875$，故代入公式有

$$r=\frac{SP}{\sqrt{SS_x\cdot SS_y}}=\frac{10002.875}{\sqrt{884.335\times134616.875}}=0.9168$$

$$r^2=\frac{SP^2}{SS_x\cdot SS_y}=\frac{10002.875^2}{884.335\times134616.875}=0.8405 \text{ 或 } r^2=0.9168^2=0.8405$$

由 $r=0.9168$ 可知，某地 5 月中旬降水量与 6 月上、中旬黏虫发生量呈正相关，即 5 月中旬降水量越多，6 月上、中旬黏虫发生量越大。由 $r^2=0.8405$ 可知，黏虫发生量的变异中有 84.05%是由 5 月中旬降水量不同造成的。

二、相关系数的假设测验

假设两个变量所属总体的相关系数用 ρ 表示，如果 $\rho=0$，说明两个变量间无线性相关关系；如果 $\rho\neq0$，说明两个变量间存在线性相关关系。当测验一个样本相关系数 r 是否来自 $\rho=0$ 的总体时，所作的假设为 H_0：$\rho=0$，对 H_A：$\rho\neq0$。

这时用 t 测验：

$$s_r=\sqrt{\frac{1-r^2}{n-2}} \tag{11-10}$$

$$t=\frac{r}{s_r}=\frac{r\sqrt{n-2}}{\sqrt{1-r^2}} \tag{11-11}$$

【例 11-6】 试测验【例 11-5】所得 $r=-0.9168$ 的显著性。

将 $r=-0.9168$ 代入式(11-11)得

$$t=\frac{r\sqrt{n-2}}{\sqrt{1-r^2}}=\frac{0.9168\times\sqrt{8-2}}{\sqrt{1-0.9168^2}}=5.623$$

$\nu=n-2=8-2=6$，查附表 4，$t_{0.01,6}=3.707$，现实得 $|t|=5.623>t_{0.01}$，所以应否定 H_0：$\rho=0$，接受 H_A：$\rho\neq0$，r 在 $\alpha=0.01$ 水平上显著。说明 5 月中旬降水量与 6 月上、中旬黏虫发生量呈极显著正相关。

由于 ν 一定时，$t_{0.05}$和 $t_{0.01}$值也都是一定的，因而将式(11-11)移项，即可得到自由度 ν 和显著水平 α 一定时的临界 r_α值：

$$r_\alpha=\sqrt{\frac{t_\alpha^2}{\nu+t_\alpha^2}} \tag{11-12}$$

将附表 4 的值代入式(11-12)得附表 9。

附表 9 中给出了 $\alpha=0.05$，$\alpha=0.01$ 的临界 r_α 值。

如果实得 $|r|>r_\alpha$，即 $P\leqslant\alpha$，则否定 H_0，接受 H_A：$\rho\neq 0$，说明 r 在该水平上显著；如果实得 $|r|\leqslant r_\alpha$，即 $P>\alpha$，则接受 H_0：$\rho=0$，说明 r 在该水平上不显著。在实际应用时，只要通过查附表 9 进行比较即可。

例如，【例 11-6】中，$\nu=6$，查附表 9 得 $r_{0.01}=0.834$，这里 $r=0.9168>r_{0.01}=0.834$，即$P<0.01$，否定 H_0，接受 H_A，说明 r 在 0.01 水平上显著，与用 t 测验的结果相同。

三、应用线性回归和线性相关的注意事项

(1) 回归和相关分析要有学科专业知识作指导。回归和相关分析只是作为一种工具，帮助完成有关的认识和解释，只有在一定条件下，将两个内在有联系的变量放在一起进行回归(有因果关系的两个变量)或相关分析才有意义。如果把风马牛不相及的资料随意放在一起作回归或相关分析，那是没有意义的，而且是错误的。

(2) 回归和相关分析中的随机变量必须服从正态分布，否则，在进行回归和相关分析之前，要进行数据转换，以使变量正态化。

(3) 依据公式计算出的相关系数和建立的回归方程，必须经过假设测验，只有假设测验否定了无效假设，回归方程或相关系数才有意义。

(4) 使用直线回归方程进行预测估计时，一般应以建立方程时的自变量的取值范围为准，不能扩大。因为，超出了这个范围后，两个变量可能就不符合线性关系了。

(5) 一个经过假设测验显著的回归方程或相关系数并不一定具有实际的预测意义。由附表 9 可知，当 $\nu=20$ 时，$|r|=0.423$ 即显著，而此时 $r^2=0.1789$，也就是说，由 x 不同而引起的 y 变异只占 17.89%，还有 82.11%的变异不能由 x 来说明。因此，一个具有较低相关程度的两个变量，无论 r 的测验是否显著，它都是不能正确说明 x 和 y 变量的线性关系的，是无实际意义的。一般来说，当需要 x 预测 y 时，$|r|$ 必须在 0.7 以上，且经过测验显著，才有一定的意义。

(6) 回归反映两个变量之间的因果关系，是单向的，具有预测意义；相关则表示两个变量之间相互影响的关系，是双向的。对具有因果关系的两个变量要重点进行回归分析，以自变量来预测因变量；对具有相互影响的两个变量要重点进行相关分析，以确定一个变量对另一个变量的影响程度。如果对无因果关系的变量间进行回归分析，则应以易于测定、较为稳定或变异较小的为自变量 x。

复习思考题

11.1 什么是统计关系？什么是依变量与因变量？

11.2 什么是回归分析？直线回归方程和回归截距、回归系数的统计学意义是什么，如何计算？

11.3 如何对直线回归方程进行假设测验，并利用其进行点估计和区间估计？

11.4 什么是相关分析？相关系数、决定系数各有什么具体意义？如何计算？

11.5 某小麦品种密度试验的穗粒数结果见表 11-4：①试计算直线回归方程 $\hat{y}=a+bx$，并作图；②若小麦的密度为 255 万株/hm^2，试估算该密度下此小麦品种的穗粒数；

③试计算小麦密度与其穗粒数的相关系数和决定系数，并说明其意义。

表 11-4　某小麦品种不同密度下的穗粒数

基本苗(x)/(万株/hm^2)	45	90	135	180	225	270	315	360
穗粒数(y)/(粒/穗)	39.4	37.9	36.8	34.5	30.7	27.1	23.7	19.6

11.6　测得广东阳江≤25℃的始日(x)与黏虫幼虫暴食高峰期(y)的调查结果如表 11-5(x 和 y 皆以 8 月 31 日为 0)所示。试计算：①直线回归方程 $\hat{y}=a+bx$，并作图；②判断≤25℃的始日可否用于预测黏虫幼虫的暴食期；③若某年 9 月 5 日是≤25℃的始日，则有 95%置信度的黏虫暴食期在何期间？

表 11-5　广东阳江≤25℃的始日与黏虫幼虫暴食高峰期的调查结果

	年份						
	1954	1955	1956	1957	1958	1959	1960
x(天数)	13	25	27	23	26	1	15
y(天数)	50	55	50	47	51	29	48

第十二章　多元线性回归与相关

第十一章讨论了两个变量间的直线关系，但在农业和生物学的许多实际问题中，常常要研究多个变量之间的关系。例如，研究病虫害发生量与温度、湿度、降水量等的关系，小麦产量、亩穗数、穗粒数、穗粒重、千粒重之间的关系等。研究一个依变量与多个自变量的回归关系称为多元回归分析(multiple regression analysis)，研究多个变量之间的相关关系称为多元相关分析(analysis of multiple correlation)。多元线性回归与相关分析中的计算过程较复杂，因此，本书只介绍基本原理及其各参数的意义，具体的计算由 SPSS 统计软件来完成。

第一节　多元线性回归

在多元回归关系中，最简单的就是多元线性回归(multiple liner regression)，或称为复回归(multiple regression)。多元线性回归分析是研究一个依变量与多个自变量线性回归关系的，它包括：依据实际观察值建立回归方程、各自变量显著性测验、建立最优线性回归方程、确立各自变量相对重要性等。

一、多元线性回归方程

(一)多元线性回归方程式

设 y 与 m 个变量 x_1，x_2，…，x_m 存在线性关系，则 y 对 x_1，x_2，…，x_m 的 m 元线性回归方程为

$$\hat{y}=b_0+b_1x_1+b_2x_2+\cdots+b_mx_m \tag{12-1}$$

式中，b_0 为回归常数项，当 x_1，x_2，…，x_m 皆取 0 时的 y 值，如果 b_0 有实际意义，则 b_0 表示 y 的起始值，但在多元回归中，b_0 一般很难确定其专业意义，它仅是调节回归响应面的一个参数；b_i ($i=1$，2，…，m)称为自变量 x_i 对依变量 y 的偏回归系数(partial regression coefficient)，表示除自变量 x_i 以外的其余 $m-1$ 个自变量都固定不变时，自变量 x_i 每改变一个单位数，依变量 y 平均变化的数值，确切地说，b_1 为 x_2，x_3，…，x_m 固定时，x_1 对 y 的偏回归系数。当 $b_i>0$ 时，自变量 x_i 每增加一个单位数，依变量 y 平均增加 b_i 个单位数；当 $b_i<0$ 时，自变量 x_i 每增加一个单位数，依变量 y 平均减少 b_i 个单位数。m 元线性回归方程的图形为 $m+1$ 维空间的一个平面，称为回归平面。

(二) 多元线性回归方程的建立

假如依变量 y 与自变量 x_1，x_2，…，x_m 共有 n 组实际观测数据，如表 12-1 所示。

表 12-1　n 组实际观测数据

序号	变量				
	y	x_1	x_2	…	x_m
1	y_1	x_{11}	x_{21}	…	x_{m1}
2	y_2	x_{12}	x_{22}	…	x_{m2}
⋮	⋮	⋮	⋮		⋮
n	y_n	x_{1n}	x_{2n}	…	x_{mn}

表 12-1 资料可通过矩阵求解的方法求得一个 m 元线性回归方程的 b_0，b_1，…，b_m。

n 组观察值按式(12-1)形成 n 个等式，用矩阵表示则为

$$\begin{pmatrix} y_1 \\ y_2 \\ \vdots \\ y_n \end{pmatrix} = \begin{pmatrix} 1 & x_{11} & \cdots & x_{m1} \\ 1 & x_{12} & \cdots & x_{m2} \\ \vdots & \vdots & & \vdots \\ 1 & x_{1n} & \cdots & x_{mn} \end{pmatrix} \begin{pmatrix} b_0 \\ b_1 \\ \vdots \\ b_m \end{pmatrix}$$

即

$$\boldsymbol{Y} = \boldsymbol{X}\boldsymbol{b} \tag{12-2}$$

式中，$\boldsymbol{X}$ 为 $(m+1)\times n$ 阶的系数矩阵或结果矩阵，列向量 $\boldsymbol{b}$ 为 $m+1$ 阶的偏回归系数矩阵。要使 $\hat{y}=b_0+b_1x_1+b_2x_2+\cdots+b_mx_m$ 能够最好地代表 y 和 x 在数量上的互变关系，根据最小二乘法，必须使 $Q=\sum_1^n(y-\hat{y})^2$ 为最小。由此得

$$\boldsymbol{b} = (\boldsymbol{X}'\boldsymbol{X})^{-1}(\boldsymbol{X}'\boldsymbol{Y}) \tag{12-3}$$

这里的 $\boldsymbol{X}'$ 为 $\boldsymbol{X}$ 矩阵的转置矩阵，$\boldsymbol{X}'\boldsymbol{X}$ 为 $(m+1)\times(m+1)$ 阶矩阵，列向量 $\boldsymbol{X}'\boldsymbol{Y}$ 为 $m+1$ 阶矩阵，$(\boldsymbol{X}'\boldsymbol{X})^{-1}$ 为 $\boldsymbol{X}'\boldsymbol{X}$ 的逆矩阵。

$$\boldsymbol{X}'\boldsymbol{X} = \begin{pmatrix} n & \sum x_1 & \sum x_2 & \cdots & \sum x_m \\ \sum x_1 & \sum x_1^2 & \sum x_1x_2 & \cdots & \sum x_1x_m \\ \sum x_2 & \sum x_2x_1 & \sum x_2^2 & \cdots & \sum x_2x_m \\ \vdots & \vdots & \vdots & & \vdots \\ \sum x_m & \sum x_mx_1 & \sum x_mx_2 & \cdots & x_m^2 \end{pmatrix} \tag{12-4}$$

$$\boldsymbol{X}'\boldsymbol{Y} = \begin{pmatrix} \sum y \\ \sum x_1y \\ \sum x_2y \\ \vdots \\ \sum x_my \end{pmatrix} \tag{12-5}$$

设 $\boldsymbol{C}=(\boldsymbol{X}'\boldsymbol{X})^{-1}$，则

$$
\boldsymbol{C}=(\boldsymbol{X}'\boldsymbol{X})^{-1}=\begin{pmatrix} c_{11} & c_{12} & \cdots & c_{1(m+1)} \\ c_{21} & c_{22} & \cdots & c_{2(m+1)} \\ \vdots & \vdots & & \vdots \\ c_{(m+1)1} & c_{(m+1)2} & \cdots & c_{(m+1)(m+1)} \end{pmatrix} \tag{12-6}
$$

利用以上各式，通过矩阵求解的方法即可求得 b_0，b_1，…，b_m。

【例 12-1】 测定 21 个蚕豆品种(品系)的单株有效荚数(x_1)、单株无效荚数(x_2)、单荚粒数(x_3，粒)、百粒重(x_4，g)、单株籽粒产量(y，g)，得结果列于表 12-2。试建立单株籽粒产量(y)与其他 4 个变量的线性回归方程。

表 12-2　21 个蚕豆品种(品系)的 5 个性状指标测定结果

品种编号	x_1	x_2	x_3	x_4	y
1	9.3	0.6	2.3	111.0	23.6
2	8.9	1.0	2.4	105.7	22.3
3	10.5	2.9	2.8	68.7	22.1
4	7.3	0.8	1.8	167.0	22.0
5	8.5	1.0	2.3	104.7	20.1
6	12.7	0.4	2.1	70.7	19.2
7	7.7	0.7	2.2	120.3	18.6
8	8.6	0.9	2.5	88.0	17.8
9	11.4	0.9	2.4	62.7	17.4
10	5.6	0.7	2.9	115.0	17.4
11	9.7	0.3	2.1	85.3	17.2
12	9.3	0.3	2.0	92.0	17.1
13	9.0	0.8	2.5	73.7	16.2
14	8.0	0.3	2.6	95.3	16.0
15	8.5	2.1	1.9	96.3	15.7
16	11.7	0.3	1.9	69.0	15.6
17	11.0	1.1	2.3	60.3	15.0
18	8.6	0.8	2.3	72.0	13.9
19	6.4	0.5	2.1	99.3	13.7
20	8.6	1.0	1.6	100.0	13.7
21	7.7	0.8	2.8	59.3	12.5

依据式(12-2)～式(12-5)，经计算得 $b_0=-28.987$、$b_1=1.896$、$b_2=0.882$、$b_3=6.057$、$b_4=0.163$，见表 15-47。则表 12-2 资料的多元线性回归方程为：$\hat{y}=-28.987+1.896x_1+0.882x_2+6.057x_3+0.163x_4$。

二、多元线性回归的显著性测验

(一) 多元线性回归方程的显著性测验

同直线回归关系一样，根据试验数据建立多元回归方程后，必须对依变量与多个自变量间的线性关系进行测验，也就是对多元线性回归关系进行显著性测验。多元线性回归关系的假设测验，一般采用 F 测验。

若令回归方程中 b_1，b_2，…，b_m 的总体回归系数为 β_1，β_2，…，β_m，则这一测验所对应的假设为 H_0：$\beta_1=\beta_2=\cdots=\beta_m=0$；$H_A$：$\beta_i$ 不全为 0。

在多元回归中，总平方和 SS_y 可分解为多元回归平方和 $U_{y/12\cdots m}$ 和多元离回归平方和 $Q_{y/12\cdots m}$ 两部分。$U_{y/12\cdots m}$ 由 x_1，x_2，…，x_m 的不同所引起，具有自由度 $\nu=m$；$Q_{y/12\cdots m}$ 是由 x_1，x_2，…，x_m 以外因素的变化引起的，具有自由度 $\nu=n-m-1$。F 值为

$$F=\frac{U_{y/12\cdots m}/m}{Q_{y/12\cdots m}/[n-(m+1)]} \tag{12-7}$$

由此进行 F 测验，即可推断多元线性回归关系的显著性。

这里：

$$\left.\begin{aligned}&SS_y=\sum y^2-\frac{\left(\sum y\right)^2}{n}\\&U_{y/12\cdots m}=b_1SP_1+b_2SP_2+b_3SP_3+\cdots+b_mSP_m\\&Q_{y/12\cdots m}=SS_y-U_{y/12\cdots m}\end{aligned}\right\} \tag{12-8}$$

其中，SP_1，SP_2，SP_3，…，SP_m 代表 y 的离均差分别与 x_1，x_2，…，x_m 的离均差的乘积和。

【例 12-2】 试对表 12-2 资料作多元线性回归关系的显著性测验。

由式(12-7)、式(12-8)计算所得结果，列方差分析结果于表 12-3。

表 12-3　表 12-2 资料多元回归的方差分析

变异来源	SS	df	MS	F	$F_{0.01}$
回归	170.948	4	42.737	26.495**	4.77
离回归	25.805	16	1.613		
总变异	196.753	20			

由表 12-3 可知，$F=26.495>F_{0.01(4,16)}=4.77$，说明 H_0 被否定，H_A 被接受，即表 12-2 资料的 x_1、x_2、x_3、x_4 与 y 存在极显著的多元线性回归关系。

（二）多元线性回归方程的估计标准误

由前所述可知，多元离回归平方和(或剩余平方和)为 $Q_{y/12\cdots m}$，自由度 $\nu=n-m-1$，于是多元离回归均方为 $Q_{y/12\cdots m}/(n-m-1)$。离回归均方的平方根称为离回归标准误，记为 $s_{y/12\cdots m}$，即

$$s_{y/12\cdots m}=\sqrt{\frac{Q_{y/12\cdots m}}{n-m-1}} \tag{12-9}$$

离回归标准误 $s_{y/12\cdots m}$ 的大小表示回归平面与实测点的偏离程度，即回归估计值 $\hat{y}$ 与实测值 y 偏离的程度，于是可用离回归标准误 $s_{y/12\cdots m}$ 表示回归方程的偏离度。离回归标准误 $s_{y/12\cdots m}$ 大，表示回归方程偏离度大；离回归标准误 $s_{y/12\cdots m}$ 小，表示回归方程偏离度小。

由表 12-3 可知，$Q_{y/1234}=25.805$，因此，表 12-12 资料的多元回归方程的离回归标准误为

$$s_{y/1234}=\sqrt{\frac{Q_{y/1234}}{n-m-1}}=\sqrt{\frac{25.805}{21-4-1}}=1.270$$

（三）偏回归系数的显著性测验

偏回归系数的显著性测验，就是逐个计算各个偏回归系数 b_i（$i=1,2,\cdots,m$）来自 $\beta_i=0$总体的概率，所作的无效假设为 H_0：$\beta_i=0$，备择假设为 H_A：$\beta_i\neq0$。测验方法可以用 t 测验，也可以用 F 测验，多用 t 测验。下面只介绍 t 测验法：

$$t=\frac{b_i-\beta_i}{s_{b_i}}\quad(i=1,2,\cdots,m)\tag{12-10}$$

式中，s_{b_i} 为偏回归系数标准误，

$$s_{b_i}=s_{y/12\cdots m}\cdot\sqrt{c_{(i+1)(i+1)}}\tag{12-11}$$

式中，$c_{(i+1)(i+1)}$为矩阵 $\boldsymbol{C}=(\boldsymbol{X}'\boldsymbol{X})^{-1}$中主对角线的元素。

查附表 4 所用自由度 $\nu=n-m-1$。

【例 12-3】 试对【例 12-1】资料算得的偏回归系数进行 t 测验。

由式(12-6)～式(12-11)计算得 $t_1=8.039$，$t_2=1.856$，$t_3=5.905$，$t_4=9.870$，参见表 15-47。

当 $\nu=n-m-1=21-4-1=16$ 时，查附表 4，得 $t_{0.01,16}=2.921$，$t_{0.05,16}=2.120$，现实得 t_1、t_3、$t_4>t_{0.01,16}$，故 b_1、b_3、b_4达极显著；而 $t_2=1.856<t_{0.05,16}$，故 b_2不显著，由此说明单株有效荚数、单荚粒数、百粒重对单株籽粒产量的偏回归是极显著的，而单株无效荚数对单株籽粒产量的偏回归是不显著的。

三、最优多元线性回归方程的选择

由【例 12-2】和【例 12-3】可以看出，一个显著的多元线性回归方程中，各个偏回归系数不一定都显著，若有一个或几个偏回归系数经显著性测验为不显著时，说明其对应的自变量对依变量的作用不显著，或者说这些自变量在回归方程中是不重要的，此时应该把这些不显著的自变量从回归方程中剔除。剔除不显著自变量的过程称为自变量的统计选择，经过统计选择所得的仅包含显著自变量的多元线性回归方程称为最优多元线性回归方程（the best multiple linear regression equation）。

在建立最优多元线性回归方程时，最简单的方法就是先对 m 个偏回归系数都作一次显著性测验，然后将不显著的自变量从方程中一次全部剔除，保留显著的自变量。这种方法只能应用于 m 个自变量间不存在相关的情况，但多数情况是进入回归方程的各个自变量之间存在着不同程度的相关关系。由于自变量间存在相关（$r_{ij}\neq0$），当 m 元线性回归方程中不显著的自变量有多个时，并不能肯定这些自变量对 y 的线性效应都不显著，不能一次全部剔除，但能肯定的是，其中不显著且偏回归平方和最小的那个自变量可先被剔除。重建 $m-1$ 元线性回归方程，并对留下的 $m-1$ 个自变量的偏回归系数再进行显著性测验，这时可能原来不显著的自变量此时变为显著，而原来显著的自变量变为不显著，则再剔除不显著且偏回

归平方和最小的那个自变量。依此类推，一步一步进行下去，直至所有不显著的自变量都被剔除，留下的各个偏回归系数都显著，且多元线性回归方程显著为止。

多元回归方程的统计选择方法有多种。

(1) 剔除法。先选择所有自变量进行回归分析和偏回归系数的假设测验，然后对所有不显著的偏回归系数一次全部剔除。方法简单，但应用的前提是自变量间无相关关系($r_{ij}=0$)。

(2) 向后法。第一步：先选择所有自变量进行回归分析和偏回归系数的假设测验，如果有不显著的偏回归系数，就要进行一下步；第二步：剔除最不显著的自变量后，重新进行回归分析和偏回归系数的假设测验，如果仍有不显著的偏回归系数，则再剔除最不显著的自变量后，重新进行回归分析和偏回归系数的假设测验。如此重复进行，直至留下的所有自变量的偏回归系数都显著为止，这时所得到的多元回归方程为最优线性回归方程。

(3) 向前法。先对所有自变量的偏回归系数进行测验，然后按照偏回归系数的显著性大小，从无自变量开始，逐个选入 t 值最大且显著的自变量，直至所有显著的自变量都选入回归方程为止。

(4) 逐步进入法。它是向前法与向后法的结合，根据设定进入与剔除的条件，首先根据测验结果将因变量贡献最大的自变量选入回归方程，然后根据向后法将模型中 t 值最小的且符合条件的变量剔除出模型，重复进行测验，直至回归方程中的自变量均显著为止。这种方法最复杂，但可靠性最好。

【例 12-4】 试对【例 12-1】表 12-2 所示资料进行最优线性回归方程的求解。

应用向后法进行统计选择。

第一步：建立四元线性回归方程。计算过程见【例 12-1】，其回归方程为

$$\hat{y}=-28.987+1.896x_1+0.882x_2+6.057x_3+0.163x_4$$

由【例 12-2】和【例 12-3】可知，四元回归线性方程 F 测验显著，对 4 个偏回归系数进行的 t 测验可知，b_1、b_3、b_4达极显著；而 b_2不显著。所以应先剔除 x_2，再作第二步分析。

第二步：按照前面的方法建立三元(剔除了 x_2)线性回归方程为

$$\hat{y}=-29.548+1.938x_1+6.442x_3+0.164x_4$$

由式(12-8)和式(12-9)计算得 $t_1=7.719$、$t_3=5.997$、$t_4=9.275$，见表 15-50 模型 2。

$\nu=n-m-1=21-3-1=17$，查附表 4，得 $t_{0.01,17}=2.898$，现实得 t_1、t_3、$t_4>t_{0.01,17}$，故 b_1、b_3、b_4达极显著，不需要作第三步回归分析。如果此时仍有不显著的自变量，再剔除后，进行下一步回归分析。

因此，三元回归方程：$\hat{y}=-29.548+1.938x_1+6.442x_3+0.164x_4$为表 12-2 所示资料的最优回归方程。

上式的意义为：当单荚粒数(x_3)、百粒重(x_4)保持平均水平(2.3 粒、91.3g)时，单株有效荚数(x_1)每增加 1 个，蚕豆的单株籽粒产量(y)将平均增加 1.9g；当单株有效荚数(x_1)、百粒重(x_4)保持平均水平(9 个，91.3g)时，单荚粒数(x_3)每增加 1 粒，蚕豆的单株籽粒产量(y)将平均增加 6.4g；当单株有效荚数(x_1)和单荚粒数(x_3)保持平均水平(9 个，2.3 粒)时，百粒重(x_4) 每增加 1g，蚕豆的单株籽粒产量(y)将平均增加 0.16g。

在应用该回归方程时，其自变量的取值范围：x_1的区间是[5.6，12.7]、x_3的区间是[1.6，2.9]、x_4的区间是[59.3，167.0]，不得外延。

四、自变量的相对重要性

最优多元线性回归方程中包含的自变量 x_i 都对依变量 y 有显著影响，但在多元回归分析中，偏回归系数 b_i 本身并不能真实地反映各自变数间的相对重要性，也就是说不能用 b_i 的绝对值大小来反映各自变量对 y 的作用大小。其原因有二：①b_i 是带有单位的，单位不同则无从比较；②即使单位相同，若自变量 x_i 的变异度不同，也不能比较。但如果分子和分母分别除以 y 和 x_i 的标准差，使 b_i 标准化，则可消除单位和变异度不同的影响。把这个消除了单位和变异度影响的标准化的 b_i 称为通径系数(path coefficient，p_i)，计算公式为

$$p_i = b_i \frac{1/\sqrt{SS_y/(n-1)}}{1/\sqrt{SS_{x_i}/(n-1)}} = b_i \sqrt{\frac{SS_{x_i}}{SS_y}} \tag{12-12}$$

通径系数 p_i 又称为标准偏回归系数，是各自变数 x_i 对 y 相对重要性的真实反映，通过对通径系数 p_i 绝对值的大小来推断各自变量对 y 影响的次序。

第二节　复相关与偏相关

在 $M=m+1$ 个变量中，m 个变量的综合和 1 个变量的相关，称为多元相关或复相关(multiple correlation)；而在其余 $M-2$ 个变量都固定在一个水平时，指定的两个变量间的相关，则称为偏相关(partial correlation)。研究多元相关和偏相关系数的分析为多元相关分析或复相关分析(analysis of multiple correlation)。从相关分析角度来说，多元相关中的变量没有依变量与自变量之分，但是在实际应用中，多元相关分析经常与多元线性回归分析联系在一起，因此，多元相关分析一般是指依变量 y 与 m 个自变量 x_1，x_2，…，x_m 的线性相关。

一、多元相关分析

在多元相关分析中，表示多元相关密切程度的量值称为复相关系数(multiple correlation coefficient)，以 $R_{y/12\cdots m}$ 表示，简记为 R，读作变量 y 和 m 个自变量的复相关系数。由于 m 个变量对 y 的回归平方和为 $U_{y/12\cdots m}$，$U_{y/12\cdots m}$ 占 y 的总平方和 SS_y 的比率越大，则表明 y 和 m 个变量的多元相关越密切，因此可定义 R 为

$$R = \sqrt{\frac{U_{y/12\cdots m}}{SS_y}} = \sqrt{1 - \frac{Q_{y/12\cdots m}}{SS_y}} \tag{12-13}$$

即复相关系数为多元回归平方和与总变异平方和之比的平方根。由于 $U_{y/12\cdots m}$ 是 SS_y 的一部分，且 $0 \leqslant U_{y/12\cdots m} \leqslant SS_y$，故 R 的取值区间为[0，1]。在一定的自由度下，R 的值越近于 1，多元相关越密切；越近于 0，多元相关越不密切。因为多元回归的平方和一定大于任一个自变量对 y 的回归平方和，故复相关系数一定比任一个自变量和 y 的简单相关系数 r_{y_i} 的绝对值都大。

【例 12-5】　试计算【例 12-1】资料 y 与 x_1、x_2、x_3、x_4 的复相关系数。

由【例 12-2】可知，$U_{y/12\cdots m}=170.948$、$Q_{y/12\cdots m}=25.805$、$SS_y=196.753$，则复相关系数：

$$R=\sqrt{\frac{U_{y/12\cdots m}}{SS_y}}=\sqrt{\frac{170.948}{196.753}}=0.932$$

若令总体的复相关系数为 ρ ，则对复相关系数的假设测验为 H_0：$\rho=0$，对 H_A：$\rho\neq 0$，可由 F 测验给出：

$$F=\frac{\nu_2 R^2}{\nu_1(1-R^2)} \tag{12-14}$$

式中，$\nu_1=m$，$\nu_2=n-m-1$。

【例 12-6】 试测验【例 12-5】所得复相关系数的显著性。

据式(12-14)计算得

$$F=\frac{\nu_2 R^2}{\nu_1(1-R^2)}=\frac{16\times 0.932^2}{4\times(1-0.932^2)}=26.45$$

查附表 5，$\nu_1=m=4$、$\nu_2=n-m-1=21-4-1=16$ 时，$F_{0.01(4,16)}=4.77$。现$F=26.45>F_{0.01(4,16)}=4.77$，故否定 H_0：$\rho=0$，接受 H_A：$\rho\neq 0$，说明复相关系数 $R=0.932$ 是极显著的。这一测验与多元回归方程的测验是等价的，因为它们的 F 值相等。

对复相关系数的显著性测验，也可以像直线相关的显著性测验一样通过查附表 9 来进行。这里的 $M=m+1=4+1=5$，自由度为 $\nu=n-m-1=21-4-1=16$，查附表 9 得，$R_{0.01}=0.738$，现 $R=0.932>R_{0.01}=0.738$，故否定 H_0：$\rho=0$，接受 H_A：$\rho\neq 0$，与上述测验结果一致。

复相关系数平方的意义与直线相关的决定系数相同，它是多元回归平方和占总变异平方和的比率，说明各自变量对 y 的综合效应，也是表示多元线性回归方程的拟合度。

二、偏相关分析

偏相关系数(partial correlation mcoefficient)与偏回归系数的意义相似，偏相关系数则表示在其他 $M-2$ 个变量都保持一定时，指定的两个变量间相关的密切程度和性质，以 r 带右下标表示。例如，有 x_1、x_2、x_3 3 个变量，则 $r_{12\cdot 3}$表示 x_3变量保持一定时，x_1和 x_2变量的偏相关系数；$r_{13\cdot 2}$表示 x_2变量保持一定时，x_1和 x_3变量的偏相关系数；$r_{23\cdot 1}$表示 x_1变量保持一定时，x_2和 x_3变量的偏相关系数。同理可类推 4 个变量、5 个变量……的偏相关系数的表示。一般而言，若有 M 个变量，则偏相关系数共有 $M(M-1)/2$ 个。偏相关系数的取值范围为[-1，1]。

偏相关系数的求解是先求得简单相关系数 $r_{ij}(i，j=1，2，\cdots，M)$组成的相关矩阵：

$$\boldsymbol{R}=(r_{ij})_{M\times M}=\begin{pmatrix} r_{11} & r_{12} & \cdots & r_{1M} \\ r_{21} & r_{22} & \cdots & r_{2M} \\ \vdots & \vdots & & \vdots \\ r_{M1} & r_{M2} & \cdots & r_{MM} \end{pmatrix} \tag{12-15}$$

然后求其逆矩阵：

$$\boldsymbol{R}^{-1}=(c'_{ij})_{M\times M}=\begin{pmatrix} c'_{11} & c'_{12} & \cdots & c'_{1M} \\ c'_{21} & c'_{22} & \cdots & c'_{2M} \\ \vdots & \vdots & & \vdots \\ c'_{M1} & c'_{M2} & \cdots & c'_{MM} \end{pmatrix} \tag{12-16}$$

最后计算偏相关系数为 $r_{ij\cdot}$：

$$r_{ij\cdot}=\frac{-c'_{ij}}{\sqrt{c'_{ii}c'_{jj}}} \tag{12-17}$$

以上 $\boldsymbol{R}$ 中的主对角线元素 r_{ii} 为各个变量的自身相关系数，都等于 1；该矩阵以主对角线为轴而对称，即 $r_{ij}=r_{ji}$。逆阵 $\boldsymbol{R}^{-1}$ 中的元素也是以主对角线为轴而对称的，即 $c'_{ij}=c'_{ji}$。

由【例 12-1】资料的数据，利用式(11-9)计算得 10 个简单相关系数分别为：$r_{12}=0.068$、$r_{13}=-0.183$、$r_{14}=-0.603^{**}$、$r_{1y}=0.142$、$r_{23}=0.206$、$r_{24}=-0.120$、$r_{2y}=0.221$、$r_{34}=-0.310$、$r_{3y}=0.090$、$r_{4y}=0.470^{*}$，见表 15-44。

据此，利用式(12-15)～式(12-17)，可计算得 10 个偏相关系数分别为：$r_{12\cdot34y}=-0.338$、$r_{13\cdot24y}=-0.865$、$r_{14\cdot23y}=-0.948$、$r_{y1\cdot234}=0.895$、$r_{23\cdot14y}=-0.245$、$r_{24\cdot13y}=-0.382$、$r_{2y\cdot134}=0.421$、$r_{34\cdot12y}=-0.879$、$r_{y3\cdot124}=0.828$，$r_{4y\cdot123}=0.927$，见表 15-43。

偏相关系数的显著性测验与简单相关系数的假设测验一样，可利用 t 测验法或查表法来进行。

1. t 测验

若令总体偏相关系数为 $\rho_{ij\cdot}$，则由

$$t=\frac{r_{ij\cdot}\sqrt{n-M}}{\sqrt{1-r_{ij\cdot}^{2}}} \tag{12-18}$$

可测验 H_0：$\rho_{ij\cdot}=0$，对 H_A：$\rho_{ij\cdot}\neq0$。该测验的 t 分布具有自由度 $\nu=n-m-1$。

2. 查表法

由 $\nu=n-m-1$ 及变量总个数 $M=m+1$，查附表 9 得临界值 r_α。将偏相关系数的绝对值 $|r_{ij}|$ 与临界值 r_α 进行比较，如果 $|r_{ij}|>r_\alpha$，则说明偏相关系数显著；如果 $|r_{ij}|\leqslant r_\alpha$，则说明偏相关系数不显著。

由前面的例题可知：$\nu=16$，$M=5$，查附表 9 得，$r_{0.05}=0.655$、$r_{0.01}=0.738$，现 $r_{13\cdot24y}=-0.865$、$r_{14\cdot23y}=-0.948$、$r_{y1\cdot234}=0.895$、$r_{34\cdot12y}=-0.879$、$r_{y3\cdot124}=0.828$、$r_{4y\cdot123}=0.927$ 的绝对值均大于 $r_{0.01}=0.738$，表明这 6 个偏相关系数都是极显著的；$|r_{12\cdot34y}|=0.338$、$|r_{23\cdot14y}|=0.245$、$|r_{24\cdot13y}|=0.382$、$r_{2y\cdot134}=0.421$，均小于 $r_{0.05}=0.655$，说明这 4 个偏相关系数都是不显著的。

三、偏相关和简单相关的关系

将【例 12-1】资料的简单相关系数与偏相关系数作一比较可以看出，偏相关系数与简单相关系数在数值上几乎都有差异，而且有的符号也可能不同。例如，$r_{13\cdot24y}=-0.865$ 和 $r_{13}=-0.183$相比，虽然都是负相关，但偏相关系数为极显著，而简单相关系数则不显著；又如，$r_{12\cdot34y}=-0.338$ 和 $r_{12}=0.068$ 相比，不仅数值不同，而且符号也不同。造成这些不同情况的原因在于各变量之间的相关性，在多变量资料中，如果各变量间存在相关，则任意两个变量间的简单相关系数包含有其他变量对其的影响。当其他变量与其呈正相关时，就混有正效应，简单相关系数会高于偏相关系数；当其他变量与其呈负相关时，就混有负效应，简单相关系数会低于偏相关系数。偏相关系数是消除了自变量间相关的混淆后所得到的相关系数值，因而能够真实反映两个变量间的直线相关程度与性质。因此，在进行多元线性相关分析时，应进行偏相关分析。

复习思考题

12.1　指出多元回归方程的基本形式，偏回归系数有何意义？

12.2　什么是多元回归分析与多元相关分析？

12.3　在多元相关分析中，复相关及其意义是什么？

12.4　什么是偏相关？偏相关分析与简单相关分析有何区别？

12.5　根据青海统计年鉴1985～1995年的数据(表12-4)。试建立多元回归方程。

表12-4　青海省1985～1995年统计数据

年份	总产量/kt	粮食作物播种面积/khm^2	有效灌溉面积/khm^2	化肥施用量/kt	良种化程度/%
1985	1003.25	386.57	160.15	11.78	63.3
1986	986.52	389.65	163.67	11.90	63.1
1987	1041.47	384.46	164.69	12.50	66.6
1988	1058.17	385.72	163.17	13.43	70.0
1989	1108.44	395.21	167.14	15.17	72.5
1990	1145.61	400.33	171.56	15.88	75.0
1991	1146.30	401.95	175.36	16.07	79.0
1992	1185.00	401.26	175.05	16.55	80.7
1993	1186.30	389.83	176.65	17.15	81.2
1994	1168.40	386.85	176.99	16.71	81.5
1995	1141.90	384.25	177.31	17.93	82.0

12.6　长江下游某地区选择了10个当地推广的小麦品种，田间测定每亩穗数、每穗粒数、成熟收获后测定千粒重和单株产量，并根据实测数据计算每公顷产量。结果如表12-5所示。试建立最优多元回归方程，并计算复相关系数、偏相关系数。

表12-5　10个小麦品种的产量和产量构成因素

品种编号	产量/(kg/hm^2)	公顷穗数/万株	每穗粒数/个	千粒重/g	单株产量/g
1	4950	495	47.2	29.0	4.6
2	4815	495	25.9	43.0	3.7
3	5145	585	34.9	30.5	4.3
4	5145	405	49.6	32.4	4.1
5	5565	315	54.2	40.0	4.4
6	3900	645	26.4	35.0	3.8
7	4545	735	25.0	36.1	3.7
8	5745	435	48.7	34.3	4.8
9	5100	465	36.6	33.1	4.2
10	5295	390	42.7	32.2	3.5

第十三章　曲线回归

在农业科学研究中，两个变量之间的关系多数不是简单的线性关系，而是曲线关系，多数情况下，自变量 x 在某一取值区间内与依变量 y 是直线关系，而在所有可能的取值区间内则为曲线关系。例如，光照强度和净光合速率之间的关系，光照强度为 0～200μmol/(m^2·s)时，是直线关系；但在 0～2000μmol/(m^2·s)时，则是曲线关系。又如，施肥量与产量、药剂浓度与害虫死亡率、密度与产量等的关系都属这种类型。两个变量间呈现曲线关系的回归称为曲线回归(curvilinear regression)或称为非线性回归(non-linear regression)。

第一节　曲线的类型与特点

在农业科学研究中两个变量间的曲线关系多种多样，根据曲线的性质和特点本章主要介绍如下几种类型：指数函数曲线、对数函数曲线、幂函数曲线、双曲函数曲线、S 型曲线等。

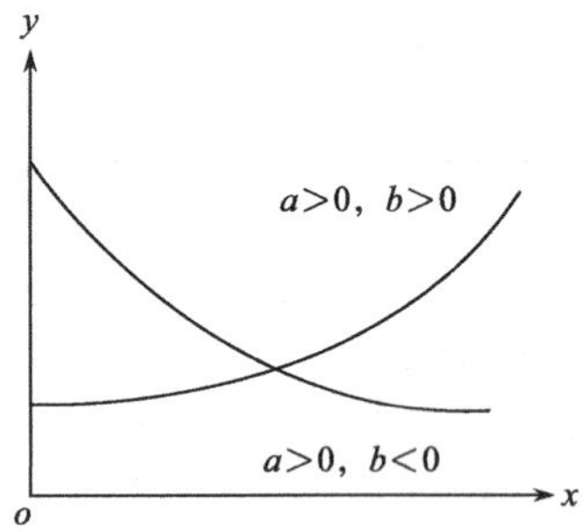

图 13-1　方程 $\hat{y}=a\mathrm{e}^{bx}$ 的图像

一、指数函数曲线

指数函数(exponential function)曲线方程有两种形式：

$$\hat{y}=a\mathrm{e}^{bx}$$

$$\hat{y}=ab^{x}$$

以上两式的 x 都是作为指数出现的，因而称为指数函数。指数函数中的参数 b 一般用来描述增长或衰减的速率。以 $\hat{y}=a\mathrm{e}^{bx}$ 为例，如图 13-1 所示，当 $a>0$、$b>0$ 时，y 随 x 的增大而增大，曲线凹向上；当 $a>0$、$b<0$ 时，y 随 x 的增大而减小，曲线也是凹向上。

二、对数函数曲线

对数函数(logarithmic function)方程的一般表达式为

$$\hat{y}=a+b\ln x$$

$$\hat{y}=a+b\lg x$$

在对数函数中，x 必须为大于 0 的正数。对数函数曲线是给定变量 x 的较大变化可引起变量 y 的较小变化。当 $b>0$ 时，y 随 x 的增大而增大，曲线凸向上；当 $b<0$ 时，y 随 x 的增大而减小，曲线凹向上，如图 13-2 所示。

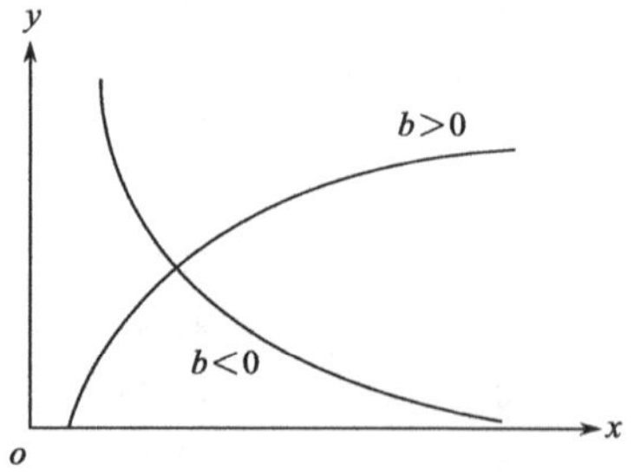

图 13-2　方程 $\hat{y}=a+b\ln x$ 的图像

三、幂函数曲线

幂函数(power function)曲线的一般形式为

$$\hat{y}=ax^b$$

如图 13-3 所示，当 $a>0$、$b>1$ 时，y 随 x 的增大而增大，x 有一个小的变化就会引起一个 y 的较大变化，曲线较陡，凹向上；当 $a>0$、$0<b<1$ 时，y 也随 x 的增大而增大，但曲线变化较缓，凸向上；当 $a>0$、$b<0$ 时，y 随 x 的增大而减小，曲线凹向上，且以 x 轴和 y 轴为渐近线。

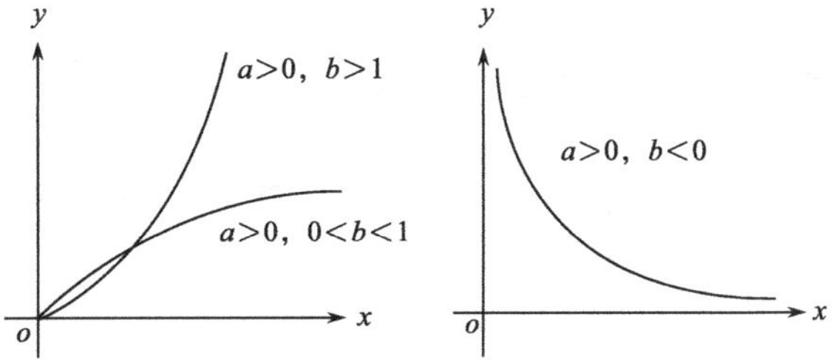

图 13-3　方程 $\hat{y}=ax^b$ 的图像

四、双曲函数曲线

双曲函数(inverse function)曲线方程一般有以下 3 种形式：

$$\hat{y}=\frac{a+bx}{x}$$

$$\hat{y}=\frac{x}{a+bx}$$

$$\hat{y}=\frac{1}{a+bx}$$

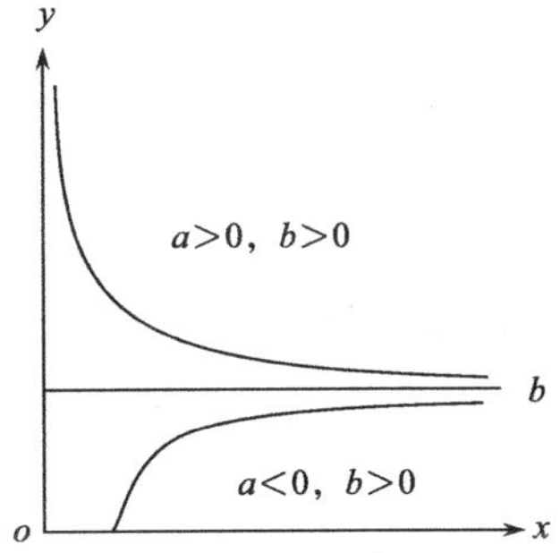

图 13-4　方程 $\hat{y}=\frac{a+bx}{x}$ 的图像

以 $\hat{y}=\frac{a+bx}{x}$ 为例，如图 13-4 所示，当 $a>0$、$b>0$ 时，y 随 x 的增大而减小，曲线凹向上，y 值大于 b；当 $a<0$、$b>0$时，y 随 x 的增大而增大，曲线凸向上，曲线与 x 轴交于 a/b，y 值小于 b。两条曲线都以 y 轴和$y=b$为渐近线。

五、S 型 曲 线

S 型曲线又称为生长曲线，它广泛应用于模拟动、植物自然生长过程的研究。其基本特点是生物量开始增长较慢，在以后的某一时间段内增长迅速，达到一定的限度后增长又缓慢下来，生长曲线呈拉长的“S”，故称为 S 型曲线。

应用最广泛的 S 型曲线是 Logistic 生长曲线，它是由比利时数学家 P. F. Verhulst 于 1838 年导出的，在 20 世纪初开始应用于生物学研究。

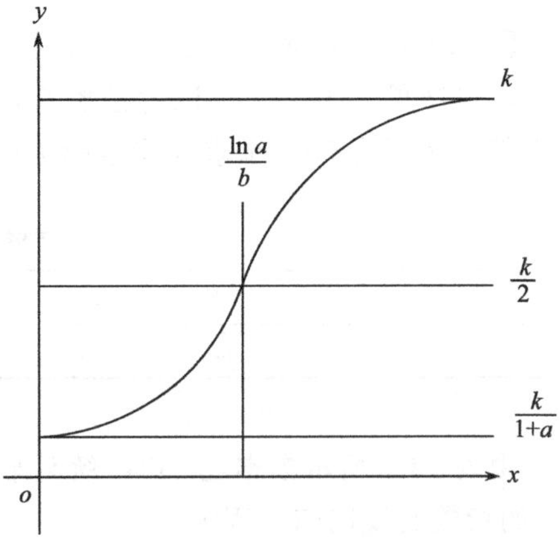

图 13-5　方程 $\hat{y}=\frac{k}{1+a\mathrm{e}^{-bx}}$ 的图像

Logistic 曲线回归方程基本形式为

$$\hat{y}=\frac{k}{1+a\mathrm{e}^{-bx}}$$

一般用于表示生长量 $\hat{y}$ 与时间 x 的回归关系。这里，参数 a、b 和 k 均大于 0。当 $x=0$ 时，$\hat{y}=\frac{k}{1+a}$，这是时间为 0 时的起始生物量；当 $x\to\infty$ 时，$\hat{y}=k$，这是时间为无限延长的终极生物量。如图 13-5 所示，曲线在 $x=\frac{\ln a}{b}$ 时有一拐点，这时 $\hat{y}=\frac{k}{2}$。x 在 $\left[0,\ \frac{\ln a}{b}\right]$ 区间内，曲线凹向上，增长速率由小变大；x 在 $\left[\frac{\ln a}{b},\ \infty\right]$ 区间内，曲线凸向上，增长速率由大变小。

第二节　曲线方程的配置

曲线方程配置(curve fitting)是指对两个变量资料进行曲线回归分析，获得一个显著的曲线方程的过程。

在过去，要想求得一个曲线方程，必须将其直线化后，按照直线回归方程求解的方法来获得曲线方程。如今由于统计软件的广泛应用，任意非线性方程都可以进行配置。使曲线方程配置的方法和步骤有了很大的区别。

目前，曲线回归方程的配置一般包括以下一些内容。

(1) 依据专业知识和前人同类研究所采用的曲线类型来选择。

(2) 首先利用试验数据绘制散点图，然后按照散点趋势画出反映它们之间变化规律的曲线，并与已知的各种曲线图形相比较，找出与之最为相似的曲线方程，作为选定的曲线类型。

(3) 在利用统计软件进行方程的配置时，可一次选择多个曲线类型，然后根据对回归方程的显著性测验结果，选择显著性最大的曲线类型。

本教材只介绍利用 SPSS 统计软件进行曲线方程的配置方法，参见本教材第十五章第六节的相关内容。

一、指数曲线方程 $\hat{y}=a\mathrm{e}^{bx}$ 的配置

【例 13-1】 在光电比色计上测定每升溶液中叶绿素的毫克数(x，mg/L)和透光度(y)的关系，得结果于表 13-1。试为该资料配置指数曲线方程。若某样品叶绿素提取液为 20ml，测得其透光度为 55，试求叶绿素的浓度及含量。

表 13-1　叶绿素浓度(x)和透光度(y)的关系

x	0	10	20	30	40	50	60	70	80
y	100	65	41	29	20	13	8.2	5.7	3.8

由表 13-1 所示数据经 SPSS 统计软件“曲线估计”过程计算得叶绿素含量(x)与透光度(y)的指数曲线回归方程为

$$\hat{y}=97.763\mathrm{e}^{-0.041x}$$

对回归方程进行 F 测验：$F=9928.953>F_{0.01(1,7)}=12.25$，$P=0.000<0.01$(表 15-54)，

表明叶绿素含量(x)与透光度(y)存在极显著的指数曲线回归关系，其图形见图 13-6。

方程中 $a=97.763$，是叶绿素含量为 0 时的透光度(无误差时的期望值为 100)；$b=-0.041$，是叶绿素浓度每增加 1 个单位时，透光度将平均减少的自然对数单位数，又称为消光系数。

对原方程两边取自然对数，并将 $y=55$ 代入，得叶绿素的浓度为

$$x=\frac{\ln 55-\ln 97.763}{-0.041}=14.030(\text{mg/L})$$

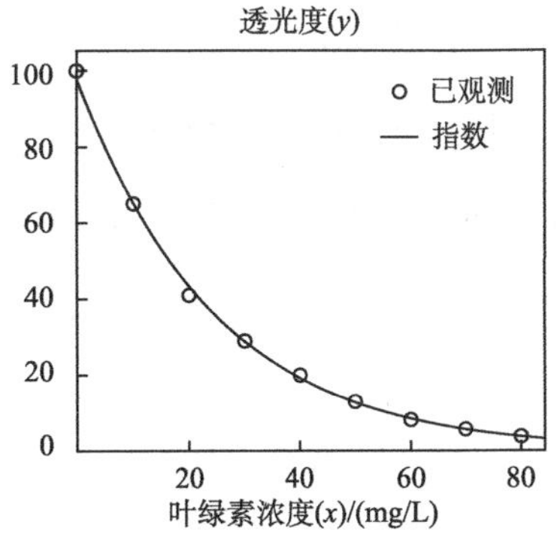

图 13-6　叶绿素浓度与透光度的关系

20ml 溶液中叶绿素的含量为：$14.030\times 20\times 10^{-3}=0.281(\text{mg})$。

二、Logistic 曲线方程的配置

Logistic 曲线方程有多种形式，以 $y=\dfrac{k}{1+a\mathrm{e}^{-bx}}$($k$ 为未知常数，a、b、k 均>0)最为常用，其他形式可经过变换后得到这一形式。

【例 13-2】 测定某谷子品种出苗后天数(x，d)下的平均单株重(y，mg)，得结果列于表 13-2。试用 Logistic 方程描述谷子单株增重与出苗后天数的关系。

表 13-2　谷子出苗后不同天数的平均单株重

x/d	0	7	14	21	35	49	56	63	70	77	84	91	98	105	112
y/g	0.1	0.3	0.4	1.0	1.5	5.3	8.4	16.1	19.1	24.1	29.7	33.8	36.0	41.8	42.0

在进行 Logistic 曲线方程的配置时，首先要计算 k 值，k 值的确定有两种方法：一是，当 y 是积累频率时，则 $k=100\%$；二是，当 y 是生物量时，通常选取满足条件 $x_2=(x_1+x_3)/2$ 的 3 对实际观察值(x_1，y_1)、(x_2，y_2)和(x_3，y_3)，即 x 为 3 个等间距值，由下式求 k 的估计值。

$$k=\frac{y_2^2(y_1+y_3)-2y_1y_2y_3}{y_2^2-y_1y_3}$$

这里，取出苗后 14d、49d 和 84d 的结果代入上式得

$$k=\frac{5.3^2\times(0.4+29.7)-2\times 0.4\times 5.3\times 29.7}{5.3^2-0.4\times 29.7}$$

$$=44.39(\text{g})$$

试验数据经 SPSS 统计软件“曲线估计”过程计算，并经转换后得本例 Logistic 曲线回归方程为

$$\hat{y}=\frac{44.39}{1+317.566\mathrm{e}^{-0.078x}}$$

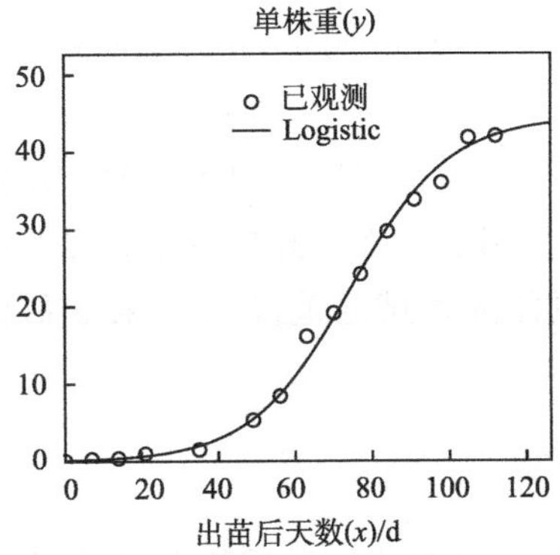

图 13-7　谷子植株 Logistic 生长曲线

对回归方程进行 F 测验，$F=1794.479>F_{0.01(1,13)}=9.07$(表 15-58)，达极显著水平，表明某谷子出苗后的天数

与平均单株重呈极显著的 Logistic 回归关系。此回归方程的图示见图 13-7。

Logistic 曲线的拐点 $x=\frac{\ln a}{b}=\frac{\ln 349.450}{0.078}=75.1$，即出苗后第 75d，单株重量达到总重量的 50%，在此时间的前后期是植株生长的最快时期，专业上称为增重高峰期。

第三节　多项式回归

一、多项式回归方程

多项式回归(polynomial regression)是研究依变量 y 与自变量 x 为非线性关系的一种回归分析方法，是在两个变量间的曲线关系不易确定时，可以通过增加 x 的次数对实际观察值进行逼近。

k 次多项式的一般形式为

$$\hat{y}=a+b_1x+b_2x^2+\cdots+b_kx^k$$

这条曲线具有 $k-1$ 个极值和 $k-2$ 个拐点。

当 $k=1$ 时，$\hat{y}=a+b_1x$，即直线回归方程；当 $k=2$ 时，称为二次多项式回归方程，其形式为：$\hat{y}=a+b_1x+b_2x^2$；当 $k=3$ 时，称为三次多项式回归方程，其形式为：$\hat{y}=a+b_1x+b_2x^2+b_3x^3$。

最简单的多项式为二次多项式，它的图像是抛物线。当 $b_2>0$ 时，曲线凹向上，有一个极小值(谷)；当 $b_2<0$ 时，曲线凸向上，有一个极大值(峰)，见图 13-8。

三次多项式的图形是具有两个弯曲(一个峰和一个谷)和一个拐点的曲线。当 $b_3>0$ 时，曲线由凸向上转为凹向上，峰先于谷；当 $b_3<0$ 时，曲线由凹向上转为凸向上，谷先于峰，见图 13-9。

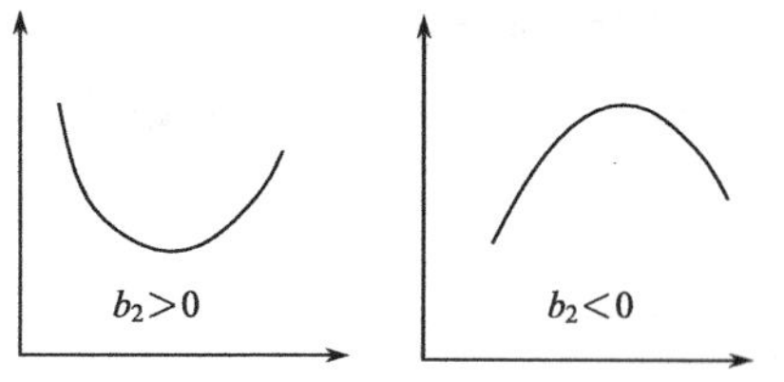

图 13-8　方程 $\hat{y}_2=a+b_1x+b_2x^2$ 的图像

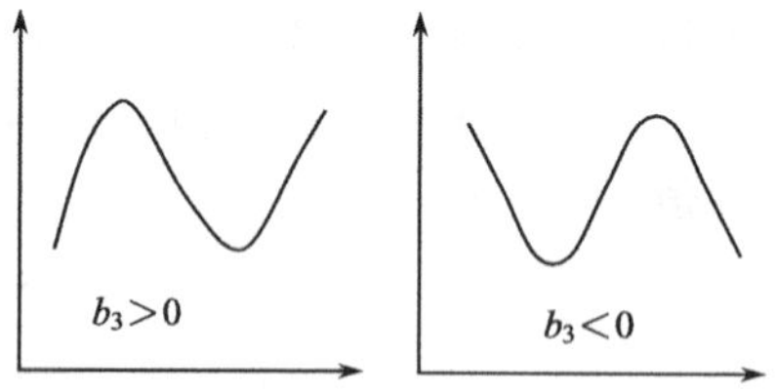

图 13-9　方程 $\hat{y}_3=a+b_1x+b_2x^2+b_3x^3$ 的图像

多项式回归分析时，可以通过增加次数来对任何两个变量资料进行回归逼近，但要注意次数越高，要求的统计数越多，对回归意义的解释也越困难。因此，在实际工作中，以二次多项式和三次多项式为常用。另外，多项式回归方程通常只能描述试验范围内 y 依 x 的曲线关系，外推一般不可靠。

二、多项式回归方程的计算

多项式回归方程的求解，可参照类似于多元线性回归方程的方法，采用矩阵的方法求解。如果有 n 组试验观察值，则 k 次多项系数矩阵为

$$X=\begin{pmatrix}1 & x_{11} & x_{11}^2 & \cdots & x_{11}^k \\ 1 & x_{12} & x_{12}^2 & \cdots & x_{12}^k \\ \vdots & \vdots & \vdots & & \vdots \\ 1 & x_{1n} & x_{1n}^2 & \cdots & x_{1n}^k\end{pmatrix}\quad Y=\begin{pmatrix}y_1\\ y_2\\ \vdots \\ y_n\end{pmatrix}$$

这里求得 $\boldsymbol{X'X}$、$\boldsymbol{X'Y}$ 和 $(\boldsymbol{X'X})^{-1}$，并由 $\boldsymbol{b}=(\boldsymbol{X'X})^{-1}(\boldsymbol{X'Y})$ 求得多项式回归方程的系数。

三、多项式回归方程的显著性测验

(一)多项回归方程的显著性测验

n 组试验数据、k 次多项式回归分析中，y 的总平方和 SS_y 可以分解为 k 次多项式回归平方和 U_k 和离回归平方和 Q_k，即

$$SS_y=U_k+Q_k \tag{13-1}$$

$$\left.\begin{aligned} SS_y&=\boldsymbol{Y'Y}-\frac{\left(\sum y\right)^2}{n}\\ Q_k&=\boldsymbol{Y'Y}-\boldsymbol{b'X'Y}\\ U_k&=\boldsymbol{b'X'Y}-\frac{\left(\sum y\right)^2}{n}=SS_y-Q_k\end{aligned}\right\} \tag{13-2}$$

y 的总变异具自由度 $df_T=n-1$，回归项变异的自由度 $df_U=k$，离回归项自由度 $df_Q=n-k-1$。

$$df_T=df_U+df_Q$$

F 值为

$$F=\frac{U_k/k}{Q_k/[n-(k+1)]} \tag{13-3}$$

由此进行 F 测验，即可推断多项式回归关系的显著性。

k 次多项式的离回归标准误 $s_{y/x,x^2,\cdots,x^k}$ 为

$$s_{y/x,\,x^2,\,\cdots,\,x^k}=\sqrt{\frac{Q_k}{n-(k+1)}} \tag{13-4}$$

(二) 各次项偏回归系数的显著性测验

各次项偏回归系数的显著性测验方法可以用 F 测验，也可用 t 测验。计算公式参见式(12-10)和式(12-11)。

【例 13-3】 某旱地马铃薯施氮肥试验，测定施氮量(x，kg/hm²)与产量(y，kg/100m²)的关系，得结果列于表 13-3，试建立多项式回归方程。

表 13-3　马铃薯施氮量(x)与产量(y)结果

x/(kg/hm²)	0	45	90	135	180
y/(kg/100m²)	151.2	236.9	258.9	281.0	276.0

如果此资料配置二次多项式，则由表 13-3 资料得

$$\boldsymbol{X}=\begin{pmatrix}1 & 0 & 0\\ 1 & 45 & 2025\\ \vdots & \vdots & \vdots\\ 1 & 180 & 32400\end{pmatrix}\quad \boldsymbol{Y}=\begin{pmatrix}151.2\\ 236.9\\ \vdots\\ 276.0\end{pmatrix}$$

由式(12-3)～式(12-5)计算得：$b_0=156.160$、$b_1=1.804$、$b_2=-0.006$(表 15-60)，因此，二次多项式的回归方程为：$\hat{y}=156.160+1.804x-0.006x^2$。

由式(13-1)～式(13-3)计算得 $F=43.503$。

对回归方程进行 F 测验，$F=43.503>F_{0.05(2,2)}=19.00$(表 15-59)，$P=0.022<0.05$，说明马铃薯的施氮量($x$)与产量($y$)存在显著的二次多项式回归关系。

回归系数及其 t 测验结果参见第十五章第六节相关内容。

复习思考题

13.1　农学和生物学中涉及的曲线有哪几类，各有什么特点？

13.2　曲线回归方程的配置一般包括哪些内容？

13.3　测定甘薯薯块在生长过程中的鲜重(x，g)和呼吸强度[y，CO_2 mg/(100g 鲜重 · h)]的关系，得结果列于表 13-4。试以 $\hat{y}=ax^b$ 作回归分析。

表 13-4　甘薯薯块在生长过程中的鲜重和呼吸强度的测定结果

x(薯块鲜重)	10	38	80	125	200	310	445	480
y(呼吸强度)	92	32	21	12	10	7	7	6

13.4　测定细砂土中毛细管水上升高度(y，cm)和经历时数(x，h)的关系，得结果列于表 13-5，试对试验数据配置双曲线函数，并作分析。

表 13-5　毛细管水的上升高度和经历时数的试验结果

x(时数)/h	12	24	48	96	144	192	240
y(高度)/cm	21	34	42	48	53	57	60

13.5　某地测定越冬代棉红铃虫化蛹进度(y,%)如表 13-6 所示，试以 Logistic 曲线方程描述 x 与 y 的关系。以 5 月 31 日为起始日($x=0$)。

表 13-6　越冬代棉红铃虫化蛹进度

	日期(月/日)									
	6/5	6/10	6/15	6/20	6/25	6/30	7/5	7/10	7/15	7/20
x(天数)	5	10	15	20	25	30	35	40	45	50
y(化蛹进度)	3.5	6.4	14.6	31.4	45.6	60.4	75.2	90.2	95.4	97.5

第十四章　协方差分析

第一节　协方差分析的意义与作用

一、协方差分析的意义

在方差分析中设定，在试验中除处理不同外，其他条件都要力求一致，即某一性状的效应的变化只受不同处理的影响。但在实际应用中，有些试验是很难做到条件一致的，总有一些无法控制的因素影响着试验结果。例如，在一些试验中，植株密度一致是试验成功的基础条件，但在试验过程中，由于受一些无法控制因素的影响，使试验小区之间的株数产生差异，特别是对于一些大株作物，这种差异对试验结果会有较大的影响。这个影响既可能会增大处理间(组间)差异，也可能会增大处理内(误差)差异，从而降低 F 测验结果的可靠性。此时，如果密度对试验指标的影响可以通过回归分析来度量，则可以用回归分析的方法先将密度矫正到同一水平上，然后再进行方差分析，这样就可以消除由于密度不同对试验结果的影响。这种将回归分析与方差分析结合起来的统计方法，称为协方差分析(analysis of covariance)，简记为 *ANOCOV* 法。

协方差(covariance)是两个变量的互变异数。对于一个具有 N 对(X，Y)的有限总体，其定义为

$$cov=\frac{1}{N}\sum_{1}^{N}(X_i-\mu_X)(Y_i-\mu_Y) \tag{14-1}$$

而对于由 n 对(x，y)组成的样本，则可定义为

$$\widehat{cov}=\frac{1}{n-1}\sum_{1}^{n}(x_i-\bar{x})(y_i-\bar{y}) \tag{14-2}$$

由上可知，样本协方差$\widehat{cov}$是乘积和与自由度的商，即平均的乘积和。一般又称$\widehat{cov}$为均积(mean product)或协方，记为 MP，它是总体协方差的估计值。

协方差分析是用于比较一个变量 y 在一个或几个因素不同水平上的差异，但与方差分析不同的是，y 在受供试验因素影响的同时，还受到另一个与 y 变量呈线性关系的变量 x 的影响，而且 x 变量的取值难以人为控制，不能作为方差分析的一个因素处理。此时，可用回归分析的方法排除 x 对 y 的影响，然后用方差分析的方法对各供试因素水平的影响作出统计推断。在协方差分析中，称 y 为因变量，x 为协变量(covariate)。在统计计算时，协方差分析按照变异来源，不但要将平方和与自由度进行分解，而且要将乘积和进行分解。

二、协方差分析的作用

(1) 对试验进行统计控制。对处理以外的一切条件都需要采取有效措施严加控制，使它们在各处理间尽量一致，这称为试验控制。但在有些情况下，即使做出很大努力也难以使试

验控制达到预期目的。当试验条件变量 x 与试验结果变量 y 存在因果关系时，可利用 y 依 x 的回归关系矫正 y 变量的处理平均数到 x 在同一水平时的结果，然后再测验矫正后的处理平均数间的差异显著性，这种做法称为统计控制。统计控制，对减少误差、提高试验精度具有很好的作用。例如，研究棉花的蕾铃脱落率时，要先将单位面积上不同的颖花数或蕾铃数矫正为相同的颖花数或落铃数后，再比较某些试验因素对蕾铃脱落率的影响。

(2) 作为不同变异来源的相关分析。当变量 x 与变量 y 存在相关关系时，可通过估计不同变异来源的总体方差和协方差，作出相应的相关分析。在随机模型的协方差分析中，根据均积 MP 和期望均积 EMP 之间的关系，可获得不同变异来源的总体方差和协方差估计值。协方差分析法应用在遗传、育种和生态研究中，可以估算出基因型相关系数、表型相关系数和环境相关系数。

第二节　单因素完全随机设计试验资料的协方差分析

设有 k 个处理、n 次重复的双变量试验资料，每个处理内皆有 n 对观测值 x、y，则该资料为具 nk 对 x、y 观测值的单向分组资料，其数据的一般模式如表 14-1 所示。

表 14-1　nk 对 x、y 观测值的单向分组资料

($i=1, 2, 3, \cdots, k$; $j=1, 2, 3, \cdots, n$)

处理	观察值					总和	平均
1	x_{11}	x_{12}	x_{13}	…	x_{1n}	T_{x_1}	$\bar{x}_1$
	y_{11}	y_{12}	y_{13}	…	y_{1n}	T_{y_1}	$\bar{y}_1$
2	x_{21}	x_{22}	x_{23}	…	x_{2n}	T_{x_2}	$\bar{x}_2$
	y_{21}	y_{22}	y_{23}	…	y_{2n}	T_{y_2}	$\bar{y}_2$
⋮	⋮	⋮	⋮		⋮	⋮	⋮
i	x_{i1}	x_{i2}	x_{i3}	…	x_{in}	T_{x_i}	$\bar{x}_i$
	y_{i1}	y_{i2}	y_{i3}	…	y_{in}	T_{y_i}	$\bar{y}_i$
⋮	⋮	⋮	⋮		⋮	⋮	⋮
k	x_{k1}	x_{k2}	x_{k3}	…	x_{kn}	T_{x_k}	$\bar{x}_k$
	y_{k1}	y_{k2}	y_{k3}	…	y_{kn}	T_{y_k}	$\bar{y}_k$
						T_x	$\bar{x}$
						T_y	$\bar{y}$

表 14-1 中，x 和 y 的总自由度及平方和都可按方差分析的方法分解为处理间和误差(处理内)两个部分，此处不再赘述。总乘积和(SP_T) 也可以分解为处理间乘积和(SP_t) 和误差(处理内)乘积和(SP_e)两个部分。

$$SP_T = SP_t + SP_e \tag{14-3}$$

各部分的乘积和为

$$\sum_1^{kn}(x-\bar{x})(y-\bar{y}) = n\sum_1^{k}(\bar{x}_i-\bar{x})(\bar{y}_i-\bar{y}) + \sum_1^{k}\sum_1^{n}(x-\bar{x}_i)(y-\bar{y}_i)$$

各部分相应的自由度为

$$df_T = df_t + df_e \tag{14-4}$$
$$nk - 1 = (k-1) + k(n-1)$$

乘积和的计算公式为

$$\left.\begin{aligned} C &= \frac{T_{x_i}T_{y_i}}{nk} \\ SP_T &= \sum_1^{kn} x_i y_i - C \\ SP_t &= \frac{1}{n}\sum_1^{k}(T_{x_i}T_{y_i}) - C \\ SP_e &= \sum_1^{kn} xy - \frac{1}{n}\sum_1^{k} T_{x_i}T_{y_i} = SP_T - SP_t \end{aligned}\right\} \tag{14-5}$$

如果重复次数 n 不等，分别为 n_1，n_2，…，n_k，其和为 $\sum n_i$，则

$$\left.\begin{aligned} C &= \frac{T_{x_i}T_{y_i}}{\sum n_i} \\ SP_T &= \sum_1^{\sum n_i} x_i y_i - C \\ SP_t &= \sum_1^{k} \frac{T_{x_i}T_{y_i}}{n_i} - C \\ SP_e &= \sum_1^{\sum n_i} x_i y_i - \sum_1^{k} \frac{T_{x_i}T_y}{n_i} = SP_T - SP_t \end{aligned}\right\} \tag{14-6}$$

其相应自由度分别为 $\sum n_i - 1$、$k-1$、$\sum n_i - k$。

【例 14-1】 为研究 A_1、A_2、A_3 3 种肥料对苹果的增产效果($k=3$)，选了 24 株同龄苹果树，第一年记下各树的产量(x，kg)，第二年将每种肥料随机施于 8 株苹果树上($n=8$)，再记下其产量(y，kg)。得结果列于表 14-2，试作协方差分析。

表 14-2　施用 3 种肥料的苹果产量　　（单位：kg/株）

肥料		观察值								总和	平均
A_1	x	47	58	53	46	49	56	54	44	407	50.875
	y	54	66	63	51	56	66	61	50	467	58.375
A_2	x	52	53	64	58	59	61	63	66	476	59.500
	y	54	53	67	62	62	63	64	69	494	61.750
A_3	x	44	48	46	50	59	57	58	53	415	51.875
	y	52	58	54	61	70	64	69	66	494	61.750
										1298	54.083
										1455	60.625

一、计算变量 x 和 y 各变异来源的平方和、乘积和与自由度

（一）x 变量的平方和

矫正系数：$C=\frac{T_x^2}{nk}=\frac{1298^2}{8\times3}=70200.167$

总变异：$SS_{T_x}=\sum x_i^2-C=47^2+58^2+\cdots+53^2-70200.167=945.833$

肥料间：$SS_{t_x}=\frac{1}{n}\sum_1^k T_{x_i}^2-C=\frac{407^2+476^2+415^2}{8}-70200.167=356.083$

误差：$SS_{e_x}=SS_{T_x}-SS_{t_x}=945.833-356.083=589.750$

（二）y 变量的平方和

矫正系数：$C=\frac{T_y^2}{nk}=\frac{1455^2}{8\times3}=88209.375$

总变异：$SS_{T_y}=\sum y_i^2-C=54^2+66^2+\cdots+66^2-88209.375=891.625$

肥料间：$SS_{t_y}=\frac{1}{n}\sum_1^k T_{y_i}^2-C=\frac{467^2+494^2+494^2}{8}-88209.375=60.750$

误差：$SS_{e_y}=SS_{T_y}-SS_{t_y}=891.625-60.750=830.875$

（三）x 和 y 变量的乘积和

矫正系数：$C=\frac{T_xT_y}{nk}=\frac{1298\times1455}{8\times3}=78691.25$

总变异：$SP_T=\sum x_iy_i-C=47\times54+58\times66+\cdots+53\times66-78691.25$

$=765.750$

肥料间：$SP_t=\frac{1}{n}\sum_1^k T_{x_i}T_{y_i}-C=\frac{407\times467+476\times494+415\times494}{8}-78691.25$

$=86.625$

误差：$SP_e=SP_T-SP_t=765.750-86.625=679.125$

（四）相应的自由度

总变异：$df_T=nk-1=8\times3-1=23$

肥料间：$df_t=k-1=3-1=2$

误差：$df_e=k(n-1)=3\times(8-1)=21$

将上述数据列于表 14-3。

表 14-3　表 14-2 资料的自由度、平方和与乘积和

变异来源	df	SS_x	SS_y	SP
品种间	2	356.083	60.750	86.625
误差	21	589.750	830.875	679.125
总变异	23	945.833	891.625	765.750

二、对 x 和 y 变量作方差分析

依据方差分析的方法分别对 x 和 y 变量各进行方差分析，其结果列于表 14-4。

表 14-4　表 14-2 资料 x 和 y 变量的方差分析

变异来源	df	x 变量			y 变量		
		SS	MS	F	SS	MS	F
肥料间	2	356.083	178.042	6.34**	60.750	30.375	<1
误差(肥料内)	21	589.750	28.083		830.875	39.565	
总变异	23	945.833			891.625		

由表 14-4 可以看出，对 x 变量 F 测验的结果是 $F=6.34>F_{0.01(2,24)}=5.61$，说明供试苹果树的“基础生产力”($x$)在未施肥料时就有极显著的差异；而对 y 变量 F 测验的结果为 $F<1$，说明第二年施用不同肥料后产量无显著的差异。这里，如果 x 和 y 无关，对 y 进行的 F 测验是正确的；但若 x 和 y 有关，则需要对 y 矫正后再进行 F 测验，才能获得正确的结论。

三、对 y 和 x 作线性回归测验

回归系数 b_e 由误差项的统计数来计算。则

$$b_e=\frac{SP_e}{SS_{e_x}}=\frac{679.125}{589.750}=1.1515$$

利用 F 测验的方法，对 b_e 进行显著性测验。

无效假设 H_0：$\beta_e=0$，备择假设 H_A：$\beta_e\neq 0$。

回归平方和：$U_e=\frac{SP_e^2}{SS_{e_x}}=\frac{679.125^2}{589.750}=782.045$

回归自由度：$\nu_{e_1}=1$

离回归平方和：$Q_e=SS_{e_y}-U_e=830.875-782.045=48.830$

离回归自由度：$\nu_{e_2}=df_e-\nu_{e_1}=21-1=20$

$$F=\frac{U_e/\nu_{e_1}}{Q_e/\nu_{e_2}}=\frac{782.045}{48.830/20}=320.313>F_{0.01(1,\ 20)}=8.10$$

所以否定 H_0：$\beta_e=0$，接受 H_A：$\beta_e\neq 0$，说明 y 与 x 有极显著的直线回归关系。

四、测验矫正平均数间的差异显著性

(1) 矫正后 y 的总变异平方和与自由度，即总的离回归平方和与自由度：

$$Q_T=SS_{T_y}-\frac{SP_T^2}{SS_{T_x}}=891.625-\frac{765.750^2}{945.833}=271.67 \tag{14-7}$$

$$\nu_T=df_T-\nu_{e_1}=(kn-1)-1=23-1=22 \tag{14-8}$$

(2) 矫正后 y 的误差(处理内)项平方和与自由度，即离回归平方和与自由度：

$$Q_e = SS_{e_y} - U_e = 830.875 - 782.045 = 48.83$$

$$\nu_e = \nu_{e_2} = df_e - \nu_{e_1} = 21 - 1 = 20$$

(3) 矫正后 y 的处理项平方和与自由度：

$$Q_t = Q_T - Q_e = 271.67 - 48.83 = 222.84$$

$$\nu_t = \nu_T - \nu_e = 22 - 20 = 2$$

将以上计算结果列于表 14-5，得协方差分析表。

表 14-5　矫正产量的协方差分析

变异来源	自由度(ν)	平方和(Q)	均方(MS)	F
肥料间	2	222.84	111.420	45.63**
误差	20	48.83	2.442	
总变异	22	271.67		

对矫正后肥料间进行 F 测验：$F = 111.42/2.442 = 45.63 > F_{0.01(2,20)} = 5.85$，表明矫正后苹果单株平均产量 $\bar{y}_i'$ 间存在极显著的差异，须进一步进行多重比较。

五、矫正平均数的多重比较

（一）产量平均数的矫正

当 $x = \bar{x}_i$ 时，由直线回归关系 $\hat{y} = \bar{y} - b(x - \bar{x})$ 的形式，得 $\bar{y}_i$ 的回归矫正值 $\bar{y}_i'$ 为

$$\bar{y}_i' = \bar{y}_i - b_e(\bar{x}_i - \bar{x}) \tag{14-9}$$

式中，$\bar{y}_i'$ 为第 i 个处理回归矫正平均单株苹果产量；$\bar{y}_i$ 为第 i 个处理实际平均单株苹果产量；$\bar{x}_i$ 为第 i 个处理实际起始平均单株苹果产量；$\bar{x}$ 为全试验 x_{ij} 的平均数。

已知，y 依 x 的直线回归系数 $b_e = 1.1515$，根据表 14-2 资料可得各处理的矫正平均产量。

肥料 A_1：$\bar{y}_1' = \bar{y}_1 - b_e(\bar{x}_1 - \bar{x}) = 58.375 - 1.1515 \times (50.875 - 54.083) = 62.070$(kg)

肥料 A_2：$\bar{y}_2' = \bar{y}_2 - b_e(\bar{x}_2 - \bar{x}) = 61.750 - 1.1515 \times (59.500 - 54.083) = 55.512$(kg)

肥料 A_3：$\bar{y}_3' = \bar{y}_3 - b_e(\bar{x}_3 - \bar{x}) = 61.750 - 1.1515 \times (51.875 - 54.083) = 64.293$(kg)

这里，$\bar{y}_i$ 和 $\bar{y}_i'$ 不仅数值不同，而且次序也发生了改变。对于 $\bar{y}_i$：肥料 A_2 = 肥料 A_3 > 肥料 A_1；对于 $\bar{y}_i'$：肥料 A_3 > 肥料 A_1 > 肥料 A_2。肥料 A_2 的产量已由并列第一位降至第三位。由此可以说明选用正确的试验统计方法，对获得正确的试验结论是十分重要的！

（二）产量矫正平均数的多重比较

测验两个矫正平均数间的差异显著性，一般采用 t 测验法：

$$t = \frac{\bar{y}_i' - \bar{y}_j'}{s_D} \quad (i \neq j) \tag{14-10}$$

矫正平均数差数的标准误：

$$s_D=\sqrt{MS'_e\left[\frac{1}{n_i}+\frac{1}{n_j}+\frac{(\bar{x}_i-\bar{x}_j)^2}{SS_{e_x}}\right]} \tag{14-11}$$

式中，MS'_e为协方差分析表中误差的离回归均方；n_i 和 n_j 为各处理的重复观察值数；$\bar{x}_i$ 和 $\bar{x}_j$ 为第 i、j 个处理的 x 变量的平均数。

当 $n_i=n_j=n$ 时：

$$s_D=\sqrt{MS'_e\left[\frac{2}{n}+\frac{(\bar{x}_i-\bar{x}_j)^2}{SS_{e_x}}\right]} \tag{14-12}$$

在进行 t 测验时，其自由度 $\nu=\nu_e=k(n-1)-1$。

现已知 $n=8$，$\bar{x}_1=50.875$，$\bar{x}_2=59.500$，$\bar{x}_3=51.875$，$\bar{y}'_1=62.070$，$\bar{y}'_2=55.512$，$\bar{y}'_3=64.293$，$SS_{e_x}=589.750$，$MS'_e=2.442$。

1. 测验肥料 A_1 与 A_2 矫正苹果平均单株产量的差异显著性

将上面的相关数据代入式(14-10)和式(14-12)得

$$s_D=\sqrt{MS'_e\left[\frac{2}{n}+\frac{(\bar{x}_1-\bar{x}_2)^2}{SS_{e_x}}\right]}=\sqrt{2.442\left[\frac{2}{8}+\frac{(50.875-59.500)^2}{589.750}\right]}=0.958$$

$$t=\frac{\bar{y}'_1-\bar{y}'_2}{s_D}=\frac{62.070-55.512}{0.958}=6.846$$

查附表 4，$\nu=\nu_e=20$，$t_{0.01,20}=2.845$，现实得 $t=6.846>t_{0.01,20}$，故 $P<0.01$，应否定 H_0，说明肥料 A_1和 A_2的单株苹果产量之间有极显著差异。

2. 测验肥料 A_1 与 A_3 矫正苹果平均单株产量的差异显著性

将上面的相关数据代入式(14-10)和式(14-12)得

$$s_D=\sqrt{MS'_e\left[\frac{2}{n}+\frac{(\bar{x}_1-\bar{x}_3)^2}{SS_{e_x}}\right]}=\sqrt{2.442\left[\frac{2}{8}+\frac{(50.875-51.875)^2}{589.750}\right]}=0.784$$

$$t=\frac{\bar{y}'_1-\bar{y}'_3}{s_D}=\frac{62.070-64.293}{0.784}=-2.835$$

查附表 4，$\nu=20$，$t_{0.05,20}=2.086$、$t_{0.01,20}=2.845$，现实得 $|t|=2.835>t_{0.05,20}$，故 $P<0.05$，应否定 H_0，说明肥料 A_1和 A_3的单株苹果产量之间有显著差异；又因 $|t|=2.835<t_{0.01,20}$，说明 A_1和 A_3无极显著差异。

3. 测验肥料 A_2 与 A_3 矫正苹果平均单株产量的差异显著性

将上面的相关数据代入式(14-10)和式(14-12)得

$$s_D=\sqrt{MS'_e\left[\frac{2}{n}+\frac{(\bar{x}_2-\bar{x}_3)^2}{SS_{e_x}}\right]}=\sqrt{2.442\left[\frac{2}{8}+\frac{(59.512-51.875)^2}{589.750}\right]}=0.923$$

$$t=\frac{\bar{y}'_2-\bar{y}'_3}{s_D}=\frac{55.512-64.293}{0.923}=-9.514$$

查附表 4，$\nu=20$，$t_{0.01,20}=2.845$，现实得 $|t|=9.514>t_{0.01,20}$，故 $P<0.01$，应否定 H_0，说明肥料 A_2和 A_3的单株苹果产量之间有极显著差异。

结论：3 种肥料以 A_3的苹果产量最高，极显著地高于 A_2、显著地高于 A_1；A_1次之，极显著地高于 A_2；A_2产量最低。

第三节 单因素随机区组设计试验资料的协方差分析

设有 k 个处理、r 个区组的双变量试验资料，每处理内皆有 r 对观测值 x、y，则该资料为具 rk 对 x、y 观测值的两向分组资料，其数据一般模式如表 14-6 所示。

表 14-6 rk 对 x、y 观测值的区组与处理两向分组资料

($i=1, 2, \cdots, k$；$j=1, 2, \cdots, r$)

处理	区组				总和	平均
	1	2	…	r	T_{t_x} T_{t_y}	$\bar{x}_{t_x}$ $\bar{y}_{t_y}$
1	x_{11} y_{11}	x_{12} y_{12}	…	x_{1k} y_{1k}	$T_{x_1.}$ $T_{y_1.}$	$\bar{x}_{1\cdot}$ $\bar{y}_{1\cdot}$
2	x_{21} y_{21}	x_{22} y_{22}	…	x_{2k} y_{2k}	$T_{x_2.}$ $T_{y_2.}$	$\bar{x}_{2\cdot}$ $\bar{y}_{2\cdot}$
⋮	⋮ ⋮	⋮ ⋮		⋮ ⋮	⋮ ⋮	⋮ ⋮
i	x_{i1} y_{i1}	x_{i2} y_{i2}	…	x_{i1} y_{ir}	$T_{x_i.}$ $T_{y_i.}$	$\bar{x}_{i\cdot}$ $\bar{y}_{i\cdot}$
⋮	⋮ ⋮	⋮ ⋮		⋮ ⋮	⋮ ⋮	⋮ ⋮
k	x_{k1} y_{k1}	x_{k2} y_{k2}	…	x_{kr} y_{kr}	$T_{x_k.}$ $T_{y_k.}$	$\bar{x}_{k\cdot}$ $\bar{y}_{k\cdot}$
总和	$T_{x.1}$ $T_{y.1}$	$T_{x.2}$ $T_{y.2}$	…	$T_{x.r}$ $T_{y.r}$	T_x T_y	
平均	$\bar{x}_{\cdot 1}$ $\bar{y}_{\cdot 1}$	$\bar{x}_{\cdot 2}$ $\bar{y}_{\cdot 2}$	…	$\bar{x}_{\cdot r}$ $\bar{y}_{\cdot r}$		$\bar{x}$ $\bar{y}$

表 14-6 所示资料的总乘积和可分解为区组间、处理间和误差 3 个部分，即

$$SP_T = SP_r + SP_t + SP_e$$

其计算公式为

矫正系数：$C=\dfrac{T_xT_y}{rk}$

$$\left.\begin{aligned}
SP_T &= \sum_1^{rk}(x-\bar{x})(y-\bar{y}) = \sum_1^{rk}xy - C \\
SP_t &= r\sum_1^{k}(\bar{x}_{i\cdot}-\bar{x})(\bar{y}_{i\cdot}-\bar{y}) = \frac{1}{r}\sum_1^{k}(T_{x_{i.}}T_{y_{i.}}) - C \\
SP_r &= k\sum_1^{r}(\bar{x}_{\cdot j}-\bar{x})(\bar{y}_{\cdot j}-\bar{y}) = \frac{1}{k}\sum_1^{r}(T_{x_{.j}}T_{y_{.j}}) - C \\
SP_e &= SP_T - SP_r - SP_t
\end{aligned}\right\} \tag{14-13}$$

各项均积 SP 相应的自由度分别为

$$\left.\begin{aligned}
df_T &= rk-1 \\
df_t &= k-1 \\
df_r &= r-1 \\
df_e &= (r-1)(k-1)
\end{aligned}\right\} \tag{14-14}$$

【例 14-2】 设一个玉米品种比较试验，试验有 A、B、C、D、E 5 个品种，共 5 个处理、4 个区组，随机区组排列，共计 20 个小区。试验由于气候不良，有许多小区有缺株，致使收获时各小区株数参差不齐，试验结果见表 14-7。试用协方差分析的方法对此资料进行分析。

表 14-7　玉米品种比较试验每区株数与产量结果

品种	区组								总和		平均	
	Ⅰ		Ⅱ		Ⅲ		Ⅳ		T_{t_x}	T_{t_y}	$\bar{x}_{i\cdot}$	$\bar{y}_{i\cdot}$
	x	y	x	y	x	y	x	y				
A	10	18	8	17	6	14	8	15	32	64	8	16
B	12	36	13	38	8	28	11	30	44	132	11	33
C	17	40	15	36	13	35	11	29	56	140	14	35
D	14	21	14	23	17	24	15	20	60	88	15	22
E	12	42	10	36	10	38	16	52	48	168	12	42
总和	65	157	60	150	54	139	61	146	240	592		
平均											12	29.6

单因素随机区组设计试验资料的协方差分析和单因素完全随机设计试验资料的协方差分析并无太大的不同，只是在进行协方差分析时多了一个区组项的变异来源。

一、计算变量 x 和 y 各变异来源的平方和、乘积和与自由度

引用表 14-7 资料的数据，代入式(14-13)得

$$C=\frac{T_xT_y}{rk}=\frac{240\times 592}{4\times 5}=7104$$

$$SP=\sum_1^{rk}xy-C=10\times 18+8\times 17+\cdots+16\times 52-7104=290.0$$

$$SP_r=\frac{1}{k}\sum_1^{r}T_{x_{\cdot j}}T_{y_{\cdot j}}-C=\frac{65\times 157+60\times 150+54\times 139+61\times 146}{5}-7104$$
$$=19.4$$

$$SP_t=\frac{1}{r}\sum_1^{k}T_{x_{i\cdot}}T_{y_{i\cdot}}-C=\frac{32\times 64+44\times 132+\cdots+48\times 168}{4}-7104=156.0$$

$$SP_e=SP_T-SP_r-SP_t=290.0-19.4-156.0=114.6$$

x 和 y 变量的平方和计算略，其结果列于表 14-8。

表 14-8　表 14-7 资料的自由度、平方和与乘积和

变异来源	df	SS_x	SS_y	SP
区组间	3	12.4	34.0	19.4
品种间	4	120.0	1748.8	156.0
误差	12	59.6	268.0	114.6
总变异	19	192.0	2050.8	290.0
品种+误差	16	179.6	2016.8	270.6

二、对 x 和 y 变量作方差分析

依据方差分析的方法分别对 x 和 y 进行方差分析，其结果列于表 14-9。

表 14-9　表 14-7 资料 x 和 y 的方差分析

变异来源	df	x 变量			y 变量		
		SS	MS	F	SS	MS	F
区组间	3	12.4	4.133	0.832	34.0	11.333	0.507
品种间	4	120.0	30.000	6.040	1748.8	437.200	19.576
误差	12	59.6	4.967		268.0	22.333	
总变异	19	192.0			2050.8		

表 14-9 的 F 测验说明，密度间(x 变量)和品种间(y 变量)的产量都有极显著的差异。所以要进行协方差分析，以明确各品种产量的不同是品种间的直接效应，还是因为密度的不同而产生的间接效应。

三、对 y 和 x 作线性回归测验

回归系数 $b_e=\dfrac{SP_e}{SS_{e_x}}=\dfrac{114.6}{59.6}=1.923$

利用 F 测验的方法，对 b_e进行显著性测验。

无效假设 H_0：$\beta_e=0$，备择假设 H_A：$\beta_e\neq 0$。

回归平方和：$U_e=\dfrac{SP_e^2}{SS_{e_x}}=\dfrac{114.6^2}{59.6}=220.355$

回归自由度：$\nu_{e_1}=1$

离回归平方和：$Q_e=SS_{e_y}-U_e=268.0-220.355=47.645$

离回归自由度：$\nu_{e_2}=(k-1)(r-1)-1=(5-1)(4-1)-1=11$

对矫正后品种间进行 F 测验：$F=220.355/4.331=50.879>F_{0.01(1,11)}=9.65$。所以否定 H_0：$\beta_e=0$，接受 H_A：$\beta_e\neq 0$，说明 y 与 x 有极显著的直线回归关系。

四、测验矫正平均数间的差异显著性

表 14-7 所示资料为区组和品种两个方向，在测验矫正平均数的差异显著性时需分别进行。测验品种(处理)矫正平均数的差异时，需将品种间和误差项的 df、SS、SP 相加以代替总变异的 df、SS、SP，数据见表 14-8 最后一行；测验区组的矫正平均数的差异时，需将区组间和误差项的 df、SS、SP 相加以代替总变异的 df、SS、SP。下面对品种(处理)的矫正平均数间的差异显著性进行测验。

矫正后 y 的总变异平方和与自由度：

将表 14-8 最后一行数据代入式(14-7)和式(14-8)，得

$$Q_T=SS_{T_y}-\frac{SP_T^2}{SS_{T_x}}=2016.8-\frac{270.6^2}{179.6}=1609.092$$

$$\nu_T = df_T - \nu_{e_1} = 16 - 1 = 15$$

矫正后 y 的误差(处理内)项平方和与自由度：

$$Q_e = SS_{e_y} - U_e = 268.0 - 220.355 = 47.645$$

$$\nu_e = \nu_{e_2} = df_e - \nu_{e_1} = (k-1)(r-1) - 1 = (5-1)(4-1) - 1 = 11$$

矫正后 y 的处理项平方和与自由度：

平方和 $Q_t = Q_T - Q_e = 1609.092 - 47.645 = 1561.447$

自由度 $\nu_t = \nu_T - \nu_e = 15 - 11 = 4$

将以上数据列于表 14-10，得协方差分析表。

表 14-10　品种间矫正产量的协方差分析

变异来源	自由度(ν)	平方和(Q)	均方(MS)	F
品种间	1561.447	4	390.362	90.132**
误差	47.645	11	4.331	
品种＋误差	1609.092	15		

由表 14-10 可知，矫正后各品种的平均产量 $\bar{y}'_i$ 间存在极显著的差异[$F = 90.132 > F_{0.01(4,11)} = 5.67$]，须进一步进行多重比较。

五、矫正平均数的多重比较

已知，$b_e = 1.923$。将表 14-7 的相关数据代入式(14-9)，即可得到 5 个品种的回归矫正值 $\bar{y}'_i$。例如，品种 A：$\bar{y}'_1 = \bar{y}_1 - b_e(\bar{x}_1 - \bar{x}) = 16 - 1.923 \times (8 - 12) = 23.69$。依此类推，品种 B、C、D、E 4 个回归矫正平均产量分别为 34.92、31.15、16.23、42.00。

该试验产量矫正平均数的多重比较可参考【例 14-1】的方法与步骤进行计算，这里不再赘述。平均数间成对比较结果见表 14-11。

表 14-11　玉米品种比较试验矫正产量差异显著性(t 测验)

品种	产量	$\bar{y}'_i - 16.23$	$\bar{y}'_i - 23.69$	$\bar{y}'_i - 31.15$	$\bar{y}'_i - 34.92$
E	42.00	25.77**	18.31**	10.85**	7.08**
B	34.92	18.69**	11.23**	3.77*	
C	31.15	14.92**	7.46**		
A	23.69	7.46**			
D	16.23				

* 表示在 0.05 水平上显著，** 表示在 0.01 水平上极显著

由表 14-11 可知，除了品种 B 与品种 C 的产量存在显著差异外，其他品种之间都存在极显著差异，5 个玉米品种的产量由高到低排序为：品种 E>品种 B>品种 C>品种 A>品种 D。

复习思考题

14.1　什么是协方差分析？协方差分析的主要作用是什么？

14.2　协方差分析的步骤有哪些？如何将 $\bar{y}_i$ 矫正到 x 相同时的值？

14.3　为了研究 A_1、A_2、A_3、A_4 4种不同肥料对梨树单株产量的影响，选择40株梨树作试验，把40株梨树完全随机分为4组，每组包含10株梨树，每组施用一种肥料。各株梨树的起始干周(x，cm)和单株产量(y，kg)列于表14-12。试测验4种肥料的单株产量是否有显著差异。

表 14-12　梨树4种肥料比较试验的起始干周(x，cm)和单株产量(y，kg)

肥料		观察值										总和	平均
A_1	x_{1j}	36	30	26	23	26	30	20	19	20	16	246	24.6
	y_{1j}	89	80	74	80	85	68	73	68	80	58	755	75.5
A_2	x_{2j}	28	27	27	24	25	23	20	18	17	20	229	22.9
	y_{2j}	64	81	73	67	77	67	64	65	59	57	674	67.4
A_3	x_{3j}	28	33	26	22	23	20	22	23	18	17	232	23.2
	y_{3j}	55	62	58	58	66	55	60	71	55	48	588	58.8
A_4	x_{4j}	32	23	27	23	27	28	20	24	19	17	240	24.0
	y_{4j}	52	58	64	62	54	54	55	44	51	51	545	54.5
总计	x											949	23.68
	y											2562	64.05

14.4　表14-13是研究施肥期和施肥量对杂交水稻‘南优3号’结实率影响的部分结果，共14个处理、2个区组，随机区组设计。由于在试验过程中发现单位面积上的颖花数对结实率似有明显的回归关系，因此将颖花数(x，万/m^2)和结实率(p,%)共同测定结果列于表14-13(注：表中 y 的值为结实率 p 的反正弦转换值)，试作协方差分析。

表 14-13　‘南优3号’的颖花数(x)和结实率 p 的反正弦转换值(y)资料

处理	区组				T_t		$\bar{x}_i$	$\bar{y}_i$
	Ⅰ		Ⅱ					
	x	y	x	y	x	y		
1	4.59	58	4.32	61	8.91	119	4.455	59.5
2	4.09	65	4.11	62	8.20	127	4.100	63.5
3	3.94	64	4.11	64	8.05	128	4.025	64.0
4	3.90	66	3.57	69	7.47	135	3.735	67.5
5	3.45	71	3.79	67	7.24	138	3.620	69.0
6	3.48	71	3.38	72	6.86	143	3.430	71.5
7	3.39	71	3.03	74	6.42	145	3.210	72.5
8	3.14	72	3.24	69	6.38	141	3.190	70.5
9	3.34	69	3.04	69	6.38	138	3.190	69.0
10	4.12	61	4.76	54	8.88	115	4.440	57.5
11	4.12	63	4.75	56	8.87	119	4.435	59.5
12	3.84	67	3.60	62	7.44	129	3.720	64.5
13	3.96	64	4.50	60	8.46	124	4.230	62.0
14	3.03	75	3.01	71	6.04	146	3.020	73.0
T_r	52.39	937	53.21	910	105.60	1847		

第四部分
SPSS 统计软件基础与应用

第十五章　SPSS 统计软件基础与应用

第一节　基本概念与基本操作

一、概　　述

SPSS 是目前世界上最流行的统计分析软件之一，其原名称为“Statistics Package for Social Science”，即社会科学统计软件包，SPSS 是该软件英文名称的首字母缩写。2000 年，随着 SPSS 产品服务领域的扩大和服务深度的增加，SPSS 公司正式将英文全称更改为“Statistical Product and Service Solutions”，意为“统计产品与服务解决方案”，而英文缩写 SPSS 没有改变。

2009 年 4 月，随着 SPSS 公司成为预测分析领域的领导者，SPSS 公司将旗下主要产品的名称前面统一冠以 PASW 字样，全称为“Predictive Analysis Software”，意思是“预测分析软件”。这样其主要产品家族称为 PASW Statistics、PASW Modeler、PASW PES、PASW Data Collection 等。2010 年，随着 SPSS 公司被 IBM 公司并购，其各子产品家族的名称前面不再以 PASW 为名，而修改为统一加上 IBM SPSS 字样。

现在，SPSS 旗下主要 4 个产品家族相对应的软件产品，名称为：SPSS Statistics（原 SPSS），统计分析产品；SPSS Modeler（原 Clementine），数据挖掘产品；SPSS Data Collection family（原 Dimensions），数据采集产品；SPSS Collaboration and Deployment Services（原 Predictive Enterprise Services），企业应用服务。我们只对 SPSS Statistics 的部分内容进行介绍。

SPSS 不但有数据整理、分析与结果输出等功能，而且还可以得到直观、清晰、漂亮的统计图。它的特点有：①界面友好，操作简单，提供“窗口菜单”、“图标按钮”、“对话框”，在使用时，大多数功能都可以通过直接点击菜单按钮实现；②可以存取和转换多种数据类型，如 dBase、lotus、Excel、SAS、Foxpro、Access、text 等文件类型；③可以进行数据录入、转换、管理、统计分析、作图、制表及编辑；④可以根据要求编辑可执行程序文件。

本教材对 PASW/SSPS Statistics 18.0 进行讲解，其用户界面和结果输出均以简体中文为主、附以英文注释。

1. *安装*

在 Windows XP/7 操作系统下：①选择安装 SPSS 或在放有 SPSS 软件的光盘或硬盘上双击其安装文件“setup. exe”，弹出安装向导界面；②单击“下一步”按钮，弹出程序维护界面，在此如果是初次安装，则选择“修改”；③单击“下一步”按钮，弹出选择语言界面，在此选择安装语言“简体中文”；④单击“下一步”按钮，弹出安装文件夹选择界面，选择要安装的目的文件夹；⑤单击“下一步”按钮，按照要求输入用户名、单位、序列号等内容后，系统会完成 PASW Statistics 18 的安装。

2. *启动*

在 Windows 操作系统中，单击【开始】→【所有程序】→【SPSS Inc】→【PASW Statistics

18】→【PASW Statistics 18】，打开 PASW Statistics 18 的启动对话框，见图 15-1。

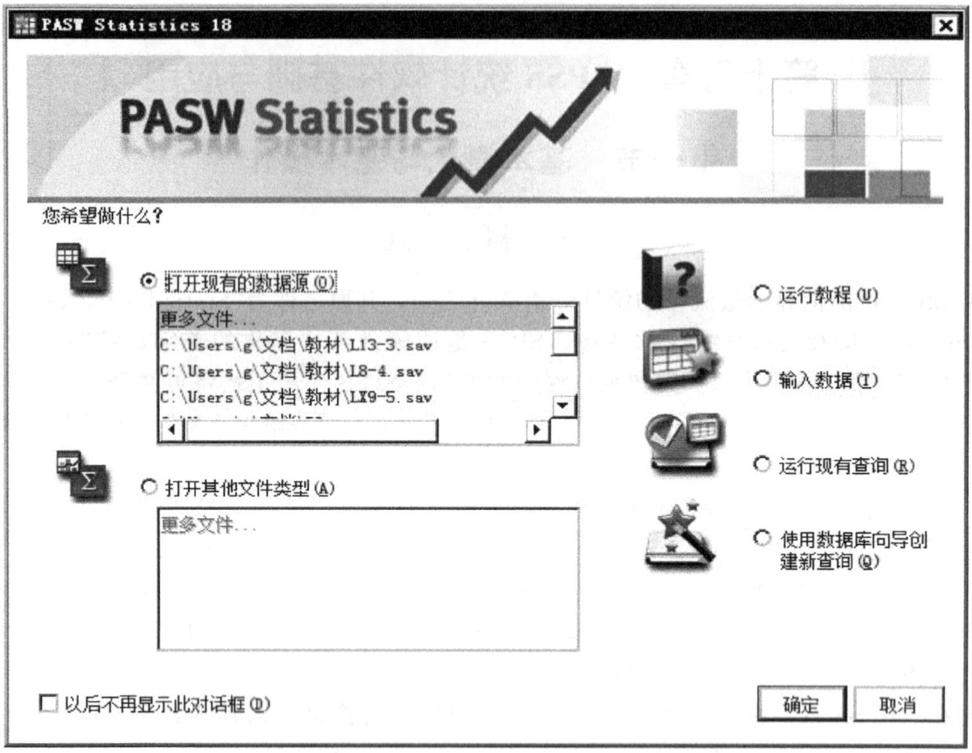

图 15-1　PASW Statistics 18 的启动对话框

在启动对话框中共有 6 种选择。其中，

(1) 打开现有文件的数据源(Open an existing data source)，可以从下拉列表中选择最近打开过的数据文件，也可以单击“更多文件(More Files)”查找要打开的文件。

(2) 打开其他文件类型(Open another type of file)，打开一个其他类型的文件，如 SPSS 结果输出文件 *.spo。

(3) 输入数据(Type in data)，可直接打开数据编辑器，与单击【取消(Cancel)】按钮一样。

(4) 以后不再显示此对话框(Don't show this dialog in the future)，如果选择此项，在下次启动 SPSS 时，将不再显示此对话框，而直接进入数据编辑器。

3. 退出

第一种方法是单击数据编辑器右上角的 ☒ 按钮，退出 SPSS；第二种方法是在数据编辑器状态下单击【文件(File)】→【退出(Exit)】，退出 SPSS。

4. 中文界面的设置

(1) 如果安装后的界面是英文界面，要转换为简体中文界面，单击【Edit】→【Options】，打开 Options 对话框，见图 15-2。选择 General(常规)选项卡，在 User Interface(用户界面)栏的 Language(语言)下拉列表中，选择 Simplified Chinese(简体中文)，单击【Apply】或【OK】按钮，弹出消息提示框，再单击【OK】按钮，即可将英文的用户界面改为中文用户界面。

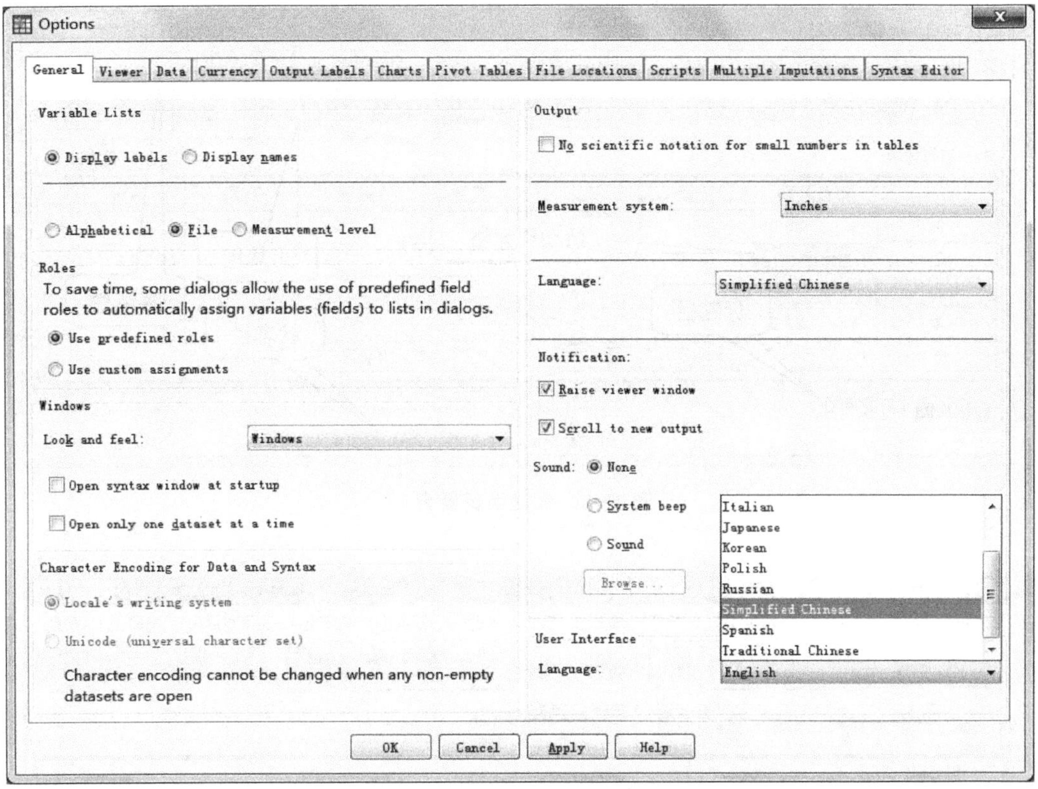

图 15-2　Options(选项)对话框

(2) 在 Output(输出)栏的 Language(语言)下拉列表中，选择 Simplified Chinese(简体中文)，单击【Apply】或【OK】按钮，弹出消息提示框，再单击【OK】按钮，即可将输出结果的英文界面改为中文界面。同样，也可改为英文界面。

5. 主要窗口

SPSS 有数据编辑器(包括数据视窗和变量视窗)、输出查看器和语法编辑器等窗口。

数据编辑器(Data Editor)窗口由菜单栏、工具栏、数据编辑区、窗口标签栏及状态栏组成，见图 15-3。

输出查看器窗口由菜单栏、工具栏、状态栏、输出信息区(右侧)、导航区(左侧)组成，见图 15-4。导航区是输出信息文档的结构图，当一屏不能显示所有输出结果时，可单击这些项目，直接找到相关的输出信息。在输出信息区中，双击要编辑的内容，可以对输出结果的表格、文字和图形进行编辑。

6. 帮助

对于每一项功能的详细描述，可通过单击鼠标右键弹出的即时帮助来显示，也可通过 SPSS 帮助菜单中的选项来了解。另外，SPSS 还在帮助中提供了该软件的教程(Tutorial)、统计辅导(statistics coach)等，以活动图片形式直观地逐步介绍各项功能；还可通过 SPSS 网站进行了解，输入 SPSS Inc. com 即可打开 SPSS 的主网站。

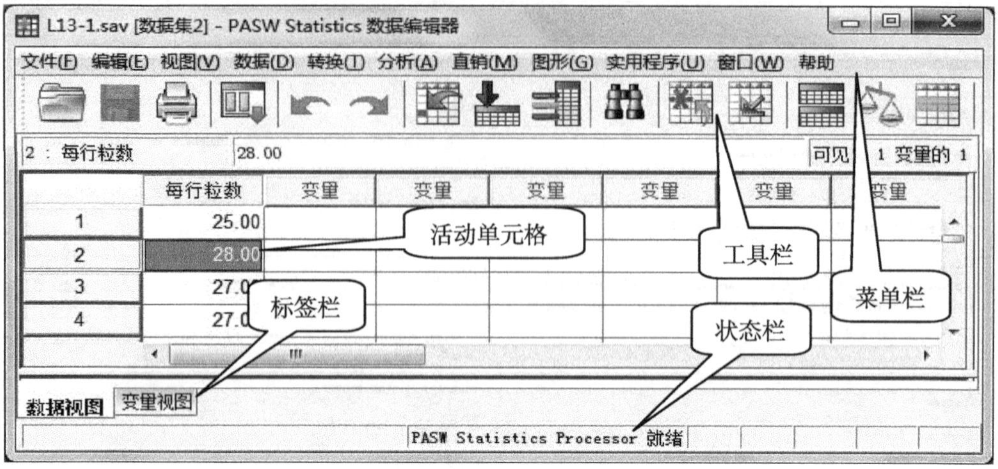

图 15-3　数据编辑器窗口

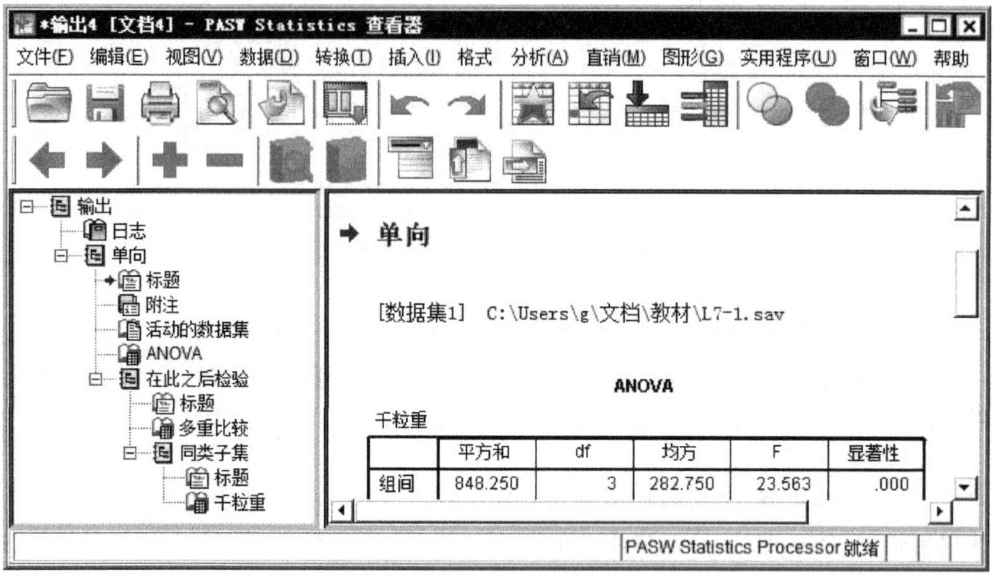

图 15-4　结果输出查看器窗口

二、基本概念与基本操作

1. 定义变量

SPSS 系统启动后，进入数据编辑器，点击左下方【变量视图(Variable View)】标签，即可打开定义变量窗口，见图 15-5。这个窗口有 11 项内容，其主要内容为：

(1) 名称(Name)，即变量名。可以是英文或中文，最长不超过 64 个字符，但要遵循一些命名规则。

(2) 类型(Type)，即数据变量类型。点击类型单元格省略号按钮，可打开变量类型对话框，此对话框中有 8 种数据类型，系统默认类型为数值型，一般不用修改。

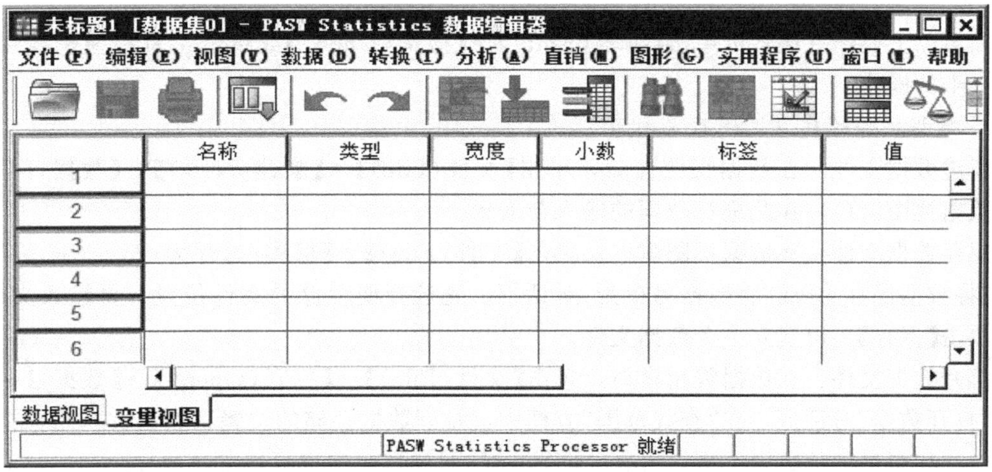

图 15-5　变量视图窗口

(3) 宽度(Width)，即数据宽度。根据数据位数的多少来调整，选中要修改变量的单元格，点击增加或减少按钮即可。

(4) 小数(Decimal)，即小数位数。根据数据小数位数的多少来调整，选中要修改变量的单元格，点击增加或减少按钮即可。

(5) 标签(Label)、变量值标签(Values)、缺失值(Missing)、列宽(Columns)、对齐方式(Align)、测量尺度(Measure)、角色等内容(略)。

变量的插入：在变量视图窗口中将光标定位于新变量要占据的那一行任意列上，单击编辑(Edit)→插入变量(Insert Variable)或单击工具栏插入变量按钮，即可插入一个变量。

变量的删除：在变量视图窗口中点击要删除变量最左面的按钮，选中要删除的行，单击编辑(Edit)→清除(Clear)或计算机键盘上的 Del 键，即可删除一个变量。

2. 数据的录入与编辑

在系统启动、新建文件或打开数据文件时，都可进入数据编辑器窗口，见图 15-3。

(1) 数据的文件格式：在数据视图(Data View)窗口中，数据编辑区的形式和 Excel 电子表格相近，每一行为一个记录[或称为个案(Case)]，每一列为一个变量(Variable)。不同的统计方法其数据文件的格式也不相同。

(2) 数据的录入：选中单元格→输入数据→回车，即可输入一个数据，有填充色的单元格为当前单元格。数据可按列或行输入。

(3) 数据的剪切、复制与粘贴：在编辑(Edit)菜单中有剪切(Cut)、复制(Copy)与粘贴(Paste)，或单击鼠标右键来实现。

(4) 数据的插入：如果要插入一行数据，可将光标置于要插入数据行上的任一单元格，单击数据(Data)→插入个案(Insert case)或单击工具栏插入个案按钮，即可在选中的一行上增加一个空行，在此即可输入各个变量的值。如果某一列上少输入一个数据，这时不能通过插入行或列来完成，而应将错输单元格下方的所有数据选中，通过先剪切，然后选中错输单元格下方的单元格再粘贴，最后选中要插入数据的单元格输入数据。

(5) 数据的删除：选中要删除的单元格，单击【编辑(Edit)】→【清除(Clear)】或单击删除

(Del)键。

如果以上操作有误，可单击【编辑(Edit)】→【撤销(Undo)】或单击工具栏撤销按钮，撤销上一步的操作。

3. 数据文件的建立、保存与打开

新建数据文件：在数据视图窗口，单击【文件(File)】→【新建(New)】→【数据(Data)】，打开数据视图窗口，在此进行数据的输入与编辑。

保存数据文件：在数据视图窗口，单击【文件(File)】→【保存/另存为(Save/Save As)】，打开“将数据保存为”或“将数据另存为”对话框，先选择要存储的文件位置，再输入文件名，然后单击【保存】，可建立一个数据文件。

打开数据文件：在数据编辑窗口，单击【文件(File)】→【打开(Open)】→【数据(Data)】，打开“打开数据”对话框，在“查找范围”方框中，找到数据存储的位置，然后选择已存在的数据文件；如果是其他数据类型，可在“文件类型”下拉列表中选择，如 Excel、lotus、dBase、SAS、Text 等。

4. 结果的输出

当有结果输出，或打开已有结果输出文件时可打开结果输出窗口，见图 15-4。

5. 主要按钮的功能

确定(Ok)：执行已选择的操作；继续(Continue)：继续进行一下步或回到主对话框；粘贴(Paste)：将语句命令粘贴到语法编辑器窗口中；重置(Reset)：重新设置所有选项；取消(Cancel)：取消当前对话框的所有操作；帮助(Help)：查看某项操作的帮助。

6. SPSS 的文件类型

数据文件：*. sav；结果文件：*. spo；语句命令文件：*. sps；角本文件：*. sbs。

第二节 试验资料的整理与分析

一、计数资料的整理

(一) 单项式分组法

【例 15-1】 引用【例 4-1】的数据资料进行基本统计量的计算与次数分布图的制作。

1. 建立数据文件

在“变量视图”窗口定义变量名为“每行粒数”，在“数据视图”窗口输入数据，数据为 1 列 100 行。文件名为 L15-1. sav。

2. 操作步骤

【分析(Analyze)】→【描述统计(Descriptive Statistics)】→【频率(Frequencies)】，打开“频率”主对话框，见图 15-6。

(1) 将“每行粒数”移到右边变量方框中。选中“显示频率表格”，默认为选中。

(2) 单击【统计量(Statistics)】，打开频率：统计量(Frequency：Statistics)对话框，见图 15-7。其中可供选择的有均数(Mean)、中位数(Median)、众数(Mode)、合计(Sum)、标准差(Std. deviation)、方差(Variance)、范围(Rand，极差，全距)、最小值(Minimum)、最大值(Maximum)、标准误(S. E. mean)等。操作完成后单击【继续】，回到主对话框。

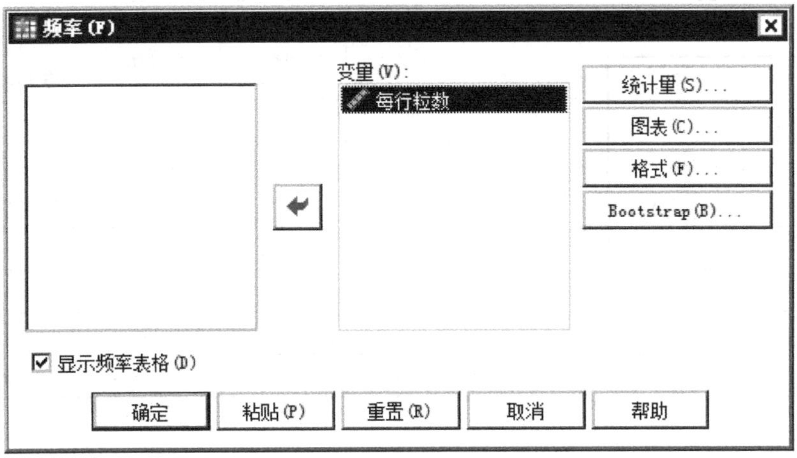

图 15-6　频率对话框

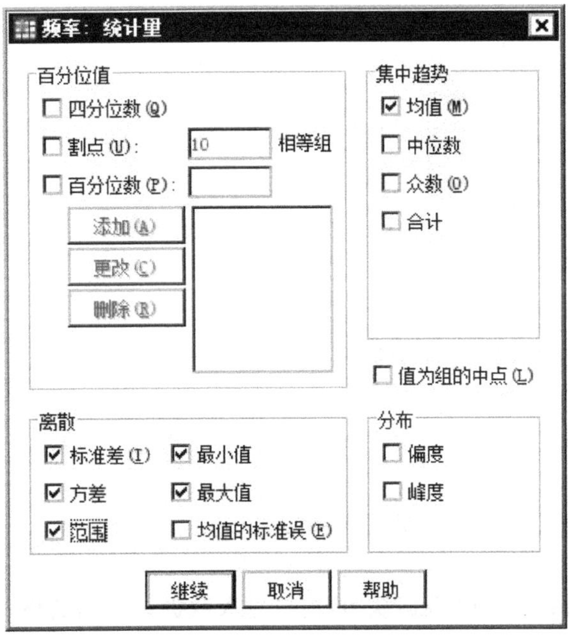

图 15-7　频率：统计量选项对话框

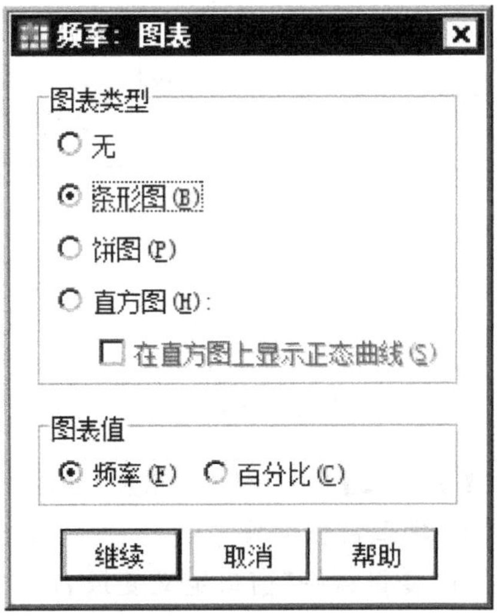

图 15-8　图表选择对话框

(3) 单击【图表(charts)】，打开图表对话框，见图 15-8。这里可供选择的图表类型有条形图(Bar charts)、饼图(Pie charts)、直方图(Histogram)等。本例选择条形图。操作完成后单击【继续】，回到主对话框。

(4) 单击【确定】，执行。

3. 结果输出

基本统计量结果见表 15-1，每行粒数出现的频率见表 15-2，频率分布见图 15-9。

表 15-1 统计量

每行粒数

N	有效	100
	缺失	0
均值		27.47
标准差		1.251
方差		1.565
全距		5
极小值		25
极大值		30

表 15-2 每行粒数

		频率	百分比	有效百分比	累积百分比
有效	25	6	6.0	6.0	6.0
	26	15	15.0	15.0	21.0
	27	32	32.0	32.0	53.0
	28	25	25.0	25.0	78.0
	29	17	17.0	17.0	95.0
	30	5	5.0	5.0	100.0
	合计	100	100.0	100.0	

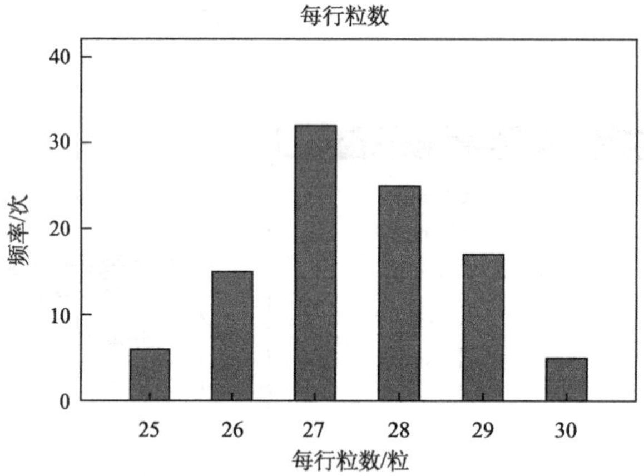

图 15-9 每行粒数频率分布条形图

(二) 组距式分组法

【例 15-2】 引用【例 4-2】的数据资料进行基本统计量的输出与次数分布图的制作。

1. 建立数据文件

在"变量视图"窗口定义变量名为"病穗数"，在"数据视图"窗口输入数据，数据的格式为1列100行。文件名为 L15-2. sav。

2. 利用"描述"过程输出变量的基本统计量

【分析(Analyze)】→【描述统计(descriptive Statistics)】→【描述(descriptive)】，打开"描述"主对话框，见图 15-10。

(1) 将"病穗数"移到右边变量方框中。

(2) 单击【选项(Option)】，打开选项对话框(图略)。选中均值、标准差、最大值、最小值、范围(Range，极差，全距)。单击【继续】回到主对话框。

(3) 单击【确定】，输出变量的基本统计量，见表 15-3。

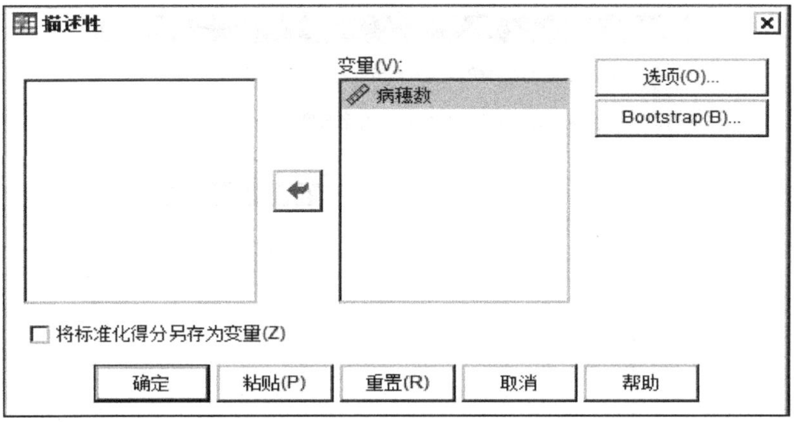

图 15-10　描述对话框

由表 15-3 可知，病穗数全距为 11，加上起始数实际有 12 个数，如果分成 4 组，那么每组 3 个数。第一组包括 9、10、11，第二组包括 12、13、14，第三组包括 15、16、17，第四组包括 18、19、20。

表 15-3　描述统计量

	N	全距	极小值	极大值	均值	标准差
病穗数	100	11.00	9.00	20.00	14.6500	2.09557
有效的 N(列表状态)	100					

3. 利用可视离散化功能模块生成分组变量

可视离散化(Visual Binning)可根据现在的数值变量进行分组，并产生一个新的分组变量。例如，根据穗粒重的变量生成一个包含穗粒重不同范围(区间)的分组变量。也可将多个间断性的变量合并成少数的分组变量。例如，将病穗数的变量合并成包含几个区间的变量，或将一个等级的变量合并成包含高、中、低 3 个等级的变量。

(1) 单击【转换(Transform)】→【可视离散化(Visual Binning)】，打开“可视化封装(Visual Binning)”初始化对话框，见图 15-11。将变量“病穗数”移到要离散的变量(Variables to Bin)列表中。

(2) 单击【继续】按钮，打开“可视化封装(Visual Binning)”主对话框，见图 15-12，在“离散的变量(Binned Variable)”栏中，输入新的分组变量的变量名，本例为“分组”，并在“上端点”框中选中“包含”(默认)。

(3) 单击【生成分割点(Mike Cutpoints)】，打开生成分割点(Mike Cutpoints)对话框，见图 15-13。选择等宽度间隔(默认)，在“第一个分割点位置(First Cupoint Location)”框中输入第一组的上限值“11”，在“宽度”框中输入组距，本例为“3”，单击“分割点数量”框自动生成数字“3”。完成操作后，单击【应用】按钮，返回“可视化封装”主对话框，此操作可创建新的分组变量。单击“生成标签(Mike Label)”按钮，自动生成值标签，结果如图 15-12 所示。

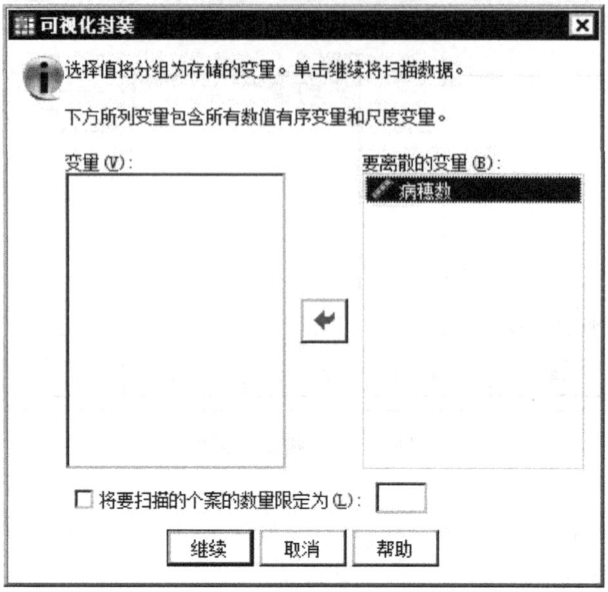

图 15-11　初始化对话框

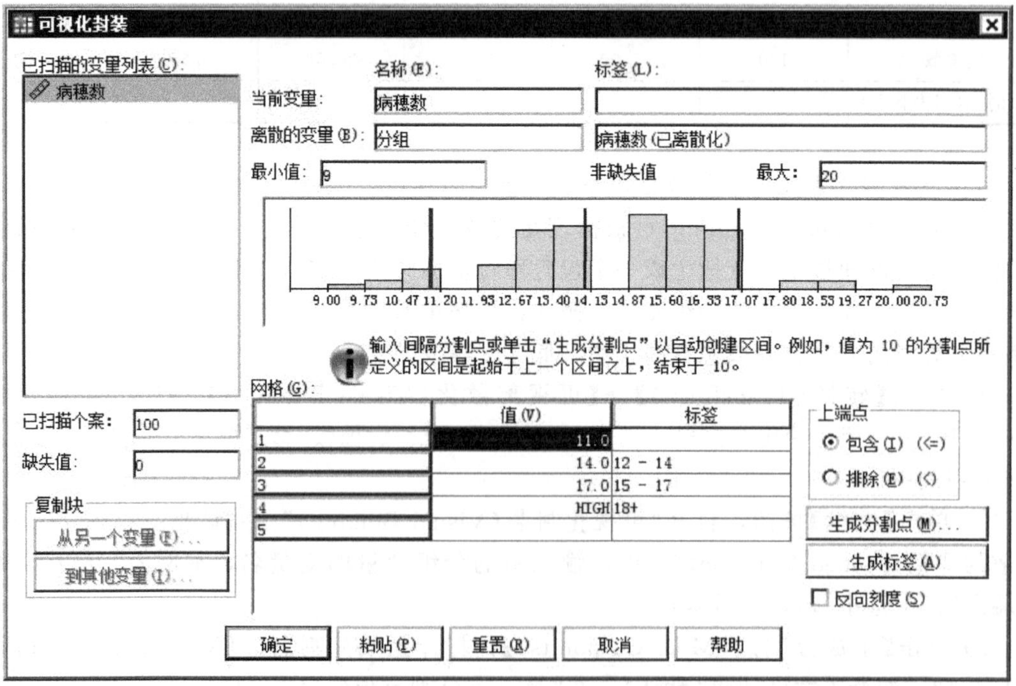

图 15-12　可视化分装主对话框

（4）单击【确定】按钮，在“数据视图”窗口中生成一个新的变量“分组”，见图 15-14。

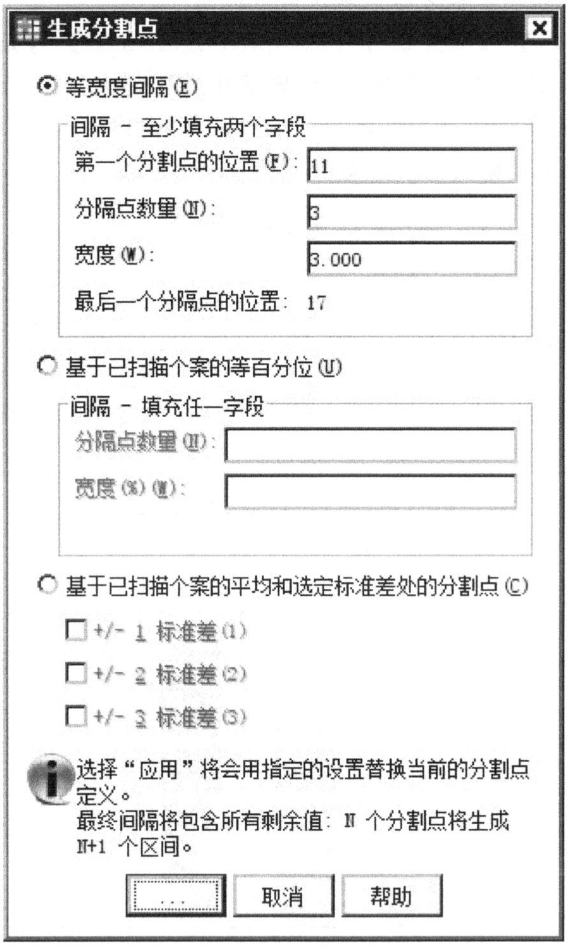

图 15-13 生成分割点对话框

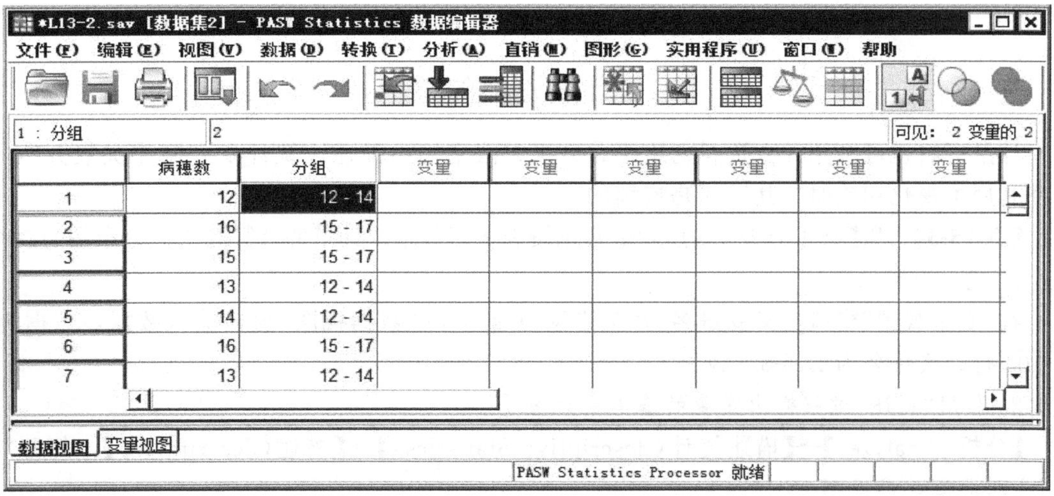

图 15-14 生成新变量

4. 利用“频率”过程输出次数分布表和次数分布图

单击【分析(Analyze)】→【描述统计(descriptive Statistics)】→【频率(Frequencies)】，打开频率对话框，参见图 15-6。将“病穗数(已离散化)”移到变量列表中。单击“图表”按钮，在图表类型(Chart type)中选择条形图(Bar chart)，参见图 15-8，单击【继续】按钮返回频率主对话框，单击【确定】按钮输出结果，见表 15-4 和图 15-15。

表 15-4 病穗数(已离散化)

		频率	百分比	有效百分比	累积百分比
有效	<=11	8	8.0	8.0	8.0
	12～14	37	37.0	37.0	45.0
	15～17	50	50.0	50.0	95.0
	18+	5	5.0	5.0	100.0
	合计	100	100.0	100.0	

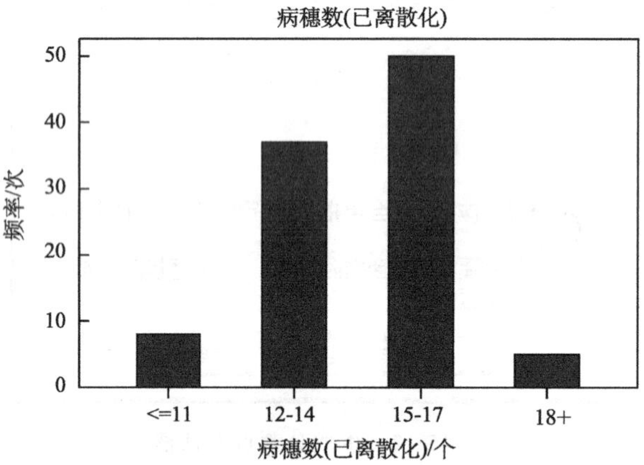

图 15-15 组距式分组法次数分布图

二、计量资料的整理

计量资料也可利用计数资料的组距式分组方法来输出描述性统计量和制作次数分布图。但在利用可视化功能时，其区间是连续的。

【例 15-3】 以【例 4-3】表 4-5 所示的数据资料进行基本统计量的计算与次数分布图的制作。

1. 建立数据文件

在“变量视图”窗口定义变量名为“玉米穗粒重”，在“数据视图”窗口输入数据，数据为 1 列 100 行。文件名为 L15-3. sav。

2. 利用“描述”过程输出变量的基本统计量

【分析(Analyze)】→【描述统计(descriptive Statistics)】→【描述(descriptive)】，打开“描述”主对话框，参见图 15-10。

(1) 将"玉米穗粒重"移到右边变量列表中。

(2) 单击【选项(Option)】，打开选项对话框，选中均值、标准差、最大值、最小值、范围(Range，极差，全距)。单击【继续】回到主对话框。

(3) 在"描述"主对话框中，单击【确定】按钮，执行。输出结果，见表 15-5。

表 15-5　描述统计量

	N	全距	极小值	极大值	均值	标准差
玉米穗粒重	100	27.00	333.20	360.20	345.9930	4.25712
有效的 N(列表状态)	100					

3. 利用可视离散化模块生成分组

(1) 单击【转换(Transform)】→【可视离散化(Visual Binning)】，打开"可视化封装(Visual Binning)"初始化对话框，参见图 15-11。将变量"玉米穗粒重"移到"要离散的变量(Variables to Bin)"列表中。

(2) 单击【继续】，打开"可视化封装"主对话框，参见图 15-12。在"离散的变量"栏中，输入离散变量名称"穗粒重分组"。在"上端点"框中选中"包含"。

(3) 单击【生成分割点】按钮，打开生成分割点对话框，参见图 15-13。在第一个分割点位置输入最小分组的上限值，本例为 334.7，宽度(Width)是指组距，这里为 3，单击分隔点数量框，生成数字为 9。单击【应用】，返回主对话框，单击【生成标签】按钮，生成值标签，结果如图 15-16 所示。

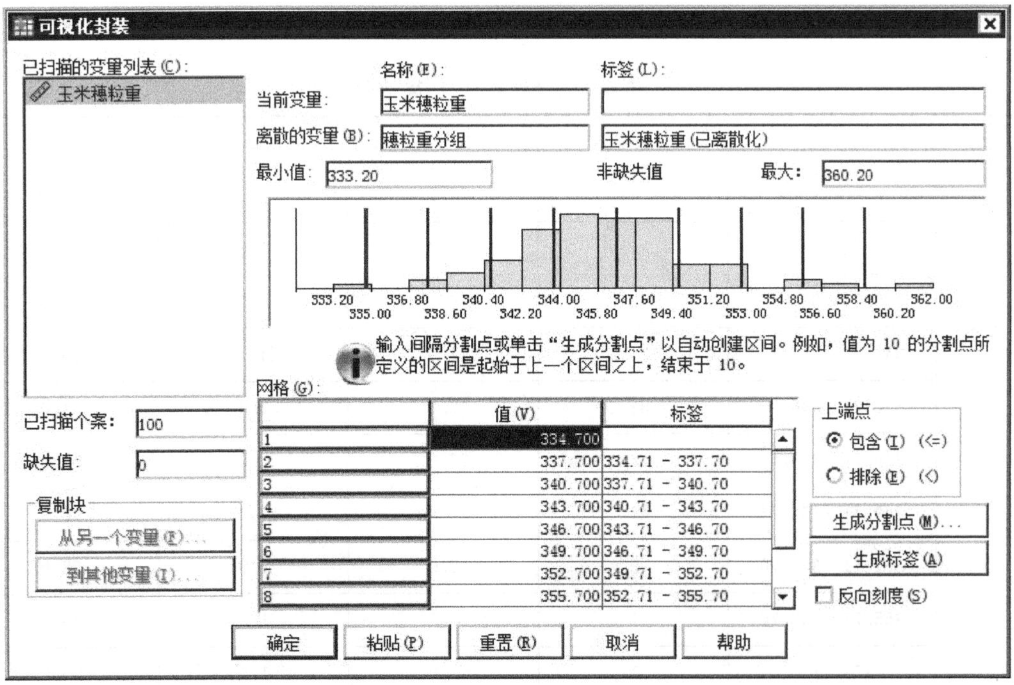

图 15-16　可视化封装生成值标签

(4) 单击【确定】按钮，在“数据视图”窗口中生成一个新的变量“穗粒重分组”，见图 15-17。

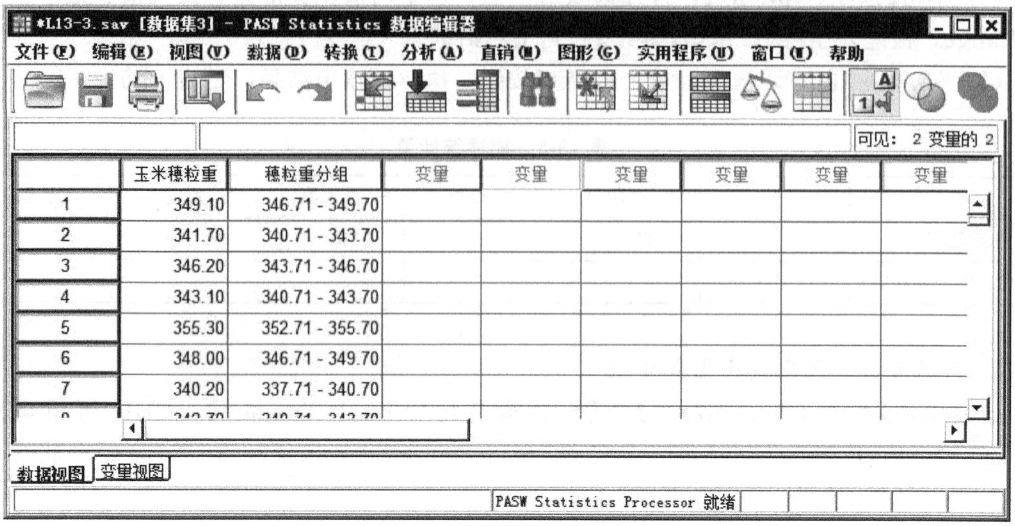

图 15-17 生成已离散分割点数据的分组变量

4. 利用“频率”过程输出次数分布表和次数分布图

(1) 单击【分析(Analyze)】→【描述统计(Descriptive Statistics)】→【频率(Frequencies)】，打开频率对话框，参见图 15-6。将“玉米穗粒重(已离散)”移到变量列表中，单击【图表(Charts)】按钮，在图表类型框中选择直方图(Histograms)，并选中“在直方图上显示正态曲线”。

(2) 单击【确定】按钮，结果输出见表 15-6、图 15-18。

表 15-6 玉米穗粒重(已离散化)

		频率	百分比	有效百分比	累积百分比
有效	<=334.70	1	1.0	1.0	1.0
	334.71～337.70	1	1.0	1.0	2.0
	337.71～340.70	6	6.0	6.0	8.0
	340.71～343.70	21	21.0	21.0	29.0
	343.71～346.70	32	32.0	32.0	61.0
	346.71～349.70	23	23.0	23.0	84.0
	349.71～352.70	12	12.0	12.0	96.0
	352.71～355.70	2	2.0	2.0	98.0
	355.71～358.70	1	1.0	1.0	99.0
	358.71+	1	1.0	1.0	100.0
	合计	100	100.0	100.0	

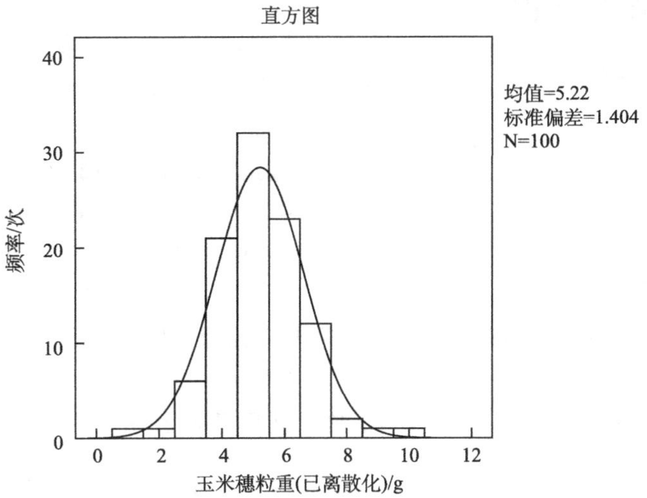

图 15-18　以“穗粒重分组”为新变量生成的次数分布直方图

图中 x 轴为区间的间隔数；2、4、6 等为第 2、4、6 个区间

第三节　均数比较分析

一、单个样本平均数的比较

单个样本平均数的比较可通过 SPSS 软件中“单样本 T 检验(测验)”过程来实现。

【例 15-4】　以【例 6-3】资料进行单个样本平均数的比较。

1. 建立数据文件

在“变量视图”窗口定义变量名为“千粒重”，在“数据视图”窗口输入数据，数据为 1 列 10 行。文件名为 L15-4. sav。

2. 操作步骤

【分析(Analyze)】→【比较均值(Compare Means)】→【单样本 T 检验(One-Sample T test)】，打开“单样本 T 检验(One-Sample T test)”主对话框，见图 15-19。

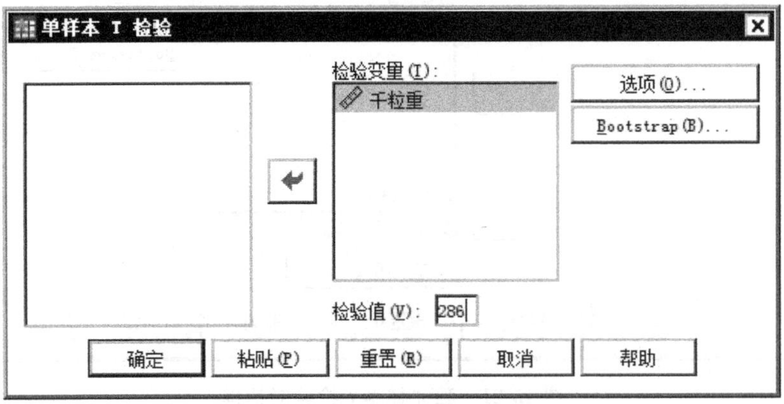

图 15-19　单样本 t 检验对话框

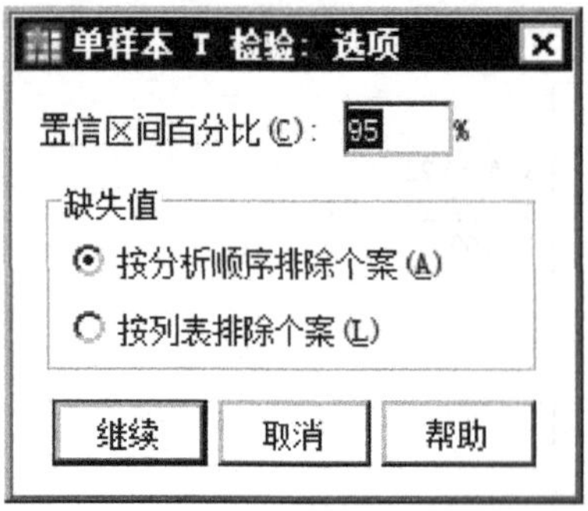

图 15-20　单个样本 t 检验选项对话框

(1) 将左框中的“千粒重”移到右边检验变量(Test Variable)列表中，可选一个或多个。

(2) 在检验值(Text Value)中输入已知总体均数($\mu_0=286$)，默认值为 0。

(3) 单击【选项(Option)】，打开选项(Option)对话框，见图 15-20。在“置信区间百分比”方框中，可输入 1～99 的置信度值，默认值为 95。单击【继续】回到主对话框。

(4) 单击【确定】，执行。

3. 结果输出

单个样本统计量见表 15-7，单个样本 t 检验结果见表 15-8。

表 15-7　单个样本统计量

	N	均值	标准差	均值的标准误
千粒重	10	319.0000	8.76863	2.77288

表 15-8　单个样本检验

	检验值=286					
	t	df	Sig.(双侧)	均值差值	差分的 95%置信区间	
					下限	上限
千粒重	11.901	9	.000	33.00000	26.7273	39.2727

二、成组数据平均数的比较

成组数据平均数的比较可通过 SPSS 软件中“独立样本 T 检验”过程来实现。

【例 15-5】　以【例 6-5】资料进行成组数据平均数的比较。

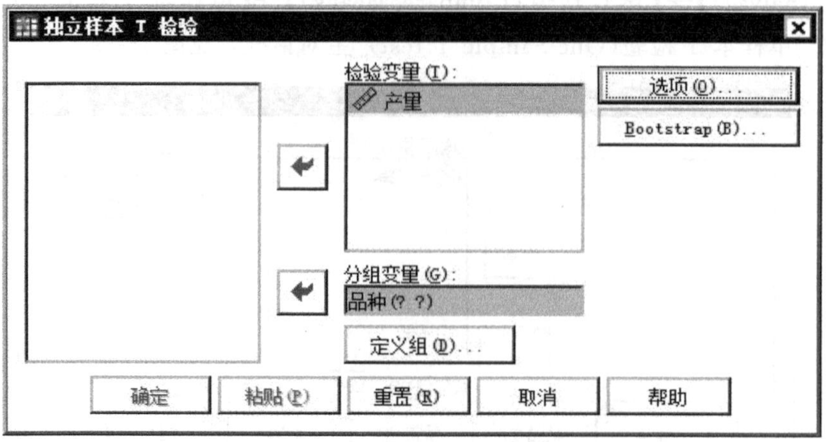

图 15-21　独立样本 t 检验对话框

1. 建立数据文件

在“变量视图”窗口定义两个变量“品种”(编码为 1 和 2)和“产量”；在“数据视图”窗口输入数据，数据为 2 列 8 行。文件名为 L15-5. sav。

2. 操作步骤

【分析(Analyze)】→【比较均值(Compare Means)】→【独立样本 T 检验(Independent-sample T test)】，打开“独立样本 T 检验(Independent-sample T test)”主对话框，见图 15-21。

(1) 把变量“产量”选入检验变量(Text Variable)框；把变量“品种”选入“分组变量”框。

(2) 单击【定义组(Define Groups)】按钮，打开定义组对话框，见图 15-22。在组 1(Groups 1)中输入“1”，在组 2(Groups 2)中输入“2”。单击【继续】回到主对话框。

(3) 单击【选项(Options)】，打开“独立样本 T 检验”选项对话框，参见图 15-20，在此输入置信度值 95%或 99%。单击【继续】回到主对话框。

(4) 单击【确定】，执行。

图 15-22　独立样本 t 检验定义组

3. 结果输出

两个小麦品种产量的基本统计量结果见表 15-9，两个小麦品种产量的 t 测验结果见表 15-10。

表 15-9　组统计量

	品种	N	均值	标准差	均值的标准误
产量	1	4	15.175	.29861	.14930
	2	4	13.825	.41130	.20565

表 15-10　独立样本检验

		方差方程的 Levene 检验		均值方程的 t 检验						
		F	Sig.	t	df	Sig.(双侧)	均值差值	标准误差值	差分的 95%置信区间	
									下限	上限
产量	假设方差相等	.161	.702	−5.312	6	.002	−1.3500	.25413	−.72816	−1.9714
	假设方差不相等			−5.312	5.475	.002	−1.3500	.25413	−.71341	−1.9869

表 15-10 中，如果方差方程的 Levene 检验 Sig. 值大于 0.05，则说明该资料的方差为齐性，选择“假设方差相等”一行的数值为结果；如果方差方程的 Levene 检验 Sig. 值小于 0.05，则说明该资料的方差不齐，则以“假设方差不相等”一行的数值为结果。

三、成对数据平均数的比较

成对数据平均数的比较可通过 SPSS 软件中的“配对样本 T 检验”过程来实现。

【例 15-6】 以【例 6-7】资料进行成对数据平均数的比较。

1. 建立数据文件

在“变量视图”窗口定义变量名为“A 法病痕数”与“B 法病痕数”，在“数据视图”窗口输入数据，数据为 2 列 7 行，文件名为 L15-6. sav。

2. 操作步骤

【分析(Analyze)】→【比较均值(Compare Means)】→【配对样本 T 检验(Paired-sample T test)】，打开“配对样本 T 检验(Paired-sample T test)”主对话框，见图 15-23。

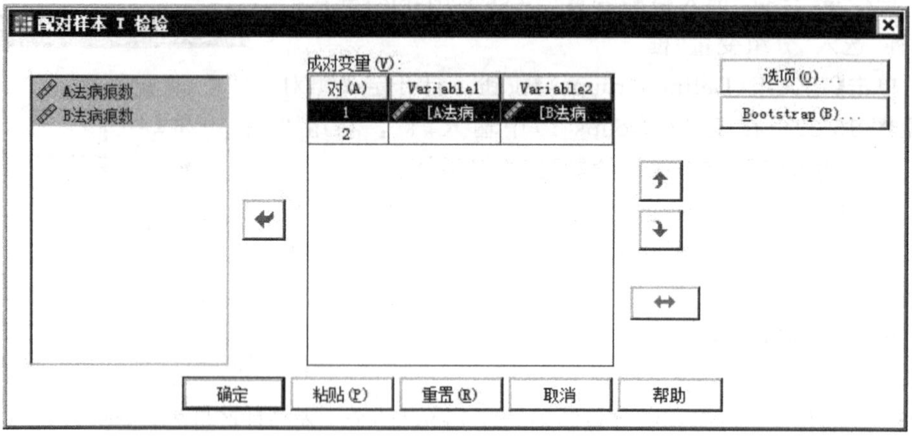

图 15-23 成对数据 t 检验主对话框

(1) 在配对样本对话框中，按住 Shift 键，同时选中左框中的两个变量(“A 法病痕数”与“B 法病痕数”)选入成对变量(Paired Variables)框。如果有多个成对变量，可重复选择。

(2) 单击【选项(Options)】，打开“配对样本 T 检验-选项”对话框，参见图 15-20，在此输入置信度值 95。单击【继续】回到主对话框。

(3) 单击【确定】，执行。

3. 结果输出

青椒病毒处理试验结果的基本统计量见表 15-11，成对样本 t 测验结果见表 15-12。

表 15-11 成对样本统计量

		均值	N	标准差	均值的标准误
对 1	A 法病痕数	10.29	7	5.765	2.179
	B 法病痕数	18.86	7	4.880	1.844

表 15-12 成对样本检验

		成对差分					t	df	Sig.(双侧)
		均值	标准差	均值的标准误	差分的 95%置信区间				
					下限	上限			
对 1	A 法病痕数－B 法病痕数	－8.571	7.231	2.733	－15.259	－1.884	－3.136	6	.020

第四节 方差分析

一、单因素完全随机设计资料的方差分析

在SPSS统计软件中，单因素完全随机设计资料（单向分组资料）的方差分析，既可以通过“均数比较（Compare Means）”中的“单因素方差分析（One-way ANOVA）”模块来实现，也可以通过“一般线性模型（General Linear Model）”中的“单变量（Univariate）”方差分析模块来实现。本章只介绍后一种方法。

（一）重复次数相等的单因素完全随机试验结果的方差分析

【例15-7】 引用【例7-1】表7-2所示资料数据进行方差分析。

1. 建立数据文件

定义分组变量名为“品种”，取值1～4；数据变量名为“百粒重”，数据2列12行。文件名为L15-7.sav。

2. 操作步骤

选择【分析（Analyze）】→【一般线性模型（General Linear Model）】→【单变量（Univariate）】，打开单变量（Univariate）方差分析主对话框，见图15-24。

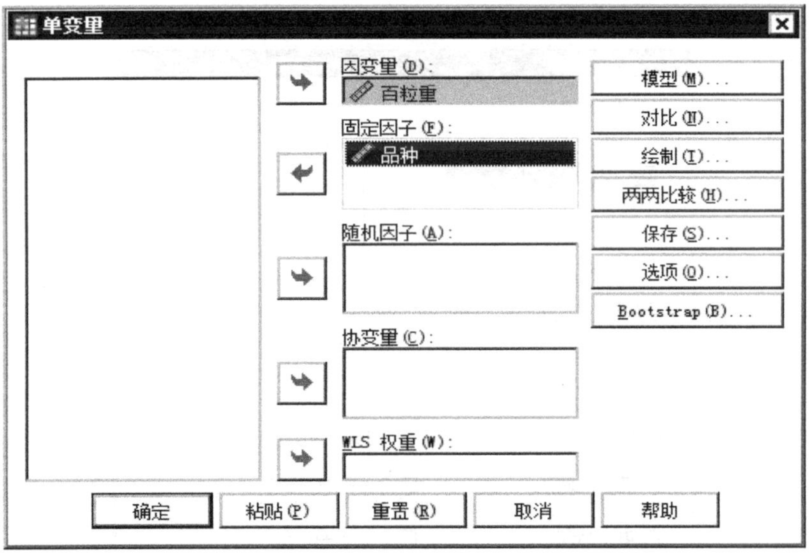

图15-24 变量选择对话框

（1）在左边变量列表框中选择“百粒重”，单击向右箭头按钮，将其选入“因变量（Dependent Variable）”列表框；同理，将“品种”选入“固定因子（Fixed Factor）”框。

（2）单击【两两比较（Post hoc）】按钮，打开“单变量：观测值的两两比较（Post Hoc Multiple Comparisons）”对话框，见图15-25，在此选择多重比较方法。SPSS统计软件中有14种多重比较方法，与教材对应的是LSD（最小显著差数法）、S-N-K（q法）、Duncan（新复极差法）、Dunnett（Dunnett法，此方法是选择最后一组为对照，让其他各组与它比较），如果

选择了 Dunnett 法，应在“控制类型(Control Category)”中选择与最后一个(Lest)比较和第一个比较。本例选择前 3 种比较方法。单击【继续】，回到主对话框。

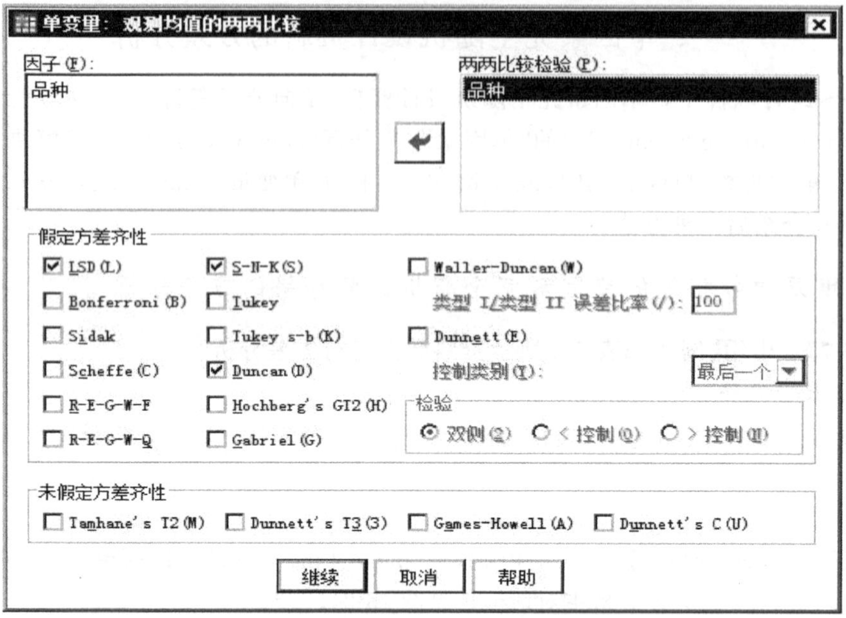

图 15-25 多重比较方法选择对话框

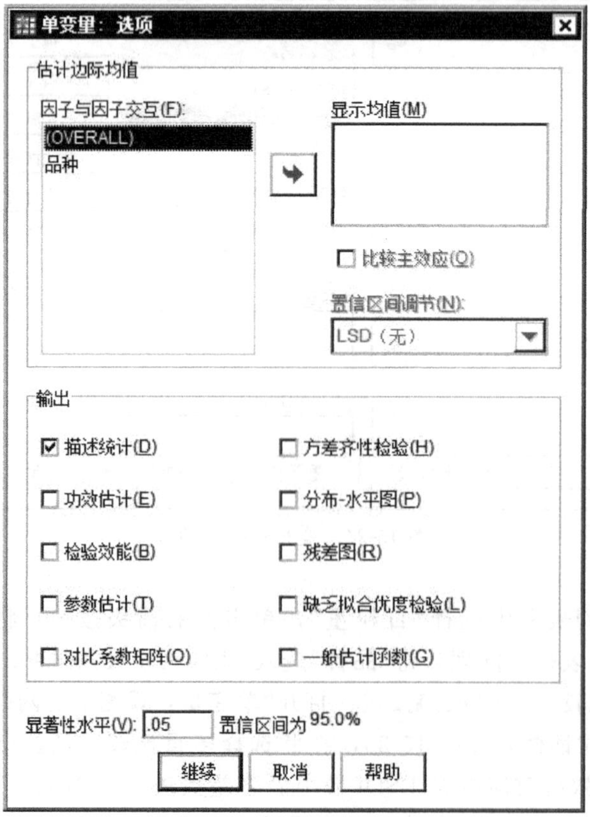

图 15-26 选项对话框

(3) 在主对话框中，单击【选项(Options)】按钮，打开“选项(Options)”对话框，见图15-26。在“显著性水平(Significance Level)”框中输入多重比较设定的显著水平，默认为0.05。在“输出(Display)”框中选择描述统计、参数估计、方差齐性检验等选项，可输出描述性统计量、因子平均数参数估计值、方差齐性测验结果等，本例选择“描述统计”。单击【继续(Continue)】，回到主对话框。

(4) 单击【确定(OK)】按钮，执行。

3. 结果输出

描述性统计量见表15-13，方差分析(主体间效应的检验)结果见表15-14，*LSD* 法多重比较结果见表15-15，*q* 法和新复极差法多重比较结果(在0.05显著水平)见表15-16。表15-15中，均值差($I-J$)列数据右上角的“*”表示在所选择的显著水平上有显著性，不区分0.05和0.01水平。

要想输出在0.01显著水平上的多重比较结果，只要重复以上操作，打开“选项(Options)”对话框，在“显著水平(Significance Level)”框中输入0.01即可。

表15-13　描述性统计量

因变量：百粒重

品种	均值	标准偏差	N
1	117.00	4.583	3
2	111.00	1.000	3
3	126.00	4.359	3
4	133.00	2.646	3
总计	121.75	9.265	12

表15-14　主体间效应的检验

因变量：百粒重

源	III 型平方和	df	均方	F	Sig.
校正模型	848.250[a]	3	282.750	23.563	.000
截距	177876.750	1	177876.750	14823.063	.000
品种	848.250	3	282.750	23.562	.000
误差	96.000	8	12.000		
总计	178821.000	12			
校正的总计	944.250	11			

a. R 方=.898(调整 R 方=.860)。

表 15-15　多个比较

因变量：百粒重

						95%置信区间	
	(I)品种	(J)品种	均值差(I—J)	标准误	显著性	下限	上限
LSD	1	2	6.000	2.828	.067	—.52	12.52
		3	—9.000*	2.828	.013	—15.52	—2.48
		4	—16.000*	2.828	.000	—22.52	—9.48
	2	1	—6.000	2.828	.067	—12.52	.52
		3	—15.000*	2.828	.001	—21.52	—8.48
		4	—22.000*	2.828	.000	—28.52	—15.48
	3	1	9.000*	2.828	.013	2.48	15.52
		2	15.000*	2.828	.001	8.48	21.52
		4	—7.000*	2.828	.038	—13.52	—.48
	4	1	16.000*	2.828	.000	9.48	22.52
		2	22.000*	2.828	.000	15.48	28.52
		3	7.000*	2.828	.038	.48	13.52

*. 均值差在 .05 水平上显著。

表 15-16　百粒重

	品种	平均数	子集		
			1	2	3
Student-Newman-Keuls[a,b]	2	3	111.00		
	1	3	117.00		
	3	3		126.00	
	4	3			133.00
	Sig.		.067	1.000	1.000
Duncan[a,b]	2	3	111.00		
	1	3	117.00		
	3	3		126.00	
	4	3			133.00
	Sig.		.067	1.000	1.000

a. 使用调和均值样本大小＝3.000。

b. Alpha＝.05。

表 15-14 中，①校正模型(Corrected Model)的平方和＝品种的平方和；②截距(Intercept)平方和为矫正系数 C＝177876.750；③校正的总计(Corrected Total)平方和为总变异平方和 SS_T＝品种平方和 SS_t＋误差(Error)平方和 SS_e；④总计(Total)的平方和为 $\sum x^2$177821.000＝校正模型平方和＋截距平方和。其方差分析结果参见表 7-3。

表 15-14 中“Sig.”的值是假设(H_0)事件出现的概率值(P)，以它与设定的显著水平(α)

进行比较，如果 $P>\alpha$，说明 $F<F_{\alpha(\nu_1,\nu_2)}$，则接受 H_0；如果 $P<\alpha$，说明 $F>F_{\alpha(\nu_1,\nu_2)}$，则否定 H_0，接受 H_A。

表 15-16 的多重比较结果中，平均数的排序是从小到大排列的，在同一列上的平均数之间无显著差异，既不同行又不同列的平均数间有显著(或极显著)差异。例如，品种 2 和品种 4 比较时，品种 2 对应的平均数在第一列、品种 4 对应的平均数在第三列，则说明它们之间有显著差异；品种 2 和品种 1 比较时，品种 1 和品种 2 的平均数在同一列上，因此，品种 2 和品种 1 无显著差异。如果要想将表 15-16 的形式转换为表 7-7 的形式，先把在同一列上平均数的后面标记相同字母，不同列上的平均数标记不同字母，字母排序从右至左依次标记(表 15-17)；然后把平均数剪切到同一列上；最后按平均数由大到小排序，字母以 *a*(或 *A*)开头由左至右、由上而下排列，即可得到表 7-7 的形式。

表 15-17　百粒重

	品种	平均数	子集		
			1	2	3
Duncan	2	111.00	111.00(*c*)		
	1	117.00	117.00(*c*)		
	3	126.00		126.00(*b*)	
	4	133.00			133.00(*a*)

(二) 重复次数不等的单因素完全随机试验结果的方差分析

【例 15-8】 引用【例 8-3】表 8-5 所示资料数据进行方差分析。

1. 建立数据文件

分组变量名为“品种类型”，取值 1～4 分别代表短枝 1 号、短枝 2 号、普通型、小老树；数据变量名为“节间长度”，数据 2 列 36 行。文件名为 L15-8. sav。

2. 操作步骤

可参照【例 15-7】的操作步骤进行。在单变量方差分析主对话框中，将“节间长度”选入“因变量(Dependent Variable)”框，将“品种类型”选入“固定因子(Fixed Factor)”框，参见图 15-24。在两两比较对话框中，选择 Duncan(新复极差)法，参见图 15-25。

3. 结果输出

方差分析结果见表 15-18，利用 Duncan 法进行的多重比较结果见表 15-19。

表 15-18　主体间效应的检验

因变量：节间长度

源	III 型平方和	df	均方	F	Sig.
校正模型	3.266[a]	3	1.089	96.442	.000
截距	115.241	1	115.241	10208.159	.000
品种类型	3.266	3	1.089	96.442	.000
误差	.361	32	.011		
总计	132.450	36			
校正的总计	3.627	35			

a. R 方=.900(调整 R 方=.891)。

表 15-19　节间长度

Duncan[a,b]

品种类型	N	Alpha=0.05 的子集			Alpha=0.01 的子集		
		1	2	3	1	2	3
4	6	1.483			1.483		
1	10		1.770			1.770	
2	9		1.778			1.778	
3	11			2.318			2.318
显著性		1.000	.881	1.000	1.000	.881	1.000

将显示同类子集中的组均值。

a. 将使用调和均值样本大小=8.534(调和平均数 $n_0=k/\sum n_i^{-1}=8.534$)。

b. 组大小不相等。将使用组大小的调和均值。将不保证 I 类错误级别。

表 15-19 参照前面的方法，经转换后可得表 8-8。

二、单因素随机区组设计资料的方差分析

单因素完全随机区组设计资料的方差分析又称为组合内只有单个观察值的两向分组资料的方差分析，对这类资料的分析，SPSS 利用“一般线性模型(General Linear Model)”中的“单变量(Univariate)”方差分析模块来实现。

【例 15-9】 引用【例 8-4】表 8-12 所示数据资料，进行单因素随机区组设计资料的方差分析。

1. **建立数据文件**

定义分组变量名为“区组”，取值 1～3；“密度”，取值 1～4；数据变量名为“小区产量”，数据 3 列 12 行。文件名为 L15-9.sav。

2. **操作步骤**

选择【分析(Analyze)】→【一般线性模型(General Linear Model)】→【单变量(Univariate)】，打开“单变量(Univariate)”主对话框，参见图 15-24。

(1) 将“小区产量”选入“因变量(Dependent Variable)”框；将“区组”和“密度”选入“固定因子(Fixed Factor)”框；

(2) 单击【模型(Model)】按钮，打开“模型(Model)”对话框，见图 15-27。在指定模型框中选择“设定(Custom)”，将“因子与协变量(Factor & Covariates)”列表中的变量“区组”和“密度”，分别选入“模型(Model)”列表中。完成本对话框的操作后，单击【继续(Continue)】按钮，回到主对话框。

(3) 单击【两两比较(Post hoc)】按钮，打开“观测均值的两两比较(Post Hoc Multiple Comparisons)”对话框，参见图 15-25。先将因子[Factor(s)]列表中的备选因子“密度”移到两两比较检验(Post Hoc Test for)列表中。然后选择 *LSD*(最小显著差数法)，或 S-N-K(*q* 法)，或 Duncan(新复极差法)等多重比较方法，本例选 Duncan。完成本对话框的操作后，单击【继续(Continue)】按钮，回到主对话框。

(4) 在主对话框中，单击【选项(Options)】按钮，打开“选项(Options)”对话框，参见图 15-26。在“显著水平(Significance Level)”方框中输入设定的显著水平。完成本对话框的操作

图 15-27　模型选择对话框

后，单击【继续(Continue)】按钮，回到主对话框。

(5) 单击【确定(OK)】按钮，执行。

3. 结果输出

方差分析结果见表 15-20，新复极差法(Duncan 法)多重比较结果见表 15-21。

表 15-20　主体间效应的检验

因变量：小区产量

源	III 型平方和	df	均方	F	Sig.
校正模型	323.882[a]	5	64.776	9.681	.008
截距	82005.333	1	82005.333	12256.371	.000
区组	82.182	2	41.091	6.141	.035
密度	241.700	3	80.567	12.041	.006
误差	40.145	6	6.691		
总计	82369.360	12			
校正的总计	364.027	11			

a. R 方=.890(调整 R 方=.798)。

表 15-21 中，①校正模型(Corrected Model)的平方和=区组平方和 SS_r+密度平方和 SS_t；②校正的总计(Corrected Total)平方和为总变异平方和 $SS_T=SS_r+SS_t$+误差(Error)平方和 SS_e，其他项同前。其方差分析结果参见表 8-13。

表 15-21 小区产量

Duncan[a]

密度	N	Alpha=0.05 的子集			Alpha=0.01 的子集	
		1	2	3	1	2
4	3	76.067			76.067	
3	3		81.433		81.433	81.433
1	3		85.033	85.033		85.033
2	3			88.133		88.133
Sig.		1.000	.139	.193	.044	.022

已显示同类子集中的组均值。基于观测到的均值。误差项为均值方(错误)=6.691。

a. 使用调和均值样本大小=3.000。

表 15-21 的形式可按照前面的方法转变为表 8-15。

三、有重复设置的二因素完全随机设计资料的方差分析

无重复设置的二因素完全随机设计资料的方差分析的操作步骤与方法与单因素完全随机区组设计资料的方差分析一样，有重复设置的多因素试验资料在 SPSS 中称为析因试验设计资料，有重复设置的二因素完全随机设计资料的方差分析称为 A×B 析因设计资料的方差分析。

【例 15-10】 引用【例 9-1】的数据资料，进行有重复设置的二因素完全随机设计资料的方差分析。

（一）对因素 A、因素 B 和 A×B 项的比较分析

1. 建立数据文件

分组变量名分别为“肥料种类”(因素 A)，取值 1～4；“土壤种类”(因素 B)，取值 1～3；数据变量名为“小麦产量”，数据 3 列 36 行。文件名为 L15-10. sav。

2. 操作步骤

选择【分析(Analyze)】→【一般线性模型(General Linear Model)】→【单变量(Univariate)】，打开“单变量(Univariate)”主对话框，参见图 15-24。

(1) 将数据变量“小麦产量”选入“因变量(Dependent Variable)”框；

(2) 将分组变量“肥料种类和土壤种类”选入“固定因子(Fixed Factor)”框；

(3) 单击【模型(Model)】按钮，打开模型(Model)对话框，见图 15-28。在指定模型框中选择“设定(Custom)”，将“因子与协变量(Factors & Covariates)”列表中的变量“肥料种类”、“土壤种类”和“肥料种类 * 土壤种类”，分别移入“模型(Model)”列表中。在选“肥料种类 * 土壤种类”项时，要按住 Ctrl 键，将两者同时选中后再移。完成本对话框的操作后，单击【继续(Continue)】按钮，回到主对话框。

多重比较方法的选择同【例 15-8】。将“肥料种类”和“土壤种类”移到“两两比较检验(Post Hoc Test for)”列表中。

(4) 单击【确定(OK)】按钮，执行。

图 15-28　模型有交互项的选择对话框

3. 结果输出

方差分析结果见表 15-22，新复极差法(Duncan 法)多重比较结果见表 15-23。其方差分析参见【例 9-1】表 9-8 所示 F 测验结果，由表 15-23 经转换后可得多重比较结果(表 9-10)。

表 15-22　主体间效应的检验

因变量：小麦产量

源	III 型平方和	df	均方	F	Sig.
校正模型	218.666[a]	11	19.879	22.661	.000
截距	7891.361	1	7891.361	8995.852	.000
肥料种类	193.177	3	64.392	73.405	.000
土壤种类	3.324	2	1.662	1.895	.172
肥料种类 * 土壤种类	22.165	6	3.694	4.211	.005
误差	21.053	24	.877		
总计	8131.080	36			
校正的总计	239.719	35			

a. R 方=.912(调整 R 方=.872)。

表 15-22 中，校正模型(Corrected Model)的平方和(处理平方和 SS_t)=肥料种类平方和+土壤种类平方和+肥料种类 * 土壤种类交互项平方和，其他项同前。

表 15-23 小区产量

Duncan

肥料种类	N	Alpha＝0.05 的子集		Alpha＝0.01 的子集	
		1	2	1	2
2	9	13.133		13.133	
1	9	13.556		13.556	
3	9	13.733		13.733	
4	9		18.800		18.800
Sig.		.211	1.000	.211	1.000

（二）对处理间的比较分析

建立数据文件：分组变量名为“处理”，编码为 1～12，分别代表处理组合 A_1B_1、A_2B_1、A_3B_1、A_4B_1、A_1B_2、A_2B_2、A_3B_2、A_4B_2、A_1B_3、A_2B_3、A_3B_3、A_4B_3，数据变量名为“小麦产量”，数据 2 列 36 行。文件名为 L15-101.sav。

操作步骤与方法可参照【例 15-7】。在主对话框中，将分组变量“处理”选入固定因子框，将数据变量“小麦产量”选入因变量框，对“处理”进行多重比较。输出方差分析结果见表15-24，处理间小麦产量 *SSR* 法多重比较结果见表 15-25。由表 15-25 经转换后可得表 9-11。

表 15-24 主体间效应的检验

因变量：小区产量

源	III 型平方和	df	均方	F	Sig.
校正模型	218.666[a]	11	19.879	22.661	.000
截距	7891.361	1	7891.361	8995.852	.000
处理	218.666	11	19.879	22.661	.000
误差	21.053	24	.877		
总计	8131.080	36			
校正的总计	239.719	35			

a. R 方＝.912(调整 R 方＝.872)。

表 15-25 小麦产量

Duncan

处理	N	Alpha＝0.05 的子集			Alpha＝0.01 的子集		
		1	2	3	1	2	3
2	3	12.7667			12.7667		
6	3	12.9000			12.9000		
7	3	13.1000			13.1000		
1	3	13.4333			13.4333		
9	3	13.5333			13.5333		
5	3	13.7000			13.7000		
10	3	13.7333			13.7333		
3	3	13.7667			14.3333		
11	3	14.3333			14.3333		
12	3		17.2333			17.2333	
8	3		18.2667			18.2667	
4	3			20.9000			20.9000
Sig.		.089	.189	1.000	.089	.189	1.000

四、二因素随机区组设计资料的方差分析

【例 15-11】 引用【例 9-2】春小麦品种及密度二因素试验表 9-15 所示数据资料，进行二因素随机区组设计资料的方差分析。

(一)对区组、因素 A、因素 B 和 A×B 项的比较分析

1. 建立数据文件

分组变量名为“区组”、“品种”、“密度”；数据变量名为“春小麦产量”，数据 4 列 36 行。文件名为 L15-11. sav。

2. 操作步骤

操作步骤与方法可参照【例 15-10】。①在主对话框中，将数据变量“春小麦产量”选入因变量列表，将变量“区组”、“品种”、“密度”选入固定因子变量列表中。②在模型选择对话框中，将“区组”、“品种”、“密度”和“品种 * 密度”选入“模型(Model)”列表中。③在两两比较对话框中，选择 Duncan 法对“品种”和“密度”进行多重比较。④在选项对话框中，将“品种 * 密度”选入均值显示列表中，可以输出同一品种下、不同密度的小区产量值和标准误差(*SE*)。⑤因素 A 与因素 B 交互效应图的输出。单击【绘制(Plots)】按钮，打开“单变量：轮廓图”对话框，将因子变量列表中的变量“品种”选入水平轴(Horizontal Axis)框，将“密度”选入单图框，然后单击中间“添加(Add)”按钮，设置交换选入，即可设置“品种×密度”进入“图”列表框。

3. 结果输出

方差分析结果见表 15-26，利用 *SSR* 法对品种和密度间小麦产量进行的多重比较结果见表 15-27、表 15-28，估算边际均值见表 15-29。由表 15-27、表 15-28 经转换后得表 9-19、表 9-20。表 15-29 给出了同一品种下、不同密度的小区产量平均值和标准误差(*SE*)值，以此表的数据可进行品种 * 密度交互项的多重比较。

表 15-26　主体间效应的检验

因变量：春小麦产量

源	III 型平方和	df	均方	F	Sig.
校正模型	766.547[a]	13	58.965	16.650	.000
截距	3844.000	1	3844.000	1085.411	.000
区组	6.480	2	3.240	.915	.415
品种	306.472	2	153.236	43.268	.000
密度	285.229	3	95.076	26.846	.000
品种 * 密度	168.366	6	28.061	7.923	.000
误差	77.913	22	3.542		
总计	4688.460	36			
校正的总计	844.460	35			

表 15-27　春小麦产量

Duncan

品种	N	Alpha＝0.05 的子集			Alpha＝0.01 的子集		
		1	2	3	1	2	3
1	12	6.4917			6.4917		
2	12		10.9500			10.9500	
3	12			13.5583			13.5583
显著性		1.000	1.000	1.000	1.000	1.000	1.000

表 15-28　春小麦产量

Duncan

密度	N	Alpha＝0.05 的子集			Alpha＝0.01 的子集		
		1	2	3	1	2	3
1	9	5.8111			5.8111		
2	9		10.9000			10.9000	
4	9		11.0667			11.0667	11.0667
3	9			13.5556			13.5556
显著性		1.000	.853	1.000	1.000	.853	.010

表 15-29　品种 * 密度

因变量：春小麦产量

品种	密度	均值	标准误差	95％置信区间	
				下限	上限
1	1	3.900	1.087	1.647	6.153
	2	8.100	1.087	5.847	10.353
	3	8.267	1.087	6.013	10.520
	4	5.700	1.087	3.447	7.953
2	1	7.233	1.087	4.980	9.487
	2	11.733	1.087	9.480	13.987
	3	10.967	1.087	8.713	13.220
	4	13.867	1.087	11.613	16.120
3	1	6.300	1.087	4.047	8.553
	2	12.867	1.087	10.613	15.120
	3	21.433	1.087	19.180	23.687
	4	13.633	1.087	11.380	15.887

（二）对区组间、处理间的比较分析

(1) 建立数据文件：分组变量名为“区组”，编码为 1～3；“处理”，编码为 1～12，分别代表 A_1B_1、A_1B_2、A_1B_3、A_1B_4、A_2B_1、A_2B_2、A_2B_3、A_2B_4、A_3B_1、A_3B_2、A_3B_3、

A_3B_4；数据变量名为“春小麦产量”，数据结构 3 列 36 行。文件名为 L15-111. sav。

（2）操作步骤：操作步骤与方法可参照【例 15-10】。参见图 15-24，在主对话框中，将数据变量“春小麦产量”选入因变量列表，将分组变量“区组”和“处理”选入“固定因子(Fixed Factor)”框；在两两比较对话框中，选择“处理”进行多重比较。

（3）结果输出：略。

五、随机区组设计缺区资料的方差分析

【例 15-12】 引用【例 8-5】小麦品种区域试验缺一个区产量数据资料进行方差分析。

此类数据可利用混合模型进行计算。

1. 建立数据文件

分组变量名分别为“区组”，编码为“1～3”；“品种”，编码为“1～10”；数据变量名为“产量”，数据 3 列 30 行，其中缺失数据的单元格为空。文件名为 L15-12. sav。

2. 操作步骤

【分析(Analyze)】→【混合模型(Mixed Models)】→【线性(Linear)】，打开线性混合模型：指定群体和重复对话框，图略。

（1）单击【继续(Continue)】按钮，打开线性混合模型(Linear Mixed Models)主对话框。见图 15-29。在主对话框中，将数据变量“产量”选入因变量列表，将变量“区组”、“品种”选入因子列表中。

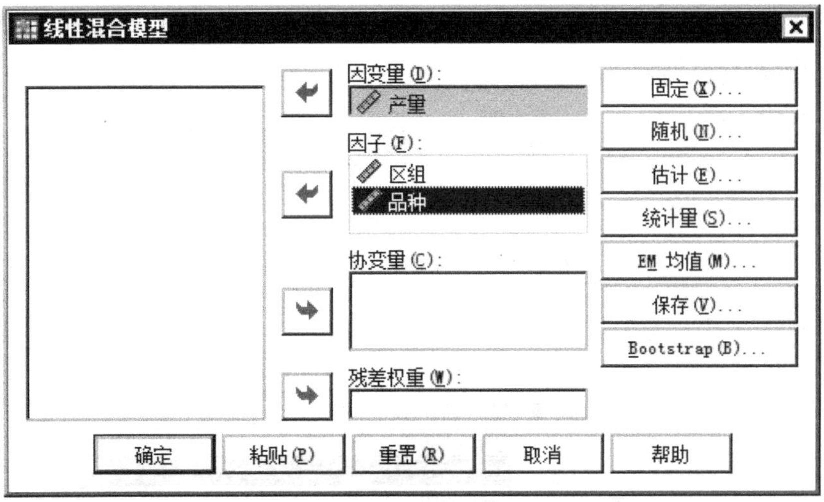

图 15-29　线性混合模型对话框

（2）单击【固定(Fixed)】按钮，打开线性混合模型：固定效应(Linear Mixed Models: Fixed Effects)对话框，通过添加按钮将“区组”和“品种”选入模型列表框，见图 15-30。操作完成后，单击【继续(Continue)】回到主对话框。

（3）单击【EM 均值(EM Means)】按钮，打开线性混合模型：EM 均值(Linear Mixed Models: EM Means)对话框，见图 15-31，将“品种”选入“显示均值”框，可输出估计平均值；选中比较主效应(Compare main effects)复选项，可输出利用 t 测验进行的两两平均数间的多重比较。操作完成后，单击【继续(Continue)】回到主对话框。

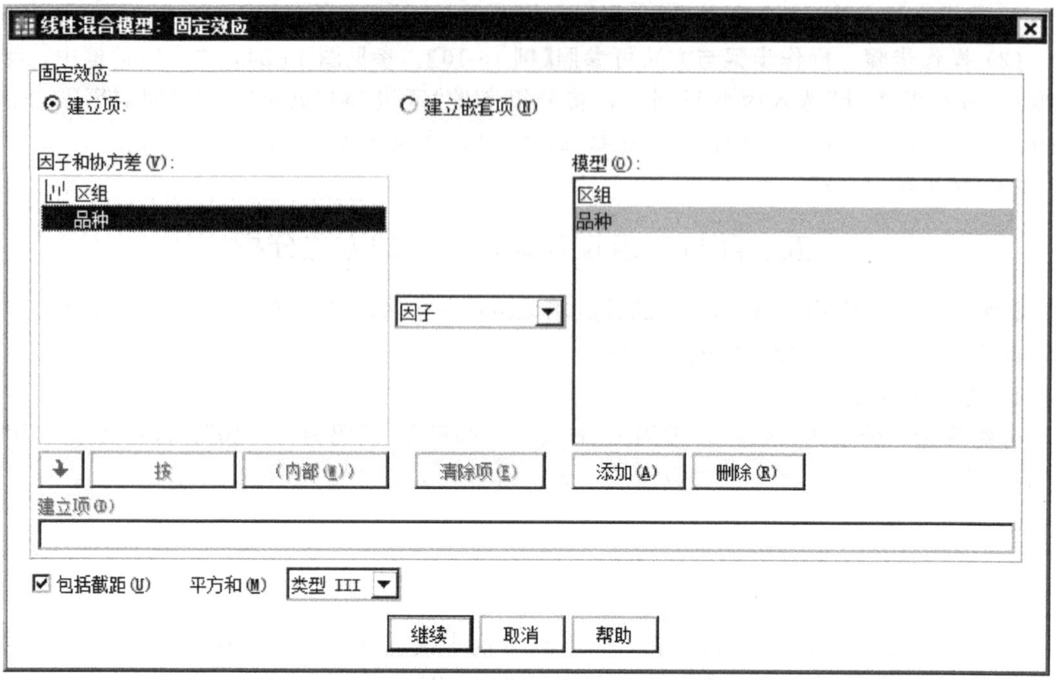

图 15-30　线性混合模型-固定效应对话框

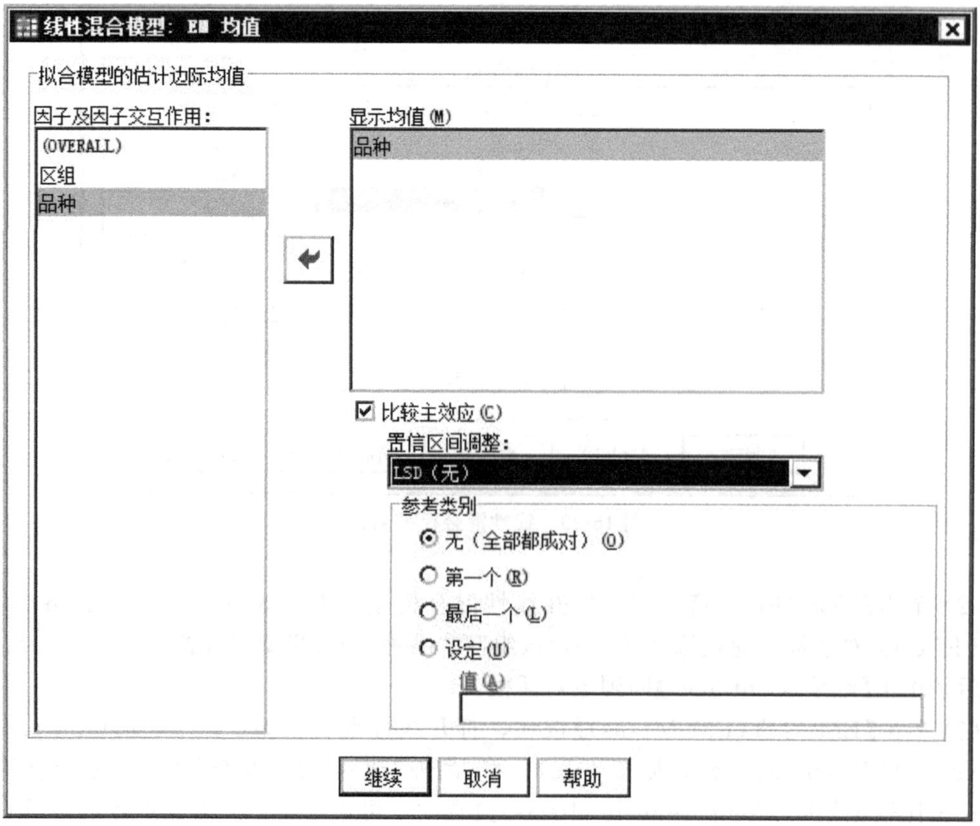

图 15-31　估计边际均值与多重比较选择对话框

(4) 单击【确定(OK)】按钮，执行。

3. 结果输出

利用 *LSD* 法在 0.05 显著水平上品种间的多重比较结果见表 15-30(部分结果)。表15-30给出了品种 A_1、A_2 与其他品种的比较结果，其余比较略。

表 15-30　成对比较[b](部分结果)

(I)品种	(J)品种	均值差值(I-J)	标准误差	df	显著性[a]	差值的 95%置信区间[a]	
						下限	上限
1	2	.313	.267	17	.257	−.251	.877
	3	.783*	.302	17	.019	.145	1.420
	4	.590*	.267	17	.041	.026	1.154
	5	−.047	.267	17	.863	−.611	.517
	6	1.297*	.267	17	.000	.733	1.861
	7	.147	.267	17	.590	−.417	.711
	8	.743*	.267	17	.013	.179	1.307
	9	−.813*	.267	17	.007	−1.377	−.249
	10	.543	.267	17	.058	−.021	1.107
2	1	−.313	.267	17	.257	−.877	.251
	3	.469	.302	17	.139	−.168	1.107
	4	.277	.267	17	.315	−.287	.841
	5	−.360	.267	17	.196	−.924	.204
	6	.983*	.267	17	.002	.419	1.547
	7	−.167	.267	17	.541	−.731	.397
	8	.430	.267	17	.126	−.134	.994
	9	−1.127*	.267	17	.001	−1.691	−.563
	10	.230	.267	17	.401	−.334	.794

基于已估计的边际均值。

a. 对多比较：最不显著差值的调整(等于没有调整)。

*. 均值差值在 .05 水平处很显著。

b. 因变量：产量。

六、裂区试验设计资料的方差分析

【例 15-13】 引用【例 9-3】玉米种植密度(主区因素 A)和施肥量(副区因素 B)裂区设计试验资料(表 9-26)进行方差分析。

(一) *F* 测验和副区因素的多重比较

1. 建立数据文件

分组变量名分别为“区组”，编码为“1～4”；“施肥量”(主区因素)，编码为“1～3”；“密度”(副区因素)，编码为“1～3”；数据变量名为“小区产量”。数据结构 4 列 36 行。文件名为 L15-13. sav。

2. 操作步聚

选择【分析(Analyze)】→【一般线性模型(General Linear Model)】→【单变量(Univariate)】，打开单变量(Univariate)主对话框，参见图 15-24。

(1) 将数据变量(小区产量)选入因变量(Dependent Variable)框；将“密度”和“施肥量”选入固定因子(Fixed Factor)框；将“区组”选入随机因子(Random Factor)框。

(2) 单击【模型(Model)】按钮，打开模型(Model)对话框，参见图 15-27。在指定模型框中选择设定(Custom)，将因子与协变量(Factors & Covariates)列表中的变量“区组”、“施肥量”、“区组 * 施肥量”、“密度”和交互项“施肥量 * 密度”按顺序选入模型(Model)列表中。完成本对话框的操作后，单击【继续(Continue)】按钮，回到主对话框。

(3) 单击【两两比较(Post Hoc)】按钮，打开“观测均值的两两比较”对话框，多重比较方法的选择同【例 15-9】。将“密度(副区因素)”选入两两比较检验(Post Hoc Test for)列表中。这里，不选择“施肥量(主区因素)”是因为该软件进行主副区因素的多重比较时，标准误 SE 用的都是 MS_{E_b} 值(误差项均值方=2.489)，这样，对密度(副区因素)所作的多重比较结果是正确的，而对施肥量(主区因素)所作的多重比较结果有误。

(4) 单击【选项(Option)】按钮，打开选项(Option)对话框，将因子与因子交互列表中的“区组 * 施肥量”选入“显示均值”列表中，可输出 $\bar{x}_m$ 值。

(5) 单击【确定(OK)】按钮，执行。

3. 结果输出

方差分析结果见表 15-31。表 15-31 中，“施肥量 * 区组”变异项与表 9-27 中的主区总变异对应；对区组和施肥量(主区因素)作 F 测验时，误差项 $MS_{E_a}=4.263$；而对密度(副区因素)和交互效应项作 F 测验时，误差项 $MS_{E_b}=1.916$；对密度(副区因素)的多重比较结果见表 15-32，经转换后可得表 9-29。

表 15-31 主体间效应的检验

因变量：小区产量

源		III 型平方和	df	均方	F	Sig.
截距	假设	6055.434	1	6055.434	1073.888	.000
	误差	16.916	3	5.639[a]		
区组	假设	16.916	3	5.639	1.323	.351
	误差	25.576	6	4.263[b]		
施肥量	假设	51.851	2	25.925	6.082	.036
	误差	25.576	6	4.263[b]		
施肥量 * 区组	假设	25.576	6	4.263	2.228	.088
	误差	34.440	18	1.913[c]		
密度	假设	40.187	2	20.094	10.502	.001
	误差	34.440	18	1.913[c]		
施肥量 * 密度	假设	4.546	4	1.137	.594	.671
	误差	34.440	18	1.913c		

a. MS(区组)。

b. MS(施肥量 * 区组)。

c. MS(错误)。

表 15-32　小区产量

Duncan[a,b]

密度	N	Alpha＝0.05 的子集		Alpha＝0.01 的子集	
		1	2	1	2
1	12	11.550		11.550	
2	12		13.275		13.275
3	12		14.083		14.083
Sig.		1.000	.169	1.000	.169

误差项为均值方(错误)＝1.913。

a. 使用调和均值样本大小＝12.000。

b. Alpha＝0.05。

（二）主区因素的多重比较分析

1. 建立数据文件

分组变量名为“区组”、“施肥量(主区因素)”；数据变量名为“平均产量”，数据来源于表 9-26中的 $\bar{x}_m$ 值，数据结构为 3 列 12 行。文件名为 L15-131. sav。

2. 操作步骤

在单变量(Univariate)主对话框中，将数据变量“平均产量”选入因变量(Dependent Variable)框；将“施肥量”和“区组”选入固定因子(Fixed Factor)框。其他操作步骤与方法同单因素随机区组试验资料的方差分析方法。

3. 结果输出

对施肥量(主区因素)的多重比较结果见表 15-33。

虽然表 15-33 与表 15-31 中主区部分的误差项均方不同(MS_e＝1.421，MS_{E_a}＝4.263)，但它们在进行多重比较时的标准误 SE 是相同的(可通过计算来验证，略)，所以，多重比较的结果是正确的。

表 15-33　平均产量

Duncan[a]

施肥量	N	Alpha＝0.05 的子集		Alpha＝0.01 的子集
		1	2	1
1.00	4	11.3918		11.3918
2.00	4	13.2168	13.2168	13.2168
3.00	4		14.3003	14.3003
Sig.		.074	.246	.016

误差项为均值方(错误)＝1.421。

a. 使用调和均值样本大小＝4.000。

七、一年多点试验结果的综合分析

【例 15-14】　试对【例 9-4】水稻品种区域试验资料进行一年多点试验结果的综合分析。

1. 建立数据文件

定义分组变量名为“试点”，编码为“1～4”；“区组”，编码为“1～3”；“品种”，编码为“1～5”；数据变量名为“小区产量”，数据 4 列 60 行。文件名为 L15-14. sav。

2. 操作步骤

选择【分析(Analyze)】→【一般线性模型(General Linear Model)】→【单变量(Univariate)】，打开单变量(Univariate)主对话框，参见图 15-24。

(1) 将数据变量(小区产量)选入因变量(Dependent Variable)框；将分组变量(试点、区组和品种)选入固定因子(Fixed Factor)框。

(2) 单击【模型(Model)】按钮，打开模型(Model)对话框，参见图 15-27。在“指定模型”框中选择设定(Custom)，将因子与协变量(Factors & Covariates)列表中的变量“试点 * 区组”、“试点”、“品种”、“品种 * 试点”分别选入模型(Model)列表中。完成本对话框的操作后，单击【继续(Continue)】按钮，回到主对话框。

多重比较方法的选择同前，将“品种”选入两两比较检验(Post Hoc Test for)列表中。

(3) 单击【确定(OK)】按钮，执行。

3. 结果输出

方差分析结果见表 15-34，与表 9-32 相比，表 15-34 中的“试点 * 区组”项为表 9-32 中的“试点内重复间”项。品种间平均数的多重比较结果略。

表 15-34　主体间效应的检验

因变量：产量

源	III 型平方和	df	均方	F	Sig.
校正模型	5811.658	27	215.247	11.018	.000
截距	59145.041	1	59145.041	3027.638	.000
试点 * 区组	1182.012	8	147.752	7.563	.000
试点	2268.915	3	756.305	38.715	.000
品种	596.734	4	149.184	7.637	.000
品种 * 试点	1763.996	12	147.000	7.525	.000
误差	625.121	32	19.535		
总计	65581.820	60			
校正的总计	6436.779	59			

八、其他试验设计资料的方差分析

1. 拉丁方试验设计资料的方差分析

在建立数据文件时，定义分组变量名为“纵向区组”、“横向区组”和“处理”3 列，数据变量为 1 列。在单变量(Univariate)主对话框中，将数据变量选入因变量(Dependent Variable)框；将分组变量(纵向区组、横向区组和处理)选入固定因子(Fixed Factor)框；模型(Model)对话框中，将因子与协变量(Factors & Covariates)列表中的变量“纵向区组”、“横向区组”和“处理”分别选入模型(Model)列表中；在多重比较对话框中，将“处理”选入两两比较检验(Post Hoc Test for)列表中。其他操作同前。

2. 三因素试验设计资料的方差分析

在建立数据文件时，与二因素试验资料定义分组变量相比，增加一列“因素 C”。在单变量(Univariate)主对话框中，将数据变量选入因变量(Dependent Variable)框；将分组变量选入固定因子(Fixed Factor)框；模型(Model)对话框中，将因子与协变量(Factors & Covariates)列表中的变量分别按主效应、一级交互、二级交互(如“因素 A”、“因素 B”、“因素 C”、“因素 A * 因素 B”、“因素 A * 因素 C”、“因素 B * 因素 C”和“因素 A * 因素 B * 因素 C”)，分别选入模型(Model)列表中；在多重比较对话框中，将要比较的变量(因素)选入两两比较检验(Post Hoc Test for)列表中。其他操作同前。

3. 正交试验设计资料的方差分析

在建立数据文件时，分组变量为各试验因素及区组，取值按照正交试验设计结构矩阵各因素所占列的编码输入，数据变量 1 列。在单变量(Univariate)主对话框中，将数据变量选入因变量(Dependent Variable)框；将分组变量(各因素及区组)选入固定因子(Fixed Factor)框；在模型(Model)对话框中，将因子与协变量(Factors & Covariates)列表中的变量按变异来源的要求(包括交互项)分别选入模型(Model)列表中；在多重比较对话框中，将要比较的变量(因素)选入两两比较检验(Post Hoc Test for)列表中，再选择比较方法。其他操作同前。

九、数据转换

在 SPSS 统计软件中，可通过“转换”模块的“计算变量”过程实现数据的转换

【例 15-15】 以【例 7-7】表 7-8 所示数据资料进行平方根数据转换。

(1) 建立数据文件：变量名为“捕蛾数”，输入要转化的数据，每个变量一列，每个数据

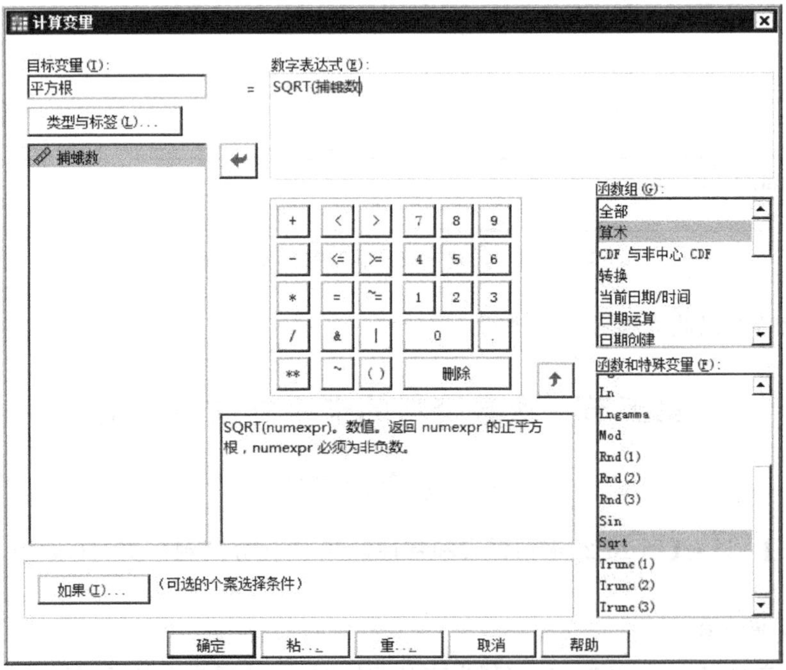

图 15-32　计算变量对话框

文件可以建立多个变量。文件名为 L15-15. sav。

(2) 选择【转换(Transform)】→【计算变量(Compute Variable)】，打开计算变量主对话框，见图 15-32。

(3) 在目标变量(Target Variable)框中输入转换后新的变量名，如“平方根”。

(4) 在函数组列表框中，选择要进行转换的函数类型，本例为“算术”；在“函数与特殊变量”列表框中选择要进行转换的函数，本例选择“Sqrt”；然后双击或用其左侧的向上按钮将所选函数移到“数字表达式”列表中。表达式中其他符号与数字可通过图 15-32 中的小键盘输入，也可通过计算机的键盘输入，这里平方根转换的数字表达式为 SQRT(捕蛾数)。

对数转换要在“算术”函数中选择“lg10”函数，数字表达式为 lg10(捕蛾数)；反正弦转换要在“算术”函数中先后选择“Arsin”和“Sqrt”函数，数字表达式为：ARSIN[SQRT(诱导率)] * 180/π，由反正弦函数直接计算后得到的值为弧度值。

(5) 将原变量“捕蛾数”移到表达式中，单击【确定(OK)】，即可在数据视窗生成一个给定函数转换后的新变量，这里是“平方根”，见图 15-33。

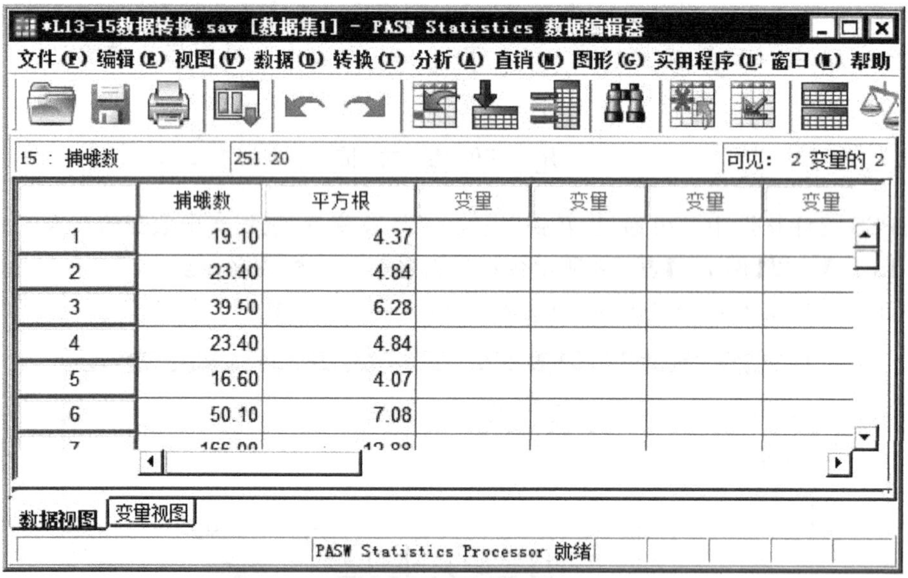

图 15-33　平方根转换后的数据变量视图

其他函数转换以此为参考在此进行。

第五节　次数资料的卡平方(χ^2)测验

一、适合性测验

【例 15-16】　试对【例 10-2】水稻稃尖和糯性性状 F_2代分离观察资料(表 10-2)进行适合性测验。

1. 建立数据文件

定义分类变量名为“性状”，1=“稃尖有色非糯”，2=“稃尖有色糯稻”，3=“稃尖无色非糯”，4=“稃尖无色糯稻”；数据变量名为“次数”；数据 2 列 4 行。文件名为 L15-16. sav。

2. 操作步骤

(1) 对数据变量加权。选择【数据(Data)】→【加权个案(Weight Cases)】，打开加权个案(Weight Cases)对话框，见图15-34。选中加权个案(Weight Cases by)项，将数据变量“次数”选入频率变量(Frequency Variable)框，单击【确定(OK)】按钮，执行加权。

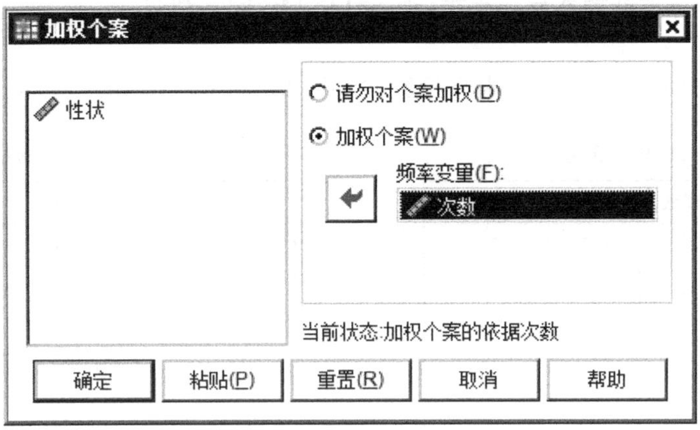

图15-34　数据变量加权对话框

(2) 选择【分析(Analyze)】→【非参数检验(Nonparametric Texts)】→旧对话框(Legacy Dialogs)→【卡方(Chi-Square)】，打开卡方检验(Chi-Square Test)对话框，见图15-35。将分类变量“性状”选入检验变量列表(Text Variable)。

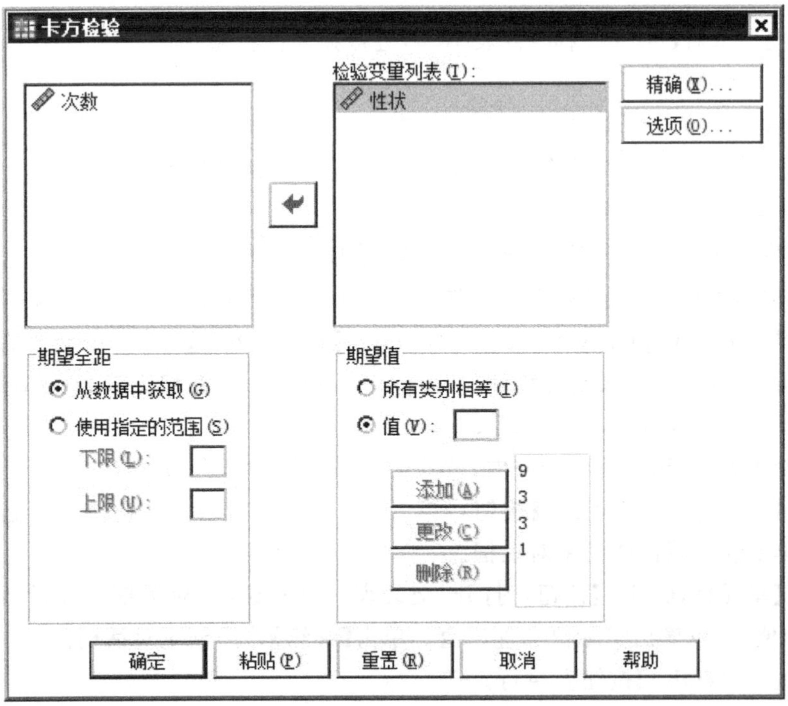

图15-35　卡方检验对话框

（3）在期望值（Expected Values）框中选中值（Values），按数据编辑窗口中实际观察值的顺序输入期望比例值，点击【添加（add）】按钮加入到下面的候选列表中。本例按 9、3、3、1 的顺序添加期望比例值。如果输入数据有误，可先选中该数据，后在上面“值”框中输入正确的数据，点击【更改（Change）】即可。

（4）期望比例值全部输入后，单击【确定（OK）】按钮，执行。

3. 结果输出

实际值与理论值见表 15-35，卡方检验结果见表 15-36。

表 15-35　次数

	观察数	期望数	残差
1	491	417.9	73.1
2	76	139.3	−63.3
3	90	139.3	−49.3
4	86	46.4	39.6
总数	743		

表 15-36　检验统计量

	性状
卡方	92.706[a]
df	3
渐近显著性	.000

a. 0 个单元（.0%）具有小于 5 的期望频率。单元最小期望频率为 46.4。

此方法只能正确对 $\nu \geqslant 2$ 的资料进行适合性卡方测验，不能计算 χ_C^2。

二、独立性测验

（一）2×2 表的独立性测验

【例 15-17】 试对【例 10-3】资料（表 10-4）进行独立性测验。

1. 建立数据文件

定义分类变量名为“处理方法”，1＝喷农药、2＝不喷农药；“喷药效果”，1＝死虫数、2＝活虫数；数据变量名为“黏虫数”；数据 3 列 4 行。文件名为 L15-17. sav。

2. 操作步骤

（1）对数据变量加权。选择【数据（Data）】→【加权个案（Weight Cases）】，打开加权个案（Weight Cases）对话框，参见图 15-34。选中加权个案（Weight Cases by）项，将数据变量“黏虫数”选入频率变量（Frequency Variable）框，单击【确定（OK）】按钮，执行加权。

（2）【分析（Analyze）】→【描述统计（descriptive Statistics）】→【交叉表（Crosstables）】，打开交叉表（Crosstabs）对话框，见图 15-36。

（3）将“处理方法”选入行（Row）框，“喷药效果”选入列（Column）框。

（4）单击【统计量（Statistics）】按钮，打开“交叉表：统计量”对话框，选中卡方（Chi-square）项。单击【继续】，回到主对话框。

（5）单击【单元格（Cells）】按钮，打开“交叉表：单元显示”对话框，在计数框中选中“观察值”和“期望值”，可输出实际值和理论值。单击【继续】，回到主对话框。

（6）单击【确定（OK）】按钮，执行。

3. 结果输出

实际值与理论值见表 15-37，卡方测验结果见表 15-38。表 15-37 中的“计数”行为实际

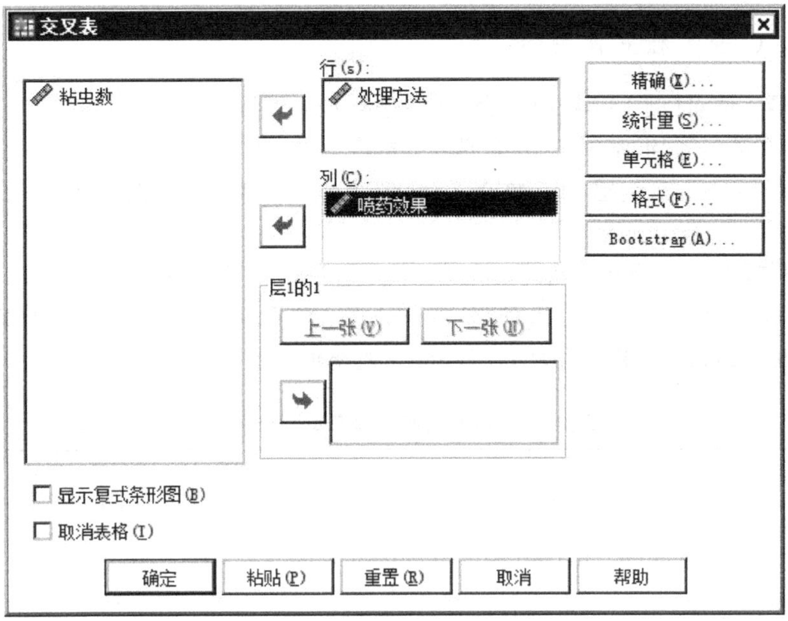

图 15-36　独立性测验变量选择对话框

值，“期望的计数”行为理论值。表 15-38 中，第一列为测验方法，“值”列是对应各类测验方法的 χ^2 值。对于本例，因 $\nu=1$，要参看“连续校正”行的数值。

表 15-37　处理方法 * 喷药效果交叉制表

			喷药效果		合计
			1.00	2.00	
处理方法	1.00	计数	423	37	460
		期望的计数	373.1	86.9	460.0
	2.00	计数	315	135	450
		期望的计数	364.9	85.1	450.0
合计		计数	738	172	910
		期望的计数	738.0	172.0	910.0

表 15-38　卡方检验

	值	df	渐进 Sig.(双侧)	精确 Sig.(双侧)	精确 Sig.(单侧)
Pearson 卡方	71.541[a]	1	.000		
连续校正[b]	70.116	1	.000		
似然比	75.089	1	.000		
Fisher 的精确检验				.000	.000
线性和线性组合	71.462	1	.000		
有效案例中的 N	910				

a. 0 单元格(0%)的期望计数少于 5。最小期望计数为 85.05。

b. 仅对 2×2 表计算。

(二) R×C 表的独立性测验

【例 15-18】 试对【例 10-4】资料(表 10-5)进行独立性测验。

定义分类变量名为"温室反应",取值 1=抗病、2=分离、3=感染;"田间反应",取值 1=抗病、2=分离、3=感染。数据变量名为"杂交系"。数据 3 列 9 行。文件名为 L15-18. sav。

操作步骤与【例 15-17】基本相同,先对"杂交系"加权,后在主对话框中,将"田间反应"选入行(Row)框,"温室反应"选入列(Column)框,结果输出见表 15-39 和表 15-40。由表 15-40 可以看出,Pearson 卡方值为 1127.888,概率值 $P=0.000$。

表 15-39　田间反应 * 温室反应交叉制表

			温室反应			合计
			1.00	2.00	3.00	
田间反应	1.00	计数	142	51	3	196
		期望的计数	38.0	114.2	43.8	196.0
	2.00	计数	13	404	2	419
		期望的计数	81.2	244.2	93.6	419.0
	3.00	计数	2	17	176	195
		期望的计数	37.8	113.6	43.6	195.0
合计		计数	157	472	181	810
		期望的计数	157.0	472.0	181.0	810.0

表 15-40　卡方检验

	值	df	渐进 Sig.(双侧)
Pearson 卡方	1127.888[a]	4	.000
似然比	1035.073	4	.000
线性和线性组合	601.093	1	.000
有效案例中的 N	810		

a. 0 单元格(0%)的期望计数少于 5。最小期望计数为 37.80。

第六节　回归与相关资料的统计分析

一、相关分析

(一)简单相关分析

【例 15-19】 试对【例 11-5】数据资料计算简单相关系数。

1. 建立数据文件

定义变量名为"降雨量，x"、"黏虫发生量，y"，数据 2 列 8 行。文件名为 L15-19. sav。

2. 操作步骤

(1) 选择【分析(Analyze)】→【相关(Correlate)】→【双变量(Bivariate)】，打开双变量相关(Bivariate Correlations)主对话框，见图 15-37。

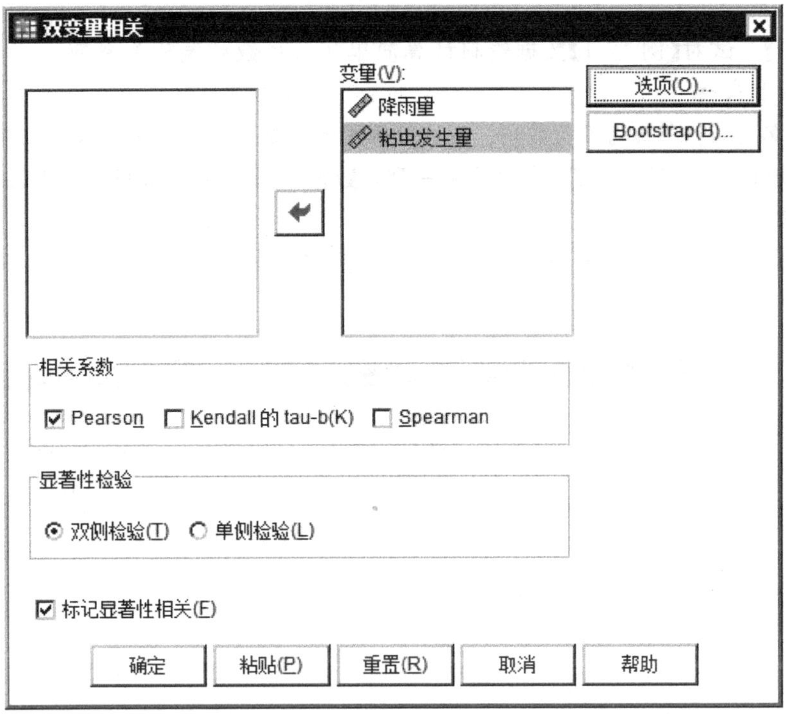

图 15-37　双变量线性相关对话框

(2) 将"降雨量"和"黏虫发生量"同时选入变量(Variables)列表；在相关系数框中，选中 Pearson 项(系统默认)；在显著性检验框中，选中双侧检验(Two-tailed)项(系统默认)；选中标记显著性相关(Flag significant correlations)项，可以在相关系数的右上角标记"＊"或"＊＊"。

(3) 单击【确定(OK)】按钮，执行。

表 15-41　相关性

		降雨量	黏虫发生量
降雨量	Pearson 相关性	1	.917**
	显著性(双侧)		.001
	N	8	8
黏虫发生量	Pearson 相关性	.917**	1
	显著性(双侧)	.001	
	N	8	8

**. 在 .01 水平(双侧)上显著相关。

3. 结果输出

简单相关系数结果见表 15-41。表 15-41 给出了“降雨量”和“黏虫发生量”的 Pearson 简单相关系数为 0.917，显著性(双侧)概率 P 为 0.001，样本数 N 为 8。如果有更多变量被选择，则在此可给出任意两个变量间的简单相关系数。

(二) 偏相关分析

【例 15-20】 试对【例 12-1】数据资料计算简单相关系数和偏相关系数。

1. 建立数据文件

定义变量名为“x_1(单株有效荚数)”、“x_2(单株无效荚数)”、“x_3(单荚粒数，粒)”、“x_4(百粒重，g)”和“y(单株籽粒产量，g)”，每个变量一列，数据 5 列 21 行。文件名为 L15-20. sav。

2. 操作步骤

(1) 选择【分析(Analyze)】→【相关(Correlate)】→【偏相关(Partial)】，打开偏相关(Partial Correiations)主对话框，见图 15-38。

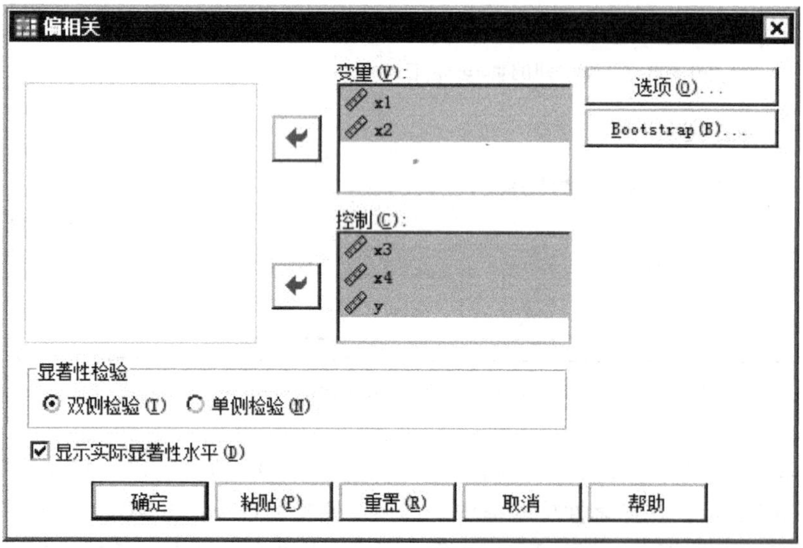

图 15-38　偏相关计算变量选择对话框

(2) 计算任意两个变量间的偏相关系数时，变量(Variables)列表中，每次只能选两个变量，本例先将“x_1”、“x_2”选入；将其余变量移到控制(Controlling for)列表框，本例为“x_3、x_4和 y”。

(3) 在显著性检验框中，选双侧检验(Two-tailed)选项。

(4) 显示实际显著水平(Display actual significance level)选项为默认选项。在默认状态下，每个相关系数均显示显著性概率及自由度。若取消此项，则不显示显著性概率及自由度，而是在相关系数值的右上角标记“＊”或“＊＊”。若标记“＊”，说明变量之间在 $\alpha=0.05$ 水平上相关显著；若标记“＊＊”，说明变量之间在 $\alpha=0.01$ 水平上相关显著。

(5) 单击【确定(OK)】按钮，执行。

3. 结果输出

x_1与 x_2的偏相关系数计算结果见表 15-42。

表 15-42　相关性

控制变量			x1	x2
x3&x4&y	x1	相关性	1.000	−.338
		显著性(双侧)	.	.170
		df	0	16
	x2	相关性	−.338	1.000
		显著性(双侧)	.170	.
		df	16	0

其他变量间偏相关系数计算的操作同前，【例 12-1】资料变量两两间的 10 个偏相关系数及其双侧测验结果整理后列于表 15-43。

表 15-43　相关性(偏相关系数)

		x2	x3	x4	y
x1	相关性	−.338	−.865	−.948	.895
	显著性(双侧)	.170	.000	.000	.000
x2	相关性		−.245	−.382	.421
	显著性(双侧)		.326	.118	.082
x3	相关性			−.879	.828
	显著性(双侧)			.000	.000
x4	相关性				.927
	显著性(双侧)				.000

4. 简单相关系数的计算

前面介绍了只有两个变量简单相关系数的计算过程，如果要同时计算多个变量两两间的简单相关系数，则要在双变量相关主对话框(图 15-37)中将所有要计算的变量都移到变量列表中，单击【确定】，即可输出所有变量两两间的简单相关系数及其双侧测验结果，见表 15-44。

复相关系数的计算见多元回归分析。

表 15-44　相关性(简单相关系数)

		x1	x2	x3	x4	y
x1	Pearson 相关性	1	.068	−.183	−.603**	.142
	显著性(双侧)		.768	.428	.004	.540
	N	21	21	21	21	21
x2	Pearson 相关性	.068	1	.206	−.120	.221
	显著性(双侧)	.768		.369	.604	.335
	N	21	21	21	21	21
x3	Pearson 相关性	−.183	.206	1	−.310	.090
	显著性(双侧)	.428	.369		.172	.697
	N	21	21	21	21	21

续表

		x1	x2	x3	x4	y
x4	Pearson 相关性	−.603**	−.120	−.310	1	.470*
	显著性(双侧)	.004	.604	.172		.032
	N	21	21	21	21	21
y	Pearson 相关性	.142	.221	.090	.470*	1
	显著性(双侧)	.540	.335	.697	.032	
	N	21	21	21	21	21

* 在 .05 水平(双侧)上显著相关。

** 在 .01 水平(双侧)上显著相关。

二、回 归 分 析

(一) 直线回归

【例 15-21】 试对【例 11-1】数据资料配置直线回归方程。

1. 建立数据文件

文件调用 L15-19. sav。

2. 操作步骤

(1) 选择【分析(Analyze)】→【回归(Regression)】→【线性(Linear)】，打开线性回归主对话框，见图 15-39。

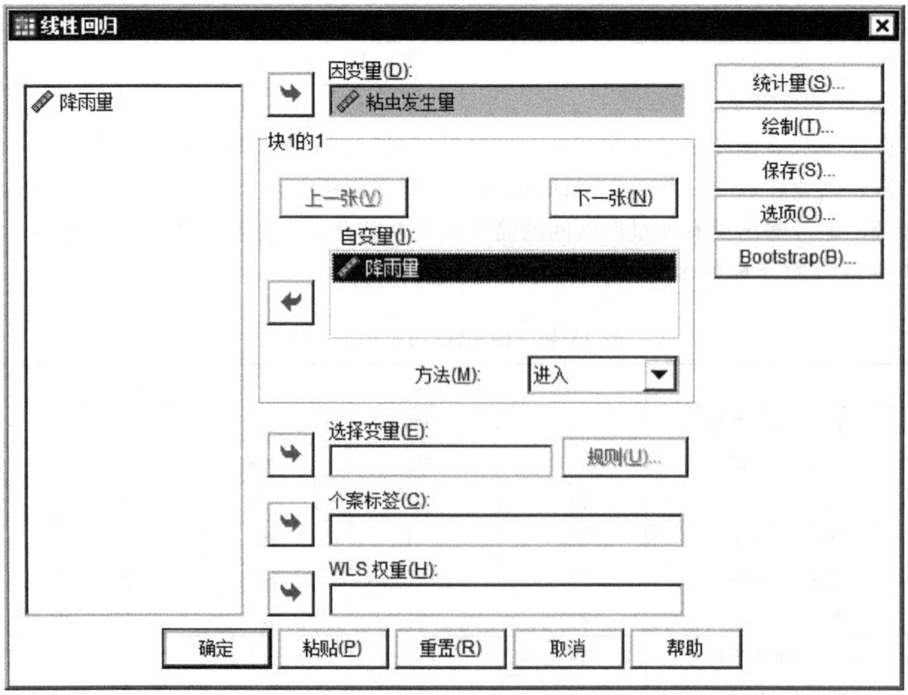

图 15-39　线性回归变量选择对话框

(2) 将“降雨量(x)”选入自变量(Independent)框，将“黏虫发生量(y)”选入因变量(Dependent)框。

(3) 单击【统计量(Statistics)】，打开线性回归-统计量(Linear Regression: Statistics)对话框，见图 15-40。在回归系数(Regression Coefficients)框中，选择估计(Estimates，默认选项)，选中此项可输出回归系数 b、离回归标准误 $s_{x/y}$、标准回归系数 p(通径系数)、对 b 测验的 t 值；选中置信区间(Confidence intervals)，可输出 b 的置信区间值，这里不选。选中模型拟合度(model fit)复选项(系统默认选项)，可输出模型汇总表，给出复相关系数、离回归标准误等值；ANOVA 表给出对回归方程的方差分析结果。单击【继续】，回到主对话框。

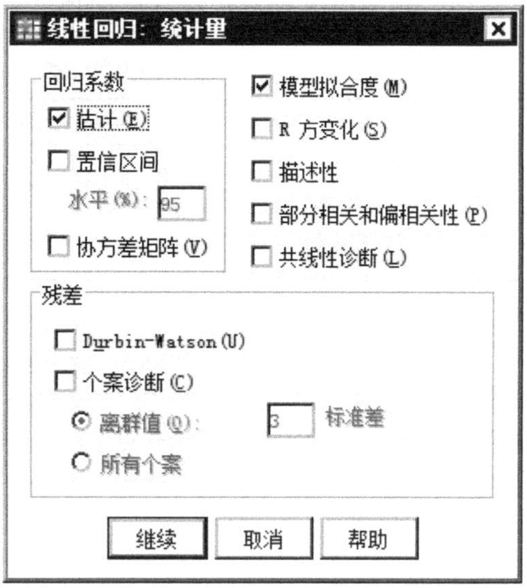

图 15-40 线性回归-统计量对话框

(4) 单击【保存(Save)】，打开线性回归-保存(Liner regression: Save)对话框，见图 15-41。在预测值(Predicted Values)框中，选中未标准化(Unstandardized)，可输出每个个案(现有 x 值)点估计的预测值(y)；在预测区间(Predication intervals)中选中单值(Individual)，可输出现有 x 值的总体预测值(y)的区间估计。在置信区间框中输入设定置信度的值，本例为 95(系统默认)。这些估计值将在数据视图分别以 PRE-1(点估计值)、LICI-1(下限值)和 UICI-1(上限值)为变量名输出在单元格中。单击【继续】，回到主对话框。

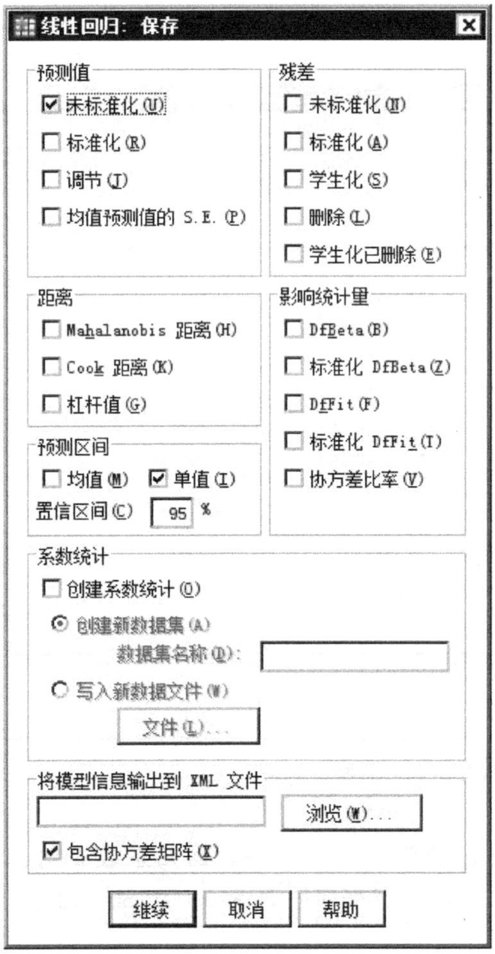

图 15-41 线性回归-保存对话框

若要计算给定 x 值的预测值，首先在打开的数据视图中把给定的 x 值输入到 x 变量列现有数据的后面单元格(1 个或多个数)，如 40，y 值不输入，按缺失值处理。然后，重复以上操作即可输出给定 x 值对应预测值 y 的点估计和总体预测值的区间估计。

(5) 单击【确定(OK)】按钮，执行。

3. 结果输出

回归系数及其测验结果见表 15-45，回归方程的 F 测验结果见表 15-46。已有 x 值和给

定 x 值(40)预测值 y 的点估计及区间估计，见图 15-42。

表 15-45　系数[a]

模型		非标准化系数		标准系数	t	Sig.
		B	标准误差	试用版		
1	(常量)	−184.638	80.334		−2.298	.061
	降雨量	11.311	2.012	.917	5.623	.001

a. 因变量：黏虫发生量。

表 15-46　ANOVA[b]

模型		平方和	df	均方	F	Sig.
1	回归	113144.349	1	113144.349	31.616	.001[a]
	残差	21472.526	6	3578.754		
	总计	134616.875	7			

a. 预测变量：(常量)，降雨量。

b. 因变量：黏虫发生量。

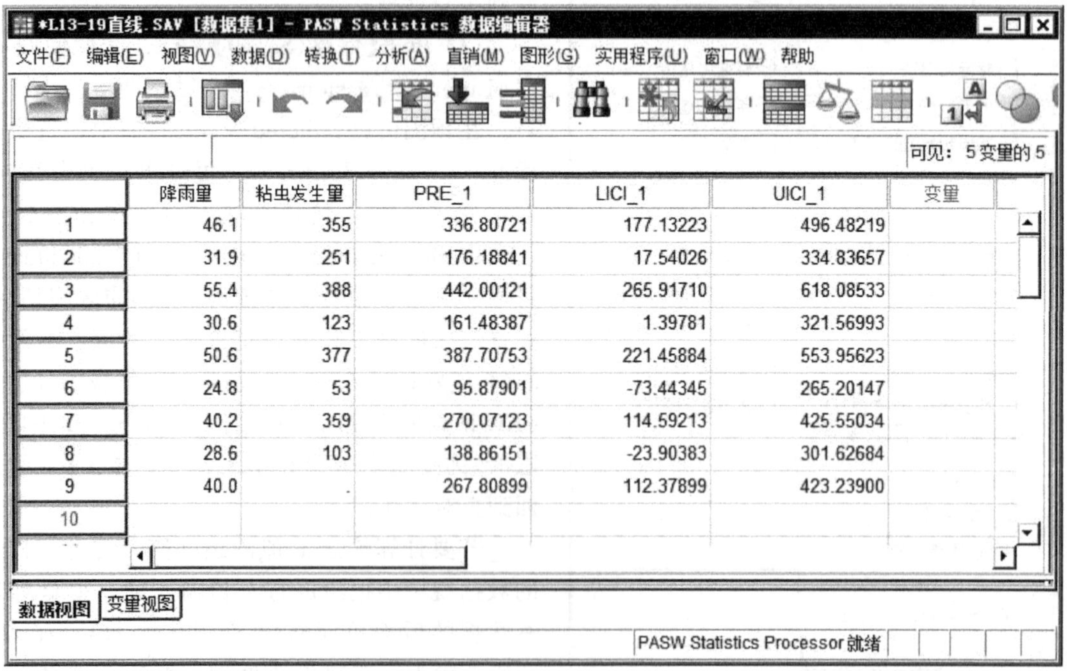

	降雨量	粘虫发生量	PRE_1	LICI_1	UICI_1	变量
1	46.1	355	336.80721	177.13223	496.48219	
2	31.9	251	176.18841	17.54026	334.83657	
3	55.4	388	442.00121	265.91710	618.08533	
4	30.6	123	161.48387	1.39781	321.56993	
5	50.6	377	387.70753	221.45884	553.95623	
6	24.8	53	95.87901	-73.44345	265.20147	
7	40.2	359	270.07123	114.59213	425.55034	
8	28.6	103	138.86151	-23.90383	301.62684	
9	40.0	.	267.80899	112.37899	423.23900	
10						

图 15-42　预测值的点估计和区间估计值的输出结果

表 15-45 非标准化系数 B 列给出了回归截距 a 的值为 −184.638，回归系数 b 的值为 11.311。还给出了对回归系数进行 t 测验的 t 值为 5.623 及其概率值 P 为 0.001(Sig. 列)。

（二）多元回归

【例 15-22】 试对【例 12-1】数据资料(表 12-2)配置多元线性回归方程。

1. 建立数据文件

调用文件 L15-20. sav。

2. 操作步骤

在线性回归主对话框(图 15-39)中，将变量“x_1(每株穗数)”、“x_2(每穗结实小穗数)”、“x_3(百粒重)”和“x_4(株高)”选入自变量列表，将“y(每株籽粒产量)”选入因变量列表，其他操作同【例 15-21】。

3. 结果输出

多元回归系数及其 t 测验结果见表 15-47，多元回归方程的 F 测验结果见表 15-48，复相关系数见表 15-49。

表 15-47 中，B 列、t 列、Sig. 列同前，标准系数(试用版)列给出了通径系数(p_i)，分别为 1.049、0.173、0.657、0.016。表 15-49 中，复相关系数 $R=0.932$，决定系数 $R^2=0.869$，离回归标准误 $s_{y/1234}=1.26996$。

表 15-47　系数[a](Coefficients)

模型		非标准化系数		标准系数	t	Sig.
		B	标准误差	试用版		
1	(常量)	−28.987	4.999		−5.798	.000
	x1	1.896	.236	1.049	8.039	.000
	x2	.882	.476	.173	1.856	.082
	x3	6.057	1.026	.657	5.905	.000
	x4	.163	.016	1.326	9.870	.000

a. 因变量：y。

表 15-48　Anova[b]

模型		平方和	df	均方	F	Sig.
1	回归	170.948	4	42.737	26.499	.000[a]
	残差	25.805	16	1.613		
	总计	196.752	20			

a. 预测变量：(常量)，x4，x2，x3，x1。
b. 因变量：y。

表 15-49　模型汇总(Model Summary)[b]

模型	R	R 方	调整 R 方	标准估计的误差
1	.932[a]	.869	.836	1.26996

a. 预测变量：(常量)，x4，x2，x3，x1。

（三）逐步回归

【例 15-23】 试对【例 12-1】数据资料配置最优多元线性回归方程。

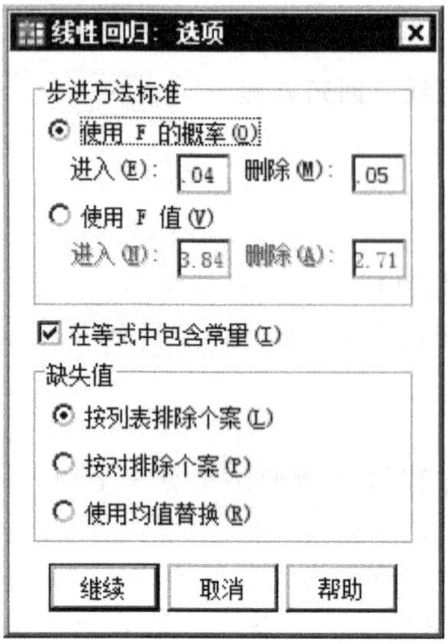

图 15-43　线性回归-选项对话框

1. 建立数据文件

文件调用 L15-20. sav。

2. 操作步骤

在线性回归主对话框(图 15-39)中，将变量“x_1、x_2、x_3、x_4”选入自变量列表，将变量“y”选入因变量列表。

在方法(Method)下拉列表中选择向后(Backward)，系统默认为进入(Enter)。

单击【选项(Options)】按钮，打开线性回归-选项对话框，见图 15-43。使用 F 的概率方框中显示的数值为变量进入和删除时的概率值，进入的概率值必须小于删除的概率值，这里把进入改为 0.04、删除改为 0.05。单击【继续】回到主对话框。

单击【确定(OK)】按钮，执行。

3. 结果输出

最优多元回归方程的选择过程中，每一步的回归系数及其 t 测验结果见表 15-50，方程的 F 测验结果见表 15-51，复相关系数见表 15-52。

表 15-50　系数[a]

模型		非标准化系数		标准系数	t	Sig.
		B	标准误差	试用版		
1	(常量)	−28.987	4.999		−5.798	.000
	x1	1.896	.236	1.049	8.039	.000
	x2	.882	.476	.173	1.856	.082
	x3	6.057	1.026	.657	5.905	.000
	x4	.163	.016	1.326	9.870	.000
2	(常量)	−29.548	5.337		−5.537	.000
	x1	1.938	.251	1.072	7.719	.000
	x3	6.442	1.074	.699	5.997	.000
	x4	.164	.018	1.332	9.275	.000

a. 因变量：y。

表 15-51　Anova

模型		平方和	df	均方	F	Sig.
1	回归	170.948	4	42.737	26.499	.000[a]
	残差	25.805	16	1.613		
	总计	196.752	20			
2	回归	165.393	3	55.131	29.887	.000[b]
	残差	31.359	17	1.845		
	总计	196.752	20			

a. 预测变量：(常量)，x4，x3，x2，x1。

b. 预测变量：(常量)，x3，x2，x1。

表 15-52　模型汇总

模型	R	R 方	调整 R 方	标准估计的误差
1	.932[a]	.869	.836	1.26996
2	.917[b]	.841	.812	1.35819

a. 预测变量：(常量)，x4，x3，x2，x1。
b. 预测变量：(常量)，x3，x2，x1。

（四）曲线回归

1. 散点图的制作

以【例 11-1】资料为例绘制散点图，文件调用 L15-19.sav。

操作步骤：【图形(Graphs)】→【旧对话框(Legacy Dialogs)】→【散点/点状(Scatter/Dot)】，打开“散点图/点图(Scatter/Dot)”对话框，如图 15-44 所示。

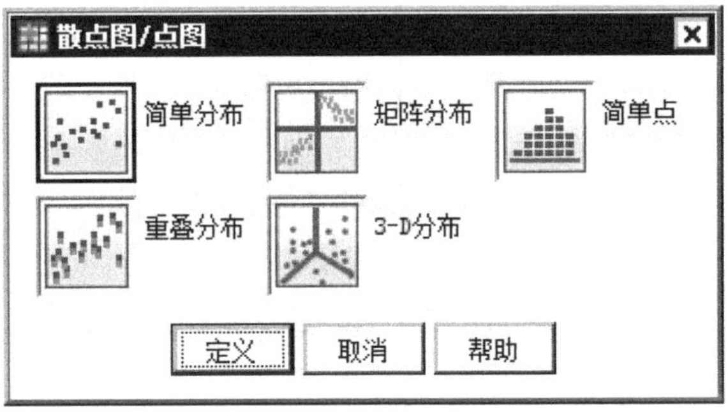

图 15-44　散点图/点图类型选择对话框

(1) 在此对话框中有 5 种绘制散点图的类型可供选择，本例选择“简单分布”。

(2) 点击【定义(Define)】，打开“简单散点图(Simple Scattrplot)”对话框，如图 15-45 所示。将变量“黏虫发生量”选入 Y 轴框，变量“降雨量”选入 X 轴框。

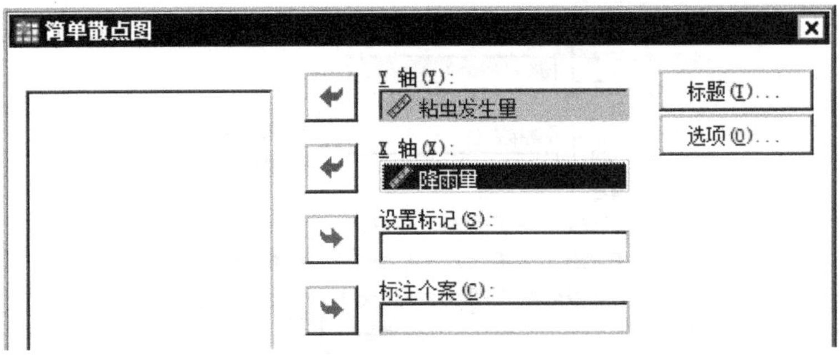

图 15-45　简单散点图对话框(上半部分)

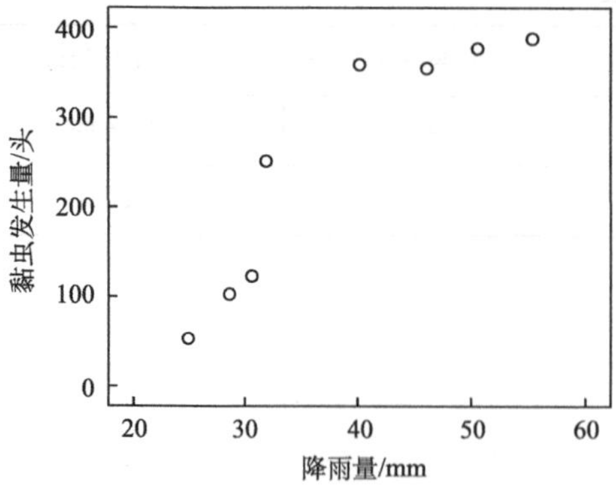

图 15-46　黏虫发生量与降雨量散点图

(3) 点击【OK】，输出散点图(图 15-46)。

2. *曲线回归模型的类型*

SPSS 统计软件中曲线估计的模型(Models)提供了 11 种曲线类型供选择，见表 15-53，一次操作可选一种或几种模型对试验数据进行拟合。

表 15-53 中 Logistic 回归方程的形式为 $\hat{y}=1/(1/u+b_0b_1^x)$，当 $k=u$、$a=b_0\times u$、$-b=\ln b_1$ 时，即可转化为 $\hat{y}=k/(1+ae^{-bx})$ 形式。其他模型也可以通过数据转换得到希望的形式。

表 15-53　曲线回归模型类型与回归方程的形式(11 种)

模型类型	回归方程的形式	模型类型	回归方程的形式
线性(Linear)	$\hat{y}=b_0+b_1x$	二次(Quadratic)	$\hat{y}=b_0+b_1x+b_2x^2$
复合(Compound)	$\hat{y}=b_0b_1^x$	增长(Growth)	$\hat{y}=e^{b_0+b_1x}$
对数(Logarithmic)	$\hat{y}=b_0+b_1\ln x$	立方(Cubic)	$\hat{y}=b_0+b_1x+b_2x^2+b_3x^3$
S	$\hat{y}=e^{b_0+b_1/x}$	指数分布(Exponential)	$\hat{y}=be^{b_1x}$
逆模型(Inverse)	$\hat{y}=b_0+b_1/x$	幂(Power)	$\hat{y}=b_0x^{b_1}$
Logistic	$\hat{y}=1/(1/u+b_0b_1^x)$		

3. *一般曲线回归方程的配置*

【例 15-24】 试对【例 13-1】数据资料配置指数曲线回归方程 $\hat{y}=ae^{bx}$。

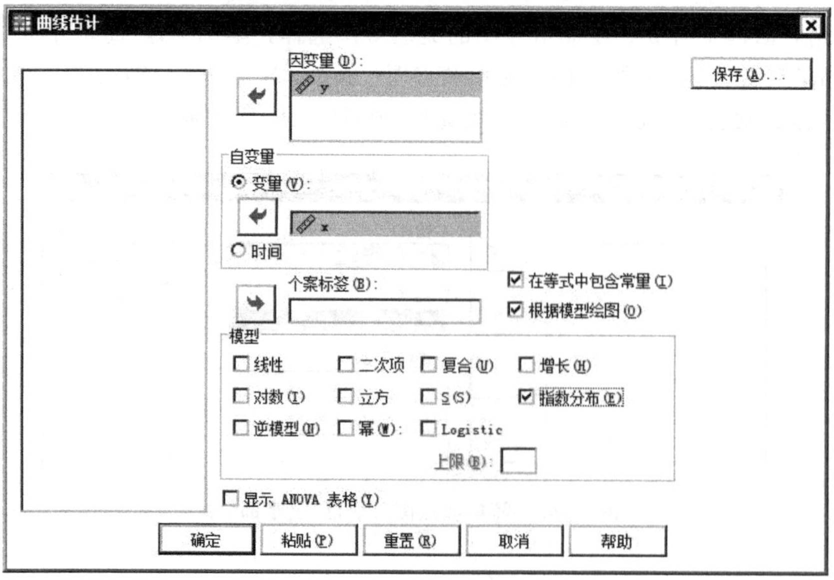

图 15-47　曲线估计方法选择对话框

1）建立数据文件

定义变量名为“x(叶绿素浓度)”、“y(透光度)”，文件名为L15-21.sav。

2）操作步骤

【分析(Analyze)】→【回归(Regression)】→【曲线估计(Curve Estimation)】，打开曲线估计(Curve Estimation)对话框，见图15-47。

(1) 将 y 选入因变量列表中，将 x 选入自变量框中的变量列表中。

(2) 在模型(Models)框中选择指数分布(Exponential)，取消系统默认线性(Liner)项。

(3) 选择“根据模型绘图(Plot models)”复选框，可输出由回归方程绘制的图形。

(4) 操作完成后，单击【确定】，执行。

3）结果输出

每升溶液中叶绿素的毫克数(x，mg/L)和透光度(y)的指数曲线回归方程系数估计值及回归方程的 F 测验结果见表15-54、图15-48。

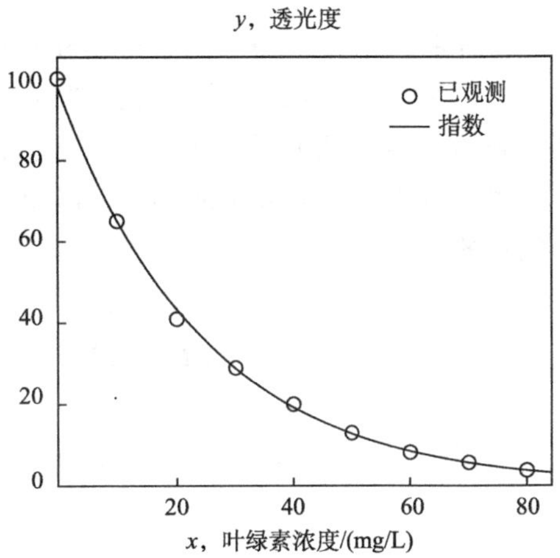

图15-48　透光度与叶绿素浓度的关系

如果在主对话框中选择了“显示ANOVA表格(Display ANOVA table)”选项，回归方程的 F 测验结果见表15-55，可输出曲线回归方程的系数及其测验结果见表15-56。

表15-54　模型汇总和参数估计值

因变量：y，透光度

方程	模型汇总					参数估计值	
	R方	F	df1	df2	Sig.	常数	b1
指数	.999	9928.953	1	7	.000	97.763	−.041

注：自变量为x，叶绿素浓度。

表15-55　ANOVA

	平方和	df	均方	F	Sig.
回归	9.926	1	9.926	9928.953	.000
残差	.007	7	.001		
总计	9.933	8			

注：自变量为x，叶绿素浓度。

表15-56　系数

	未标准化系数		标准化系数	t	Sig.
	B	标准误	Beta		
x，叶绿素浓度	−.041	.000	−1.000	−99.644	.000
(常数)	97.763	1.900		51.458	.000

注：因变量为ln(y，透光度)。

4. Logistic 曲线回归方程的配置

【例 15-25】 试对【例 13-2】数据资料配置 Logistic $\hat{y}=\frac{k}{1+a\mathrm{e}^{-bx}}$曲线回归方程。

1）建立数据文件

定义变量名为“x(出苗后天数，d)”、“y(单株重，g)”，文件名为 L15-22. sav。

2）操作步骤

打开曲线估计(Curve Estimation)对话框，参见图 15-47。

(1) 在模型(Models)框中选择“Logistic”，在“上限”框中，先输入一个在第十三章中计算得到的 k 值，此值要大于 y 值的最大数，如 44. 39，这时就可以输出一组回归方程的参数。也可以再通过取大于或小于 44. 39 的数进行试算，最后找出 F 值最大的回归方程作为所配置的方程。

(2) 选择“显示 ANOVA 表格(Display ANOVA table)”选项。

(3) 操作完成后，单击【确定】，执行。

3）结果输出

Logistic 曲线回归方程系数及其 t 测验结果见表 15-57，曲线回归方程的 F 测验结果见表 15-58。

表 15-57　系数

	未标准化系数		标准化系数	t	Sig.
	B	标准误	Beta		
x	.925	.002	.369	546.664	.000
(常数)	7.154	.899		7.959	.000

注：因变量为 ln(1/y−1/44.390)。

表 15-58　ANOVA

	平方和	df	均方	F	Sig.
回归	113.457	1	113.457	1794.479	.000
残差	.822	13	.063		
总计	114.279	14			

注：自变量为 x。

这里 $k=u=44.39$，由表 15-57 数据可知：$b_0=7.154$，$b_1=0.925$。

因此，当 $a=b_0\times u=7.154\times 44.39=317.566$，$-b=\ln b_1=\ln 0.925=-0.078$ 时，即可将 SPSS 统计软件中回归方程的形式转化为 $\hat{y}=k/(1+a\mathrm{e}^{-bx})$形式，即

$$\hat{y}=\frac{44.39}{1+317.566\mathrm{e}^{-0.078x}}$$

5. 多项式回归曲线的配置

【例 15-26】 试对【例 13-3】数据资料配置 $\hat{y}=a+b_1x+b_2x^2$ 曲线回归方程。

(1) 建立数据文件：定义变量名为“x(施氮量)”、“y(马铃薯产量)”，文件名为 L15-23. sav。

(2) 操作步骤：同【例 15-24】，在模型(Models)框中选择二次项(Quadratic)。

(3) 结果输出：二次曲线回归方程系数及其 t 测验结果见表 15-59、二次曲线回归方程的 F 测验结果见表 15-60。

表 15-59　ANOVA

	平方和	df	均方	F	Sig.
回归	10973.804	2	5486.902	43.503	.022
残差	252.256	2	126.128		
总计	11226.060	4			

注：自变量为 x。

表 15-60　系数

	未标准化系数		标准化系数	t	Sig.
	B	标准误	Beta		
x	27.057	4.173	2.423	6.483	.023
x** 2	−1.439	.334	−1.612	−4.314	.050
(常数)	156.160	10.569		14.775	.005

第七节　协方差分析

一、完全随机设计资料的协方差分析

【例 15-27】 引用【例 14-1】表 14-2 所示资料的数据进行协方差分析。

(一) 协方差分析

1. 建立数据文件

定义分组变量名为"肥料"，取值 1～3；数据变量名为"x(第一年产量)"、"y(第二年产量)"，数据 3 列 24 行。文件名为 L15-24. sav。

2. 操作步骤

选择【分析(Analyze)】→【一般线性模型(General Linear Model)】→【单变量(Univariate)】，打开单变量(Univariate)主对话框，参见图 15-24。

(1) 将数据变量"y"选入因变量(Dependent Variable)框，将分组变量"肥料"选入固定因子(Fixed Factor)框，将数据变量"x"选入协变量(Covariate)框。

(2) 单击【选项(Options)】按钮，打开单变量-选项对话框，参见图 15-26。①在因子与因子交互[Factor(s) and Factor]框中选择变量"肥料"，将其移至显示均值(Display Means for)框中，可输出矫正平均值 $\bar{y}_i'$。②选中比较主效应(Compare main effects)，在显著性水平(Significance level)框中输入多重比较的显著水平值，默认值为 0.05，可输出利用 t 测验法对矫正平均数进行的成对比较结果。③在输出(Display)栏内选中参数估计(Parameter Estimates)，可输出 y 对 x 的线性回归参数及 t 测验结果(表 15-63)；选中描述统计(Descriptive statistics)，可输出因变量 y 的平均值 $\bar{y}_i$(表 15-61)。完成所有操作后，单击【继续(Continue)】，回到主对话框。

(3) 单击【确定(OK)】按钮，执行。

3. 结果输出

输出结果见表 15-61～表 15-65。要想输出在 0.01 显著水平上平均数的成对比较结果，只要重复以上操作，在显著性水平(Significance level)框中，输入 0.01 即可。

4. 结果解读

(1) 表 15-61 为因变量 y 的平均值 $\bar{y}_i$。

(2) 对协变量(x)的 F 测验(线性回归测验)：$F=320.248>F_{0.01(1,20)}=8.10$，Sig. $=0.000<0.01$，说明 x 与 y 有极显著的直线回归关系，见表 15-62。

(3) 测验矫正平均数间的差异显著性。对肥料间进行的 F 测验，$F=45.636>F_{0.01(2,20)}=5.85$，Sig. $=0.000<0.01$，说明矫正后肥料间苹果的产量存在极显著差异，见表 15-62，与表 14-5 的结果相对应。

(4) 由表 15-63 可知，x 与 y 的回归系数 $b_e=1.152$，其回归模型为：$\hat{y}=2.013+1.152x$、$t=17.897$、Sig. $=0.000<0.01$，说明 y 与 x 存在极显著的回归关系。t 测验结果与 F 测验结果相同。

(5) 表 15-64 给出了矫正平均值 $\bar{y}_i'$，表 15-65 给出了利用 t 测验法对矫正平均数进行的多重比较结果(0.05 显著水平)。

表 15-61　描述性统计量

因变量：y

肥料	均值	标准偏差	N
1.00	58.3750	6.47936	8
2.00	61.7500	5.65054	8
3.00	61.7500	6.69221	8
总计	60.6250	6.22626	24

表 15-62　主体间效应的检验(协方差分析)

因变量：y

源	III 型平方和	df	均方	F	Sig.
校正模型	842.795[a]	3	280.932	115.064	.000
截距	.547	1	.547	.224	.641
x	782.045	1	782.045	320.310	.000
肥料	222.841	2	111.420	45.636	.000
误差	48.830	20	2.442		
总计	89101.000	24			
校正的总计	891.625	23			

a. R 方＝0.945(调整 R 方＝0.937)。

表 15-63　参数估计

因变量：y

参数	B	标准误差	t	Sig.	95%置信区间	
					下限	上限
截距	2.013	3.383	.595	.558	−5.044	9.071
x	1.152	.064	17.897	.000	1.017	1.286
[肥料=1.00]	−2.223	.784	−2.836	.010	−3.859	−.588
[肥料=2.00]	−8.781	.923	−9.518	.000	−10.705	−6.856
[肥料=3.00]	0[a]	.	.	.	.	.

a. 此参数为冗余参数，将被设为 0。

表 15-64　估计

因变量：y

肥料	均值	标准误差	95%置信区间	
			下限	上限
1.00	62.070[a]	.590	60.839	63.300
2.00	55.512[a]	.653	54.150	56.875
3.00	64.293[a]	.570	63.103	65.483

a. 模型中出现的协变量在下列值处进行评估：x=54.0833。

表 15-65　成对比较

因变量：y

(I)肥料	(J)肥料	均值差值(I−J)	标准误差	Sig.[a]	差分的 95%置信区间[a]	
					下限	上限
1.00	2.00	6.557*	.958	.000	4.558	8.556
	3.00	−2.223*	.784	.010	−3.859	−.588
2.00	1.00	−6.557*	.958	.000	−8.556	−4.558
	3.00	−8.781*	.923	.000	−10.705	−6.856
3.00	1.00	2.223*	.784	.010	.588	3.859
	2.00	8.781*	.923	.000	6.856	10.705

基于估算边际均值。

*. 均值差值在 0.05 级别上较显著。

a. 对多个比较的调整：最不显著差别(相当于未作调整)。

(二) 对 x 和 y 的方差分析

数据文件调用 L15-24.sav。

1. 对 x 变量的方差分析

在单变量主对话框中，将数据变量“y”选入因变量(Dependent Variable)框，将分组变量“肥料”选入固定因子(Fixed Factor)框。其他操作同单因素方差分析。

输出结果见表 15-66，此结果与表 14-4 相对应。

表 15-66　主体间效应的检验

因变量：x

源	III 型平方和	df	均方	F	Sig.
校正模型	356.083[a]	2	178.042	6.340	.007
截距	70200.167	1	70200.167	2499.709	.000
肥料	356.083	2	178.042	6.340	.007
误差	589.750	21	28.083		
总计	71146.000	24			
校正的总计	945.833	23			

a. R 方=.376(调整 R 方=.317)。

2. 对 *y* 变量的方差分析

在单变量主对话框中，将数据变量“*x*”选入因变量(Dependent Variable)框，将分组变量“肥料”选入固定因子(Fixed Factor)框。其他操作同单因素方差分析。

输出结果见表 15-67，此结果与表 14-4 相对应。

表 15-67　主体间效应的检验

因变量：y

源	III 型平方和	df	均方	F	Sig.
校正模型	60.750[a]	2	30.375	.768	.477
截距	88209.375	1	88209.375	2229.453	.000
肥料	60.750	2	30.375	.768	.477
误差	830.875	21	39.565		
总计	89101.000	24			
校正的总计	891.625	23			

a. R 方=.068(调整 R 方=−.021)。

二、随机区组设计资料的协方差分析

【例 15-28】 引用【例 14-2】表 14-7 所示资料的数据进行协方差分析。

1. 建立数据文件

定义分组变量名为“品种”，取值 1～5；“区组”，取值 1～4。数据变量名为“*x*(株数)”、“*y*(产量)”，数据 4 列 20 行。文件名为 L15-25. sav。

2. 操作步骤

选择【分析(Analyze)】→【一般线性模型(General Linear Model)】→【单变量(Univariate)】，打开单变量(Univariate)主对话框，参见图 15-24。

(1) 将数据变量“*y*”选入因变量(Dependent Variable)框，将“肥料”和“区组”选入固定因子(Fixed Factor)框，将“*x*”选入协变量(Covariate)框。

(2) 单击【模型(Model)】按钮，打开模型(Model)对话框，参见图 15-27。在指定模型框中选择设定(Custom)，将因子与协变量(Factors & Covariates)列表中的变量“*x*”、“区组”

和“品种”依次选入模型(Model)列表中。完成本对话框的操作后，单击【继续(Continue)】按钮，回到主对话框。其他操作同【例 15-26】完全随机设计资料的协方差分析。

(3) 单击【确定(OK)】按钮，执行。

3. 结果输出

主体间效应的检验结果见表 15-68，此表与表 14-10 相对应。其他输出结果与前相似，略。

表 15-68　主体间效应的检验

因变量：y

源	III 型平方和	df	均方	F	Sig.
校正模型	2003.155[a]	8	250.394	57.810	.000
截距	17.271	1	17.271	3.987	.071
x	220.355	1	220.355	50.874	.000
区组	4.966	3	1.655	.382	.768
品种	1561.447	4	390.362	90.125	.000
误差	47.645	11	4.331		
总计	19574.000	20			
校正的总计	2050.800	19			

a. R 方=.977(调整 R 方=.960)。

参考文献

陈平雁，黄浙明. 2000. SPSS 8.0 统计软件应用教程. 北京：人民军医出版社
邓维斌，唐兴艳，胡大权，等. 2012. SPSS19 统计分析实用教程. 北京：电子工业出版社
杜荣骞. 2004a. 生物统计学. 北京：中国农业出版社
杜荣骞. 2004b. 生物统计学题解及练习. 北京：高等教育出版社
范福仁. 1982. 生物统计学. 南京：江苏科学技术出版社
范濂. 1983. 农业试验统计方法. 郑州：河南科学技术出版社
方萍，何延. 2003. 试验设计与统计. 杭州：浙江大学出版社
盖钧镒. 2000. 试验统计方法. 北京：中国农业出版社
洪楠. 2000. SPSS for Windows 统计分析教程. 北京：电子工业出版社
李春喜，邵云，姜丽娜. 2008. 生物统计学. 第四版. 北京：科学出版社
李志辉. 2010. PASW/SPSS Statistics 中文版统计分析教程. 第三版. 北京：电子工业出版社
梁保松. 2004. 概率论与数理统计. 北京：中国农业出版社
刘德金，肖承和. 2005. 农业试验设计与分析. 北京：中国农业科学技术出版社
卢纹岱. 2000. SPSS for Windows 统计分析. 北京：电子工业出版社
马斌荣. 2011. 医学统计学. 第五版. 北京：人民卫生出版社
马育华. 1982. 试验统计. 北京：农业出版社
马育华. 1985. 田间试验和统计方法. 第二版. 北京：农业出版社
梅长林，范金城. 2007. 数据分析方法. 北京：高等教育出版社
明道绪. 2001. 生物统计附试验设计. 第三版. 北京：中国农业出版社
明道绪. 2005. 田间试验与统计分析. 北京：科学出版社
莫惠栋. 1984. 农业试验统计. 上海：上海科学技术出版社
南京农业大学. 1987. 田间试验和统计方法. 第二版. 北京：农业出版社
王宝山. 2002. 田间试验与统计方法. 北京：中国农业出版社
王静龙，梁小筠. 2006. 非参数统计分析. 北京：高等教育出版社
王钦德，杨坚. 2003. 试验设计与统计分析. 北京：中国农业大学出版社
吴坚，张录达. 2009. 概率论与数理统计. 北京：中国农业大学出版社
徐中儒. 1998. 回归分析与试验设计. 北京：中国农业出版社
袁荫棠. 1990. 概率论与数理统计. 第二版. 北京：中国人民大学出版社
袁志发，周静. 2002. 多元统计分析. 北京：科学出版社
张勤，张启能. 2002. 生物统计学，北京：中国农业大学出版社
张庆利，等. 2011. SPSS 宝典. 第二版. 北京：电子工业出版社
章文波，陈红艳. 2007. 实用数据统计分析及 SPSS 12.0 应用. 北京：人民邮电出版社
赵惠燕. 2010. 昆虫研究方法. 北京：科学出版社
钟晓鸣，万小笠. 2009. Excel 在统计分析中的应用. 北京：科学出版社
周富臣，王生辉，易英，等. 2006. 常用数理统计方法及应用实例. 北京：中国计量出版社
朱明哲. 1992. 田间试验及统计分析. 北京：农业出版社
Dean A，Voss D. 1999. Design and Analysis of Experiments. New York：Springer-Verlag Inc

France J，Thornrch J H M. 1991. Mathematical Mldels in Agriculture A Quantitative Approach to Problems in Agriculture and Related Sciences. 金之庆，高亮之译. 农业中的数学模型——农业及与之有关科学若干问题的数量研究. 北京：农业出版社

Moore D S. 2003. Concepts and Controversies. Fifth edition. 郑惟厚译. 统计学的世界. 北京：中信出版社

Ryan T P. 2007. Modern Experimental Design. Hoboken，New Jersey：John Wiley & Sons Inc

附　　表

附表 1　随机数字表

75927	26262	82121	99277	14661	38836	12222	66155	99162	91862	59551
95926	81616	67575	43724	93827	96351	96832	66492	12724	22358	14456
38878	47679	85674	43673	17254	19737	96996	15322	93899	54526	96857
31337	36145	34953	17887	61632	36947	91539	99683	13931	72538	85827
66663	66324	41622	95851	12736	24768	49682	84177	84348	23784	64933
72568	93572	25255	71544	97966	27837	34631	36385	64348	29684	15828
94977	68684	15878	41892	16185	45912	62634	33553	37493	71673	72383
66492	21941	89112	26313	68878	93521	49811	24534	35552	42158	77665
84722	83915	97984	21738	94935	88594	35622	43572	99349	46186	23644
87655	84932	88651	26455	68847	26535	22262	33196	32758	79514	51993
25859	37457	98265	52588	45174	72131	58449	82879	71186	59146	32866
56412	59874	23765	59954	21685	36823	58271	52779	62722	65919	41493
56178	87268	33783	91898	13138	89549	16457	21829	94869	94885	45141
37429	52594	73188	63759	23844	38765	69712	56687	22847	35236	66286
53537	96443	71918	28326	38917	12469	34554	93735	16982	83458	26568
89981	96245	26562	49236	87534	33455	81693	61315	43455	11259	22624
51273	34755	22998	36945	11726	65485	67857	23376	89383	57748	86995
63561	95546	59532	13965	14297	67872	21576	99755	89184	67112	37931
19996	84264	34956	43178	68169	29646	39172	31442	86324	39875	33257
65216	35897	64335	55393	13224	42687	82914	43992	96418	67155	59267
52716	94495	26191	15514	34912	98247	57581	77471	11735	91181	96332
12264	69621	67216	49665	65825	44653	94526	67475	19861	55784	54563
95484	96473	44529	55915	49482	74237	84427	96795	17596	83476	97837
77172	35479	27483	72546	39667	91824	71274	51553	38885	72576	59983
42811	42511	36897	92318	42874	14183	24479	58245	89182	52311	41671
92757	97484	77717	66774	54975	74671	14899	87564	31522	24951	91689
41787	74467	47116	35926	48783	39614	22312	28448	81814	68965	66492
94173	72535	96175	93653	51317	61718	31641	38365	83166	79524	78964
46812	89484	97593	61392	89897	58449	47541	92693	91287	67188	86766
95352	23817	68941	76226	88217	12847	86989	61724	46791	33695	86116
87267	84456	84259	69495	26785	55354	71956	24526	43975	89732	79874
98353	19646	78565	93231	91179	92392	52494	69369	94186	83483	85642
52262	17519	92279	91262	56593	42115	64725	82619	75479	22881	59235
41589	62489	46149	46293	94635	29168	37996	69486	87878	51839	65387
75465	56796	76278	99936	33896	94831	76267	41874	15633	39564	99533
35243	17253	11514	84258	75862	72953	67518	67553	99691	63443	53324
32933	89824	11256	68194	34325	83657	46585	33931	93625	63755	33923
33667	85431	91853	45486	38823	66771	13371	88463	31117	31493	47739

附表 2　标准正态分布累积函数 $F(u)$ 值表

u	-0.09	-0.08	-0.07	-0.06	-0.05	-0.04	-0.03	-0.02	-0.01	-0.00
-3.0	0.00100	0.00104	0.00107	0.00111	0.00114	0.00118	0.00122	0.00126	0.00131	0.00135
-2.9	0.00139	0.00144	0.00149	0.00154	0.00159	0.00164	0.00169	0.00175	0.00181	0.00187
-2.8	0.00193	0.00199	0.00205	0.00212	0.00219	0.00226	0.00233	0.00240	0.00248	0.00256
-2.7	0.00264	0.00272	0.00280	0.00289	0.00298	0.00307	0.00317	0.00326	0.00336	0.00347
-2.6	0.00357	0.00368	0.00379	0.00391	0.00402	0.00415	0.00427	0.00440	0.00453	0.00466
-2.5	0.00480	0.00494	0.00508	0.00523	0.00539	0.00554	0.00570	0.00587	0.00604	0.00621
-2.4	0.00639	0.00657	0.00676	0.00695	0.00714	0.00734	0.00755	0.00776	0.00798	0.00820
-2.3	0.00842	0.00866	0.00889	0.00914	0.00939	0.00964	0.00990	0.01017	0.01044	0.01072
-2.2	0.01101	0.01130	0.01160	0.01191	0.01222	0.01255	0.01287	0.01321	0.01355	0.01390
-2.1	0.01426	0.01463	0.01500	0.01539	0.01578	0.01618	0.01659	0.01700	0.01743	0.01786
-2.0	0.01831	0.01876	0.01923	0.01970	0.02018	0.02068	0.02118	0.02169	0.02222	0.02275
-1.9	0.02330	0.02385	0.02442	0.02500	0.02559	0.02619	0.02680	0.02743	0.02807	0.02872
-1.8	0.02938	0.03005	0.03074	0.03144	0.03216	0.03288	0.03362	0.03438	0.03515	0.03593
-1.7	0.03673	0.03754	0.03836	0.03920	0.04006	0.04093	0.04182	0.04272	0.04363	0.04457
-1.6	0.04551	0.04648	0.04746	0.04846	0.04947	0.05050	0.05155	0.05262	0.05370	0.05480
-1.5	0.05592	0.05705	0.05821	0.05938	0.06057	0.06178	0.06301	0.06426	0.06552	0.06681
-1.4	0.06811	0.06944	0.07078	0.07215	0.07353	0.07493	0.07636	0.07780	0.07927	0.08076
-1.3	0.08226	0.08379	0.08534	0.08691	0.08851	0.09012	0.09176	0.09342	0.09510	0.09680
-1.2	0.09853	0.10027	0.10204	0.10383	0.10565	0.10749	0.10935	0.11123	0.11314	0.11507
-1.1	0.11702	0.11900	0.12100	0.12302	0.12507	0.12714	0.12924	0.13136	0.13350	0.13567
-1.0	0.13786	0.14007	0.14231	0.14457	0.14686	0.14917	0.15151	0.15386	0.15625	0.15866
-0.9	0.16109	0.16354	0.16602	0.16853	0.17106	0.17361	0.17619	0.17879	0.18141	0.18406
-0.8	0.18673	0.18943	0.19215	0.19489	0.19766	0.20045	0.20327	0.20611	0.20897	0.21186
-0.7	0.21476	0.21770	0.22065	0.22363	0.22663	0.22965	0.23270	0.23576	0.23885	0.24196
-0.6	0.24510	0.24825	0.25143	0.25463	0.25785	0.26109	0.26435	0.26763	0.27093	0.27425
-0.5	0.27760	0.28096	0.28434	0.28774	0.29116	0.29460	0.29806	0.30153	0.30503	0.30854
-0.4	0.31207	0.31561	0.31918	0.32276	0.32636	0.32997	0.33360	0.33724	0.34090	0.34458
-0.3	0.34827	0.35197	0.35569	0.35942	0.36317	0.36693	0.37070	0.37448	0.37828	0.38209
-0.2	0.38591	0.38974	0.39358	0.39743	0.40129	0.40517	0.40905	0.41294	0.41683	0.42074
-0.1	0.42465	0.42858	0.43251	0.43644	0.44038	0.44433	0.44828	0.45224	0.45620	0.46017
-0.0	0.46414	0.46812	0.47210	0.47608	0.48006	0.48405	0.48803	0.49202	0.49601	0.50000

续表

u	0.00	0.01	0.02	0.03	0.04	0.05	0.06	0.07	0.08	0.09
0.0	0.50000	0.50399	0.50798	0.51197	0.51595	0.51994	0.52392	0.52790	0.53188	0.53586
0.1	0.53983	0.54380	0.54776	0.55172	0.55567	0.55962	0.56356	0.56749	0.57142	0.57535
0.2	0.57926	0.58317	0.58706	0.59095	0.59483	0.59871	0.60257	0.60642	0.61026	0.61409
0.3	0.61791	0.62172	0.62552	0.62930	0.63307	0.63683	0.64058	0.64431	0.64803	0.65173
0.4	0.65542	0.65910	0.66276	0.66640	0.67003	0.67364	0.67724	0.68082	0.68439	0.68793
0.5	0.69146	0.69497	0.69847	0.70194	0.70540	0.70884	0.71226	0.71566	0.71904	0.72240
0.6	0.72575	0.72907	0.73237	0.73565	0.73891	0.74215	0.74537	0.74857	0.75175	0.75490
0.7	0.75804	0.76115	0.76424	0.76730	0.77035	0.77337	0.77637	0.77935	0.78230	0.78524
0.8	0.78814	0.79103	0.79389	0.79673	0.79955	0.80234	0.80511	0.80785	0.81057	0.81327
0.9	0.81594	0.81859	0.82121	0.82381	0.82639	0.82894	0.83147	0.83398	0.83646	0.83891
1.0	0.84134	0.84375	0.84614	0.84849	0.85083	0.85314	0.85543	0.85769	0.85993	0.86214
1.1	0.86433	0.86650	0.86864	0.87076	0.87286	0.87493	0.87698	0.87900	0.88100	0.88298
1.2	0.88493	0.88686	0.88877	0.89065	0.89251	0.89435	0.89617	0.89796	0.89973	0.90147
1.3	0.90320	0.90490	0.90658	0.90824	0.90988	0.91149	0.91309	0.91466	0.91621	0.91774
1.4	0.91924	0.92073	0.92220	0.92364	0.92507	0.92647	0.92785	0.92922	0.93056	0.93189
1.5	0.93319	0.93448	0.93574	0.93699	0.93822	0.93943	0.94062	0.94179	0.94295	0.94408
1.6	0.94520	0.94630	0.94738	0.94845	0.94950	0.95053	0.95154	0.91254	0.95352	0.95449
1.7	0.95543	0.95637	0.95728	0.95818	0.95907	0.95994	0.96080	0.96164	0.96246	0.96327
1.8	0.96407	0.96485	0.96562	0.96638	0.96712	0.96784	0.96856	0.96926	0.96995	0.97062
1.9	0.97128	0.97193	0.97257	0.97320	0.97381	0.97441	0.97500	0.97558	0.97615	0.97670
2.0	0.97725	0.97778	0.97831	0.97882	0.97932	0.97982	0.98030	0.98077	0.98124	0.98169
2.1	0.98214	0.98257	0.98300	0.98341	0.98382	0.98422	0.98461	0.98500	0.98537	0.98574
2.2	0.98610	0.98645	0.98679	0.98713	0.98745	0.98778	0.98809	0.98840	0.98870	0.98899
2.3	0.98928	0.98956	0.98983	0.99010	0.99036	0.99061	0.99086	0.99111	0.99134	0.99158
2.4	0.99180	0.99202	0.99224	0.99245	0.99266	0.99286	0.99305	0.99324	0.99343	0.99361
2.5	0.99379	0.99396	0.99413	0.99430	0.99446	0.99461	0.99477	0.99492	0.99506	0.99520
2.6	0.99534	0.99547	0.99560	0.99573	0.99585	0.99598	0.99609	0.99621	0.99632	0.99643
2.7	0.99653	0.99664	0.99674	0.99683	0.99693	0.99702	0.99711	0.99720	0.99728	0.99736
2.8	0.99744	0.99752	0.99760	0.99767	0.99774	0.99781	0.99788	0.99795	0.99801	0.99807
2.9	0.99813	0.99819	0.99825	0.99831	0.99836	0.99841	0.99846	0.99851	0.99856	0.99861
3.0	0.99865	0.99869	0.99874	0.99878	0.99882	0.99886	0.99889	0.99893	0.99896	0.99900

附表 3　正态离差 u 值表(两尾)

α	0.01	0.02	0.03	0.04	0.05	0.06	0.07	0.08	0.09	0.10
0.00	2.575829	2.326348	2.170090	2.053749	1.959964	1.880794	1.811911	1.750686	1.695398	1.644854
0.10	1.598193	1.554774	1.514102	1.475791	1.439531	1.405072	1.372204	1.340755	1.310579	1.281552
0.20	1.253565	1.226528	1.200359	1.174987	1.150349	1.126391	1.103063	1.080319	1.058122	1.036433
0.30	1.015222	0.994458	0.974114	0.954165	0.934589	0.915365	0.896473	0.877896	0.859617	0.841621
0.40	0.823894	0.806421	0.789192	0.772193	0.755415	0.738847	0.722479	0.706303	0.690309	0.674490
0.50	0.658838	0.643345	0.628006	0.612813	0.597760	0.582842	0.568051	0.553385	0.538836	0.524401
0.60	0.510073	0.495850	0.481727	0.467699	0.453762	0.439913	0.426148	0.412463	0.398855	0.385320
0.70	0.371856	0.358459	0.345126	0.331853	0.318639	0.305481	0.292375	0.279319	0.266311	0.253347
0.80	0.240426	0.227545	0.214702	0.201893	0.189118	0.176374	0.163658	0.150969	0.138304	0.125661
0.90	0.113039	0.100434	0.087845	0.075270	0.062707	0.050154	0.037608	0.025069	0.012533	0.000000

附表 4 *t* 值表(两尾)

自由度	概率值								
ν	0.500	0.400	0.200	0.100	0.050	0.025	0.010	0.005	0.001
1	1.000	1.376	3.078	6.314	12.706	25.452	63.657	127.321	636.619
2	0.816	1.061	1.886	2.920	4.303	6.205	9.925	14.089	31.599
3	0.765	0.978	1.638	2.353	3.182	4.177	5.841	7.453	12.924
4	0.741	0.941	1.533	2.132	2.776	3.495	4.604	5.598	8.610
5	0.727	0.920	1.476	2.015	2.571	3.163	4.032	4.773	6.869
6	0.718	0.906	1.440	1.943	2.447	2.969	3.707	4.317	5.959
7	0.711	0.896	1.415	1.895	2.365	2.841	3.499	4.029	5.408
8	0.706	0.889	1.397	1.860	2.306	2.752	3.355	3.833	5.041
9	0.703	0.883	1.383	1.833	2.262	2.685	3.250	3.690	4.781
10	0.700	0.879	1.372	1.812	2.228	2.634	3.169	3.581	4.587
11	0.697	0.876	1.363	1.796	2.201	2.593	3.106	3.497	4.437
12	0.695	0.873	1.356	1.782	2.179	2.560	3.055	3.428	4.318
13	0.694	0.870	1.350	1.771	2.160	2.533	3.012	3.372	4.221
14	0.692	0.868	1.345	1.761	2.145	2.510	2.977	3.326	4.140
15	0.691	0.866	1.341	1.753	2.131	2.490	2.947	3.286	4.073
16	0.690	0.865	1.337	1.746	2.120	2.473	2.921	3.252	4.015
17	0.689	0.863	1.333	1.740	2.110	2.458	2.898	3.222	3.965
18	0.688	0.862	1.330	1.734	2.101	2.445	2.878	3.197	3.922
19	0.688	0.861	1.328	1.729	2.093	2.433	2.861	3.174	3.883
20	0.687	0.860	1.325	1.725	2.086	2.423	2.845	3.153	3.850
21	0.686	0.850	1.323	1.721	2.080	2.414	2.831	3.135	3.819
22	0.686	0.858	1.321	1.717	2.074	2.405	2.819	3.119	3.792
23	0.685	0.858	1.319	1.714	2.069	2.398	2.807	3.104	3.768
24	0.685	0.857	1.318	1.711	2.064	2.391	2.797	3.091	3.745
25	0.684	0.856	1.316	1.708	2.060	2.385	2.787	3.078	3.725
26	0.684	0.856	1.315	1.706	2.056	2.379	2.779	3.067	3.707
27	0.684	0.855	1.314	1.703	2.052	2.373	2.771	3.057	3.690
28	0.683	0.855	1.313	1.701	2.048	2.368	2.763	3.047	3.674
29	0.683	0.854	1.311	1.699	2.045	2.364	2.756	3.038	3.659
30	0.683	0.854	1.310	1.697	2.042	2.360	2.750	3.030	3.646
35	0.682	0.852	1.306	1.690	2.030	2.342	2.724	2.996	3.591
40	0.681	0.851	1.303	1.684	2.021	2.329	2.704	2.971	3.551
45	0.680	0.850	1.301	1.679	2.014	2.319	2.690	2.952	3.520
50	0.679	0.849	1.299	1.676	2.009	2.311	2.678	2.937	3.496
55	0.679	0.848	1.297	1.673	2.004	2.304	2.668	2.925	3.476
60	0.790	0.848	1.296	1.671	2.000	2.299	2.660	2.915	3.460
70	0.678	0.847	1.294	1.667	1.994	2.291	2.648	2.899	3.435
80	0.678	0.846	1.292	1.664	1.990	2.284	2.639	2.887	3.416
90	0.677	0.846	1.291	1.662	1.987	2.280	2.632	2.878	3.402
100	0.677	0.845	1.290	1.660	1.984	2.276	2.626	2.871	3.390
∞	0.6745	0.8416	1.2816	1.6448	1.9600	2.2414	2.5758	2.8070	3.2905

附表 5 5%(上)和 1%(下)点 F 值表

ν_2	ν_1											
	1	2	3	4	5	6	7	8	9	10	11	12
1	161.45	199.50	215.71	224.58	230.16	233.99	236.77	238.88	240.54	241.88	242.98	243.91
	4052.18	4999.50	5403.35	5624.58	5763.65	5858.99	5928.36	5981.07	6022.47	6055.85	6083.32	6106.32
2	18.51	19.00	19.16	19.25	19.30	19.33	19.35	19.37	19.38	19.40	19.40	19.41
	98.50	99.00	99.17	99.25	99.30	99.33	99.36	99.37	99.39	99.40	99.41	99.42
3	10.13	9.55	9.28	9.12	9.01	8.94	8.89	8.85	8.81	8.79	8.76	8.74
	34.12	30.82	29.46	28.71	28.24	27.91	27.67	27.49	27.35	27.23	27.13	27.05
4	7.71	6.94	6.59	6.39	6.26	6.16	6.09	6.04	6.00	5.96	5.94	5.91
	21.20	18.00	16.69	15.98	15.52	15.21	14.98	14.80	14.66	14.55	14.45	14.37
5	6.61	5.79	5.41	5.19	5.05	4.95	4.88	4.82	4.77	4.74	4.70	4.68
	16.26	13.27	12.06	11.39	10.97	10.67	10.46	10.29	10.16	10.05	9.96	9.89
6	5.99	5.14	4.76	4.53	4.39	4.28	4.21	4.15	4.10	4.06	4.03	4.00
	13.75	10.92	9.78	9.15	8.75	8.47	8.26	8.10	7.98	7.87	7.79	7.72
7	5.59	4.74	4.35	4.12	3.97	3.87	3.79	3.73	3.68	3.64	3.60	3.57
	12.25	9.55	8.45	7.85	7.46	7.19	6.99	6.84	6.72	6.62	6.54	6.47
8	5.32	4.46	4.07	3.84	3.69	3.58	3.50	3.44	3.39	3.35	3.31	3.28
	11.26	8.65	7.59	7.01	6.63	6.37	6.18	6.03	5.91	5.81	5.73	5.67
9	5.12	4.26	3.86	3.63	3.48	3.37	3.29	3.23	3.18	3.14	3.10	3.07
	10.56	8.02	6.99	6.42	6.06	5.80	5.61	5.47	5.35	5.26	5.18	5.11
10	4.96	4.10	3.71	3.48	3.33	3.22	3.14	3.07	3.02	2.98	2.94	2.91
	10.04	7.56	6.55	5.99	5.64	5.39	5.20	5.06	4.94	4.85	4.77	4.71
11	4.84	3.98	3.59	3.36	3.20	3.09	3.01	2.95	2.90	2.85	2.82	2.79
	9.65	7.21	6.22	5.67	5.32	5.07	4.89	4.74	4.63	4.54	4.46	4.40
12	4.75	3.89	3.49	3.26	3.11	3.00	2.91	2.85	2.80	2.75	2.72	2.69
	9.33	6.93	5.95	5.41	5.06	4.82	4.64	4.50	4.39	4.30	4.22	4.16
13	4.67	3.81	3.41	3.18	3.03	2.92	2.83	2.77	2.71	2.67	2.63	2.60
	9.07	6.70	5.74	5.21	4.86	4.62	4.44	4.30	4.19	4.10	4.02	3.96
14	4.60	3.74	3.34	3.11	2.96	2.85	2.76	2.70	2.65	2.60	2.57	2.53
	8.86	6.51	5.56	5.04	4.69	4.46	4.28	4.14	4.03	3.94	3.86	3.80
15	4.54	3.68	3.29	3.06	2.90	2.79	2.71	2.64	2.59	2.54	2.51	2.48
	8.68	6.36	5.42	4.89	4.56	4.32	4.14	4.00	3.89	3.80	3.73	3.67
16	4.49	3.63	3.24	3.01	2.85	2.74	2.66	2.59	2.54	2.49	2.46	2.42
	8.53	6.23	5.29	4.77	4.44	4.20	4.03	3.89	3.78	3.69	3.62	3.55
17	4.45	3.59	3.20	2.96	2.81	2.70	2.61	2.55	2.49	2.45	2.41	2.38
	8.40	6.11	5.18	4.67	4.34	4.10	3.93	3.79	3.68	3.59	3.52	3.46

续表

ν_2	ν_1											
	1	2	3	4	5	6	7	8	9	10	11	12
18	4.41	3.55	3.16	2.93	2.77	2.66	2.58	2.51	2.46	2.41	2.37	2.34
	8.29	6.01	5.09	4.58	4.25	4.01	3.84	3.71	3.60	3.51	3.43	3.37
19	4.38	3.52	3.13	2.90	2.74	2.63	2.54	2.48	2.42	2.38	2.34	2.31
	8.18	5.93	5.01	4.50	4.17	3.94	3.77	3.63	3.52	3.43	3.36	3.30
20	4.35	3.49	3.10	2.87	2.71	2.60	2.51	2.45	2.39	2.35	2.31	2.28
	8.10	5.85	4.94	4.43	4.10	3.87	3.70	3.56	3.46	3.37	3.29	3.23
21	4.32	3.47	3.07	2.84	2.68	2.57	2.49	2.42	2.37	2.32	2.28	2.25
	8.02	5.78	4.87	4.37	4.04	3.81	3.64	3.51	3.40	3.31	3.24	3.17
22	4.30	3.44	3.05	2.82	2.66	2.55	2.46	2.40	2.34	2.30	2.26	2.23
	7.95	5.72	4.82	4.31	3.99	3.76	3.59	3.45	3.35	3.26	3.18	3.12
23	4.28	3.42	3.03	2.80	2.64	2.53	2.44	2.37	2.32	2.27	2.24	2.20
	7.88	5.66	4.76	4.26	3.94	3.71	3.54	3.41	3.30	3.21	3.14	3.07
24	4.26	3.40	3.01	2.78	2.62	2.51	2.42	2.36	2.30	2.25	2.22	2.18
	7.82	5.61	4.72	4.22	3.90	3.67	3.50	3.36	3.26	3.17	3.09	3.03
25	4.24	3.39	2.99	2.76	2.60	2.49	2.40	2.34	2.28	2.24	2.20	2.16
	7.77	5.57	4.68	4.18	3.85	3.63	3.46	3.32	3.22	3.13	3.06	2.99
26	4.23	3.37	2.98	2.74	2.59	2.47	2.39	2.32	2.27	2.22	2.18	2.15
	7.72	5.53	4.64	4.14	3.82	3.59	3.42	3.29	3.18	3.09	3.02	2.96
27	4.21	3.35	2.96	2.73	2.57	2.46	2.37	2.31	2.25	2.20	2.17	2.13
	7.68	5.49	4.60	4.11	3.78	3.56	3.39	3.26	3.15	3.06	2.99	2.93
28	4.20	3.34	2.95	2.71	2.56	2.45	2.36	2.29	2.24	2.19	2.15	2.12
	7.64	5.45	4.57	4.07	3.75	3.53	3.36	3.23	3.12	3.03	2.96	2.90
29	4.18	3.33	2.93	2.70	2.55	2.43	2.35	2.28	2.22	2.18	2.14	2.10
	7.60	5.42	4.54	4.04	3.73	3.50	3.33	3.20	3.09	3.00	2.93	2.87
30	4.17	3.32	2.92	2.69	2.53	2.42	2.33	2.27	2.21	2.16	2.13	2.09
	7.56	5.39	4.51	4.02	3.70	3.47	3.30	3.17	3.07	2.98	2.91	2.84
32	4.15	3.29	2.90	2.67	2.51	2.40	2.31	2.24	2.19	2.14	2.10	2.07
	7.50	5.34	4.46	3.97	3.65	3.43	3.26	3.13	3.02	2.93	2.86	2.80
34	4.13	3.28	2.88	2.65	2.41	2.38	2.29	2.23	2.17	2.12	2.08	2.05
	7.44	5.29	4.42	3.93	3.61	3.39	3.22	3.09	2.98	2.89	2.82	2.76
36	4.11	3.26	2.87	2.63	2.48	2.36	2.28	2.21	2.15	2.11	2.07	2.03
	7.40	5.25	4.38	3.89	3.57	3.35	3.18	3.05	2.95	2.86	2.79	2.72
38	4.10	3.24	2.85	2.62	2.46	2.35	2.26	2.19	2.14	2.09	2.05	2.02
	7.35	5.21	4.34	3.86	3.54	3.32	3.15	3.02	2.92	2.83	2.75	2.69
40	4.08	3.23	2.84	2.61	2.45	2.34	2.25	2.18	2.12	2.08	2.04	2.00
	7.31	5.18	4.31	3.83	3.51	3.29	3.12	2.99	2.89	2.80	2.73	2.66
42	4.07	3.22	2.83	2.59	2.44	2.32	2.24	2.17	2.11	2.06	2.03	1.99
	7.28	5.15	4.29	3.80	3.49	3.27	3.10	2.97	2.86	2.78	2.70	2.64

续表

ν_2	ν_1											
	1	2	3	4	5	6	7	8	9	10	11	12
44	4.06	3.21	2.82	2.58	2.43	2.31	2.23	2.16	2.10	2.05	2.01	1.98
	7.25	5.12	4.26	3.78	3.47	3.24	3.08	2.95	2.84	2.75	2.68	2.62
46	4.05	3.20	2.81	2.57	2.42	2.30	2.22	2.15	2.09	2.04	2.00	1.97
	7.22	5.10	4.24	3.76	3.44	3.22	3.06	2.93	2.82	2.73	2.66	2.60
48	4.04	3.19	2.80	2.57	2.41	2.29	2.21	2.14	2.08	2.03	1.99	1.96
	7.19	5.08	4.22	3.74	3.43	3.20	3.04	2.91	2.80	2.71	2.64	2.58
50	4.03	3.18	2.79	2.56	2.40	2.29	2.20	2.13	2.07	2.03	1.99	1.95
	7.17	5.06	4.20	3.72	3.41	3.19	3.02	2.89	2.78	2.70	2.63	2.56
55	4.02	3.16	2.77	2.54	2.38	2.27	2.18	2.11	2.06	2.01	1.97	1.93
	7.12	5.01	4.16	3.68	3.37	3.15	2.98	2.85	2.75	2.66	2.59	2.53
60	4.00	3.15	2.76	2.53	2.37	2.25	2.17	2.10	2.04	1.99	1.95	1.92
	7.08	4.98	4.13	3.65	3.34	3.12	2.95	2.82	2.72	2.63	2.56	2.50
65	3.99	3.14	2.75	2.51	2.36	2.24	2.15	2.08	2.03	1.98	1.94	1.90
	7.04	4.95	4.10	3.62	3.31	3.09	2.93	2.80	2.69	2.61	2.53	2.47
70	3.98	3.13	2.74	2.50	2.35	2.23	2.14	2.07	2.02	1.97	1.93	1.89
	7.01	4.92	4.07	3.60	3.29	3.07	2.91	2.78	2.67	2.59	2.51	2.45
80	3.96	3.11	2.72	2.49	2.33	2.21	2.13	2.06	2.00	1.95	1.91	1.88
	6.96	4.88	4.04	3.56	3.26	3.04	2.87	2.74	2.64	2.55	2.48	2.42
100	3.94	3.09	2.70	2.46	2.31	2.19	2.10	2.03	1.97	1.93	1.89	1.85
	6.90	4.82	3.98	3.51	3.21	2.99	2.82	2.69	2.59	2.50	2.43	2.37
125	3.92	3.07	2.68	2.44	2.29	2.17	2.08	2.01	1.96	1.91	1.87	1.83
	6.84	4.78	3.94	3.47	3.17	2.95	2.79	2.66	2.55	2.47	2.39	2.33
150	3.90	3.06	2.66	2.43	2.27	2.16	2.07	2.00	1.94	1.89	1.85	1.82
	6.81	4.75	3.91	3.45	3.14	2.92	2.76	2.63	2.53	2.44	2.37	2.31
200	3.89	3.04	2.65	2.42	2.26	2.14	2.06	1.98	1.93	1.88	1.84	1.80
	6.76	4.71	3.88	3.41	3.11	2.89	2.73	2.60	2.50	2.41	2.34	2.27
400	3.86	3.02	2.63	2.39	2.24	2.12	2.03	1.96	1.90	1.85	1.81	1.78
	6.70	4.66	3.83	3.37	3.06	2.85	2.68	2.56	2.45	2.37	2.29	2.23
1000	3.85	3.00	2.61	2.38	2.22	2.11	2.02	1.95	1.89	1.84	1.80	1.76
	6.66	4.63	3.80	3.34	3.04	2.82	2.66	2.53	2.43	2.34	2.27	2.20
∞	3.84	3.00	2.61	2.37	2.22	2.10	2.01	1.94	1.88	1.83	1.79	1.76
	6.64	4.61	3.79	3.33	3.02	2.81	2.65	2.52	2.41	2.33	2.25	2.19

续表

ν_2	ν_1											
	14	16	20	24	30	40	50	75	100	200	500	2000
1	245.36	246.46	248.01	249.05	250.10	251.14	251.77	252.62	253.04	253.68	254.06	254.19
	6142.67	6170.10	6208.73	6234.63	6260.65	6286.78	6302.52	6323.56	6334.11	6349.97	6359.50	6362.68
2	19.42	19.43	19.45	19.45	19.46	19.47	19.48	19.48	19.49	19.49	19.49	19.49
	99.43	99.44	99.45	99.46	99.47	99.47	99.48	99.49	99.49	99.49	99.50	99.50
3	8.71	8.69	8.66	8.64	8.62	8.59	8.58	8.56	8.55	8.54	8.53	8.53
	26.92	26.83	26.69	26.60	26.50	26.41	26.35	26.28	26.24	26.18	26.15	26.14
4	5.87	5.84	5.80	5.77	5.75	5.72	5.70	5.68	5.66	5.65	5.64	5.63
	14.25	14.15	14.02	13.93	13.84	13.75	13.69	13.61	13.58	13.52	13.49	13.47
5	4.64	4.60	4.56	4.53	4.50	4.46	4.44	4.42	4.41	4.39	4.37	4.37
	9.77	9.68	9.55	9.47	9.38	9.29	9.24	9.17	9.13	9.08	9.04	9.03
6	3.96	3.92	3.87	3.84	3.81	3.77	3.75	3.73	3.71	3.69	3.68	3.67
	7.60	7.52	7.40	7.31	7.23	7.14	7.09	7.02	6.99	6.93	6.90	6.89
7	3.53	3.49	3.44	3.41	3.38	3.34	3.32	3.29	3.27	3.25	3.24	3.23
	6.36	6.28	6.16	6.07	5.99	5.91	5.86	5.79	5.75	5.70	5.67	5.66
8	3.24	3.20	3.15	3.12	3.08	3.04	3.02	2.99	2.97	2.95	2.94	2.93
	5.56	5.48	5.36	5.28	5.20	5.12	5.07	5.00	4.96	4.91	4.88	4.87
9	3.03	2.99	2.94	2.90	2.86	2.83	2.80	2.77	2.76	2.73	2.72	2.71
	5.01	4.92	4.81	4.73	4.65	4.57	4.52	4.45	4.41	4.36	4.33	4.32
10	2.86	2.83	2.77	2.74	2.70	2.66	2.64	2.60	2.59	2.56	2.55	2.54
	4.60	4.52	4.41	4.33	4.25	4.17	4.12	4.05	4.01	3.96	3.93	3.92
11	2.74	2.70	2.65	2.61	2.57	2.53	2.51	2.47	2.46	2.43	2.42	2.41
	4.29	4.21	4.10	4.02	3.94	3.86	3.81	3.74	3.71	3.66	3.62	3.61
12	2.64	2.60	2.54	2.51	2.47	2.43	2.40	2.37	2.35	2.32	2.31	2.30
	4.05	3.97	3.86	3.78	3.70	3.62	3.57	3.50	3.47	3.41	3.38	3.31
13	2.55	2.51	2.46	2.42	2.38	2.34	2.31	2.28	2.26	2.23	2.22	2.21
	3.86	3.78	3.66	3.59	3.51	3.43	3.38	3.31	3.27	3.22	3.19	3.18
14	2.48	2.44	2.39	2.35	2.31	2.27	2.24	2.21	2.19	2.16	2.14	2.14
	3.70	3.62	3.51	3.43	3.35	3.27	3.22	3.15	3.11	3.06	3.03	3.02
15	2.42	2.38	2.33	2.29	2.25	2.20	2.18	2.14	2.12	2.10	2.08	2.07
	3.56	3.49	3.37	3.29	3.21	3.13	3.08	3.01	2.98	2.92	2.89	2.88
16	2.37	2.33	2.28	2.24	2.19	2.15	2.12	2.09	2.07	2.04	2.02	2.02
	3.45	3.37	3.26	3.18	3.10	3.02	2.97	2.90	2.86	2.81	2.78	2.76
17	2.33	2.29	2.23	2.19	2.15	2.10	2.08	2.04	2.02	1.99	1.97	1.97
	3.35	3.27	3.16	3.08	3.00	2.92	2.87	2.80	2.76	2.71	2.68	2.66
18	2.29	2.25	2.19	2.15	2.11	2.06	2.04	2.00	1.98	1.95	1.93	1.92
	3.27	3.19	3.08	3.00	2.92	2.84	2.78	2.71	2.68	2.62	2.59	2.58

续表

ν_2	ν_1											
	14	16	20	24	30	40	50	75	100	200	500	2000
19	2.26	2.21	2.16	2.11	2.07	2.03	2.00	1.96	1.94	1.91	1.89	1.88
	3.19	3.12	3.00	2.92	2.84	2.76	2.71	2.64	2.60	2.55	2.51	2.50
20	2.22	2.18	2.12	2.08	2.04	1.99	1.97	1.93	1.91	1.88	1.86	1.85
	3.13	3.05	2.94	2.86	2.78	2.69	2.64	2.57	2.54	2.48	2.44	2.43
21	2.20	2.16	2.10	2.05	2.01	1.96	1.94	1.90	1.88	1.84	1.83	1.82
	3.07	2.99	2.88	2.80	2.72	2.64	2.58	2.51	2.48	2.42	2.38	2.37
22	2.17	2.13	2.07	2.03	1.98	1.94	1.91	1.87	1.85	1.82	1.80	1.79
	3.02	2.94	2.83	2.75	2.67	2.58	2.53	2.46	2.42	2.36	2.33	2.32
23	2.15	2.11	2.05	2.01	1.96	1.91	1.88	1.84	1.82	1.79	1.77	1.76
	2.97	2.89	2.78	2.70	2.62	2.54	2.48	2.41	2.37	2.32	2.28	2.27
24	2.13	2.09	2.03	1.98	1.94	1.89	1.86	1.82	1.80	1.77	1.75	1.74
	2.93	2.85	2.74	2.66	2.58	2.49	2.44	2.37	2.33	2.27	2.24	2.22
25	2.11	2.07	2.01	1.96	1.92	1.87	1.84	1.80	1.78	1.75	1.73	1.72
	2.89	2.81	2.70	2.62	2.54	2.45	2.40	2.33	2.29	2.23	2.19	2.18
26	2.09	2.05	1.99	1.95	1.90	1.85	1.82	1.78	1.76	1.73	1.71	1.70
	2.86	2.78	2.66	2.58	2.50	2.42	2.36	2.29	2.25	2.19	2.16	2.14
27	2.08	2.04	1.97	1.93	1.88	1.84	1.81	1.76	1.74	1.71	1.69	1.68
	2.82	2.75	2.63	2.55	2.47	2.38	2.33	2.26	2.22	2.16	2.12	2.11
28	2.06	2.02	1.96	1.91	1.87	1.82	1.79	1.75	1.73	1.69	1.67	1.66
	2.79	2.72	2.60	2.52	2.44	2.35	2.30	2.23	2.19	2.13	2.09	2.08
29	2.05	2.01	1.94	1.90	1.85	1.81	1.77	1.73	1.71	1.67	1.65	1.65
	2.77	2.69	2.57	2.49	2.41	2.33	2.27	2.20	2.16	2.10	2.06	2.05
30	2.04	1.99	1.93	1.89	1.84	1.79	1.76	1.72	1.70	1.66	1.64	1.63
	2.74	2.66	2.55	2.47	2.39	2.30	2.25	2.17	2.13	2.07	2.03	2.02
32	2.01	1.97	1.91	1.86	1.82	1.77	1.74	1.69	1.67	1.63	1.61	1.60
	2.70	2.62	2.50	2.42	2.34	2.25	2.20	2.12	2.08	2.02	1.98	1.97
34	1.99	1.95	1.89	1.84	1.80	1.75	1.71	1.67	1.65	1.61	1.59	1.58
	2.66	2.58	2.46	2.38	2.30	2.21	2.16	2.08	2.04	1.98	1.94	1.92
36	1.98	1.93	1.87	1.82	1.78	1.73	1.69	1.65	1.62	1.59	1.56	1.56
	2.62	2.54	2.43	2.35	2.26	2.18	2.12	2.04	2.00	1.94	1.90	1.89
38	1.96	1.92	1.85	1.81	1.76	1.71	1.68	1.63	1.61	1.57	1.54	1.54
	2.59	2.51	2.40	2.32	2.23	2.14	2.09	2.01	1.97	1.90	1.86	1.85
40	1.95	1.90	1.84	1.79	1.74	1.69	1.66	1.61	1.59	1.55	1.53	1.52
	2.56	2.48	2.37	2.29	2.20	2.11	2.06	1.98	1.94	1.87	1.83	1.82
42	1.94	1.89	1.83	1.78	1.73	1.68	1.65	1.60	1.57	1.53	1.51	1.50
	2.54	2.46	2.34	2.26	2.18	2.09	2.03	1.95	1.91	1.85	1.80	1.79

续表

ν_2	ν_1											
	14	16	20	24	30	40	50	75	100	200	500	2000
44	1.92	1.88	1.81	1.77	1.72	1.67	1.63	1.59	1.56	1.52	1.49	1.49
	2.52	2.44	2.32	2.24	2.15	2.07	2.01	1.93	1.89	1.82	1.78	1.76
46	1.91	1.87	1.80	1.76	1.71	1.65	1.62	1.57	1.55	1.51	1.48	1.47
	2.50	2.42	2.30	2.22	2.13	2.04	1.99	1.91	1.86	1.80	1.76	1.74
48	1.90	1.86	1.79	1.75	1.70	1.64	1.61	1.56	1.54	1.49	1.47	1.46
	2.48	2.40	2.28	2.20	2.12	2.02	1.97	1.89	1.84	1.78	1.73	1.72
50	1.89	1.85	1.78	1.74	1.69	1.63	1.60	1.55	1.52	1.48	1.46	1.45
	2.46	2.38	2.27	2.18	2.10	2.01	1.95	1.87	1.82	1.76	1.71	1.70
55	1.88	1.83	1.76	1.72	1.67	1.61	1.58	1.53	1.50	1.46	1.43	1.42
	2.42	2.34	2.23	2.15	2.06	1.97	1.91	1.83	1.78	1.71	1.67	1.65
60	1.86	1.82	1.75	1.70	1.65	1.59	1.56	1.51	1.48	1.44	1.41	1.40
	2.39	2.31	2.20	2.12	2.03	1.94	1.88	1.79	1.75	1.68	1.63	1.62
65	1.85	1.80	1.73	1.69	1.63	1.58	1.54	1.49	1.46	1.42	1.39	1.38
	2.37	2.29	2.17	2.09	2.00	1.91	1.85	1.77	1.72	1.65	1.60	1.59
70	1.84	1.79	1.72	1.67	1.62	1.57	1.53	1.48	1.45	1.40	1.37	1.36
	2.35	2.27	2.15	2.07	1.98	1.89	1.83	1.74	1.70	1.62	1.57	1.56
80	1.82	1.77	1.70	1.65	1.60	1.54	1.51	1.45	1.43	1.38	1.35	1.34
	2.31	2.23	2.12	2.03	1.94	1.85	1.79	1.70	1.65	1.58	1.53	1.51
100	1.79	1.75	1.68	1.63	1.57	1.52	1.48	1.42	1.39	1.34	1.31	1.30
	2.27	2.19	2.07	1.98	1.89	1.80	1.74	1.65	1.60	1.52	1.47	1.45
125	1.77	1.73	1.66	1.60	1.55	1.49	1.45	1.40	1.36	1.31	1.27	1.26
	2.23	2.15	2.03	1.94	1.85	1.76	1.69	1.60	1.55	1.47	1.41	1.39
150	1.76	1.71	1.64	1.59	1.54	1.48	1.44	1.38	1.34	1.29	1.25	1.24
	2.20	2.12	2.00	1.92	1.83	1.73	1.66	1.57	1.52	1.43	1.38	1.35
200	1.74	1.69	1.62	1.57	1.52	1.46	1.41	1.35	1.32	1.26	1.22	1.21
	2.17	2.09	1.97	1.89	1.79	1.69	1.63	1.53	1.48	1.39	1.33	1.30
400	1.72	1.67	1.60	1.54	1.49	1.42	1.38	1.32	1.28	1.22	1.17	1.15
	2.13	2.05	1.92	1.84	1.75	1.64	1.58	1.48	1.42	1.32	1.25	1.22
1000	1.70	1.65	1.58	1.53	1.47	1.41	1.36	1.30	1.26	1.19	1.13	1.11
	2.10	2.02	1.90	1.81	1.72	1.61	1.54	1.44	1.38	1.28	1.19	1.16
∞	1.70	1.65	1.57	1.52	1.46	1.40	1.35	1.29	1.25	1.18	1.12	1.09
	2.09	2.01	1.88	1.80	1.70	1.60	1.53	1.43	1.37	1.26	1.17	1.13

附表 6　q 值表

自由度 ν	显著水平	秩次距(p) 2	3	4	5	6	7	8	9	10	11	12	13	14	15	16	17	18	19	20
1	0.05	17.97	26.98	32.82	37.08	40.41	43.12	45.40	47.36	49.07	50.59	51.96	53.20	54.33	55.36	56.32	57.22	58.04	58.83	59.56
	0.01	90.03	135.0	164.03	185.6	202.2	215.8	227.2	237.0	245.6	253.2	260.0	266.2	271.8	277.0	281.8	286.3	290.4	294.3	298.0
2	0.05	6.08	8.33	9.80	10.88	11.74	12.44	13.03	13.54	13.99	14.39	14.75	15.08	15.38	16.65	15.91	16.14	16.37	16.57	16.77
	0.01	14.04	19.02	22.29	24.72	26.63	28.20	29.53	30.68	31.69	32.59	33.40	34.13	34.81	35.43	36.00	36.53	37.03	37.50	37.95
3	0.05	4.50	5.91	6.82	7.50	8.04	8.48	8.85	9.18	9.46	9.72	9.95	10.15	10.35	10.52	10.69	10.84	10.98	11.11	11.24
	0.01	8.26	10.62	12.17	13.33	14.24	15.00	15.64	16.20	16.69	17.13	17.53	17.89	18.22	18.52	18.81	19.07	19.32	19.55	19.77
4	0.05	3.93	5.04	5.76	6.29	6.71	7.05	7.35	7.60	7.83	8.03	8.21	8.37	8.52	8.66	8.79	8.91	9.03	9.13	9.23
	0.01	6.51	8.12	9.17	9.96	10.58	11.10	11.55	11.93	12.27	12.57	12.84	13.09	13.32	13.53	13.73	13.91	14.08	14.24	14.40
5	0.05	3.64	4.60	5.22	5.67	6.03	6.33	6.58	6.80	6.99	7.17	7.32	7.47	7.60	7.72	7.83	7.93	8.03	8.12	8.21
	0.01	5.70	6.98	7.80	8.42	8.91	9.32	9.67	9.97	10.24	10.48	10.70	10.89	11.08	11.24	11.40	11.55	11.68	11.81	11.93
6	0.05	3.46	4.34	4.90	5.30	5.63	5.90	6.12	6.32	6.49	6.65	6.79	6.92	7.03	7.14	7.24	7.34	7.43	7.51	7.59
	0.01	5.24	6.33	7.03	7.56	7.97	8.32	8.61	8.87	9.10	9.30	9.48	9.65	9.81	9.95	10.08	10.21	10.32	10.43	10.54
7	0.05	3.34	4.16	4.68	5.06	5.36	5.61	5.82	6.00	6.16	6.30	6.43	6.55	6.66	6.76	6.85	6.94	7.02	7.10	7.17
	0.01	4.95	5.92	6.54	7.01	7.37	7.68	7.94	8.17	8.37	8.55	8.71	8.86	9.00	9.12	9.24	9.35	9.46	9.55	9.65
8	0.05	3.26	4.04	4.53	4.89	5.17	5.40	5.60	5.77	5.92	6.05	6.18	6.29	6.39	6.48	6.57	6.65	6.73	6.80	6.87
	0.01	4.74	5.64	6.20	6.62	6.96	7.24	7.47	7.68	7.86	8.03	8.18	8.31	8.44	8.55	8.66	8.76	8.85	8.94	9.03
9	0.05	3.20	3.95	4.41	4.76	5.02	5.24	5.43	5.59	5.74	5.87	5.98	6.09	6.19	6.28	6.36	6.44	6.51	6.58	6.64
	0.01	4.60	5.43	5.96	6.35	6.66	6.91	7.13	7.33	7.49	7.65	7.78	7.91	8.03	8.13	8.23	8.33	8.41	8.49	8.57
10	0.05	3.15	3.88	4.33	4.65	4.91	5.12	5.30	5.46	5.60	5.72	5.83	5.93	6.03	6.11	6.19	6.27	6.34	6.40	6.47
	0.01	4.48	5.27	5.77	6.14	6.43	6.67	6.87	7.05	7.21	7.36	7.49	7.60	7.71	7.81	7.91	7.99	8.08	8.15	8.23
11	0.05	3.11	3.82	4.26	4.57	4.82	5.03	5.20	5.35	5.49	5.61	5.71	5.81	5.90	5.98	6.06	6.13	6.20	6.27	6.33
	0.01	4.39	5.15	5.62	5.97	6.25	6.48	6.67	6.84	6.99	7.13	7.25	7.36	7.46	7.56	7.65	7.73	7.81	7.88	7.95
12	0.05	3.08	3.77	4.20	4.51	4.75	4.95	5.12	5.27	5.39	5.51	5.61	5.71	5.80	5.88	5.95	6.02	6.09	6.15	6.21
	0.01	4.32	5.05	5.50	5.84	6.10	6.32	6.51	6.67	6.81	6.94	7.06	7.17	7.26	7.36	7.44	7.52	7.59	7.66	7.73
13	0.05	3.06	3.73	4.15	4.45	4.69	4.88	5.05	5.19	5.32	5.43	5.53	5.63	5.71	5.79	5.86	5.93	5.99	6.05	6.11
	0.01	4.26	4.96	5.40	5.73	5.98	6.19	6.37	6.53	6.67	6.79	6.90	7.01	7.10	7.19	7.27	7.35	7.42	7.48	7.55

续表

自由度 ν	显著水平	秩次距(p) 2	3	4	5	6	7	8	9	10	11	12	13	14	15	16	17	18	19	20
14	0.05	3.03	3.70	4.11	4.41	4.64	4.83	4.99	5.13	5.25	5.36	5.46	5.55	5.64	5.71	5.79	5.85	5.91	5.97	6.03
	0.01	4.21	4.89	5.32	5.63	5.88	6.08	6.26	6.41	6.54	6.66	6.77	6.87	6.96	7.05	7.13	7.20	7.27	7.33	7.39
15	0.05	3.01	3.67	4.08	4.37	4.59	4.78	4.94	5.08	5.20	5.31	5.40	5.49	5.57	5.65	5.72	5.78	5.85	5.90	5.96
	0.01	4.17	4.84	5.25	5.56	5.80	5.99	6.16	6.31	6.40	6.55	6.66	6.76	6.84	6.93	7.00	7.07	7.14	7.20	7.26
16	0.05	3.00	3.65	4.05	4.33	4.56	4.74	4.90	5.03	5.15	5.26	5.35	5.44	5.52	5.59	5.66	5.73	5.79	5.84	5.90
	0.01	4.13	4.79	5.19	5.49	5.72	5.92	6.08	6.22	6.35	6.46	6.56	6.66	6.74	6.82	6.90	6.97	7.03	7.09	7.15
17	0.05	2.98	3.63	4.02	4.30	4.52	4.70	4.86	4.99	5.11	5.21	5.31	5.39	5.47	5.54	5.61	5.67	5.73	5.79	5.84
	0.01	4.10	4.74	5.14	5.43	5.66	5.85	6.01	6.15	6.27	6.38	6.48	6.57	6.66	6.73	6.81	6.87	6.94	7.00	7.05
18	0.05	2.97	3.61	4.00	4.28	4.49	4.67	4.82	4.96	5.07	5.17	5.27	5.35	5.43	5.50	5.57	5.63	5.69	5.74	5.79
	0.01	4.07	4.70	5.09	5.38	5.60	5.79	5.94	6.08	6.20	6.31	6.41	6.50	6.58	6.65	6.73	6.79	6.85	6.91	6.97
19	0.05	2.96	3.59	3.98	4.25	4.47	4.65	4.79	4.92	5.04	5.14	5.23	5.31	5.39	5.46	5.53	5.59	5.65	5.70	5.75
	0.01	4.05	4.67	5.05	5.33	5.55	5.73	5.89	6.02	6.14	6.25	6.34	6.43	6.51	6.58	6.65	6.72	6.78	6.84	6.89
20	0.05	2.95	3.58	3.96	4.23	4.45	4.62	4.77	4.90	5.01	5.11	5.20	5.28	5.36	5.43	5.49	5.55	5.61	5.66	5.71
	0.01	4.02	4.64	5.02	5.29	5.51	5.69	5.84	5.97	6.09	6.19	6.28	6.37	6.45	6.52	6.59	6.65	6.71	6.77	6.82
24	0.05	2.92	3.53	3.90	4.17	4.37	4.54	4.68	4.81	4.92	5.01	5.10	5.18	5.25	5.32	5.38	5.44	5.49	5.55	5.59
	0.01	3.96	4.55	4.91	5.17	5.37	5.54	5.69	5.81	5.92	6.02	6.11	6.19	6.26	6.33	6.39	6.45	6.51	6.56	6.61
30	0.05	2.89	3.49	3.85	4.10	4.30	4.46	4.60	4.72	4.82	4.92	5.00	5.08	5.15	5.21	5.27	5.33	5.38	5.43	5.47
	0.01	3.89	4.45	4.80	5.05	5.24	5.40	5.54	5.65	5.76	5.85	5.93	6.01	6.08	6.14	6.20	6.26	6.31	6.36	6.41
40	0.05	2.86	3.44	3.79	4.04	4.23	4.39	4.52	4.63	4.73	4.82	4.90	4.98	5.04	5.11	5.16	5.22	5.27	5.31	5.36
	0.01	3.82	4.37	4.70	4.93	5.11	5.26	5.39	5.50	5.60	5.69	5.76	5.83	5.90	5.96	6.02	6.07	6.12	6.16	6.21
60	0.05	2.83	3.40	3.74	3.98	4.16	4.31	4.44	4.55	4.65	4.73	4.81	4.88	4.94	5.00	5.06	5.11	5.15	5.20	5.24
	0.01	3.76	4.28	4.95	4.82	4.99	5.13	5.25	5.36	5.45	5.53	5.60	5.67	5.73	5.78	5.84	5.89	5.93	5.97	6.01
120	0.05	2.80	3.36	3.68	3.92	4.10	4.24	4.36	4.47	4.56	4.64	4.71	4.78	4.84	4.90	4.95	5.00	5.04	5.09	5.13
	0.01	3.70	4.20	4.50	4.71	4.87	5.01	5.12	5.21	5.30	5.37	5.44	5.50	5.56	5.61	5.66	5.71	5.75	5.79	5.83
∞	0.05	2.77	3.31	3.63	3.86	4.03	4.17	4.29	4.39	4.47	4.55	4.62	4.68	4.74	4.80	4.85	4.89	4.93	4.97	5.01
	0.01	3.64	4.12	4.40	4.60	4.76	4.88	4.99	5.08	5.06	5.23	5.29	5.35	5.40	5.45	5.49	5.54	5.57	5.61	5.56

附表 7　*SSR* 值表

自由度 ν	显著水平	秩次距(p)													
		2	3	4	5	6	7	8	9	10	12	14	16	18	20
1	0.05	18.0	18.0	18.0	18.0	18.0	18.0	18.0	18.0	18.0	18.0	18.0	18.0	18.0	18.0
	0.01	90.0	90.0	90.0	90.0	90.0	90.0	90.0	90.0	90.0	90.0	90.0	90.0	90.0	90.0
2	0.05	6.09	6.09	6.09	6.09	6.09	6.09	6.09	6.09	6.09	6.09	6.09	6.09	6.09	6.09
	0.01	14.0	14.0	14.0	14.0	14.0	14.0	14.0	14.0	14.0	14.0	14.0	14.0	14.0	14.0
3	0.05	4.50	4.50	4.50	4.50	4.50	4.50	4.50	4.50	4.50	4.50	4.50	4.50	4.50	4.50
	0.01	8.26	8.50	8.60	8.70	8.80	8.90	8.90	9.00	9.00	9.00	9.10	9.20	9.30	9.30
4	0.05	3.93	4.01	4.02	4.02	4.02	4.02	4.02	4.02	4.02	4.02	4.02	4.02	4.02	4.02
	0.01	6.51	6.80	6.90	7.00	7.10	7.10	7.20	7.20	7.30	7.30	7.40	7.40	7.50	7.50
5	0.05	3.64	3.74	3.79	3.83	3.83	3.83	3.83	3.83	3.83	3.83	3.83	3.83	3.83	3.83
	0.01	5.70	5.96	6.11	6.18	6.26	6.33	6.40	6.44	6.50	6.60	6.60	6.70	6.70	6.80
6	0.05	3.46	3.58	3.64	3.68	3.68	3.68	3.68	3.68	3.68	3.68	3.68	3.68	3.68	3.68
	0.01	5.24	5.51	5.65	5.73	5.81	5.88	5.95	6.00	6.00	6.10	6.20	6.20	6.30	6.30
7	0.05	3.35	3.47	3.54	3.58	3.60	3.61	3.61	3.61	3.61	3.61	3.61	3.61	3.61	3.61
	0.01	4.95	5.22	5.37	5.45	5.53	5.61	5.69	5.73	5.80	5.80	5.90	5.90	6.00	6.00
8	0.05	3.26	3.39	3.47	3.52	3.55	3.56	3.56	3.56	3.56	3.56	3.56	3.56	3.56	3.56
	0.01	4.74	5.00	5.14	5.23	5.32	5.40	5.47	5.51	5.50	5.60	5.70	5.70	5.80	5.80
9	0.05	3.20	3.34	3.41	3.47	3.50	3.52	3.52	3.52	3.52	3.52	3.52	3.52	3.52	3.52
	0.01	4.60	4.86	4.99	5.08	5.17	5.25	5.32	5.36	5.40	5.50	5.50	5.60	5.70	5.70
10	0.05	3.15	3.30	3.37	3.43	3.46	3.47	3.47	3.47	3.47	3.47	3.47	3.47	3.47	3.48
	0.01	4.48	4.73	4.88	4.96	5.06	5.13	5.20	5.24	5.28	5.36	5.42	5.48	5.54	5.55
11	0.05	3.11	3.27	3.35	3.39	3.43	3.44	3.45	3.46	3.46	3.46	3.46	3.46	3.47	3.48
	0.01	4.39	4.63	4.77	4.86	4.94	5.01	5.06	5.12	5.15	5.24	5.28	5.34	5.38	5.39
12	0.05	3.08	3.23	3.33	3.36	3.40	3.42	3.44	3.44	3.46	3.46	3.46	3.46	3.47	3.48
	0.01	4.32	4.55	4.68	4.76	4.84	4.92	4.96	5.02	5.07	5.13	5.17	5.22	5.24	5.26
13	0.05	3.06	3.21	3.30	3.35	3.38	3.41	3.42	3.44	3.45	3.45	3.46	3.46	3.47	3.47
	0.01	4.26	4.48	4.62	4.69	4.74	4.84	4.88	4.96	4.98	5.04	5.08	5.13	5.14	5.15
14	0.05	3.03	3.18	3.27	3.33	3.37	3.39	3.41	3.42	3.44	3.45	3.46	3.46	3.47	3.47
	0.01	4.21	4.42	4.55	4.63	4.70	4.78	4.83	4.87	4.91	4.96	5.08	5.04	5.06	5.07
15	0.05	3.01	3.16	3.25	3.31	3.36	3.38	3.40	3.42	3.43	3.44	3.45	3.46	3.47	3.47
	0.01	4.17	4.37	4.50	4.58	4.64	4.72	4.77	4.81	4.84	4.90	4.94	4.97	4.99	5.00

续表

自由度 ν	显著水平	秩次距(p)													
		2	3	4	5	6	7	8	9	10	12	14	16	18	20
16	0.05	3.00	3.15	3.23	3.30	3.34	3.37	3.39	3.41	3.43	3.44	3.45	3.46	3.47	3.47
	0.01	4.13	4.34	4.45	4.54	4.60	4.67	4.72	4.76	4.79	4.84	4.88	4.91	4.93	4.94
17	0.05	2.98	3.13	3.22	3.28	3.33	3.36	3.38	3.40	3.42	3.44	3.45	3.46	3.47	3.47
	0.01	4.10	4.30	4.41	4.50	4.56	4.63	4.68	4.72	4.75	4.80	4.83	4.86	4.88	4.89
18	0.05	2.97	3.12	3.21	3.27	3.32	3.35	3.37	3.39	3.41	3.43	3.45	3.46	3.47	3.47
	0.01	4.07	4.27	4.38	4.46	4.53	4.59	4.64	4.68	4.71	4.76	4.79	4.82	4.84	4.85
19	0.05	2.96	3.11	3.19	3.26	3.31	3.35	3.37	3.39	3.41	3.43	3.44	3.46	3.47	3.47
	0.01	4.05	4.24	4.35	4.43	4.50	4.56	4.61	4.64	4.67	4.72	4.76	4.79	4.81	4.82
20	0.05	2.95	3.10	3.18	3.25	3.30	3.34	3.36	3.38	3.40	3.43	3.44	3.46	3.46	3.47
	0.01	4.02	4.22	4.33	4.40	4.47	4.53	4.58	4.61	4.65	4.69	4.73	4.76	4.78	4.79
22	0.05	2.93	3.08	3.17	3.24	3.29	3.32	3.35	3.37	3.39	3.42	3.44	3.45	3.46	3.47
	0.01	3.99	4.17	4.28	4.36	4.42	4.48	4.53	4.57	4.60	4.65	4.68	4.71	4.74	4.75
24	0.05	2.92	3.07	3.15	3.22	3.28	3.31	3.34	3.37	3.38	3.41	3.43	3.45	3.46	3.47
	0.01	3.96	4.14	4.24	4.33	4.39	4.44	4.49	4.53	4.57	4.62	4.62	4.67	4.70	4.72
26	0.05	2.91	3.06	3.14	3.21	3.27	3.30	3.34	3.36	3.38	3.41	3.43	3.45	3.46	3.47
	0.01	3.93	4.11	4.21	4.30	4.36	4.41	4.46	4.50	4.53	4.58	4.60	4.65	4.67	4.69
28	0.05	2.90	3.04	3.13	3.20	3.26	3.30	3.33	3.35	3.37	3.40	3.43	3.45	3.46	3.47
	0.01	3.91	4.08	4.18	4.28	4.34	4.39	4.43	4.47	4.51	4.56	4.58	4.62	4.65	4.67
30	0.05	2.89	3.04	3.12	3.20	3.25	3.29	3.32	3.35	3.37	3.40	3.42	3.44	3.46	3.47
	0.01	3.89	4.06	4.16	4.22	4.32	4.36	4.41	4.45	4.48	4.54	4.51	4.61	4.63	4.65
40	0.05	2.86	3.01	3.10	3.17	3.22	3.27	3.30	3.33	3.35	3.39	3.40	3.44	3.46	3.47
	0.01	3.82	3.99	4.10	4.17	4.24	4.30	4.34	4.37	4.41	4.46	4.44	4.54	4.57	4.59
60	0.05	2.83	2.98	3.08	3.14	3.20	3.24	3.28	3.31	3.33	3.37	3.40	3.43	3.45	3.47
	0.01	3.76	3.92	4.03	4.12	4.17	4.23	4.27	4.31	4.34	4.39	4.44	4.47	4.50	4.53
100	0.05	2.80	2.95	3.05	3.12	3.18	3.22	3.26	3.29	3.32	3.36	3.40	3.42	3.45	3.47
	0.01	3.71	3.96	3.98	4.06	4.11	4.17	4.21	4.25	4.29	4.35	4.38	4.42	4.45	4.48
∞	0.05	2.77	2.92	3.02	3.09	3.15	3.19	3.23	3.26	3.29	3.34	3.38	3.41	3.44	3.47
	0.01	3.64	3.80	3.90	3.98	4.04	4.09	4.14	4.17	4.20	4.26	4.31	4.34	4.38	4.41

附表 8　χ^2 值表

自由度	概率值(P)												
ν	0.995	0.990	0.975	0.950	0.900	0.750	0.500	0.250	0.100	0.050	0.025	0.010	0.005
1	0.00	0.00	0.00	0.00	0.02	0.10	0.45	1.32	2.71	3.84	5.02	6.63	7.88
2	0.01	0.02	0.05	0.10	0.21	0.58	1.39	2.77	4.61	5.99	7.38	9.21	10.60
3	0.07	0.11	0.22	0.35	0.58	1.21	2.37	4.11	6.25	7.81	9.35	11.34	12.84
4	0.21	0.30	0.48	0.71	1.06	1.92	3.36	5.39	7.78	9.49	11.14	13.28	14.86
5	0.41	0.55	0.83	1.15	1.61	2.67	4.35	6.63	9.24	11.07	12.83	15.09	16.75
6	0.68	0.87	1.24	1.64	2.20	3.45	5.35	7.84	10.64	12.59	14.45	16.81	18.55
7	0.99	1.24	1.69	2.17	2.83	4.25	6.35	9.04	12.02	14.07	16.01	18.48	20.28
8	1.34	1.65	2.18	2.73	3.49	5.07	7.34	10.20	13.36	15.51	17.53	20.09	21.95
9	1.73	2.09	2.70	3.33	4.17	5.90	8.34	11.40	14.68	16.92	19.02	21.67	23.59
10	2.16	2.56	3.25	3.94	4.87	6.74	9.34	12.55	15.99	18.31	20.48	23.21	25.19
11	2.60	3.05	3.82	4.57	5.58	7.58	10.34	13.70	17.28	19.68	21.92	24.72	26.76
12	3.07	3.57	4.40	5.23	6.30	8.44	11.34	14.85	18.55	21.03	23.34	26.22	28.30
13	3.57	4.11	5.01	5.89	7.04	9.30	12.34	15.98	19.81	22.36	24.74	27.69	29.82
14	4.07	4.66	5.63	6.57	7.79	10.17	13.34	17.12	21.06	23.68	26.12	29.14	31.32
15	4.60	5.23	6.26	7.26	8.55	11.04	14.34	18.25	22.31	25.00	27.49	30.58	32.80
16	5.14	5.81	6.91	7.96	9.31	11.91	15.34	19.37	23.54	26.30	28.85	32.00	34.27
17	5.70	6.41	7.56	8.67	10.09	12.79	16.34	20.49	24.77	27.59	30.19	33.41	35.72
18	6.26	7.01	8.23	9.39	10.86	13.68	17.34	22.60	25.99	28.87	31.53	34.81	37.16
19	6.84	7.63	8.91	10.12	11.65	14.56	18.34	22.72	27.20	30.14	32.85	36.19	38.58
20	7.43	8.26	9.59	10.85	12.44	15.45	19.34	23.83	28.41	31.41	34.17	37.57	40.00
21	8.03	8.90	10.28	11.59	13.24	16.34	20.34	24.93	29.62	32.67	35.48	38.93	41.40
22	8.64	9.54	10.98	12.34	14.04	17.24	21.34	26.04	30.81	33.92	36.78	40.29	42.80
23	9.26	10.20	11.69	13.09	14.85	18.14	22.34	27.14	32.01	35.17	38.08	41.64	44.18
24	9.89	10.86	12.40	13.85	15.66	19.04	23.34	28.24	33.20	36.42	39.36	42.98	45.56
25	10.52	11.52	13.12	14.61	16.47	19.94	24.34	29.34	34.38	37.65	40.65	44.31	46.93
26	11.16	12.20	13.84	15.38	17.29	20.84	25.34	30.43	35.56	38.89	41.92	45.64	48.29
27	11.81	12.88	14.57	16.15	18.11	21.75	26.34	31.53	36.74	40.11	43.19	46.96	49.64
28	12.46	13.56	15.31	16.93	18.94	22.66	27.34	32.62	37.92	41.34	44.46	48.28	50.99
29	13.12	14.26	16.05	17.71	19.77	23.57	28.34	33.71	39.09	42.56	45.72	49.59	52.34
30	13.79	14.95	16.79	18.49	20.60	24.48	29.34	34.80	40.26	43.77	46.98	50.89	53.67
40	20.71	22.16	24.43	26.51	29.05	33.66	39.34	45.62	51.81	55.76	59.34	63.69	66.77
50	27.99	29.71	32.36	34.76	37.69	42.94	49.33	56.33	63.17	67.50	71.42	76.15	79.49
60	35.53	37.48	40.48	43.19	46.46	52.29	59.33	66.98	74.40	79.08	83.30	88.38	91.95
70	43.28	45.44	48.76	51.74	55.33	61.70	69.33	77.58	85.53	90.53	95.02	100.43	104.21
80	51.17	53.54	57.15	60.39	64.28	71.14	79.33	88.13	96.58	101.88	106.63	112.33	116.32
90	59.20	61.75	65.65	69.13	73.29	80.62	89.33	98.65	107.57	113.15	118.14	124.12	128.30
100	67.33	70.06	74.22	77.93	82.36	90.13	99.33	109.14	118.50	124.34	129.56	135.81	140.17

附表 9　*r* 和 *R* 值表

自由度	显著	变量的个数 *M*				自由度	显著	变量的个数 *M*			
ν	水平	2	3	4	5	ν	水平	2	3	4	5
1	0.05	0.997	0.999	0.999	0.999	24	0.05	0.388	0.470	0.523	0.562
	0.01	1.000	1.000	1.000	1.000		0.01	0.496	0.565	0.609	0.643
2	0.05	0.950	0.975	0.983	0.987	25	0.05	0.381	0.462	0.514	0.553
	0.01	0.990	0.995	0.997	0.997		0.01	0.487	0.555	0.600	0.633
3	0.05	0.878	0.930	0.950	0.961	26	0.05	0.374	0.454	0.506	0.545
	0.01	0.959	0.977	0.983	0.987		0.01	0.479	0.546	0.590	0.624
4	0.05	0.811	0.881	0.912	0.930	27	0.05	0.367	0.446	0.498	0.536
	0.01	0.917	0.949	0.962	0.970		0.01	0.471	0.538	0.582	0.615
5	0.05	0.754	0.836	0.874	0.898	28	0.05	0.361	0.439	0.490	0.529
	0.01	0.875	0.917	0.937	0.949		0.01	0.463	0.529	0.573	0.607
6	0.05	0.707	0.795	0.839	0.867	29	0.05	0.355	0.432	0.483	0.521
	0.01	0.834	0.886	0.911	0.927		0.01	0.456	0.522	0.565	0.598
7	0.05	0.666	0.758	0.807	0.838	30	0.05	0.349	0.425	0.476	0.514
	0.01	0.798	0.855	0.885	0.904		0.01	0.449	0.514	0.558	0.591
8	0.05	0.632	0.726	0.777	0.811	35	0.05	0.325	0.397	0.445	0.482
	0.01	0.765	0.827	0.860	0.882		0.01	0.418	0.481	0.523	0.556
9	0.05	0.602	0.697	0.750	0.786	40	0.05	0.304	0.373	0.419	0.455
	0.01	0.735	0.800	0.837	0.861		0.01	0.393	0.454	0.494	0.526
10	0.05	0.576	0.671	0.726	0.763	45	0.05	0.288	0.353	0.397	0.432
	0.01	0.708	0.776	0.250	0.348		0.01	0.372	0.430	0.470	0.501
11	0.05	0.553	0.648	0.703	0.741	50	0.05	0.273	0.336	0.379	0.412
	0.01	0.684	0.753	0.793	0.821		0.01	0.354	0.410	0.449	0.479
12	0.05	0.532	0.627	0.683	0.722	60	0.05	0.250	0.308	0.348	0.380
	0.01	0.661	0.732	0.773	0.802		0.01	0.325	0.377	0.414	0.442
13	0.05	0.514	0.608	0.664	0.703	70	0.05	0.232	0.286	0.324	0.354
	0.01	0.641	0.712	0.755	0.785		0.01	0.302	0.351	0.386	0.413
14	0.05	0.497	0.590	0.646	0.686	80	0.05	0.217	0.269	0.304	0.332
	0.01	0.623	0.694	0.737	0.768		0.01	0.283	0.330	0.363	0.389
15	0.05	0.482	0.574	0.630	0.670	90	0.05	0.205	0.254	0.288	0.315
	0.01	0.606	0.677	0.721	0.752		0.01	0.267	0.312	0.343	0.368
16	0.05	0.468	0.559	0.615	0.655	100	0.05	0.195	0.241	0.274	0.299
	0.01	0.590	0.662	0.706	0.738		0.01	0.254	0.297	0.327	0.351
17	0.05	0.456	0.545	0.601	0.641	125	0.05	0.174	0.216	0.246	0.269
	0.01	0.575	0.647	0.691	0.724		0.01	0.228	0.267	0.294	0.316
18	0.05	0.444	0.532	0.587	0.628	150	0.05	0.159	0.198	0.225	0.247
	0.01	0.561	0.633	0.678	0.710		0.01	0.208	0.244	0.269	0.290
19	0.05	0.433	0.520	0.575	0.615	200	0.05	0.138	0.172	0.196	0.215
	0.01	0.549	0.620	0.665	0.697		0.01	0.181	0.212	0.235	0.253
20	0.05	0.423	0.509	0.563	0.604	300	0.05	0.113	0.141	0.160	0.176
	0.01	0.537	0.607	0.652	0.685		0.01	0.148	0.174	0.192	0.208
21	0.05	0.413	0.498	0.552	0.593	400	0.05	0.098	0.122	0.139	0.153
	0.01	0.526	0.596	0.641	0.674		0.01	0.128	0.151	0.167	0.180
22	0.05	0.404	0.488	0.542	0.582	500	0.05	0.088	0.109	0.124	0.137
	0.01	0.515	0.585	0.630	0.663		0.01	0.115	0.135	0.150	0.162
23	0.05	0.396	0.479	0.532	0.572	1000	0.05	0.062	0.077	0.088	0.097
	0.01	0.505	0.574	0.619	0.653		0.01	0.081	0.096	0.106	0.115

附表 10　百分数反正弦($\sin^{-1}\sqrt{p}$)转换表

%	0.0	0.1	0.2	0.3	0.4	0.5	0.6	0.7	0.8	0.9
0	0.00	1.81	2.56	3.14	3.63	4.05	4.44	4.80	5.13	5.44
1	5.74	6.02	6.29	6.55	6.80	7.03	7.27	7.49	7.71	7.92
2	8.13	8.33	8.53	8.72	8.91	9.10	9.28	9.46	9.63	9.80
3	9.97	10.14	10.30	10.47	10.63	10.78	10.94	11.09	11.24	11.39
4	11.54	11.68	11.83	11.97	12.11	12.25	12.38	12.52	12.66	12.79
5	12.92	13.05	13.18	13.31	13.44	13.56	13.69	13.81	13.94	14.06
6	14.18	14.30	14.42	14.54	14.65	14.77	14.89	15.00	15.12	15.23
7	15.34	15.45	15.56	15.68	15.79	15.89	16.00	16.11	16.22	16.32
8	16.43	16.54	16.64	16.74	16.85	16.95	17.05	17.15	17.26	17.36
9	17.46	17.56	17.66	17.76	17.85	17.95	18.05	18.15	18.24	18.34
10	18.43	18.53	18.63	18.72	18.81	18.91	19.00	19.09	19.19	19.28
11	19.37	19.46	19.55	19.64	19.73	19.82	19.91	20.00	20.09	20.18
12	20.27	20.36	20.44	20.53	20.62	20.70	20.79	20.88	20.96	21.05
13	21.13	21.22	21.30	21.39	21.47	21.56	21.64	21.72	21.81	21.89
14	21.97	22.06	22.14	22.22	22.30	22.38	22.46	22.54	22.63	22.71
15	22.79	22.87	22.95	23.03	23.11	23.18	23.26	23.34	23.42	23.50
16	23.58	23.66	23.73	23.81	23.89	23.97	24.04	24.12	24.20	24.27
17	24.35	24.43	24.50	24.58	24.65	24.73	24.80	24.88	24.95	25.03
18	25.10	25.18	25.25	25.33	25.40	25.47	25.55	25.62	25.70	25.77
19	25.84	25.91	25.99	26.06	26.13	26.21	26.28	26.35	26.42	26.49
20	26.57	26.64	26.71	26.78	26.85	26.92	26.99	27.06	27.13	27.20
21	27.27	27.35	27.42	27.49	27.56	27.62	27.69	27.76	27.83	27.90
22	27.97	28.04	28.11	28.18	28.25	28.32	28.39	28.45	28.52	28.59
23	28.66	28.73	28.79	28.86	28.93	29.00	29.06	29.13	29.20	29.27
24	29.33	29.40	29.47	29.53	29.60	29.67	29.73	29.80	29.87	29.93
25	30.00	30.07	30.13	30.20	30.26	30.33	30.40	30.46	30.53	30.59
26	30.66	30.72	30.79	30.85	30.92	30.98	31.05	31.11	31.18	31.24
27	31.31	31.37	31.44	31.50	31.56	31.63	31.69	31.76	31.82	31.88
28	31.95	32.01	32.08	32.14	32.20	32.27	32.33	32.39	32.46	32.52
29	32.58	32.65	32.71	32.77	32.83	32.90	32.96	33.02	33.09	33.15
30	33.21	33.27	33.34	33.40	33.46	33.52	33.58	33.65	33.71	33.77
31	33.83	33.90	33.96	34.02	34.08	34.14	34.20	34.27	34.33	34.39
32	34.45	34.51	34.57	34.63	34.70	34.76	34.82	34.88	34.94	35.00
33	35.06	35.12	35.18	35.24	35.30	35.37	35.43	35.49	35.55	35.61
34	35.67	35.73	35.79	35.85	35.91	35.97	36.03	36.09	36.15	36.21
35	36.27	36.33	36.39	36.45	36.51	36.57	36.63	36.69	36.75	36.81
36	36.87	36.93	36.99	37.05	37.11	37.17	37.23	37.29	37.35	37.41
37	37.46	37.52	37.58	37.64	37.70	37.76	37.82	37.88	37.94	38.00
38	38.06	38.12	38.17	38.23	38.29	38.35	38.41	38.47	38.53	38.59
39	38.65	38.70	38.76	38.82	38.88	38.94	39.00	39.06	39.11	39.17
40	39.23	39.29	39.35	39.41	39.47	39.52	39.58	39.64	39.70	39.76
41	39.82	39.87	39.93	39.99	40.05	40.11	40.16	40.22	40.28	40.34
42	40.40	40.45	40.51	40.57	40.63	40.69	40.74	40.80	40.86	40.92
43	40.98	41.03	41.09	41.15	41.21	41.27	41.32	41.38	41.44	41.50
44	41.55	41.61	41.67	41.73	41.78	41.84	41.90	41.96	42.02	42.07
45	42.13	42.19	42.25	42.30	42.36	42.42	42.48	42.53	42.59	42.65
46	42.71	42.76	42.82	42.88	42.94	42.99	43.05	43.11	43.17	43.22
47	43.28	43.34	43.39	43.45	43.51	43.57	43.62	43.68	43.74	43.80
48	43.85	43.91	43.97	44.03	44.08	44.14	44.20	44.26	44.31	44.37
49	44.43	44.48	44.54	44.60	44.66	44.71	44.77	44.83	44.89	44.94

续表

%	0.0	0.1	0.2	0.3	0.4	0.5	0.6	0.7	0.8	0.9
50	45.00	45.06	45.11	45.17	45.23	45.29	45.34	45.40	45.46	45.52
51	45.57	45.63	45.69	45.74	45.80	45.86	45.92	45.97	46.03	46.09
52	46.15	46.20	46.26	46.32	46.38	46.43	46.49	46.55	46.61	46.66
53	46.72	46.78	46.83	46.89	46.95	47.01	47.06	47.12	47.18	47.24
54	47.29	47.35	47.41	47.47	47.52	47.58	47.64	47.70	47.75	47.81
55	47.87	47.93	47.98	48.04	48.10	48.16	48.22	48.27	48.33	48.39
56	48.45	48.50	48.56	48.62	48.68	48.73	48.79	48.85	48.91	48.97
57	49.02	49.08	49.14	49.20	49.26	49.31	49.37	49.43	49.49	49.55
58	49.60	49.66	49.72	49.78	49.84	49.89	49.95	50.01	50.07	50.13
59	50.18	50.24	50.30	50.36	50.42	50.48	50.53	50.59	50.65	50.71
60	50.77	50.83	50.89	50.94	51.00	51.06	51.12	51.18	51.24	51.30
61	51.35	51.41	51.47	51.53	51.59	51.65	51.71	51.77	51.83	51.88
62	51.94	52.00	52.06	52.12	52.18	52.24	52.30	52.36	52.42	52.48
63	52.54	52.59	52.65	52.71	52.77	52.83	52.89	52.95	53.01	53.07
64	53.13	53.19	53.25	53.31	53.37	53.43	53.49	53.55	53.61	53.67
65	53.73	53.79	53.85	53.91	53.97	54.03	54.09	54.15	54.21	54.27
66	54.33	54.39	54.45	54.51	54.57	54.63	54.70	54.76	54.82	54.88
67	54.94	55.00	55.06	55.12	55.18	55.24	55.30	55.37	55.43	55.49
68	55.55	55.61	55.67	55.73	55.80	55.86	55.92	55.98	56.04	56.10
69	56.17	56.23	56.29	56.35	56.42	56.48	56.54	56.60	56.66	56.73
70	56.79	56.85	56.91	56.98	57.04	57.10	57.17	57.23	57.29	57.35
71	57.42	57.48	57.54	57.61	57.67	57.73	57.80	57.86	57.92	57.99
72	58.05	58.12	58.18	58.24	58.31	58.37	58.44	58.50	58.56	58.63
73	58.69	58.76	58.82	58.89	58.95	59.02	59.08	59.15	59.21	59.28
74	59.34	59.41	59.47	59.54	59.60	59.67	59.74	59.80	59.87	59.93
75	60.00	60.07	60.13	60.20	60.27	60.33	60.40	60.47	60.53	60.60
76	60.67	60.73	60.80	60.87	60.94	61.00	61.07	61.14	61.21	61.27
77	61.34	61.41	61.48	61.55	61.61	61.68	61.75	61.82	61.89	61.96
78	62.03	62.10	62.17	62.24	62.31	62.38	62.44	62.51	62.58	62.65
79	62.73	62.80	62.87	62.94	63.01	63.08	63.15	63.22	63.29	63.36
80	63.43	63.51	63.58	63.65	63.72	63.79	63.87	63.94	64.01	64.09
81	64.16	64.23	64.30	64.38	64.45	64.53	64.60	64.67	64.75	64.82
82	64.90	64.97	65.05	65.12	65.20	65.27	65.35	65.42	65.50	65.57
83	65.65	65.73	65.80	65.88	65.96	66.03	66.11	66.19	66.27	66.34
84	66.42	66.50	66.58	66.66	66.74	66.82	66.89	66.97	67.05	67.13
85	67.21	67.29	67.37	67.46	67.54	67.62	67.70	67.78	67.86	67.94
86	68.03	68.11	68.19	68.28	68.36	68.44	68.53	68.61	68.70	68.78
87	68.87	68.95	69.04	69.12	69.21	69.30	69.38	69.47	69.56	69.64
88	69.73	69.82	69.91	70.00	70.09	70.18	70.27	70.36	70.45	70.54
89	70.63	70.72	70.81	70.91	71.00	71.09	71.19	71.28	71.37	71.47
90	71.57	71.66	71.76	71.85	71.95	72.05	72.15	72.24	72.34	72.44
91	72.54	72.64	72.74	72.85	72.95	73.05	73.15	73.26	73.36	73.46
92	73.57	73.68	73.78	73.89	74.00	74.11	74.21	74.32	74.44	74.55
93	74.66	74.77	74.88	75.00	75.11	75.23	75.35	75.46	75.58	75.70
94	75.82	75.94	76.06	76.19	76.31	76.44	76.56	76.69	76.82	76.95
95	77.08	77.21	77.34	77.48	77.62	77.75	77.89	78.03	78.17	78.32
96	78.46	78.61	78.76	78.91	79.06	79.22	79.37	79.53	79.70	79.86
97	80.03	80.20	80.37	80.54	80.72	80.90	81.09	81.28	81.47	81.67
98	81.87	82.08	82.29	82.51	82.73	82.97	83.20	83.45	83.71	83.98
99	84.26	84.56	84.87	85.20	85.56	85.95	86.37	86.86	87.44	88.19

汉英名词对照表

Fisher 氏保护下的多重比较 Fisher's protected multiple comparison
Fisher 氏保护下的最小显著差数法 Fisher's protected *LSD*
t 测验 t-test
t 分布 t-distribution
保护行 guarding row
备择假设 alternative hypothesis
变量 variable
变异系数 coefficient of variation
标准差 standard deviation
标准误 standard error
标准正态分布 standard normal distribution
标准正态离差 standard normal deviate
饼图 pie diagram
不连续性或间断性变量 discontinuous or discrete variable
不完全区组 incomplete block
不显著 non-significant
参数 parameter
参数估计 parameter estimation
参数估计量 parameter estimator
乘积和 sum of products
抽样单位 sampling unit
抽样方法 sampling method
抽样分布 sampling distribution
处理 treatment
处理效应 treatment effect
处理组合 treatment combination
次数分布 frequency distribution
单因素试验 single-factor experiment
第Ⅰ、Ⅱ类错误 type Ⅰ error，type Ⅱ error
典型抽样 representative sampling，typical sampling
点估计 point estimation
独立性测验 test for independence
对比法设计 contrast design
对数转换 Logarithmic transformation
对照 check
多边形图 polygon
多项式分布 multinomial distribution
多项式回归 polynomial regression
多因素试验 multiple-factor or factorial experiment
多元回归，复回归 multiple regression
多元线性回归方程 multiple linear regression equation
多元相关，复相关 multiple correlation
多元相关分析(复相关分析)analysis of multiple correlation
多重比较 multiple comparisons
额外对照 extra check
二级互作 second order interaction
二项式分布或二项分布 binomial distribution
二项总体 binary population
反正弦转换 arcsin transformation
方差 variance
方差的同质性检验 test for homogeneity among variance
方差分析 analysis of variance，variance analysis
方柱形图 histogram
非线性回归 non-linear regression
分布密度 distribution density
分层随机抽样法 stratified random sampling
否定区 rejection region
复相关系数 multiple correlation coefficient
概率 probability
概率分布 probability distribution
概率密度函数 probability density function
个体 individual
估计量 estimator
估计值 estimate
固定模型 fixed model
观察值 observation
回归截距 regression intercept
回归系数 regression coefficient

回归斜率 regression slope
混合模型 mixed model
极差，全距 range
极显著 very significant
几何平均数 geometric mean
假设测验 hypothesis test
间比法设计 interval contrast design
简单顺序抽样 simple systematic sampling
简单效应 simple effect
交互作用效应，互作 interaction effect
接受区 acceptance region
局部控制 local control
决定系数 coefficient of determination，determination coefficient
均积(协方差)，协方 mean product
可加性 additivity
空白试验 blank test
拉丁方设计 latin square design
离回归平方和，剩余平方和 sum of squares due to deviation from regression
离均差 deviation from mean
离散型随机变量 discrete random variable
连续型随机变量 continuous random variate
连续性变量 continuous variable
两尾测验 two-tailed test
裂区，副区 split plot
裂区设计 split plot design
偶然误差 spontaneous error
偏回归系数 partial regression coefficient
偏相关 partial correlation
偏相关系数 partial correlation coefficient
频率 frequency
平方根转换 square root transformation
平方和 sum of squares(*SS*)
平均数 average
平均数，均数 mean
期望均方 expected mean square
期望值 expected value
区间估计 interval estimation
区组 block
曲线方程配置 curve fitting
曲线回归 curvilinear regression
散点图 scatter diagram
上限 upper limit
试验单元 experimental unit
试验方案 experimental scheme
试验效应 experimental effect
试验指标 experimental indicator
适合性测验 test for goodness-of-fit
数据排序 sort
数量性状 quantitative trait
数学模型 mathematical model
数学期望 mathematical expectation
水平 level
顺序抽样 ordinal sampling，systematic sampling
算术平均数 arithmetic mean
随机变量 random variable
随机抽样 random sampling
随机模型 random model
随机排列 random assortment
随机区组设计 randomized blocks design
随机事件 random event
随机误差 random error
随机样本 random sample
田间试验 field experiment
田间试验设计 field experiment design
条形图 bar
通径系数 path coefficient
同质性 homogeneity
统计假设 statistical hypothesis
统计假设测验 test of statistical hypothesis
统计数 statistic
统计推断 statistical inference
完全区组 complete block
完全随机区组设计 random complete block design
完全随机设计 completely random design
无偏估计 unbiased estimate
无限总体 infinite population
无效假设 null hypothesis
系统误差 systematic error
下限 lower limit
显著水平 significance level
显著性测验 test of significance
相关分析 correlation analysis
相关系数 correlation coefficient
相关指数 correlation index

小区 plot
协方差 covariance
协方差分析 analysis of covariance
新复极差法 new multiple range method
学生氏 t 分布 student's t distribution
样本 sample
样本均方 mean squares
样本容量，样本含量 sample size
样品 specimen
一级互作 first order interaction
一尾测验 one-tailed test
依变量 dependent variable
因子，因素 factor
有限总体 finite population
正规方程组 normal equation
正态分布 normal distribution
正态性 normality
直线回归 linear regression
直线回归方程 linear regression equation
质量性状 qualitative trait
置信度 confidence level
置信区间 confidence interval
置信限 confidence limit
中位数，中数 median
众数 mode
重复 replication
逐步回归 stepwise regression
主区 main plot
主要效应，主效 main effect
准确性 accuracy
自变量 independent variable
自由度 degree of freedom
综合性试验 comprehensive experiment
总体 population
组距 class interval
组限 class limit
组中点值，组值 class value
最短显著极差 shortest significant ranges(*SSR*)
最小二乘法，最小平方法 least squares method
最小显著差数 least significant difference
最小显著极差 least significant range
最优多元线性回归方程 the best multiple linear regression equation